国家林业和草原局职业教育“十三五”规划教材

中外园林史

钟喜林　主编

中国林业出版社

内容简介

本教材主要介绍了中外园林的历史概况和时代特点，园林的类型、风格特点以及各代表性园林。共分为两大部分，第一部分是中国园林史，主要从中国古典园林的起源、发展、转折、全盛、成熟以及近代园林等方面讲述中国各时期园林发展的历史、文化内涵及其特点；第二部分是外国园林史，主要讲述了国外的古典园林，包括古代及中世纪园林、日本园林、意大利园林、法国园林、英国园林、欧洲其他国家园林等，以及外国近现代园林的代表——美国园林。本教材落实以学习者为中心的理念，将各时期的园林内容进行了全面梳理，做到通俗易懂，图文并茂，内容丰富，结构清晰明了，理论体系完整，并配套教学课件，以方便教学。

本教材可作为高等职业院校风景园林设计、园林技术、园林工程技术、建筑工程技术、环境艺术设计、园艺技术等专业教材，也可供相关专业工程技术人员参考借鉴。

图书在版编目（CIP）数据

中外园林史/钟喜林主编. —北京：中国林业出版社，2021. 8
国家林业和草原局职业教育“十三五”规划教材
ISBN 978-7-5219-1168-8

Ⅰ. ①中…　Ⅱ. ①钟…　Ⅲ. ①园林建筑-建筑史-世界-高等职业教育-教材　Ⅳ. ①TU-098. 41

中国版本图书馆 CIP 数据核字（2021）第 094199 号

中国林业出版社·教育分社
策划编辑：田　苗
责任编辑：田　苗　曹潆文

出版发行　中国林业出版社（100009　北京市西城区刘海胡同 7 号）
E-mail：jiaocaipublic@163. com
http://www. forestry. gov. cn/lycb. html
印　　刷　北京中科印刷有限公司
版　　次　2021 年 8 月第 1 版
印　　次　2021 年 8 月第 1 次印刷
开　　本　787mm×1092mm　1/16
印　　张　17. 75
字　　数　555 千字（含数字资源 150 千字）
定　　价　56. 00 元

数字资源

前　言

世界历史精彩纷呈，各国劳动人民在曲折的发展进程中创造了灿烂文化，其中古典园林是不可分割的一部分。从时间层面来看，世界五千年的发展过程中，各国由于朝代更迭、民族融合，形成了内涵丰富的园林。这些园林是当代进行园林建设的源泉和知识宝库，从中我们可以读取各民族的发展历史与劳动智慧成果。由于民族不同，文化不同，人们对园林的理解也不同，但大都可以理解为建造在地上的天堂，理想的生活场所模型，对美好居住环境的憧憬和向往。这些在各自母体文化长久的历史发展中形成的园林，是世界人民共同的文化遗产。

读史可以明智，可以知源流、知兴衰、知传承、知发展、知创新。作为园林工作者，我们应该了解各国园林的发展历史以及创造的灿烂文化，为现代园林建设提供知识依据，也是园林工作者应尽的责任和义务。如何快速地了解、掌握和传承园林，其中最有效、相对快捷的学习方式就是通过教育获取。

如何运用古典园林知识解决现代园林的问题是我们园林人要做的一件大事。因此，在学习园林史的过程中要厘清园林从萌芽、产生到发展的整个过程，了解古今中外的造园技艺，了解其内涵精神。只有批判地吸收，兼容并蓄，才能将园林的知识宝库传承和保留；才能开阔我们的视野，建立充足的知识储备，自信地面对未来的挑战，从而创造新的辉煌。学习中国园林，我们一方面要在保护好中国古典园林的造园技艺与方法的基础上，加以创新，让中国园林再创辉煌，在新时代焕发生机活力，在发展中国古典园林精湛艺术的道路上砥砺前行；另一方面要传承中华文脉，为增强国家文化软实力贡献力量。学习外国古典园林能拓宽我们的视野，丰富园林知识，为我国的现代园林建设提供参考。

撰写本教材的目的，是让学生了解、传承优秀的园林文化。为此我们将教材内容分为两部分，上篇是中国园林史，主要从中国古典园林的起源、发展、转折、全盛、成熟，以及近代园林等方面讲述中国园林发展的历史、文化内涵及其特点；下篇是外国园林史，主要讲述古代及中世纪园林(古巴比伦园林、古罗马园林、古希腊园林、西欧园林)、日本园林、意大利园林、法国园林、英国园林、欧洲其他国家园林，以及外国近现代园林的代表——美国园林。

本教材的编写历时两年左右。主编钟喜林负责设计本教材的编写框架及统稿工作，副主编胡荦、徐巧峰和彭静参与调整、讨论各个章节的具体内容。本教材具体编写分工如下：江西环境工程职业学院钟喜林(绪论、第五章第一节、第十一章)；山西林业职业技术学院徐巧峰（第一章、第四章）；丽水职业技术学院胡犖（第八章、第十章、第十二章）；江西环境工程职业学院彭静（第十三章、第十四章）；辽宁林业职业技术学院王卓识（第二章、第三章）；安徽林业职业技术学院王玉（第九章）；杨凌职业技术学院季晓莲（第七章、第十五章）；丽水职业技术学院林丹（第五章第二节、第六章第一节）；湖北生态工程职业技术学院文雅（第六章第二节）；湖南环境生物职业技术学院罗慧敏（拓展篇 中国近代园林）。

本教材的编写得到许多专家学者的关心、帮助以及中国林业出版社的大力支持，我们在编写过程中引用了相关作者的著作和论文中的一些资料，在此一并表示感谢。

世界古典园林史涉及范围广，各国文化博大精深，由于编者编写水平有限，教材编写难免有不足和纰漏，敬请读者、专家、同行批评指正。

编　者

2020 年 9 月

目　录

下篇 外国园林史

绪　论

人类是自然界的一部分，在社会长期发展中，创造了丰富多彩的文化，其中古典园林是文化中光彩夺目的一部分。它体现了劳动人民的精神追求，寄托着人们的情感与理想，反映着社会的兴衰，凝聚着劳动人民的智慧结晶，集中反映了人们对于理想生活和美好家园的向往和追求。

在古代，人们对美好家园的理解有中国古代神话中的瑶池，基督教《圣经》中的伊甸园，佛教所描述的极乐世界，以及伊斯兰教《古兰经》中的天园。这些就是最初的理想园林境界，既反映了当时人们对于完美生活环境的想象，又体现了古代人们对于物质和精神的需求，即对身心共享的理想园林环境的追求。可是，在经济匮乏的古代，这种对于理想生活环境的追求，也只有少数人能够达到，即那些拥有当时社会上绝大部分财富的帝王贵族和少数富人，他们的社会权力和经济实力可以使自己有能力获得当时最好的物质材料与技术支持。通过对古今中外各国的苑囿和庭园景观的研究，可以看出，他们的园苑大都集中了当时最好的建设材料、最优美的造景元素，体现着当时最流行的审美思想和设计理念，并应用当时最先进的技术成果体现出来。尽管有很多客观的原因使一些园林景观未能留存至今，但毋庸置疑，这些美丽的园苑体现着人类对美的欣赏与追求、对生存环境的不断创新，可以说，园林是人类的理想家园。

中国、古印度、古埃及、古巴比伦是世界公认的四大文明古国，这四个文明古国伴随着各自的文明发展历程，园林景观与园林文化的发展历程同样璀璨夺目。徜徉其间，会发现古埃及的庭园体现着当时先进的农业文明成果，古巴比伦的空中花园壮美奇幻，古印度的庭园浸润着哲学与宗教的理想，古代中国的园林包容着千山万水。在这些古代文明发达的地区，园林景观的形成有着深厚的社会文化背景和当时发达的科技与工艺的有力支持，自然而然地成为文明的结晶。

一、园林的渊源

我国古代园林历史悠久，文化底蕴丰富，据有关典籍记载，我国古代造园始于商周，囿、圃、台是其源头。囿是古代帝王贵族狩猎的场所，圃指园圃用于生产的基地，台即为用土堆筑而成的方形高台，高耸并呈四方的平面造型。

事实上，园林是建造在地面上的“天堂”，是人们心目中最理想的生活场所，是在人类社会的各个文明阶段人们对美好居住环境和美好生活的憧憬和向往。各国的园林无论是形式还是内容都各不相同、各具特色，这不仅与各国的自然环境、社会发展历史进程有关，还与不同国家的人民意识形态有关，特别是各国的人民经济文化生活的反映。

二、园林发展的五个阶段

人类为了适应生存环境，通过劳动创造作用于环境，而引起自然界的变化。纵观人类社会的发展历程，从认识自然、改造自然、保护自然的角度看，其发展历程反映了人与自然环境生存之间的关系变化，园林的发展也大致可以分为五个阶段。这五个阶段之间虽然存在传承与发展，但由于每一个阶段的政治、经济、文化社会环境不同，它们的内容、性质和范围也有所不同。因此，有关各个时期的园林特征，结合不同的阶段来分别阐释，更加容易了解和掌握园林的发展历史。

（一）第一阶段

在原始社会时期，生产力十分低下，人类使用十分简单的劳动工具进行狩猎和采集其认为能食用的食物来解决温饱。人类对自然界的作用与影响有限，处于依赖大自然赋予的环境时期。这时的人类完全不了解环境，经常遇到寒冷、饥饿、猛兽侵袭，出生、疾病死亡等种种困难，从而产生恐惧、敬畏的心理，将自然界的很多不能理解的事物和现象，认为是上天派来的神灵加以崇拜。后来人们在生存的抗争中，逐渐意识到群体的力量，为了渡过困难，逐渐成群地生活在一起，形成原始的聚落，慢慢演变成村庄与部落，并重视环境对村庄的影响，形成了朴素的环境观。这个阶段，人对自然环境呈现为依赖、逐步认识的关系，人对于大自然是处于感性适应的状态，处于解决饥饿阶段。直到后期进入原始农业的公社，出现种植农作物、果树和简易的居住建筑或者祭祀用的建筑，这时生产的目的是解决饥饿，建筑主要是满足生存，还没有达到产生园林的条件。但在客观上已多少接近园林的雏形，进入了园林的萌芽状态。

（二）第二阶段

人类社会经过漫长的、曲折的发展，从原始社会步入了奴隶社会时期，主要分布在亚洲、非洲和欧洲的一些地区。在奴隶社会，进步的标志是金属工具的出现，农业生产快速发展，劳动生产率有了较大的提高。社会产品除维持人们的生活必需以外，开始有了剩余。有人专门从事社会管理和文化科学活动，人类随之进入以农耕经济为主的文明社会。随着农业经济的兴起，人们能够按照自己的需要利用和改造自然、栽植植物、开发河流和土地，有选择地进行农作物栽培和驯养动物，替代以采集和狩猎的方式获取生活资料，园林的雏形逐渐出现，并开始发展。

（三）第三阶段

封建社会时期，生产力进一步发展，铁制农具大量使用，社会经济较之前获得很大发展，科学技术取得显著成就，思想上出现了各种文化的繁荣。人们对自然界已经有了更深一步的了解，大面积耕作农田，大面积兴修水利、建设灌溉工程，开采矿山和砍伐森林，对自然环境开始有一定程度的破坏，有些地方出现了沙化现象。但毕竟当时生产力较为低下和科技水平不高，破坏处在比较局部的状态，自然界可以自我修复，尚未引起自然生态失衡和自然生态系统的恶化。人们意识到人类对自然的破坏会形成很多不利于生活的环

境。同时，社会出现了大小城市和镇集，贵族和文人对物质、精神需求提高，很多贵族、文人墨客为了表达自己的思想感情，会通过园林来表达自己内心的想法和向往，从而出现各种形式的园林。促成了造园活动的广泛开展，也为大规模兴建园林提供了必要的条件。园林经历了由萌芽、成长而兴旺的漫长过程，在发展中逐渐形成了丰富多彩的时代风格、民族风格和地方风格。在这个阶段，人与自然环境之间已从感性的适应状态转变为理性的适应状态，但仍然保持着亲和的关系。园林的形式也发展成多种形式，造园工作由工匠、文人和艺术家来完成。

（四）第四阶段

18 世纪中叶工业文明兴起，许多国家由农业社会过渡到工业社会，生产方式发生变化，生产效率快速提高，科学技术飞速发展，生活方式逐步改变。人们开发大自然的手段更加有效，“人定胜天”的观念被广泛接受，人们由理解大自然向控制大自然转变。人们从大自然那里无计划地、掠夺性地开发，获得了前所未有的物质财富的同时，造成对自然环境的严重破坏。森林大面积快速砍伐，导致植被大面积减少，水土流失严重，水体和空气遭到严重污染、物种减少、气候改变，出现大范围内自然生态不平衡，自然生态系统开始恶性循环。同时，工业发展需要大量的人口往城市集中，城市快速膨胀，城市周边山水林田被夷为平地，出现城市内涝、热岛效应，居住环境恶化等问题。工业革命对环境带来的变化非常显著。这时，人与自然的关系从早先的亲和关系转变为对立、排斥的关系，人类对大自然的掠夺性索取，必然要受到它的惩罚。许多有识之士开始致力于保护自然和生态平衡的研究与建设。其中就包括自然保护、环境效益、生态效益和建设城市园林等方面的探索。

（五）第五阶段

第二次世界大战后，社会相对稳定，工业、科学技术快速发展，人口剧增，出现超大城市，全球进入前所未有的大开发时代，导致极端天气出现越来越频繁。人们开始反思人类活动给环境带来的破坏，生态系统和生态平衡的理论已经被广泛接受，很多学者认为土地资源应该有计划地开发，并关注它们的恢复、更新和再生，以达到永续利用和可持续发展的目的。人类与自然从适应状态逐渐升华到一个更高的境界，二者之间由前阶段的排斥、敌对又逐渐回归为亲和的关系。这样给世界园林带来了新的发展。

当今社会物质生活和精神生活的水平比以前大为提高，很多人已经不满足长久待在钢筋混凝土所构成的城乡环境中生活，他们利用闲暇时间接触大自然、回归大自然，休闲、旅游活动得到迅速发展。同时，环境改善和社会可持续发展成为很多国家的战略和国策，在一些国家和地区已经有相当数量的“园林城市”“国家公园”等。园林的规划设计广泛利用生态学、环境科学以及各种先进的技术。园林建设也由城市到农村延伸，形成区域性的大地景观规划。同时，凡是农业、工业、矿山、交通、水利等自然开发工程，都要求与园林绿化建设相结合，从而减少乃至消除它们对环境质量的负面影响，达到改善环境的目的。现在建筑、城乡规划、园林三者的关系已经密不可分，园林学范畴大为发展，成为涉及面极广的多学科、多专业综合学科。展望园林的前景，园林的内容将会更丰富，范围将会更大，园林的发展将注入更多生机和活力。

三、西亚及西方园林发展

(一)园林起源

外国园林起源可上溯到古埃及、古希腊和两河流域的古巴比伦，地中海东部沿岸地区是西方文明发展的摇篮。

古埃及和美索不达米亚地区是古代园林发展最早的国家和地区，公元前538年波斯灭新巴比伦，公元前525年征服埃及，发展了波斯园林。公元前5世纪，希腊在希波战争中获胜，快速发展了自己的园林。后来，罗马帝国占据主要地位，汲取了以上国家地区的园林成果，发展了罗马帝国的园林。

(二)外国园林的形成时期(公元前500年至15世纪文艺复兴之前)

这一时期的园林是在吸收古埃及和近东地区文明及园林艺术的基础上，结合古希腊和罗马的自然条件与习俗发展起来的。公元7世纪，阿拉伯人建立了伊斯兰大帝国。一方面，他们对“绿洲”和水有着特殊的感情，这在园林艺术上有着深刻的反映；另一方面又受到古埃及的影响，从而形成了以水池或水渠为中心，建筑物大半通透开敞，园林景观具有一定幽静气氛的阿拉伯园林独特风格。公元14世纪是伊斯兰园林的鼎盛时期，并逐渐演变为印度的莫卧儿园林形式。

(三)外国园林的兴盛期(文艺复兴至19世纪中叶)

这一时期经历了从意大利台地园到法国规则图案式园林，再到英国的自然风景园林风格的转换。15世纪人们的思想从中世纪宗教中解脱出来，摆脱了上帝的禁锢，充分意识到自己的能力和创造力。“人性的解放”结合人们对古希腊、古罗马灿烂文化的重新认识，开创了意大利“文艺复兴”的高潮，园林艺术也是这个文化高潮中重要的一部分。文艺复兴时期出现了台地园。17世纪，意大利文艺复兴式园林传入法国，形成了开朗的法国园林。18世纪初期，英国的风景式园林兴起，英国园林讲究借景和与园外的自然环境相融合，形成了英国自然风景园林。

(四)外国园林的现代时期(19世纪中叶至今)

这一时期是现代园林艺术大发展的时期。古老的园林艺术在经历了漫长的发展历程后，积淀了丰富的养料，为现代园林的综合、创新发展奠定了深厚的基础。18世纪中叶以后，西方国家随着工业文明的崛起，针对当时生态环境恶化、城市化膨胀、居住环境恶化的现状，提出了对土地合理利用和规划，对自然资源加以保护，对大地景致、自然景观加以维护管理；建立城市公共园林和城市开放空间系统，把乡村景观引入城市、把城市园林化。在19世纪末到20世纪，由于大工业的发展，在郊野地区兴建别墅园林成为风尚。第一次世界大战以后，把现代艺术和现代建筑的构图原则运用于造园设计，形成了一种新型风格的“现代园林”。

四、中外园林艺术的相互影响

（一）中国园林对世界园林的影响

在中国的优秀文化中，中国古典园林文化是其中的一部分，它是我国先民在劳动和生活过程中集体创造和总结的文化结晶，具有深刻的文化内涵。随着时代的变迁、社会不断发展，人们对园林的理解也发生了变化，由原来的朴素园林观发展为内涵多样的生态园林观。

中国被学术界称为世界园林之母，是世界造园的典范。中国的造园艺术，是世界特有的园林艺术。中国古典园林发展历史不仅是中国发展历史中不可或缺的一部分，更是中华传统文化宝库中一颗灿烂的明珠，蕴含了儒家、道家等哲学内涵，展现出了中国文化中“天人合一”的自然观和人生观，表现了人们对于宇宙自然、社会人生的审美情趣和思维观念，凝聚了劳动人民的智慧和勤劳，也突出地表现了中华民族对美好生活的向往。而当代中国园林反映的是人们所追求的生态文明思想，与中国古代园林反映的生态观念相契合，传承和发展中国园林文化，符合当代可持续发展趋势和中国现代园林的要求。

中国古典园林在它的漫长发展历程中不仅影响着亚洲的朝鲜、日本等国家，甚至远播欧洲。日本古典园林的产生、发展、成熟受到中国古典园林的影响，形成具有鲜明民族特色的园林体系。在古代，欧洲的英、法等国随着海外贸易的开展，文化进行了交流与碰撞，一些造园家开始研究中国园林，对仿建中国园林产生了浓厚兴趣，于是引入了中国古典造园艺术，在其国内掀起了一股崇尚中国园林艺术的热潮，中国的古典园林艺术开始西传。在17~18世纪，英国开始接受中国造园思想。18世纪英国园林师威廉·钱伯斯著有《民用建筑概论》《东方造园泛论》等著作，他把在中国亲眼见到的园林介绍给英国，主张在英国园林中引入中国情调的建筑小品。

（二）外国园林对中国园林的影响

近代以来，西方园林艺术对中国古典园林有一定的影响。清代，在北京的圆明园、恭王府等园林中布置了大量西式的雕塑、楼阁和西方的纹饰图案，这些都是西方园林艺术的体现。晚清时期，租界的出现加强了西方文化对中国文化的渗透，人们在中国大地上营建了一些西式风格的园林。如广州沙面租界公园、上海虹口公园、上海法国公园、天津维多利亚花园等园林。一些私家园林也受西方园林思想影响，他们的宅园西化，如无锡的梅园、蠡园，都被称为中西合璧的园林。

五、各体系风格园林特点

经过几千年的社会发展，现如今世界园林的构景要素为山、水、植物、建筑四个基本要素，其形式受到地域文化、特殊自然植被条件和人文因素影响和审美制约，呈现出风格迥异、特征明显的园林流派。根据风格不同，世界园林分为东方园林、西亚园林、西方园林三大体系，其中东方园林体系发源于中国，西亚园林体系发源于西亚，西方园林体系发源于古希腊。外国古典园林中，具有代表性的有日本园林、古埃及园林、西亚园林和欧洲园林，西方园林又以意大利园林、法国园林和英国园林为代表。规划形式主要为规则式和风景式两类。

(一)东方园林

古代中国园林的内容非常丰富，对东亚、南亚各国园林的影响很大，堪称东方园林的代表，表现为风景式、山水式园林。古代中国园林以追求自然精神境界为最终和最高目的，从而达到“虽由人作，宛自天开”的审美旨趣。中国古典园林主要可以分为四种类型：皇家园林、私家园林、寺观园林和其他园林。这四种园林相互交织和影响，表现出地形地貌模仿自然的山地，水池挖成自然的水池，植物自然生长不修剪，建筑构造形式丰富等特点。日本园林受中国园林影响，以水为主题的主要有池泉庭园、枯山水庭园、露地筑山庭、平庭、茶庭等。日本园林的四分之三都由植物、山石和水体构成，对地形进行局部自然式的处理，具有以常绿树木为主，花卉较少，建筑形式丰富等特点。

(二)西方园林

从历史看，西方园林始于古希腊。古希腊园林表现形式是庭园、柱廊宅园、公共园林(圣林)、学术园林，古希腊园林与人们生活习惯紧密结合，植物丰富多彩，有喷泉、水池，园林属于建筑整体的一部分。罗马帝国继承和发展了古希腊园林，园林形式有古罗马庄园、柱廊宅园、宫苑、公共园林，是规则式布局。有规则式花坛、水池，雕塑布置其中，植物是实用的果树，善于利用自然地形，常选在山坡上和海岸边，以便借景，并且对欧洲中世纪寺庙园林形式产生影响。15~17 世纪，随着文艺复兴，西方园林开始快速发展，内容更加丰富，形成了意大利园林、法国园林、英国园林三种风格。

意大利园林结合自身所处的地理环境条件，形成了台地园林，它传承了罗马园林风格，园林是直线、几何图案式布局，有明显中轴线的规则式园林。台地园林在斜坡上构成几层台地，具有层次感、立体感，建筑布置在中层或上层，有修剪整齐具有花纹图案的植坛，在规则式水池中有跌水和喷泉。法国园林在 16 世纪受到意大利园林影响，效仿意大利的台地园林。到了 17 世纪，根据自身的地理条件，形成开朗的规则式园林。强调中轴和秩序，突出雄伟、端庄、几何平面。有平地、绣花式花坛、水池、雕像、密林、高大的乔木和笔直的道路，园林形成几何形格网。英国园林先后受到意大利、法国的影响，从 18 世纪开始受中国园林影响，从城堡式园林转变为与自然风光融为一体的自然风景园。

(三)西亚园林

西亚在古代形成了灿烂的文明。古埃及、古巴比伦、波斯都在园林艺术方面有巨大成就。古埃及地处尼罗河流域，园林反映了古埃及自然条件、文化、社会发展。强调种植果树、蔬菜，增加经济效益的实用目的。植物种类与种植方式多样，能够改善小气候，园林空间呈几何布局，园林形式有宫苑园林、圣苑园林、陵寝园林、贵族花园。古巴比伦位于幼发拉底河与底格里斯河流域，发展了猎苑、圣苑、宫苑、空中花园。园中规则地堆叠土山、布置水渠，山上有神殿与祭坛，植物是香木、石榴、葡萄等实用植物，构成了规则式园林。波斯等地形成了伊斯兰园林，波斯园林与伊甸园传说模式有关。常以十字形水渠将

庭园分成四块，中心为方形水池，布局简洁大方，十字形水系布局，如同伊甸园分出的四条河；有规则地种树，在周围种植庭荫树林，栽培大量香花；筑高围墙，四角有瞭望守卫塔。

无论是东方古典园林还是西方、西亚园林都反映了不同的历史背景、社会经济和工程技术水平，而且折射出不同的自然观、人生观和世界观。东方园林蕴含了儒、释、道等哲学或宗教思想，包含了山、水、诗、画等传统艺术，西亚及西方园林，蕴含了宗教思想；东方园林追求自然美，西亚、西方园林追求人工美；东方园林是自然的拟人化，西亚、西方园林可以说是人化自然；东方园林蕴含着意境美，西亚、西方园林则注重于形式美；东方园林给人自由和活力，西亚、西方园林让人感觉到秩序和规则。

同中国园林一样，外国园林也具有悠久的历史，有特色鲜明的造园风格，在世界园林中占有非常重要的历史地位，是世界园林艺术中的瑰宝。

上篇 中国园林史

第一章　中国园林概述

◇学习目标

知识目标

(1)了解中国古典园林发展的自然背景和人文背景；

(2)熟悉中国古典园林的起源和发展历史；

(3)熟悉中国古典园林的分类及各类园林的特点；

(4)掌握“一池三山”的园林形式和布局特点；

(5)领会中国古典园林艺术的特点，体会其艺术魅力。

技能目标

(1)能厘清中国古典园林的历史进程；

(2)能辨别不同类型的园林形式；

(3)会阐述“一池三山”内容及其特点。

素质目标

(1)全面系统地了解我国古典园林文化，提升园林基本知识方面的素养；

(2)充分认识我国古典园林文化和艺术的价值和魅力，培养民族自豪感和职业自豪感；

(3)培养热爱自然、尊重自然、热爱祖国灿烂古典园林文化的情感，增强文化自信。

园林是人类社会发展到一定阶段，随着生产力的逐步提高，社会经济得以不断发展之后，人们的社会意识形态发生变化的产物。中国古典园林就是与中国社会、历史、人文相伴而生，并不断发展、完善，形成了完整的风景园林体系，达到了“虽由人作，宛自天开”的艺术境界，成为世界古典园林中东方园林体系的代表。

第一节　中国古典园林发展背景

园林作为在人类文明进程中出现的一种艺术存在，是基于一定的自然环境条件、经济政治条件，并集合人类的智慧、科学和艺术而形成的，称为“人造第二自然”。中国古典园林跨越了中国历史上的奴隶社会和封建社会两个阶段，经历了3000多年持续不断的绵延发展，其发生、发展、兴盛、成熟，传承和延续，自始至终离不开自然背景、社会背景和人文背景的制约和影响。

一、中国古典园林发展的自然背景

中国幅员辽阔，资源丰富，山川地貌千变万化、千姿百态，植物品种多样，锦绣中国大地成为了中国古典园林发展的自然背景。

（一）自然地形地貌

大自然的鬼斧神工，造就了中国多样化的地形地貌。约占世界陆地总面积十五分之一的中国有 960 余万平方千米的国土，地势总体西高东低，并且自西向东逐渐下降，形成巨大的阶梯状斜面。

中国是多山国家，山地约占国土总面积的三分之二，有高山（海拔 3500 米以上，青藏高原和西南、西北、东北的部分地区）、中山（海拔 3500～1000 米，华北、华南、东南地区）、低山（海拔 1000～500 米，华北、华南、东南地区），还有丘陵（海拔 500 米以下的小山，东部地区）。具有世界上山脉岩石组织特征的全部类型，如火成岩山体、水成岩山体、变质岩山体、杂岩山体等，山体形象千姿百态。另外三分之一国土则为平原、高原和盆地。地壳运动和自然造化，形成了多样化的地形、地质、地貌，如山峰、沟壑、谷地、洞穴、坞、坪等。秀美山川，钟灵毓秀，别具一格的山岳风景、平原风景、山石风景和地质风景，不仅是人们日常生活和欣赏的景观，更构成了园林的基本骨架和园林中模拟的景观形象（图 1-1 至图 1-5）。

图 1-1　山西太行山峡谷景观

图 1-2　甘肃张掖丹霞地质景观

图 1-3　云南石林喀斯特地质景观

图 1-4　山西大同土林景观

（二）自然水体

中国水源丰富，广布河、湖等水体。据统计，全国大小河流总计51 600余条，大小湖泊2800余个，面积超过1000平方千米的大湖有12个，绝大多数湖泊为淡水湖。水体形式更是多种多样，如河、湖、港、湾、渚、洲、沟、渠、溪、瀑、泉……形式不同，形态各异，构成了独特的河湖景观，成为园林中最具魅力的景观形象(图1-6至图1-8)。

图1-5　草原景观

图1-6　山西黄河壶口瀑布

图1-7　山西黄河乾坤湾

图1-8　山西介休绵山水涛沟

（三）自然植物

中国是世界上植物种类丰富的国家之一，据调查，全国植物共计27 150种，隶属于353科3184属，其中190属为中国所独有。此外，还有许多珍贵的稀有树种和古老孑遗植物。全国的植被分布不仅受地势、海拔、高度的影响，还受到季风的影响。从东南到西北依次为森林、草原、荒漠三大植被类型。东部和南部的森林区森林资源丰富，蕴藏着大量的原始林和次生林。森林区降水量充沛，从北到南，随着热量的递增，植被的种属具有明显的纬度地带性，即"纬向变化"，依次形成五个林带。并且，山地上的植被随着山岳海拔高度的上升而更替，出现不同的植物类型，构成了同一座山植被不同的纵向分布，即所谓的植物"垂直带谱"，为园林生态景观提供了多样化的基础。并且，植物的种类多样，其姿态，茎、叶、花、果的形态、色彩、质感、大小千变万化、姿态万千，成为园林中最具生命力和最有意趣的元素(图1-9至图1-12)。

图 1-9　自然植物的生态景观美

图 1-10　自然植物的竖向景观美

图 1-11　自然植物的群落美、姿态美、色彩美、层次美

图 1-12　自然湿地植物景观美

（四）自然气象

中国大陆地带，气候普遍为大陆性气候；沿海地区则多呈海洋性气候。气象条件复杂，干、湿状态的差别极大。华中、华东以及华南、西南的一部分地区，年降水量都在750毫米以上，属于湿润区；华北平原、东北平原的大部分以及青藏高原的南部，年降水量在400毫米左右，属于半湿润区。这些地区的气候条件对植物生长、农业耕作极为有利，因而逐渐成为农业经济繁荣的地区，也是自然生态最好、最适宜打造人居环境的地区，为古典园林的营建提供了必要的自然气候条件。同时，自然界的不同气候现象所带来的独特气象景观，也是园林中得以借用的美景，更是园林中提升园林意境的非常难得的自然素材（图 1-13 至图 1-16）。

大自然的造化和鬼斧神工，造就了天然的平野景观、山岳景观、河湖景观、海岛景观、植物景观、气象景观等，为古代中国人民营造自然式的风景园林创造了可供利用的天然山水地貌景观和植物、气象等景观素材，也给人为地创设山水地貌，配置植物等创造了可供模拟的优美自然景观形象，从而成为中国古典园林艺术取之不尽的创作源泉，为中国古典园林的可持续发展提供了多样化的物质基础和条件。

图 1-13　洞庭湖日出

图 1-14　断桥残雪(杭州西湖)

图 1-15　雷峰夕照(杭州西湖)

图 1-16　三潭印月(杭州西湖)

二、中国古典园林发展的社会背景

园林的出现是社会进步的必然结果。中国古典园林的萌芽、形成及发展是古代中国社会经济发展的反映，也是中国古代社会文明进步的标志。从公元前 3000 年的殷商时期一直到公元 20 世纪初的清代，中国古典园林的发展经历了中国历史上的奴隶社会和封建社会的发展和进步。社会历史的变迁促使园林的发展和推动新型的园林形式产生。

奴隶社会初期的殷末商初时期，开启了最初的农业文明，出现了最早的园林形式——“囿”和最早的园林建筑——“台”，是园林的萌芽阶段。随着生产力的进一步发展，农业文明进入了农耕阶段，兴修水利、改造农田，经济得以快速发展。随着社会财富的不断积累，出现了城市和集镇，并且经济的发展也促使科学技术和艺术不断发展。生活水平的提高，使人们的精神需求也有了相应的改变。于是，奴隶主、封建主纷纷在自己的领地营建园林，改善居住环境和生活环境。一部分富裕阶层(如达官、贵族、商人、士流等)也纷纷效仿，在庭院中营造园林环境，修身养性，怡情赏景，因而有了皇家园林的气派和私家园林的精致。中国古典园林作为一种物质形态的文化产物，在长期的发展过程中，都深深印上了中国社会和民族历史发展的印记，逐步形成了自己的时代风格、地域风格和民族风格。

三、中国古典园林发展的人文背景

在中国几千年的古文明史中，经过奴隶社会的夏商周三个时代的文化积淀，进入春秋战国时期的封建社会初期，在这个时期出现了不同的学派以及各流派之间争芳斗艳的局面，历史上称为“百家争鸣”“百花齐放”时期。在多彩的文化和不同思想火花的闪现和碰撞中，产生了儒家思想和道家学说。西汉末年，佛教引入中国，代表佛教思想和文化的释家学说也进入了中国人的意识领域。同时，中国的文学、绘画、诗歌等艺术也随之不断地提升和进步。中国古典园林，作为集居住与观赏为一体的建筑宅园，是中国文化的重要载体。它是中国古代人们思想和精神的凝聚，是中国古代哲学思想、宗教信仰、文化艺术等的综合反映，是一个民族内在精神品格的生动写照：既是文人、雅士忧患意识的物化，也是寄托着自我超越心态的乐土，还是人们追求神仙境界的载体，是人们感悟自然而获得的对自然美的认识、提炼和再现的体现。它吸收了儒家山水比德观的精髓，深悉自然特性，模拟自然山水造型，提炼山水精神，向往三山五池的境界；也承载了道家的出世思想，追求理想的道德境界和审美境界，力求顺应自然，因地制宜，再造自然，宛如自然。追求与自然实现“天人合一”的和谐关系，以实现自然精神境界为最高目标。

(一)意识形态和宗教信仰与中国古典园林

园林是在社会生产力水平提高之后，随着社会财富积累，经济基础达到一定程度，人们的意识形态发生变化后的产物，是属于上层建筑的产物。因此，意识形态和精神需求的改变时刻影响着园林的发展。

中国人民是有信仰的民族。在古代，随着社会历史的发展，中国人民最初崇拜自然图腾，感觉日月轮回、岁月更替，冥冥之中世界有一种神秘的力量在主宰；后来信奉本土道教，直到汉代佛教传入中国后，又开始有了对佛教的信仰。对神顶礼膜拜，拜佛和诵经成为人们生活中不可缺少的部分，甚至以舍宅为寺，表达对神的虔诚。

因此，在意识形态方面，古代中国人一直受以孔子、孟子为代表的儒家思想和以老子、庄子为代表的道家学说的影响，结合后来传入中国的佛教思想中的释家学说，儒、道、释三家学说便共同构成了中国传统哲学的主要内容，也成为古代中国人意识形态的三大基石和精神支柱。

1. 儒家学说与中国古典园林

儒家学说中，以“仁”为根本，注重内心的道德修养，无论对人还是对事都要恪守仁爱的美德。以“礼”为核心，倡导秩序和礼仪，倡导“修身、齐家、治国、平天下”的积极的“入世”理念。特别是“君子比德”观的提出对古代造园影响深远。

“仁者乐山，知者乐水”“君子比德”观是孔子的重要思想，它突出了自然美学观念。这种“比德”的山水自然观，体现了儒家的道德感悟，引导人们通过对山水的真切体验，把山水比作一种精神，去反思“仁”“智”这类社会品格的意蕴。“比德”二字取意为亲近自然、亲近山水之德性，充分体现了自然审美的丰富而又深刻的内涵，自然之美与人的高尚的精神相统一，尽显人与自然的和谐之美。

孔子对山水情有独钟，“登东山而小鲁，登泰山而小天下”，高山巍巍培植了他博大的胸怀；“君子见大水必观焉”，江河荡荡孕育了他高深的智慧。孔子由此把厚重不移的山当作他崇拜的形象，而那周流不滞的水则引发他无限的哲理情思，触发他深沉的哲学感慨。有智慧的人通达事理，所以喜欢流动之水；有仁德的人安于义理，所以喜欢稳重之山。这种以山水来比喻人的仁德功绩的哲学思想对后世产生了无限深广的影响，深深浸透在中国传统文化之中。

儒家思想深深滋润着中国人，其中的人与自然和谐，“美善合一”的自然观，以及“人化自然”的哲理，启发人们对自然山水的尊重。因此，中国古典园林在其生成之际便重视筑山和理水，从而奠定了风景式园林发展的方向和基础。而儒家的“中庸之道”与“和为贵”的思想，则更为直接地影响园林艺术创作。在造园诸要素之间和谐共生和平衡，使得古代中国园林整体呈现一种和谐自然的美，表现为自然生态美与人文生态美，风景式自然布局中蕴含着一种井然有序感和浓郁的生活气氛(图 1-17、图 1-18)。

图 1-17　园林中人文与自然的和谐美（苏州拙政园）

图 1-18　自然、人文、生态相统一的和谐美（山西常家庄园听雨轩）

2. 道家学说与中国古典园林

道教是中国土生土长的宗教。老子的《道德经》曰：“人法地，地法天，天法道，道法自然……”道家的核心是“道”，认为“道”是天地万物的本源，道自然无为、无形而存在、无所不在、无时不在，也是统治宇宙中一切运动的法则。道家哲学主张在天道自然无为、人道顺其自然的天人关系构架中，展开自身的思维体系。道教认为“道”是宇宙的本原而生成万物，亦是万物存在的根据，认为自然界本身是最美的，即所谓“天地有大美而不言”。“人”应该“道法自然”，主张返璞归真，反对刻意雕琢；主张“师法自然，顺应自然”的自然观。道家学说以幽深微妙的语言、高超隐逸之士的心态关怀世情。具有独任清虚、超凡脱俗，追求返璞归真的精神气质，使人的身心得到真正的释放。这种哲学观深深影响了中国古典园林的营造方式和设计手法，中国古典园林之所以崇尚自然，追求自然，实际上并不在于对自然形式美本身的模仿，而是在于对潜在自然之中的“道”与“理”的探求。因此，古代造园家认为“清水出芙蓉，天然去雕琢”比“错彩镂金”的美更能打动人；一株精心修饰的花木远不如一枝红杏自然探出墙来显得更有意趣，更耐人寻味(图 1-19、图 1-20)。

图 1-19　清水出芙蓉

图 1-20　杏花枝头春意闹

在道家神仙思想的影响下，便产生了以模拟神仙境界为造园艺术题材的园林。如《关中胜迹》中记载：秦始皇在渭水之南营建上林苑时，“上林苑设牵牛织女象征天河，置喷水石鲸、筑蓬莱三岛以象征东海扶桑”。中国古典园林中这种象天法地、崇尚人与自然的和谐、重视自然与人的统一的思想，正是老庄哲学中自然观的思想体现。

3. 释家禅宗思想与中国古典园林

释家即佛家，包括佛教和佛学。佛教产生于公元前 6 世纪的北印度，以众生平等的思想反对当时婆罗门教的“种姓制度”，教导信徒们遵照经、律、论三藏，修持戒、定、慧三学，以期生前斩除一切烦恼、死后解脱轮回之苦，宣扬一种重来生的“彼岸世界”的消极出世的人生观。

佛教在西汉末年传入中国内地，即“汉传佛教”，后逐渐汉化，产生了具有汉文化特色的佛教宗派。它们对中国传统的哲学、文学艺术，民情风俗，伦理道德等都产生一定的影响，为中国传统文化注入新鲜血液。其中禅宗思想影响最大。它不仅吸收了佛教诸派思想以及玄学思想之所长，而且还融合了中国文化中有关人生问题的思想精髓。禅宗主张一切众生皆有佛性，在修持方法上非常重视人的“悟性”。禅宗南派更倡导“顿悟”，即作为思维方式，佛性完全依靠直觉体验，通过自己内心的感悟和体验来把握。在禅学看来，人既在宇宙之中，宇宙也在人心之中，人与自然不仅是彼此参与的关系，两者更是浑然如一的整体。艺术创作中更强调“意”，使作品能达到情、景与哲理交融化合的境界，从而把完整的“意境”凸显出来。

禅宗思想对后期的古典园林在意境的塑造上，特别是对园林意境与物境关系的处理上，影响尤为明显。中唐时期，禅宗思想融入中国园林的创作中，从而将园林空间的“画境”升华到“意境”。这就为园林这种形式上有限的自然山水艺术提供了审美体验的无限可能性，也就是说，打破了小自然与大自然的根本界限。这在一定的程度上影响了文人园林中“以小见大、咫尺山林”的园林空间构筑思想和方法。“小”何以见“大”？“小”是客观的，指园林的面积和空间；“大”是主观的，指园林空间和环境带给人的感受，“大”的感觉通过“小”的细节和巧妙的布局方法而体现出来。正如沈复《浮生六记 · 闲情记趣》中所说的那样：“以丛草为林，以虫蚁为兽，以土砾凸者为丘，凹者为壑。”同时，园林中的

"淡"也是源于禅宗思想。园林的"淡"可以通过两方面来体现，一是景观本身具有平淡的视觉效果；二是通过"平淡无奇"的暗示，触发人的直觉感受，通过人的感悟、联想和想象，从而达到某种审美体验。

(二)古代文化艺术与中国古典园林

儒、道、释思想深刻地影响了中国的思想和文化艺术，其中"天人合一""寄情山水""崇尚隐逸"这三个文化要素是中国古典园林的主要精神内涵。

"天人合一"作为哲学思想的原初主旨，早在西周时便已出现了。它包含着三层意义：第一层意义，人是天地生成的，故强调"天道"和"人道"的相通、相类和统一。第二层意义，人类道德的最高原则与自然界的普遍规律是一而二、二而一的，"自然"和"人为"也应相通、相类和统一。第三层意义，以《易经》为标志的早期阴阳理论与汉代儒家的五行学派相结合，天人合一又演绎为"天人感应"说。"天人合一"的哲理经过历代哲人的充实和系统化，成为中国传统文化的基本精神之一。它引导中国古典园林向着"风景式"方向健康发展，把园林里面所表现的"天成"与"人为"的关系始终整合如一，力求达到"虽由人作，宛自天开"的境地，即天人和谐的境地。

道家倡导，"道"是根本的统摄宇宙间万事万物的"器"，这种意识形态影响了传统的思维方式，使得思维中更加注重综合关照和往复推衍。因而各种艺术门类之间可以突破界域、触类旁通，铸就了中国古典园林得以参悟于诗、画艺术，形成"诗情画意"的独特品质。

"寄情山水"的文化现象，不仅表现为文人、士大夫游山玩水的行动，也是一种思想意识，同时还反映了社会精英——士人的永恒的山水情结。"寄情山水"的思想影响于文学艺术，促成了山水文学、山水画的大发展。山水文学包括诗、词、散文、题刻、匾联等，诗与散文则为其中的主流。中国是诗的王国，而山水诗又占着相当大的比重。山水散文多为"游记"的形式，往往把写景与抒情相结合，逐渐发展成为一种文学体裁。明代文人徐霞客撰写的《徐霞客游记》便是其中的代表。山水画，无论工笔或写意，既重客观形象的摹写，又能够注入作者的主观意念和感情，即所谓"外师造化，中得心源"，确立了中国传统山水画的创作准则。许多山水画家总结自己的创作经验撰写的画论不仅是绘画的理论著作，也涉及对自然界山水风景的构景规律的理论探索。山水风景、山水画、山水文学对于古典园林的营造产生了深刻的潜移默化的影响，四者相互影响、彼此促进。在中国历史上，山水风景、山水画、山水文学，山水园林的同步发展，形成了一种独特的文化现象——山水文化。"以诗入园，因画成景""诗中有画，画中有诗"正是这种现象的真实写照，是我国古典文化的瑰宝。

"崇尚隐逸"与"寄情山水"有着极密切的关系，大自然山水的生态环境是滋生士人的隐逸思想的重要因素之一，也是士人的隐逸行为的最大的载体。园林作为第二自然也就代替大自然山水，成为隐逸思想的最主要的载体。园林不仅成为隐者的隐逸之所，也是他们的精神家园。历史上，许多文人、士大夫亲自参与营造园林，从规划布局、叠山理水的理念，直到具体的景物和意境的塑造，无不表现出园主人对隐逸的憧憬，这类园林甚至可以

称为“隐士园”。隐士们往往亦儒、亦道、亦释，是“天人合一”的自然观和以自然美为核心的美学观的发扬光大者。许多隐士同时也是山水画家、山水诗人。他们的画作、诗作都著上一层空蒙、寂寥、清幽、飘逸的隐士情调。这种情调同样见于士人们经营的园林之中，乃是隐逸生活环境的典型表现。随着人类文化的发展和艺术审美境界的不断提升，造园艺术也在日益精湛。

第二节　中国古典园林起源

中国古典园林，又称中国传统园林或中国古代园林，它历史悠久，文化内涵丰富，特征鲜明，多彩多姿，极具艺术魅力。

一、中国古典园林的三大起源

（一）园圃

在商朝的甲骨文中出现过园、圃等字（图1-21）。园多指种植果树的场地，圃多用于种菜。西周时，园圃并称，成为宫廷供应的果园和蔬圃。春秋战国时期，种植栽培技术提高，许多实用和药用的植物被培育用作观赏，百姓在自家房前屋后开辟园圃，种植具备观赏功能的植物。

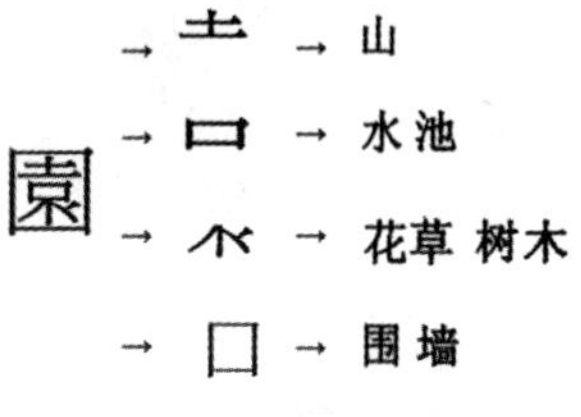

图1-21　古代园字解析

（二）囿

据有关典籍记载，早在3000多年前的殷商时期，中国就已经开始了造园活动，其时称之为囿（图1-22）。周文王建“灵囿”，“方七十里，其间草木茂盛，鸟兽繁衍”。最初的“囿”，就是把自然景色优美的地方圈起来，放养禽兽，供帝王狩猎，所以也叫游囿。因此《诗经》曰：“囿，所以域养禽兽也”，“囿，乃苑有垣也”（《说文》）。天子、诸侯均有囿，只是囿的范围和规格、等级上有差别。

商朝已是农业经济为主的社会，田猎不再是以糊口果腹为目的的生产手段。商朝的帝王、贵族奴隶主将猎物集中圈养，用墙垣围筑起来，建造了范围广、工程浩大的囿。因此，囿起源于狩猎，借助于天然景色，让自然环境中的草木鸟兽及猎取来的各种动物滋生繁育，具有一定的游观功能。

图1-22　古代囿字发展

（三）台

据《诗经·灵台》篇记载：“天子百里，诸侯四十。”其是供奴隶主们狩猎、游乐、消遣、活动的场所。特别是周文王时期为了便于祭祀和观察天体现象，在囿中又发展了“台”

的建筑。所谓“台”，在《吕氏春秋》中的释义为“积土四方而高筑曰台”，是用来观天象和通神明的建筑，是园林中最早的园林建筑。台，是“囿”中较早的建筑物，是帝王所建之宫苑建筑的一种形式，最初是用土堆筑而成的方形高台，功能主要是登高以观天象、通神明和远眺观景。

因此，中国古典园林起源于殷末周初时期帝王狩猎的“囿”和观天象、通神明的“台”的结合(图1-23)。

图1-23　狩猎图(古画)

二、影响中国古典园林的三大意识形态

(一)天人合一思想

强调人与自然共生共存，在利用自然资源的同时尊重保护大自然的思想。

《庄子·山木》篇最早提出了“天与人一也”之天人合一命题。孔子曰：“岁寒，然后知松柏之后凋也。”天人合一思想强调天道与人道、人与自然的和谐互通。一方面强调人与自然息息相通、和谐一体，追求人类和自然和谐共存；另一方面强调人与社会的和谐及人的自我完善。这一思想启示我们既要改造自然，又要顺应自然；既不屈从自然，也不破坏自然。这种思想深刻影响古人的自然观，在造园时十分注意动植物与环境的和谐关系，巧妙地将生产与造园相结合。

(二)君子比德思想

即从功利、伦理的角度认识大自然的思想。将自然山林川泽的某些外在形态、属性与人的内在高尚品德联系起来，能够引起人们的美感。

孔子曰：“君子比德于玉焉，温润而泽仁也。”君子比德思想是孔子哲学的重要内容。孔子的哲学思想以“仁”为核心，注重内心的道德修养，不论对人还是对事都要恪守仁爱的美德，这种博爱思想几乎贯穿于孔子的哲学思辨中。孔子进一步突破自然美学观念，提出“智者乐水，仁者乐山”这种“比德”的山水观，反映了儒家的道德感悟，实际上是引导人们通过对山水的真切体验，把山水比作一种精神，去反思“仁”“智”这类社会品格的意蕴。这种山水比德的观念奠定了古人造园的思想基础。

（三）神仙思想

将对神仙仙境崇拜信仰的思想应用到造园活动中，作为一种寄托和美好的愿望。

道家推崇神仙思想，传说东海之东有“蓬莱、方丈、瀛洲”三座神山，并有仙人居之，仙人有长生不老之药，食之可长生不老，与自然共生。造园活动从创作、选址到建造山环水绕的园林景观模式都受到了神仙思想的影响，明确了风景式园林的发展方向。

第三节　中国古典园林历史分期

中国古典园林是中国古代劳动人民的智慧和创造力的结晶，是中国五千年文化造就的艺术珍品，是中华文化的瑰宝和人类文明的重要遗产。根据历史文献和现存古代园林遗址，循其发展轨迹，中国古典园林的发展大致可以分成萌芽期、生（形）成期、转折期、全盛期和成熟期（包括成熟前期、成熟中期和成熟后期），各个发展时期的园林各具特色。

一、中国古典园林的萌芽时期（殷末、周初：公元前11世纪至公元前221年）

在原始社会末期，先民们学会耕作，建造村落。此时仅是为了生存和生活而进行的围地种植和养殖，如收集种子种植农作物和树木，将吃不完的动物圈养起来等，形成了最为简易的菜园、果圃和动物养殖地，正如《周礼》记载的：“园圃树果瓜，时敛而收之。”

进入奴隶社会初期，由于生产力的提高，物质逐渐丰富，交换范围扩大，社会经济不断发展，奴隶主财富不断增加，渐渐开始改善生活环境，在闲暇时光进行娱乐活动。于是就产生了“囿”。据《周礼地官》记载：“囿人，掌囿游之兽禁，牧百兽。”说明囿的作用主要是放牧百兽，以供狩猎游乐。所以，“囿”是利用天然山水林木，挖池筑台而成的生活境域，供天子、诸侯等狩猎、游乐。

据史料显示，商朝的甲骨文中有园、圃、囿等字的出现。在园、圃、囿三种形式中，“园”和“圃”是以生产、生活为目的，兼具观赏价值的环境。而“囿”的出现，则增加了娱乐活动的功能。周文王时期又在囿中建造了“台”，增加了囿的观天象和通神明的功能。可以说，囿是我国古典园林的一种初级形式。但这种形式还不具备园林的全部要素，还不是真正意义上的园林。因此，这一时期在我国古典园林史上被称为园林的萌芽期。

这种游囿的园林形式一直在皇家园林中有所保留，而围囿狩猎的活动也一直被后世皇家所延续。如河北承德木兰围场是清朝皇家专属的定期狩猎地（图1-24、图1-25）。

二、中国古典园林的生（形）成期（秦、汉时期：公元前221—公元220年）

秦汉时期，园林已经成为帝王、贵族等人游玩和生活的地方。这一时期的皇家园林不仅在布局上象天法地，以“天人合一”的思想进行规划建造，而且，在园林构筑上也出现了模拟神仙境界的掇山理水的做法。

秦始皇灭六国，建立了前所未有的多民族统一的集权制大国后，连续不断地营建宫、

图 1-24　承德木兰围场

图 1-25　古代皇家狩猎图

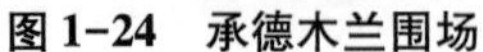

苑，如信宫、咸阳宫、六国宫等，其中最为有名的是上林苑中的阿房宫，绵延三百里*，内有离宫七十所。秦始皇迷信神仙方术，祈求长生不老，模拟蓬莱神话中“一池三山”的布局形式来建造园林，在上林苑的兰池宫中筑坝修池是为兰池，池中堆岛名曰蓬莱山，这种形制确定了山水在园林中的主体地位。历史上真正意义上的皇家园林在这一时期产生。

汉武帝在秦朝的基础上扩建了上林苑，苑中有宫，宫中有苑，离宫别院数十所广布苑中，其中在建章宫中所建的太液池，运用山池相结合的手法，在池中营造蓬莱、方丈、瀛洲三座岛屿，并在岛上又修建了宫、室、亭、台，植奇花异草，自然成趣。这种“一池三山”的布局和池中建岛、山石点缀的手法，被后人称为“秦汉典范”，一直效仿(图 1-26)。

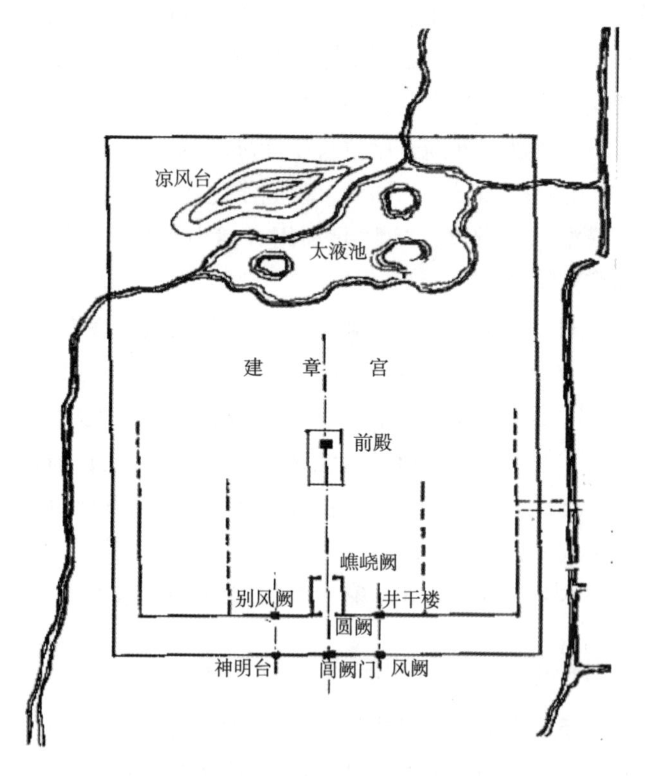

图 1-26　汉代完整的“一池三山”模式(上林苑建章宫)

* 1 里=500 米。

与此同时，随着贵族和奴隶主生产资料的充实，私人园林也开始发展起来，庭院的绿化已经成为宅第装饰的一个重要组成部分。

三、中国古典园林的转折期（魏晋南北朝时期：220—589 年）

魏晋南北朝前后跨越三百多年，各地大小政权分裂割据，战争不断，社会动荡，是中国历史上的一个大动乱时期。各国统治者各自为政，纷纷兴建自己的宫苑，如北魏的铜雀园、后赵的华林苑等，此时的皇家园林虽然规模较小，但园林功能也渐渐向赏景、怡情转变，园林规划设计也较为细致和精练。同时，这一时期儒家、道家、释家思想都很活跃，深入民心。特别是受道家思想的影响，文人雅士报国无望，纷纷归隐山林、寄情山水。思想的解放促进了艺术领域的开拓，私家园林迅速兴起。不仅有城市中的贵族府邸、宅院式园林，如张伦宅园；还出现了以山水为主题的新的园林形式——郊野别墅式园林，如西晋石崇的“金谷园”等。私家园林的兴盛大大促进了园林的发展，具体体现为：将士族寄情山水和归隐田园的思想发展到了园林中，同时也将人们对自然美的认识和感悟渐渐渗透到园林的营建中，中国园林初步形成了自然山水式园林的艺术格局。

佛教的传入，让生活在动荡不安中的人们有了精神寄托，于是一种新的园林形式——寺观园林，便应运而生。至此，中国古典园林的三种园林形式：皇家园林、私家园林、寺观园林全部形成。因此，这一时期是中国古典园林的一个重要里程碑，具有划时代的历史意义，被称为中国古典园林的转折期。

四、中国古典园林的全盛期（隋唐时期：589—960 年）

我国经过汉代、三国、魏晋南北朝，到隋朝结束了魏晋南北朝后期的战乱状态，社会经济一度繁荣，至唐代出现了一个兴盛的局面。随着社会的逐渐安定和生产力的发展，社会经济得以快速发展。疆域的扩大、经济的发达、民族的融合，促进了文化艺术的发展，我国园林达到了一个空前繁荣时期。园林发展中出现了两个显著的特点，一是隋唐时期的皇家园林规模较前一时期更加宏大，虽然仍是以山水为主，但在造园意境上更注重整体的宏伟感和封建统治的皇权至上的表达。并且，在皇家苑囿的营建中注意游乐和赏景的作用，如在殿宇建筑外，已注意到叠石造山，凿池引泉；布局关系也趋于融洽，使之形成优美的环境，发挥了休憩、游赏、宴乐的功能。如隋朝的“芳华神都苑”“西苑”；唐朝的“禁殿苑”“东都苑”“神都苑”“翠微宫”“华清宫”等。二是文化艺术的兴盛使私家园林的建设更加普及和广泛，艺术水平也有很大提高和发展，文人、士大夫将诗、画赋予生命和意蕴，寄情于园林中，形成了一种新的造园意境，园林乃是其情感和理想的一种精神寄托。此时，诗人、画家直接参与造园活动，园林艺术开始有意识地融入诗情、画意，被称为文人园林的萌芽。如王维，既是一位画家、诗人，也是一位杰出的造园专家，他亲自绘图设计营建了“辋川别业”，并且在建成后，又为每个园林赋诗，真正实现了因画成景、以诗入园。

这一时期，寺观园林更为普及和世俗化。公共园林也开始出现，主要建造在城市中心，以娱乐公众为目的，同时也美化了城市。如杭州西湖、长安曲江池。

五、中国古典园林的成熟期（宋、元、明、清时期：960—1911年）

（一）成熟前期（宋朝：960—1279年）

宋朝是中国古典园林进入成熟期的第一个高潮阶段。这期间，大批文人、画家参与造园，进一步加强了写意山水园意境的创作。

1. 皇家园林

皇家园林集中在东京和临安两地，这一时期的皇家园林虽然在规模和气魄上没有隋唐时期的宏大，但规划设计却更为精致，在营造园林的主题意境上有了质的飞跃，并开始倾向于私家园林的造园方式，布局和环境的设计都更趋自由化，在细节的处理上也更加精细化，造园艺术成就更高。特别是假山置石艺术，有较大发展。如宋徽宗“寿山艮岳”以及“琼华苑”“宜春苑”“芳林苑”等名园。现今开封相国寺里展出的湖石，苏州、扬州、北京等地的“花石纲”遗物，均形体奇异不凡，令人叹为奇观。

2. 私家园林

私家园林中以洛阳、东京两地为代表，江南多在临安、吴兴、平江（今苏州）等地。诗词、绘画艺术等在宋朝时期都达到前所未有的发达程度，在这种文化氛围下，文人雅士、贵族名流广泛加入造园活动中，促使了“文人园林”的兴起和日趋成熟，并且达到了前所未有的艺术高度。

3. 寺观园林

寺观园林由世俗化而进一步文人化。寺观园林也开始倾向于私家园林的造园方式，但仍保留着烘托佛国、仙界的环境和氛围，有可供人们祭拜和敬神的功能。并且城市寺观园林发挥了城市公共园林的职能，其中大多数会在节日或一定时期内向市民开放，任人游览。

宋代的造园艺术水平，建造技法以及人们的审美观念的提高，促进了园林的发展和园林艺术的提升，形成了独特的中国风景式园林体系，达到了我国造园的第一个高潮期，标志着中国古典园林进入了成熟期，是整个古典园林史上的一个里程碑，为我国园林艺术在后期的全面发展奠定了坚实的基础。

（二）成熟中期（元、明、清初期：1279—1736年）

北宋为辽金取代后，辽、金、元三代先后相继在燕京一带兴修皇家园林。金代从开封运至中都大量的艮岳花石纲，元代在建筑艺术上促进了国内各民族和东西方文化的交流，使中国各民族丰富奇特的建筑形式更添异彩。如保存至今的北京妙应寺白塔，就是13世纪尼泊尔的艺术家阿尼哥设计建造的。

1. 皇家园林

皇家园林的创建，以明代和清代初期康熙、雍正时期比较活跃。当时社会稳定、经济繁荣，给大规模建造自然写意园林提供了有利条件。明代以兴建大内御苑为主，如兔园、西苑、万岁山（景山）、御花园、慈宁宫花园等。清初则以修建离宫御苑为主，如畅春园、避暑山庄和圆明园三座大型的离宫御苑。此时的皇家园林在规模上更加宏大，不仅吸取了

图 1-27　西苑北海

图 1-28　御花园万春亭

图 1-29　圆明园方壶胜境

图 1-30　慈宁宫花园鸟瞰图

江南园林的优点，而且更加注重园林的自然之美，为后期皇家园林的建设打下了坚实的基础(图 1-27 至图 1-30)。

2. 私家园林

私家园林在这一时期达到了鼎盛时期，以明代建造的江南园林为主要成就，如苏州的沧浪亭、网师园、拙政园等，扬州的休园、影园，无锡的寄畅园等。同时在明末清初，涌现出一批优秀的文人阶层和叠山工匠的造园家，如张南垣、张然、计成等。文人更广泛地参与造园，甚至成为专业造园家。他们将其造园的经验和实践总结成理论专著刊行于世，对后世造园产生了深远的影响。如计成的《园冶》、李渔的《一家言》、文震亨的《长物志》。其中，《园冶》全书理论与实践相结合，技术与艺术相结合，言简意赅，系统地论述了江南私家园林的规划设计艺术，是世界最早的造园专著之一，是江南民间造园艺术成就达到高峰的另一个标志(图 1-31 至图 1-33)。

3. 寺观园林

寺观园林相对集中于山野风景地区，一些名胜山水因寺观的建置而成为风景名胜区。

图 1-31　网师园

图 1-32　拙政园 · 梧竹幽居亭

图 1-33　寄畅园 · 汇锦漪

图 1-34　香山寺

图 1-35　碧云寺

如明代在北京西北一带大量兴建寺院，如香山寺、碧云寺、圆静寺等，都成为后来的风景名胜区(图 1-34、图 1-35)。

(三)成熟后期(清中期和清末时期：1736—1911 年)

从清乾隆朝到宣统朝是中国古典园林的成熟后期。这一时期的园林积淀了过去的深厚传统，显示了中国古典园林的辉煌成就，但也暴露了某些衰落迹象，呈现逐渐停滞、盛极而衰的趋势。由于此时期的大量实物被保存了下来，所以一般人们所了解的“中国古典园林”，就是指成熟后期的中国园林。这是中国园林创作的高峰期，并且园林艺术较之前有更大的创新，达到了我国园林建造的巅峰。这个时期的园林具有功能全、形式多、艺术化的显著特点。园林由于宫廷和园居的活动频繁，功能倾向“娱于园”的特点，即园林已由赏心悦目、陶冶性情为主的游憩场所，转化为多功能的活动中心。

1. 皇家园林

皇家园林经历了大起大落的波折，反映了中国封建王朝末世的盛衰消长，乾隆、嘉庆两朝，无论是园林建设的规模，还是园林艺术的造诣，都达到了后期园林史上的高峰。首先是大型园林的总体规划、设计有许多创新，全面引进江南民间的造园技艺，形成南北园林艺术的大融合；其次是离宫御苑成就最为突出，出现了一些具有里程碑意义的大型园林，如堪称三大杰作的避暑山庄、圆明园和清漪园，形成了著名的“三山五园”的格局(圆明园、畅春园、香山静宜园、玉泉山静明园、万寿山清漪园)(图 1-36 至图 1-39)。随着封建社会的由盛转衰，经过外国侵略军焚掠，皇室再无能力营建宫苑，宫廷造园艺术亦相对趋于萎缩，从高峰跌入低谷。

图 1-36　圆明园 · 含经堂风貌

图 1-37　万寿山清漪园(今颐和园)

图 1-38　香山静宜园·松坞云庄

图 1-39　玉泉山静明园

2. 民间私家园林

这一时期的私家园林在承袭上代的基础上，进一步发展，形成了极具特色的三种风格迥异的园林：江南园林、北方园林和岭南园林，江南园林仍居于首席地位。私园技艺的精华荟萃于宅园，而别墅园却失去了兴旺发达的势头。园林不再是单纯的模仿，人们开始在意于景致所包括的内涵和意境。其创作思想，仍然沿袭唐宋时期的创作源泉，从审美观到园林意境的创造都是以“小中见大”“须弥芥子”“壶中天地”等为创造手法。自然观、写意、诗情画意的表现，在创作中居于主导地位，同时，园林中的建筑也起了很重要的作用，成为造景的主要手段。园林的功能从游赏逐渐发展为可居、可游、可赏。大型园林不但模仿自然山水景致，以山、水地貌为基础，植被为装点，而且还汇集、仿建各地名胜于一园，形成园中有园、大园套小园的风格。其他地区的园林受到三大风格的影响，形成自己的特色和风格。

3. 寺观园林

寺观园林在这一时期也最大限度地与自然风景相结合，融为一体。中国四大佛教名山——山西五台山、安徽九华山、浙江普陀山、四川峨眉山，其园林环境，从魏晋南北朝时期开始一直不断发展和完善，成为我国风景优美的佛教圣地(图 1-40 至图 1-43)。

中国古典园林绝非简单地模仿这些自然界的构景要素，而是有意识地对其加以改造、加工、提炼、调整和重组，从而表现出一个高度浓缩、概括、精练的自然。园林中既有“静观”的风景，又有“动观”的风景，从总体到局部包含着浓郁的诗情画意。这种空间组合形式多使用某些建筑，如亭、榭、廊等建筑来做配景，使自然风景与建筑巧妙地融为一体。那些流传至今的优秀园林作品中，虽然处处有建筑，却处处洋溢着大自然的盎然生机。

图 1-40　山西五台山

图 1-41　安徽九华山

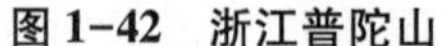

图 1-42　浙江普陀山

图 1-43　四川峨眉山

到了清末，造园理论探索停滞不前，加之社会由于外国的侵略，西方文化的冲击，国民经济的崩溃等原因，园林创作由鼎盛逐渐衰落。但中国园林艺术的成就却达到了它的历史巅峰，其造园手法被西方国家所推崇和模仿，在西方国家掀起了一股“中国园林热”。中国园林艺术从东方传到西方，成为被全世界所公认的园林艺术之奇观，因而中国被称为“世界园林之母”。

中国造园艺术，是以追求自然精神境界为最终和最高目的，从而达到“虽由人作，宛自天开”的审美意趣。它浸润着中国文化艺术的底蕴，是中华民族内在精神品格的写照，是中国文化艺术的精髓，是我们今天需要继承与发展的艺术瑰宝。

第四节　中国古典园林类型及特点

中国古典园林历史悠久，持续时间最长、分布范围最广，是一个博大精深，源远流长的风景式园林体系。经过几千年的发展和完善，形成了内涵丰富、特色鲜明、多样化的园林。

一、按园林的隶属关系分类

园林按隶属关系的不同，一般可将其分为皇家园林、私家园林、寺观园林。

(一)皇家园林

皇家园林属于皇帝个人和皇室所私有，古籍里对其有不同和称谓，如囿、苑、宫苑、御苑、御园等。皇家园林按其使用情况的不同又有大内御苑、行宫御苑、离宫御苑之分。大内御苑是建在皇城或宫城之内的皇家园林，如中海、南海、北海、紫禁城御花园等。行宫御苑是建在都城的近郊、远郊，供皇室偶尔游憩、短期停驻的园林，如静宜园、静明园、南苑等。离宫御苑建在都城周围的近郊和远郊，供皇室长期居住、皇帝处理朝政，如圆明园、清漪园(颐和园)、承德避暑山庄。皇家园林具有以下特点：

①规模宏大，气势壮观　皇家园林一般规模浩大，如颐和园 300 公顷、承德避暑山庄 760 公顷，园林建筑景观气势雄伟、壮观。体现了“普天之下，莫非王土”的皇权思想(图 1-44)。

②构图严谨，立意鲜明　皇家园林空间布局复杂、严谨，分区明确，形成“前宫后苑”

的规制。园中建宫，园中设园，构成庞大的综合性园林体系。园林的立意命题较高，一般多表现“天人合一、正教一统”的思想，园林水体布局遵循“一池三山”的传统手法。

图 1-44　颐和园

③建筑多样，庄重华贵　皇家园林建筑形式多样，宏伟高大，敦实厚重，功能齐全，金碧辉煌。园林建筑色彩鲜艳，以红、黄为主，体现富丽堂皇。在艺术风格上以庄重华贵为主，在规则中求得变化，在华丽中求得素雅(图 1-45)。

④再现自然，效仿江南　园林创作手法上再现自然景观，模仿江南园林名胜景观，有融合私家园林造园手法的倾向。如颐和园中以寄畅园为蓝本建造的谐趣园(图 1-46)。

图 1-45　颐和园・云辉玉宇牌楼

(二)私家园林

私家园林主要是指王公贵族、官吏富商、文人雅士在府宅附近辟地建造供自家居住和享用的园林，据古籍中所记载的园、园亭、地馆、山池、山庄、别业、草堂等，一般都属于私家园林的范畴。此外，还有诸如公馆园林、书院园林、祠堂园林等，也属于私家园林之类。私家园林分布以江南之地为多，如苏州的拙政园、留园、沧浪亭、网师园，上海的豫园等。北方地区如北京的王府花园、山东曲阜孔府的后花园等。私家园林具有以下特点：

图 1-46　颐和园的园中园“谐趣园”

①自然质朴，隐逸超尘　私家园林主人多为文人士大夫，其思想自由，生活态度自由，在生活中努力开拓空间，将腹中万卷图书、一腔诗情画意浓缩为衣食住行，其所建园林多以“一勺代水，一拳代山”的写意山水为主体，将大自然的山水风景提炼为诗情画意的境界，营造出“小中见大”和空灵玄远的精神空间。

②小巧玲珑，秀丽典雅　私家园林一般面积较小，多数私家园林是宅园一体的，首先要满足园主人及其家人的生活起居的需要，园林建筑数量多、所占比重大。因此，园林建筑小巧，玲珑精致，色彩淡雅。园林空间处理灵活多变，营造“小中见大”的艺术氛围，体现高超的造园艺术和技巧。

③情景交融，寓意深刻　私家园林色彩淡雅，小青瓦屋顶，白粉墙，与青山、秀水、绿树十分协调，营造出园林主人追求宁静的心态。在构思立意上，一般具有深刻的寓意，

图 1-47　苏州沧浪亭

如沧浪亭和网师园的“濯缨水阁”均取意于司马迁《史记》中《渔父》之歌“沧浪之水清兮，可以濯吾缨；沧浪之水浊兮，可以濯吾足”(图 1-47)。

(三)寺观园林

寺观园林是在佛教的寺庙，道教的馆、观等宗教场内及其周围所附设的园林，是宗教建筑与园林相结合的产物。寺观园林服务于宗教活动，其目的是创造修身养性的氛围，因此表现出幽静肃穆、超凡脱俗、庄严神秘的意境。将人间喧嚣置之度外，以主张“跳出三界外，不在五行中”的宗教文化内涵。讲究内部庭院的绿化，多以栽培名贵花木而闻名于世。在古代，寺庙是百姓唯一能借朝拜和敬香进入的园林，因此寺观园林同时具有公共园林的功能。具有以下特点：

①依山就势，深邃清幽　寺观园林多建于自然景观较美的山水胜地，背风向阳，风景优美，冬暖夏凉，环境幽雅，古木参天、绿树成荫，颇有禅意。正如诗云，“深山藏古寺”“山当曲处皆藏寺，路欲穷时又遇僧”(图 1-48)。

②虚实交融，恬静淡雅　将寺观园林建筑与自然环境巧妙结合，如水体般巧妙地以小桥、亭、榭等建筑来点缀，虚实结合，层叠曲折，曲径通幽，形成宁静清雅、优美的园林化环境(图 1-49)。

图 1-48　深山中的山西五台山寺院

图 1-49　与自然相融合的四川峨眉山景观

③构图独特，景观相融　寺观园林一般是主体建筑按轴线布置，体现严谨和肃穆的氛围。园林环境则取法自然，与寺庙建筑有机融合。寺观园林往往巧妙利用地形，多不饰色彩，朴实无华，与自然环境融为一体。后期许多寺庙园林将自然风景渗入了人文景观，逐渐发展为今天的风景名胜区(图 1-48、图 1-49)。

(四)自然风景名胜园林

自然风景名胜指位于城市郊区的具有天然优美景观特点的地区，经过人们的逐渐开

发、建设而形成的公共风景游览地，如杭州西湖、长安曲江等。

一般古代人们将自然风景园林的景观赋予诗意的名称，一个自然区风景园林往往有多个景，如杭州西湖十景、扬州瘦西湖二十四景、济南大明湖八景等。人们往往在自然景观最好的区域周围，找到最好的观赏点，布置亭、台等景观园林建筑，建筑的布置和设计以突出自然环境和景观特点为目的，方便人们欣赏。

二、按地方风格的不同分类

中国古典园林按其所体现的不同地方风格，主要有北方园林、江南园林、岭南园林，此外还有巴蜀园林、西域园林。

(一)北方园林

北方园林大多集中于北京、陕西、河南、河北一带，其中尤以北京为代表。如恭王府花园、米万钟勺园(北大一部分)。北方园林具有以下特点：

①形式多样，特色鲜明　北方古典园林中，具有全部的园林形式，皇家园林如颐和园、圆明园等，私家园林如北京恭王府花园、山西常家庄园等，寺观园林如北岳恒山、山西五台山等。

②布局严谨，恢宏大气　北方园林特别是皇家园林，在规划布局时，中轴线、对景线运用较多，园林富于凝重、严谨的格调；讲究帝王气派，雄伟高大、金碧辉煌，主体突出，强调中心；占地较广，平面布局严谨，壮阔粗犷，厚重沉稳，如颐和园、晋祠；遵循前宅后园的布局方式，园内真山真水，开阔大气(图1-50、图1-51)。

图1-50　在中轴线上布局严谨的建筑(颐和园)

图1-51　山西常家庄园沼余湖和观稼山上的观稼阁

③四合院基调，前宅后园格局　四合院是北方普遍的民居形式，贵族的园林都是四合院带花园的，如恭王府花园(图1-52)。北京故宫的御花园，是四合院花园的放大；山西常家庄园中供家族人居住的宅院，也是山西传统的两进式、三进式、四进式的四合院。而每一所宅院都有通向花园的门，整个庄园的园林是全族的公共活动场所。总园门与宅院的门一样，也是临街而设，名曰“静园”(图1-53)。

图 1-52　恭王府花园

图 1-53　山西常家庄园的花园“静园”

④建筑敦实，细部严谨　在北方园林中，建筑的形象稳重、敦实，翼角起翘平缓，墙面厚重，细部处理严谨，别具一种阳刚之美。建筑本身的风格极具北方特色，但这种风格亦非千篇一律。如颐和园在险要的部位，前山和后山的中央建筑群，一律为“大式”做法（图 1-50），其他的地段上则多为皇家建筑中最简朴的“小式”做法，以及与民间风格相融糅的变体。正是这些变体建筑的点缀，给整个雍容华贵的园林增添了不少朴素、淡雅的民间乡土气息。

图 1-54　山西常家庄园长廊

⑤效仿江南，多用廊桥　在保持北方建筑传统风格的基础上，大量使用游廊、水廊、爬山廊、拱桥、亭桥、平桥、榭、舫、粉墙、漏窗、洞门、花砖铺地等江南常见的园林建筑形式（图 1-54）。并且大量借鉴和运用江南各个流派的假山堆叠的技法，但叠山所用的石材以北方盛产的青石和北太湖石（房山石）为主。

⑥植物品种较少，景观三季更迭　北方观赏树种相较于江南而言较少，尤缺阔叶树、常绿树和冬季花木。主要有松、柏、杨、柳、榆、槐等乔木，还有春、夏、秋三季更迭不断的花木，如丁香、海棠、玉兰、牡丹、芍药、荷花等，尽管如此，却也能依据意境，构成北方园林植物造景的主题。每当严冬，水面结冰，大多数树木凋零，虽有寒冬萧瑟之感，但见仍有松柏傲然挺立，几株梅花悄然绽放，却也有岁寒仍知松柏之无畏，霜雪方可见寒梅之傲骨的意境。

（二）江南园林

江南园林是指长江中下游以南的园林。江南气候温和、水量充沛、物产丰盛、景色优美、人文环境浓郁，其园林的营建自成特色。江南园林以江南私家园林著称，规模不大，多处于市井之内，是以开池筑山为主的自然式风景山水园林。江南园林大多集中于南京、上海、无锡、苏州、杭州、扬州等地，其中尤以苏州为代表，如苏州的留园、拙政园、网师园、狮子林等园林闻名中外。江南园林具有以下特点：

①诗情画意，意境优美　在咫尺空间中因势随形，合理布局；凿池堆山、育花栽木，适

地建筑，匠心独运，创造出一种重含蓄、贵神韵的景观，达到一种“咫尺山林”“小中见大”的景观和意境效果。例如，拙政园的“与谁同坐轩”（图1-55）取意于宋代苏轼《点绛唇·闲倚胡床》“与谁同坐”一句反问，问出了超逸的韵致，拨动了游客的心琴，使人与山水共鸣。人们不禁要去捕捉和聆听清风明月下的天籁之音，去咀嚼醇美的诗意，去举目眺望入画的景色，去用心体会：美景在眼前，意韵在画外的优美意境。真是“轩宇玲珑如展扇，与谁同坐有知音，于此可横琴”（周瘦鹃《苏州好·调寄望江南》）。

②布局巧妙，空间多样　江南园林规模不大，多讲究布局和构图艺术，营造小空间中见大天地的艺术氛围。空间灵活多样，如山水空间、建筑空间、庭园空间、天井空间等，适合静赏，亦可动观（图1-56）。

图1-55　拙政园“与谁同坐轩”

图1-56　拙政园的小飞虹

③建筑精美，朴素淡雅　江南园林中的建筑富有乡土特色，体现地方建筑风格。建筑个体轻盈玲珑、空间通透，多用白墙、灰瓦、青砖，建筑形式极其丰富多彩，工艺水平精致。布局自由，结构不拘定式，清新洒脱，小巧细腻，幽雅美丽。青瓦素墙，褐色门窗，小阁临流，宛若山水画（图1-57）。

④叠石理水，风格独特　江南水乡，擅长水景，水石相映，构成园林主景。人工堆山也是江南园林的特色，堆山所用材料多为太湖石和黄石，石量应用很大。掇制的峰石，或散置、或特置、或群置，手法多样，技艺高超。狮子林的假山迷宫就是叠山的绝妙之笔（图1-58）。

图1-57　濯缨水阁（苏州网师园）

图1-58　狮子林假山

⑤植物丰富，四季有景　江南气候温和湿润，适宜植物生长。园内植物丰富，花木种类繁多，多自然式种植，配置讲究艺术造型和寓意。园中植物讲究造型和姿态、色彩和季相特征，以落叶乔木为主，配合常绿植物，构成四季景观。

（三）岭南园林

岭南园林多数是宅园，一般为庭院和庭园的组合，规模比较小，建筑的比重较大，主要分布于广东省，如清晖园、余荫山房、可园。岭南园林具有以下特点：

①庭园形式多样，组合密集，建筑比重大　通透开敞更盛于江南，外观轻快活泼，体型轻盈、通透、朴实，体量较小，重视细部装饰(图1-59)。

②装修精美、华丽，大量运用木雕、砖雕、陶瓷、灰塑等民间工艺　门窗格扇、花罩漏窗等都精雕细刻，再镶上套色玻璃做成纹样图案，在色彩光影的作用下，犹如一幅幅玲珑剔透的织锦画(图1-60)。

图1-59　由开敞通透的建筑组合成的空间(顺德清晖园)

图1-60　装饰精美(顺德清晖园)

③布局形式和局部构件受西方建筑文化的影响　例如，中式传统建筑中采用罗马式的拱形门窗和巴洛克的柱头，用条石砌筑形成规整的水池，厅堂外设铸铁花架等，都反映出中西兼容的岭南文化特点(图1-61)。

④叠山理水，风格独特　叠山常用英石，石景分为石壁型和山峰型，与水体结合成水石相依的格局，是岭南一绝。理水手法多种多样，不拘一格(图1-62)。

图1-61　中西风格结合的园林建筑(顺德清晖园)

图1-62　岭南园林叠山理水风格(顺德清晖园)

⑤植物品种丰富，四季美景不断　观赏植物品种繁多，四季花团锦簇、绿荫葱翠，还有外来热带树种点缀，更增添了园林的美景。

（四）巴蜀园林

巴蜀园林自然天成，古朴大方，以“文、秀、清、幽”为风貌，以飘逸为风骨。主要分布于四川省，如杜甫草堂（图 1-63、图 1-64）、望江楼等。巴蜀园林具有以下特点：

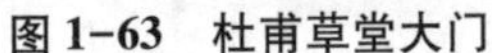

图 1-63　杜甫草堂大门

图 1-64　杜甫草堂自然纯朴的水榭

①蕴含文化，以“文”著称　“文”指著名园林都与著名文人有关，园林中蕴含浓郁的文化气质，如李白、杜甫、“三苏”、陆游等都留下了优秀的诗文，为巴蜀园林的发展奠定了良好的基础。

②秀美清雅，巴蜀风范　由“文”而“秀”，巴蜀名园多小巧秀雅，石山甚少，水岸朴实，以清、简见长。建筑密度不大，形象秀雅，风格倾向于四川民居。

③植物繁茂、景观多样　植物品种丰富、多用常绿阔叶林作背景，以水面取虚放扩，创造空间的变化和虚实对比。

④巧用自然，清幽飘逸　由于四川是道教的主要发源地，名园渗透了相当浓厚的飘逸风骨。其主要表现是：不拘成法的多变布局，跌宕多姿的强烈对比和返璞归真的自然情趣。

四川自然风景条件优越，得天独厚，因而园林更偏重于借景。巴蜀园林综合运用各种手法，尤其是巧用地形造园，组织自然空间，创造历史空间，体现出飘逸、洒脱、质朴的道家精神，其园林意境更是追求天然成趣，以及把现实生活和自然环境协调起来的幽雅闲适的美。

（五）西域园林

西域园林主要指处于西部的少数民族园林，由于其特殊的地理和文化背景而具有独特的风格。代表性较强的是新疆维吾尔族园林和藏族园林。具有以下特点：

1. 新疆维吾尔族园林

构图简朴、活泼自然，因地制宜，经济实用，把游憩、娱乐、生产有机结合起来，形成一种独具民族风格的花果园式园林。园中建筑多用砖土砌成拱顶，外用木柱组成连拱的廊檐，饰以花卉彩绘和木雕图案。没有叠山置石，多种植抗旱、耐寒、耐盐碱的树种，形

成独特的植物景观。如新疆艾提尕清真寺(图 1-65)。

2. 藏族园林

藏族园林最完整的代表是西藏罗布林卡，大面积的绿化和植物景观构成了粗犷的原野风光主调，有自由式和规则式布局。园路多笔直，园内引水凿池，没有人工掇山和地形起伏，景观一览无余。园林意境只表现佛教，园中园自发形成，缺少有机联系，没有章法可言。建筑为藏族风格雕房式，但园林缺少空间变化和景区划分，只是绿地围绕建筑，若干建筑散置于绿化环境中。某些局部装饰、装修和小建筑亭、廊受到汉族影响；小品等则明显受西方影响。总的来说，罗布林卡是现存的少数藏民族园林中规模最大、内容最充实的一座，虽不成熟，但也是园林艺术百花园中的奇葩(图 1-66)。

图 1-65　新疆艾提尕清真寺

图 1-66　西藏罗布林卡

三、按园林基址和开发方式分类

园林按园林基址和开发方式分类，可分为天然山水园和人工山水园两类。

(一)天然山水园

天然山水园建于城镇近郊、远郊的山野风景地带，对自然基址和原始地貌因势利导，适当改造、加工，再配以植物、点缀建筑，形成风景优美的园林环境，包括山水园、山地园和水景园等。北方的皇家园林大都属于此类。

(二)人工山水园

人工山水园即在平地上开凿水体、堆筑假山，人为地创设山水地貌，配以花木栽植和建筑营构，把天然山水风景缩移、模拟在一个小范围之内，体现“城市山林”。人工山水园是中国古典园林的代表，多数私家园林属于此类。这类园林规模相对较小，一般来说，江南私家园林的面积在 0. 5~3 公顷，如残粒园的面积为 0. 5 公顷，是最小的私家园林；而拙政园面积为 3 公顷，是最大的江南私家园林。北方的私家园林面积较大，山西常家庄园，原建南、北常家庄园合计 60 万平方米，现存修复的常家庄园仅为北常家庄园的 1/4，面积为 12 万平方米，其中宅院 4 万平方米，园林 8 万平方米。

四、按园林不同的布局形式分类

中国古典园林按布局方式的不同，可将其分为自然式园林和规则式园林两种，以自然式园林居多，如北京颐和园、圆明园、承德避暑山庄、佛山梁园、东莞可园等。规则式布局较少，如清北京御花园、慈宁宫花园，陵园如明十三陵等。

五、中国古典园林的特点

中国古典园林作为一个完整的风景园林体系，与其他园林体系相比较，具有鲜明的个性和特征，具体表现为以下几方面。

（一）师法自然，高于自然

自然风景以山、水为地貌基础，以植被作装点，山、水、植物乃是构成自然风景的基本要素，当然也是风景式园林的构景要素。但中国古典园林绝非一般地利用或者简单地模仿这些构景要素的原始状态，而是有意识地加以改造、调整、加工、剪裁，从而表现一个精练概括的自然、典型化的自然。唯有如此，像颐和园那样的大型天然山水园才能够把具有典型性格的江南湖山景观在北方的大地上复现出来。这就是中国古典园林的一个最主要的特点——本于自然而又高于自然。这个特点在人工山水园的筑山、理水、植物配置方面表现得尤为突出。正如明代造园专家计成在《园冶》提出的“虽由人作，宛自天开”。

1. 园林布局，师法自然

师法自然，在造园艺术上包含两层内容。一是总体布局、组合要合乎自然。山与水的关系以及假山中的峰、涧、坡、洞等各景象因素的组合，要符合自然界山水生成的客观规律；二是每个山水景象要素的形象组合要合乎自然规律。如假山峰峦是由许多小的石料拼叠、合成，叠砌时要仿天然岩石的纹脉，尽量减少人工拼叠的痕迹。水池常作自然曲折、高下起伏状。花木布置应是疏密相间，形态天然。乔灌木也应错杂相间，追求天然野趣。

2. 园林空间，融于自然

（1）分隔沟通，融于自然

中国古代园林用种种办法来分隔和沟通园林空间，如利用地形、水体、建筑和植物，其中主要是用建筑来围合和分隔空间的。分隔空间时力求从视角上突破园林实体的有限空间的局限性，如在使用园墙分隔空间的同时，又在墙上开设各种形式的漏窗、门洞来沟通空间；在用水体将两个空间分隔开来的同时，又会运用各种各样的桥、堤、汀步来沟通空间等，使之融于自然，表现自然。为此，必须处理好形与神、景与情、意与境、虚与实、动与静、因与借、真与假、有限与无限、有法与无法等种种关系。如此，则把园内空间与自然空间融合和扩展开来。

（2）巧于因借，引入自然

不拘泥于庭院范围，通过借景扩大空间视觉边界，使园林景观与外面的自然景观等相联系、相呼应，营造整体性园林景观。无论动观或者静观都能看到美丽的景致，追求无限外延的空间视觉效果。如图 1-67 所示颐和园远借西部群山、玉泉山及塔的景观。

图 1-67　颐和园借景

(3)变化多端，融合自然

动静结合、虚实对比、承上启下、循序渐进、引人入胜、渐入佳境的空间组织手法和空间的曲折变化，以及园中有园的空间布局方法和艺术，常常将园林整体分隔成许多不同形状、不同尺度和不同个性的空间。将自然、山水、人文景观等分割成若干片段，分别表现，并将形成空间的诸要素糅合在一起，参差交错、互相掩映。使游人不断感受空间大小、明暗、开合、动静的变化，以形成丰富而绵延不尽的映像。

(4)小中见大，凝练自然

古代造园艺术家们抓住大自然中的各种美景的典型特征，予以概括、提炼、剪裁，把自然界的峰、峦、沟、壑，湖、涧、潭、沼等优美景观，一一表现在小小的庭院中，“以有限面积，造无限空间”。“大”和“小”是相对的，关键是“假自然之景，创山水真趣，得园林真意”。

3. 园林建筑，顺应自然

中国古代园林中，有山有水，有堂、廊、亭、榭、楼、台、阁、馆、斋、舫、墙等建筑，人工的山，石纹、石洞、石阶、石峰等都显示自然的美景。人工的水，岸边曲折自如，水中波纹层层递进，也都显示自然的风光。所有建筑，其形与神都与天空、地上的自然环境相吻合，并因地制宜地布置于园林之中，同时又使园内各部分自然相接，以使园林体现自然、淡泊、恬静、含蓄的艺术特色，并起到移步换景、渐入佳境的观赏效果。

4. 园林植物，表现自然

与西方园林系统不同，中国古代园林对树木花卉的处理与安设，讲究表现自然。松柏高耸入云，柳枝婀娜垂岸，桃花数里盛开，乃至于树枝弯曲自如，花朵迎面扑香，其形与神、意与境，都重在表现自然。

(二)诗情画意，情趣盎然

诗画艺术对中国园林的影响最广也最深刻，最突出地表现为园林景观以景观序列的方法布局，园景安排必有起景、发展、主题、高潮、转折、结尾，表现出诗一般的优美、精练和严谨的章法结构。其间还常用对比、悬念、欲扬先抑或欲抑先扬的手法，使景观序列中的景观画面，产生既在情理之中，又出乎意料的艺术效果，犹如一幅画卷般引人入胜，更增强了如诗的韵律美感。

园林是时空综合的艺术，园林的景物既需“静观”，领略画面的美；也要“动观”，即在游动、行进中领略和观赏动态的美。中国古典园林的创作，能充分地把握这一特性，融诗画艺术于园林艺术中，使园林从总体到局部都包含着浓郁的诗情、画趣，让游人在园中感觉到仿佛置身画中，赏心悦目。

(三)意境深远，耐人寻味

意境是中国艺术创作和欣赏的一个重要美学范畴，也就是说把主观的感情、理念熔铸于客观的园林景物之中，从而引发鉴赏者类似的情感体验和意蕴联想。

中国古典园林注重意境的创造，人们常常用山水诗、山水画，寄情于园林山水景观之中，表达追求超脱与自然协调共生的思想和意境。并常常通过楹联匾额、刻石、书法、艺术、文学、哲学、音乐等形式表达景观的意境，从而使园林的构成要素富于内涵和景观厚度。

游人获得园林意境的信息，不仅通过视觉的感受或者借助于文字、古人的文学作品、神话传说、历史典故等信息来感受，而且还通过听觉、嗅觉来感受。诸如十里荷花、丹桂飘香、雨打芭蕉、流水潺潺，以及风过竹林有如碎玉倾洒，柳浪松涛有若天籁清音，都能或以“味”入景，或以“声”入景，从而引发游赏者对意境的遐思。曹雪芹笔下的潇湘馆，那“凤尾森森，龙吟细细”便绘声绘色地点出此处意境的浓郁蕴藉。沧浪亭的楹联“清风明月本无价，近水遥山皆有情”正是点题之笔，提炼出“沧浪亭”的主题意境。苏州网师园之名，“网师”即渔父、钓叟，取自柳宗元的“独钓寒江雪”之句。网师园即为渔隐园，隐逸之意不言自明。

第二章　先秦园林

◇学习目标

知识目标

(1)了解中国古典园林萌芽期的历史概况和时代特点；

(2)掌握中国古典园林的起源；

(3)掌握影响中国古典园林的三大意识形态；

(4)掌握萌芽期园林的特点。

技能目标

(1)能对萌芽期各阶段的园林作品造景手法进行分析；

(2)能借鉴萌芽期园林优秀造园手法应用于后期的景观设计中。

素质目标

(1)加强对我国古典园林的起源的认识、理解和感悟；

(2)提升园林文化素养；

(3)培养热爱祖国园林历史和文化的情感。

第一节　历史概况和时代特点

原始社会晚期，私有制萌芽，夏朝建立。夏朝是我国史书中记载的第一个世袭制王朝，包含多个部落联盟，都城在黄河北岸的山西安邑。开创了家天下的制度，共传14代、17位帝王，农业、手工业和畜牧业都有一定的发展。夏朝最后一任君主夏桀奢靡暴虐，竭尽民力修筑宫室台榭，劳民伤财，失去了民心，百姓中流传着这样一句话："时日曷丧，予及汝偕亡。"意思是：这个太阳(夏桀)什么时候灭亡呢？我真想和你同归于尽。这使得中国第一个奴隶制国家因为暴政而走向灭亡。

一、殷商时期

(一)历史概况

公元前1600年，商族部落首领商汤灭夏创立商王朝(图2-1)。商王盘庚在位时，为摆脱政治动乱和水患困扰，迁都于殷，从此商朝也称殷朝。盘庚"行汤之政"，出现了"百姓由宁，殷道复兴"的政治局面，结束了商朝"荡析离居"的动荡岁月(图2-2)。

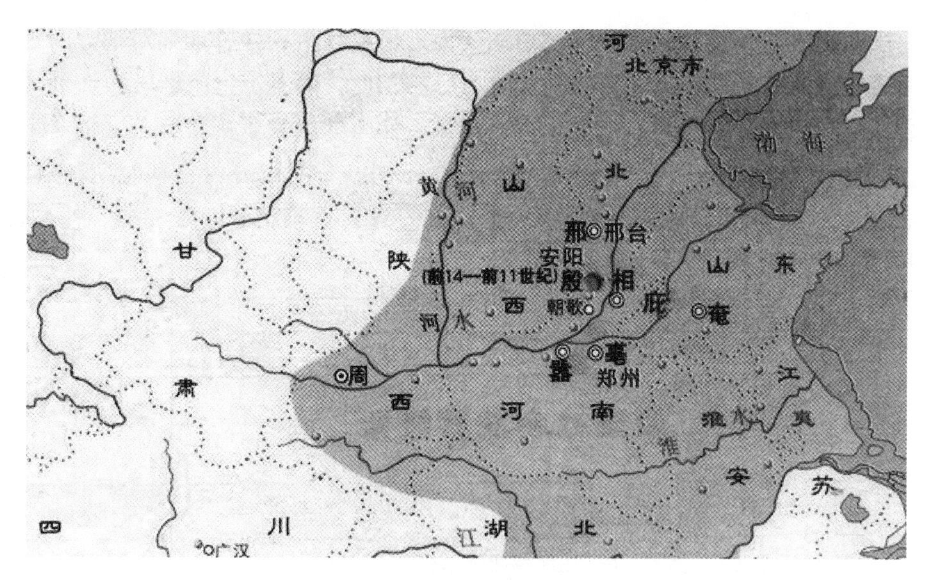

图 2-1　商朝地图

(二)时代特点

商朝时期是奴隶制繁荣的时期，完全脱离了原始部落的生活方式，由游牧而改为定居。国家政权建设逐步完善，农业、手工业有较快的发展，并出现了文字。人类迈过石器时代，进入了青铜器时代(图 2-3)。以农业为经济基础，青铜冶炼和制造技术达到一定的水平，社会生产力大幅提高，游憩和狩猎成为贵族奴隶主们盛行的娱乐方式和精神享受。

图 2-2　商汤像

图 2-3　商朝青铜器

二、周朝时期

(一)历史概况

商王朝至帝辛(商纣王)时，施行暴政，将贤臣逐一废除贬斥，各诸侯国也与商王朝离心离德。公元前 1027 年，西方周族在周武王的领导下，在牧野一举击溃商军，结束了商王朝六百多年的统治，建立周朝，史称西周。为了稳定政治秩序，加强对地方的控制，周天子分封有功之臣和王室贵族，让他们建立自己的领地，拱卫王室(图 2-4)。到周幽王继位后，任用奸臣，沉迷后宫，荒唐的烽火戏诸侯，让周朝失去了威信，公元前 771 年，周朝内部发生政变，废太子宜臼杀掉周幽王，建立东周。东周被分为春秋时期和战国时期，齐桓公、晋文公、楚庄王、秦穆公、宋襄公并称为春秋五霸；齐、楚、燕、韩、赵、魏、秦，史称战国七雄。

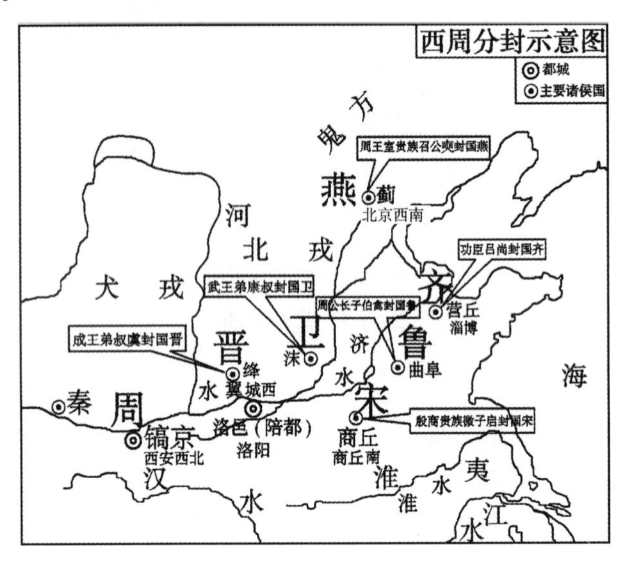

图 2-4　西周分封示意图

（二）时代特点

西周成王、康王在位时期，国力最强盛，经济繁荣，文化昌盛，社会安定，故有“成康之治”的美誉。

东周时期，又称春秋战国时期，是奴隶社会的瓦解时期，也是封建社会的形成时期。虽然社会动乱、连年征战，但是这也在一定程度上促进了经济文化的交流，出现了大量思想家、军事家、政治家。以孔子、老子、墨子为代表的三大哲学体系出现，形成诸子百家争鸣的繁荣局面。儒家主张仁政，以德化民；道家主张无为而治与辩证法；墨家主张兼爱尚同与科学(图 2-5 至图 2-7)。

图 2-5　孔子

图 2-6　老子

图 2-7　墨子

第二节　先秦园林实例

夏王朝时期，生产力低下，人们改造自然、征服自然的能力很弱，只有依靠群体的力量才能获得生活资料，因此没有进行造园活动。殷周时期，生产力较前大为提高，统治阶级把祖先的狩猎活动转化为一种娱乐，并建造供娱乐的环境。人们认识到自然的生态美，确立山水审美观念，出现借助自然山水为主进行的相关造园活动，形成了中国古典园林的雏形。这时的园林主要服务于统治者和贵族，尚未完全具备皇家园林的性质，是皇家园林的前身。

一、沙丘苑台

“沙丘苑台”为商纣王在今广宗县境内所修造，汉董仲舒《春秋繁露·王道》言：“桀纣皆圣王之后，骄溢妄行，侈宫室，广苑囿。”“沙丘苑台”是见于文字记载最早的苑囿，具备了游、猎、祭、赏、憩、戏等功能，被统治阶级当作人间“天堂”、理想的“乐园”。“沙丘苑台”的台、水、物构成了中国古典园林的基本要素。

沙丘遗址(图 2–8、图 2–9)成为一方名胜，文人骚客来此访古探幽，留下不少诗文，清朝康熙年间广宗县吴存礼游赏后写下七律《沙丘宫怀古》，诗云：

闲来凭吊数春秋，阅尽沧桑土一抔。
本籍兵争百战得，却同瓦解片时休。
祖龙霸业车申恨，主父雄心宫里愁。
唯有朦胧沙上月，至今犹自照荒丘！

图 2–8　沙丘苑台遗址 1

图 2–9　沙丘苑台遗址 2

二、灵囿、灵台、灵池

经始灵台，经之营之。庶民攻之，不日成之。经始勿亟，庶民子来。
王在灵囿，麀鹿攸伏。麀鹿濯濯，白鸟翯翯。王在灵沼，於牣鱼跃。
虡业维枞，贲鼓维镛。於论鼓钟，於乐辟廱。
於论鼓钟，於乐辟廱。鼍鼓逢逢。蒙瞍奏公。(引自《诗经》)

公元前 11 世纪周文王筑丰城，同时辟灵囿、筑灵台、凿灵池。灵囿是礼仪场所，实际是占地广阔的皇家园林雏形，供贵族狩猎与游赏。周文王的灵台是展示他的“仁义”、推行礼乐文化的载体(图 2–10、图 2–11)。

周文王时期的灵囿已经有了园林的雏形，不仅可供狩猎，还具备一定的游憩和观赏功能。动物为主要观赏对象，植物偏重生产价值，观赏功能为辅，为奴隶主提供了娱乐活动的空间。

图 2–10　周文王灵台遗址改建图

图 2–11　灵台效果图

三、章华台

公元前 535 年，楚灵王为显示国力，威服四方，举全国之力，耗时 6 年在古云梦泽修建了一座方圆四十里的宏伟宫苑，名章华台，又称章华宫(图 2–12、图 2–13)。

史载章华台“台高十丈，基广十五丈”，曲栏拾级而上，中途得休息三次才能到达顶点，故又称“三休台”。楚灵王日宴夜息于台上，管弦之声，昼夜不绝。因“灵王好细腰”，章华台又称“细腰宫”。

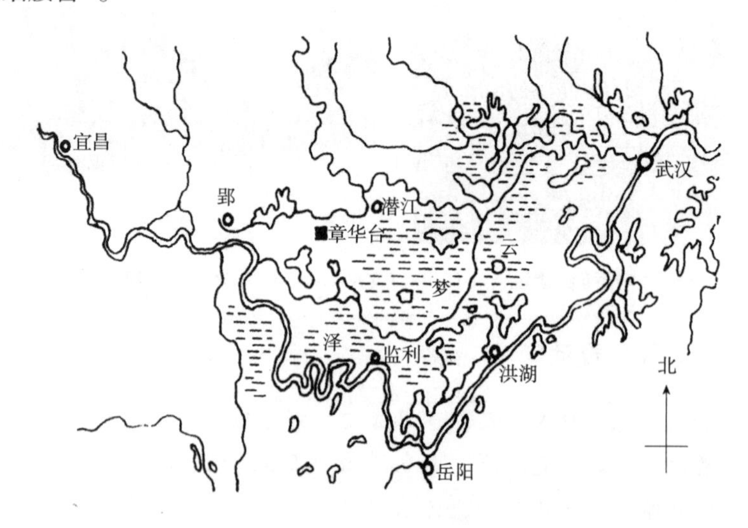

图 2–12　章华台位置图

图 2-13　章华台遗址

章华台是春秋时期高台榭的代表，体量庞大，高大华丽，在高大的夯土台上再分层建造木构房屋。这种土木结合的方法，高大宏伟，位置高敞，“高台榭，美宫室，以鸣得意”，表现了统治者的权威。

随着楚国的衰亡，盛极一时的章华台毁于战火，消夷为历史的陈迹，只有文人墨客在此凭吊怀古。

章华宫行　唐·鲍溶

烟渚南鸿呼晓群，章华宫娥怨行云。
十二巫峰仰天绿，金车何处邀云宿。
小腰婑堕三千人，宫衣水碧颜青春。
岂无一人似神女，忍使黛蛾常不伸。
黛蛾不伸犹自可，春朝诸处门常锁。

这时候的宫苑的游观功能已经上升到主要地位，植物成为造园要素，以建筑结合天然山水地貌而发挥其观赏作用。章华台三面由人工开凿的水池环抱，开始有了游赏为目的的水体，山环水抱的做法是园林里开凿大型水体工程之首例。

四、姑苏台

公元前 492 年吴王夫差战胜越国后，在吴中称王称霸，在国内大兴土木建造宫室、亭台楼阁，作为行宫。姑苏台高三百丈，宽八十四丈，有九曲路拾级而上，登上巍巍高台可饱览方圆二百里范围内湖光山色和田园风光，其景冠绝江南，闻名于天下。高台四周还栽上四季之花，八节之果，横亘五里，还建灵馆、挖天池、开河、造龙舟、围猎物，供吴王逍遥享乐(图 2-14 至图 2-16)。

姑苏台坐落在苏州城外的姑苏山上，曾有着蓬莱仙境之称；因山成台，联台为宫，规模宏大，建筑华丽；居高临下，可观赏太湖景观。与章华台造园手法相似，姑苏台同样借自然山水环境的优势，建造台、馆、宫、阁等多种类型，以满足游赏、娱乐、居住和朝会等多方面功能需要。其依靠人工开凿水体，满足用水功能，是囿与台结合的典型园林形式。

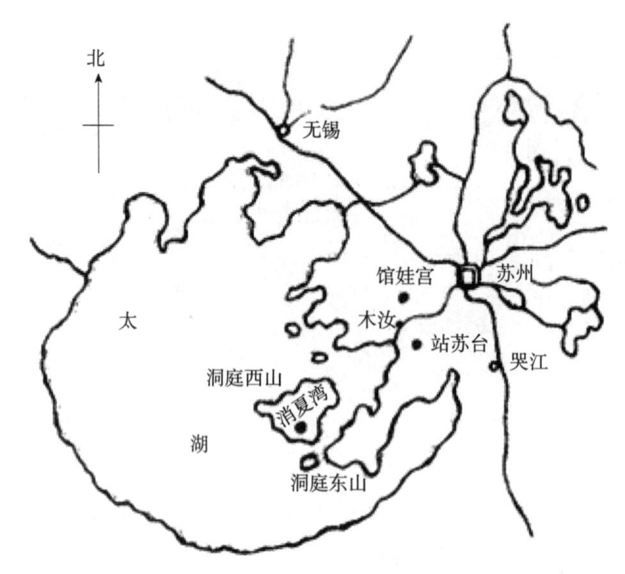

图 2-14　姑苏台位置分布图

图 2-15　姑苏台复原效果图

图 2-16　姑苏台复原实景图

第三章　秦汉园林

◇学习目标

知识目标

(1)了解中国古典园林的生成期历史概况和时代特点；

(2)掌握生成期中国园林的特点。

技能目标

(1)能对生成期园林代表作品造景手法进行分析；

(2)能借鉴生成期园林优秀造园手法应用于后期的景观设计中。

素质目标

(1)加强对生成期中国古典园林史的认识；

(2)感悟生成期园林的发展对中国园林的重要意义；

(3)培养正确的园林史观。

第一节　历史概况和时代特点

周朝是中国最后一个世袭奴隶制王朝，周幽王即位后，社会秩序陷入混乱和动荡之中。幽王和褒姒不仅整日饮酒作乐，不理朝政，而且还上演了“烽火戏诸侯”的闹剧。从武王建立周王朝到幽王被杀，统治了约250年的西周王朝就这样灭亡了，到了东周分成春秋和战国两个阶段，最终秦统一六国而结束。

一、秦朝

(一)历史概况

公元前221年，秦王嬴政灭六国，建立了中国历史上第一个中央集权制国家，史称始皇帝。秦朝结束了春秋战国数百年的分裂局面，实现了多民族国家的大一统。秦始皇采纳丞相李斯的建议，取消西周时期流传下来的分封制，国家管理上推行单一的郡县制，废诸侯，立郡县，分天下为三十六郡。

(二)时代特点

在政治方面，秦朝强化中央对地方的控制，皇帝掌握着国家所有的权力尤其是军事大权。首次将法律加入国家的管理之中，开创了依法治国的法制社会，使官员百姓做事都有法可依，有法可循。

在经济方面，它实行了土地私有制，在很大的程度上保障了地主阶级的利益，促进了社会生产的组织发展，是国家的财政收入丰盈的保障。

在文化方面，加强思想的统一，推行车同轨、书同文、行同伦，统一文化风俗，加强了大一统的凝聚力。秦国丞相吕不韦主编《吕氏春秋》，以道家思想为主干，融合各家学说，有儒、道、墨、法、兵、农、纵横、阴阳家等各家思想。共分为十二纪、八览、六论，共二十六卷，一百六十篇，二十余万字(图 3-1、图 3-2)。

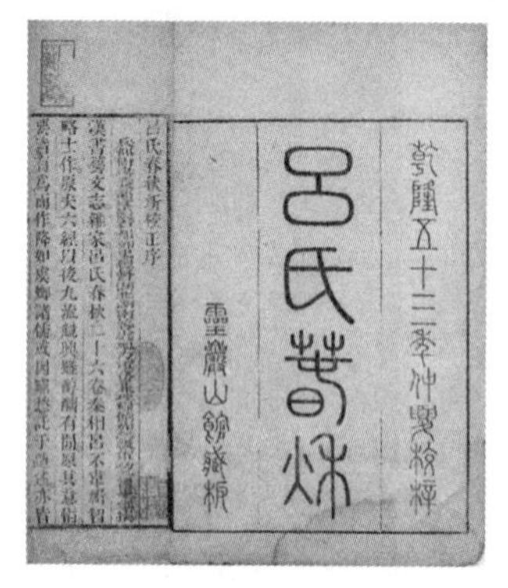

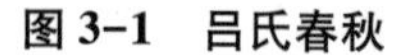

图 3-1　吕氏春秋

图 3-2　吕不韦

秦朝在政治、军事、经济、交通、文化及对外开拓诸方面，采取了一系列新的政策，大大加强了全国的统一，对后世亦产生颇大的影响。

二、汉朝

(一) 历史概况

汉朝是中国历史上继短暂的秦朝之后出现的朝代，分为西汉与东汉两个历史时期。公元前 202 年，刘邦楚汉之争获胜后称帝建立汉朝，史称西汉。汉文帝、汉景帝推行休养生息国策，开创“文景之治”。汉武帝即位后开辟丝路、攘夷拓土成就“汉武盛世”，至汉宣帝时期国力达到极盛。

公元 8 年，王莽发动政变，废西汉末帝，西汉灭亡。王莽是一个儒家思想信奉者，他认为要改变汉末土地兼并、社会混乱、百姓流离失所、生活艰难的情况，就需恢复到孔子所说“礼崩乐坏”之前的礼治时代。为了达到这个目的，他开始效仿复古西周时代的周礼制度推行新政，这才有了“王莽改制”。王莽推行的这些新政如分配土地、管控市场、冻结奴隶制等不符合当时的实际情况，最终以失败告终。

公元 25 年，东汉刘秀统一天下后，定都洛阳，推行息兵养民的政策，史称“光武中兴”。刘秀在位 33 年，大兴儒学、推崇气节，东汉一朝也被后世史家推崇为中国历史上“风化最美、儒学最盛”的时代。

(二) 时代特点

文化上，汉武帝废除了汉朝以“黄老学说、无为而治”治国的思想，积极治国，并采纳

董仲舒的建议，推崇儒家思想。

在科技方面，西汉时期已经开始使用丝絮和麻造纸，是纸的元祖，而东汉时的蔡伦改进了造纸术，形成了现代意义上的纸。造纸术成为中国的四大发明之一。东汉张衡制成了世界上第一台能够预报地震的候风地动仪。落下闳等人制定的《太初历》第一次将二十四节气订入历法。张仲景因《伤寒杂病论》而被尊为中华“医圣”、中医之祖。《周髀算经》及东汉初年的《九章算术》则是数学领域的杰作。

汉朝也是中国宗教的勃兴期。佛教在汉明帝时期传入中国，白马寺是中国第一间佛寺。道教也是在东汉时期宣告形成的。东汉末年，道教分为两大流派，一支为太平道，另一支为天师道。

汉高祖至汉文景时期的汉朝，经济实力直线上升，成为东方第一帝国，与西罗马并称两大帝国。到了汉武帝时期，汉帝国已经成为世界上最强大的帝国。

第二节　秦汉园林及其特点

生成期是中国古典园林逐渐成长的时期，秦朝开始出现了真正意义上的皇家园林。秦王嬴政以举国之力建造了三项建筑工程：长城、始皇陵与阿房宫。西汉时期皇家园林是造园活动的主流，它继承秦代皇家园林的传统，保持其基本特点而又有所发展、充实，皇家园林达到空前兴盛的局面。

一、秦汉时期皇家园林

(一)阿房宫

始皇三十五年(公元前212年)，在渭河以南的上林苑中开始营造朝宫，即阿房宫。由于工程浩大，始皇在位时只建成一座前殿。阿房宫是皇帝日常起居、视事、朝会、庆典的场所，其性质相当于渭南的政治中心。

《史记·秦始皇本纪》载：“始皇以为咸阳人多，先王之宫廷小。吾闻周文王都丰，武王都镐。丰、镐之间，帝王之都也。乃营作朝宫渭南上林苑中。先作前殿阿房，东西五百步，南北五十丈，上可以坐万人，下可以建五丈旗。”

阿房宫亦称阿城，为朝宫之前殿，东西五百步，南北五十丈，以木兰为梁，磁石为门，防止身怀刀刃兵器者入内。宫中设锦绣帷帐，陈鼓乐，置美人，养珍禽。

《史记》记载阿房宫并未建成，后世考古发掘证实了《史记》的记载，人们关于阿房宫的印象，很大程度上受《阿房宫赋》夸张虚构的影响(图3-3)。

图3-3　阿房宫遗址公园

（二）上林苑

上林苑，是我国秦汉时期的一座大型皇家园林，始建于秦朝秦孝公时期，秦始皇时期大事兴建，在汉武帝时期再次扩建，达到鼎盛(图3-4)。

秦始皇在渭水之南作上林苑，苑中建造许多离宫，还在苑中掘长池、引渭水。东西二百里，南北二十里，池中仿造书中的蓬莱仙境修建，筑土为蓬莱山，开创了我国在水中筑山的人工堆山的先河。这种独特的造园手法被称为“一池三山”，由于造型别致，宛若仙境，而被后来历代皇家园林争相模仿。

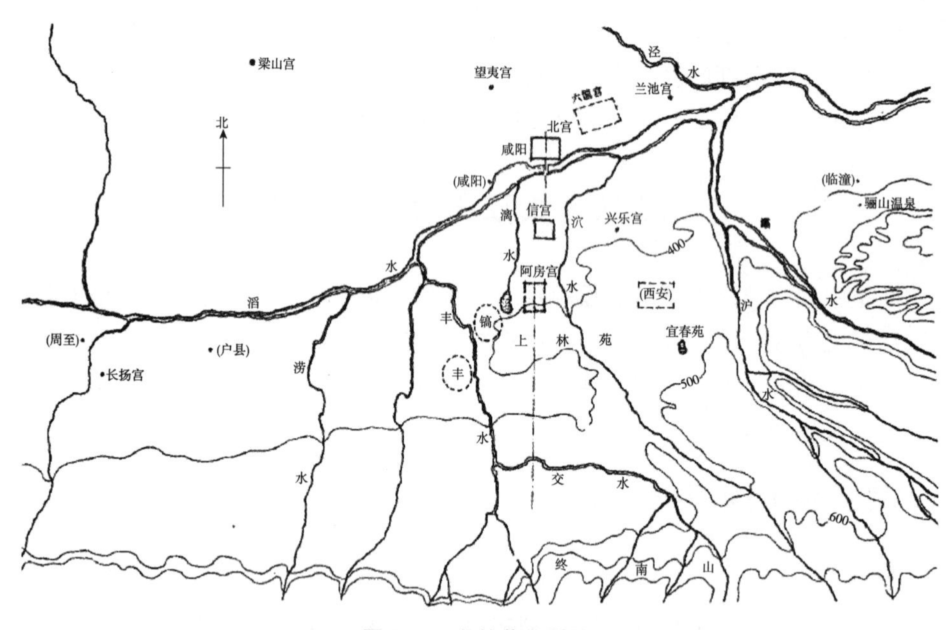

图3-4　上林苑位置图

汉代上林苑，即秦之旧苑也。《汉书》云：“武帝建元三年开上林苑，东南至蓝田宜春、鼎湖、御宿、昆吾，旁南山而西，至长杨，五柞，北绕黄山，濒渭水而东。周袤三百里。”离宫七十所，皆容千乘万骑。《汉旧仪》云：“上林苑方三百里，苑中养百兽，天子秋冬射猎取之。”帝初修上林苑，群臣远方，各献名果异卉三千余种植其中，亦有制为美名，以标奇异。

汉赋大家司马相如在《上林赋》中描绘了上林苑宏大的规模，描写天子率众臣在上林狩猎的场面。作者在赋中倾注了昂扬的气势，构造了具有恢宏巨丽之美的文学意象。此赋是表现盛世王朝气象的第一篇鸿文。“君未睹夫巨丽也，独不闻天子之上林乎？左苍梧，右西极。丹水更其南，紫渊径其北。终始灞浐，出入泾渭；酆镐潦潏，纡馀委蛇，经营乎其内。荡荡乎八川分流，相背而异态”。为我们描绘了当时八条河流围绕着长安城的盛景，也就是后人所说的“长安八水”。上林苑内开凿了很多人工湖泊，在上林苑之南引丰水而筑成的昆明池最大，周围四十里，用来训练水军、游览等。

秋兴八首·其七

唐·杜甫

昆明池水汉时功，武帝旌旗在眼中。

织女机丝虚夜月，石鲸鳞甲动秋风。

波漂菰米沉云黑，露冷莲房坠粉红。

关塞极天惟鸟道，江湖满地一渔翁。

上林苑是中国最早的皇家园林之一，它从春秋战国时期的皇家苑囿发展而来。规模宏大的皇家宫苑是权力和财富的象征，体现出统治者的集权思想，叠山理水的造园手法反映出统治者对寻求长生不老的神仙思想的追求。

(三)兰池宫

兰池，或称兰池陂。为秦始皇引水所造的池，秦在池之北侧造宫殿一座，名曰“兰池宫”。秦始皇十分迷信神仙方术，曾多次派遣方士到东海三仙山求取长生不老之药，当然毫无结果。于是退而求其次，在园林里面挖池筑岛，模拟海上仙山的形象以满足他接近神仙的愿望，这就是“兰池宫”，可看作一座水景园。

(四)建章宫

建章宫，是上林苑内主要十二宫之一，中国古代宫殿建筑。汉武帝刘彻于太初元年(公元前 104 年)建造，北为太液池。《史记·孝武本纪》记载：“其北治大池，渐台高二十余丈，名曰太液池，中有蓬莱、方丈、瀛洲、壶梁，象海中神山龟鱼之属。”建章宫前宫后苑是具有明确中轴线的严整布局，太液池是一个相当宽广的人工湖，因池中筑有三神山而著称。这种“一池三山”的布局对后世园林有深远影响，并成为创作池山的一种模式(图 3-5)。

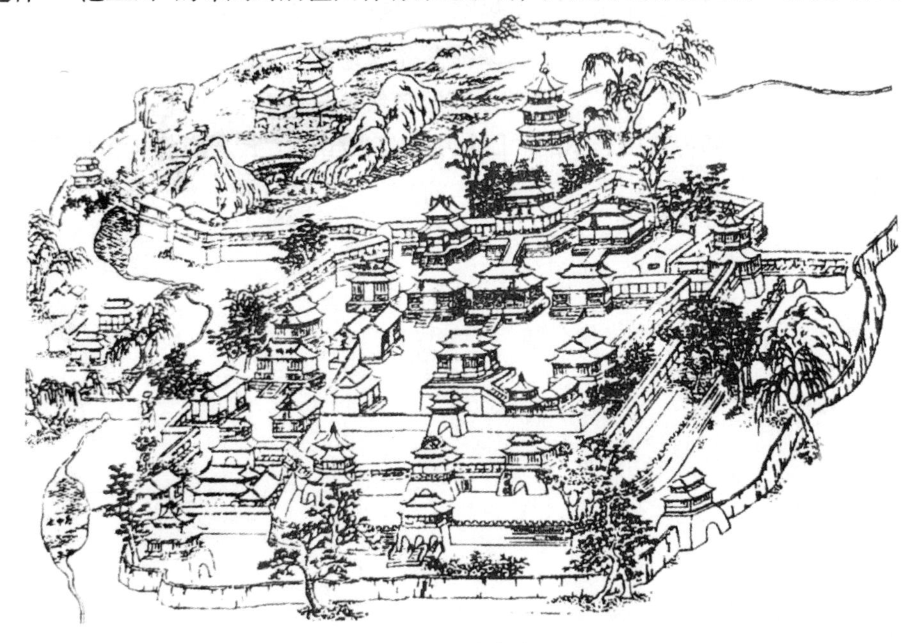

图 3-5　建章宫图

二、秦汉时期私家园林

(一)菟园

两汉时期是私家园林开始形成并有所发展的时期，园林文化得到了长足的发展。西汉初年，汉文帝封其子梁孝王刘武于都城睢阳建立梁国。梁孝王在睢阳东南平台一带大兴土木，建造了规模宏大、富丽堂皇的梁园(菟园，又作兔园)，为游赏与宴宾之所。葛洪《西京杂记》云："梁孝王好营宫室苑囿之乐，作曜华之宫，筑菟园。园中有百灵山，山上有肤寸石、落猿岩、栖龙岫，又有雁池，池间有鹤洲、凫渚，其诸宫观相连，延亘数十里。奇果异树，瑰禽怪兽毕备。"

菟园占地数十里，西起睢阳城东北(今河南商丘古城东南)，东至平台集(今河南商丘市经济开发区平台街道)。《史记》载："筑东苑，方三百里，广睢阳城七十里，大治宫室，为复道，自宫连属平台三十里。"《水经注疏》曰："筑城三十里。"园中集离宫、亭台、山水、奇花异草、珍禽异兽、陵园为一体，是供梁王游猎、娱乐等多功能的苑囿。后世谢惠连、李白、杜甫、高适、王昌龄、岑参、李商隐、王勃、李贺、秦观等都曾慕名前来梁园，李白吟唱果园的《梁园吟》成为千古名诗。由于受文人士流所影响，园中布景、题名出现诗画意境。

(二)梁冀园

梁冀园是东汉桓帝时外戚大将军梁冀的园囿。梁冀园位于洛阳，范围经亘数十里，经数年乃成。《后汉书·梁冀传》说："又广开园囿，采土筑山，十里九坂，以象二崤。深林绝涧，有若自然。奇禽驯兽，飞走其间。"《水经·谷水注》载："谷水自阊阖门而南，径土山东。水西三里有坂，坂上有土山，汉大将军梁冀所成，筑土为山，植木成苑。"张璠《汉纪》曰："山多峭坂，以象二崤。积金玉，采捕禽兽以充其中。"

梁冀园"深林绝涧、有若自然"，具备浓郁的自然风景的意味。园中的假山模拟自然，而且是以自然山峦的二崤为筑山样本的。园林中构筑假山的方式，模仿崤山形象，是为真山的缩移摹写。

第四章　魏晋南北朝园林

◇**学习目标**

知识目标

(1)理清魏晋南北朝时期的历史发展脉络和时代特点；

(2)领会并识别转折期的各类型园林及其特点；

(3)掌握魏晋南北朝时期园林特点；

(4)理解“魏晋南北朝的时代特点决定了中国园林艺术的走向”的含义。

技能目标

(1)能够识别中国古典园林三大类型的园林特点；

(2)能够叙述转折期各类园林的变化；

(3)能够体会和把握魏晋时期美学思想对园林艺术的作用和影响及自然山水园体系的形成。

素质目标

(1)感受魏晋南北朝特殊的历史时期对园林发展的影响；

(2)体会魏晋南北朝时期文人士大夫对大自然的热爱；

(3)培养热爱自然、尊重自然、与自然相协调的情感。

魏晋南北朝时期社会急剧动荡，群雄四起，人民流离失所，是中国历史上的一个大动乱时期。意识形态上，儒、道、释三家争鸣，彼此阐发，是思想十分活跃的时期。思想的解放促进了艺术领域的开拓和发展，同时也促进了园林的发展。

第一节　历史概况和时代特点

一、历史概况

公元220年东汉灭亡之后，军阀、豪强相互兼并，最终形成了魏、蜀、吴三国割据、鼎立的局面。公元263年，魏灭蜀。两年后司马氏篡魏权，建立晋王朝。公元280年晋灭吴，结束了中国多年分裂的局面，统一了中国，史称西晋。后由于皇室、外戚、士族之间争权夺利、矛盾激化，于公元300年爆发诸王混战，史称“八王之乱”。从公元304年匈奴族的刘渊起兵反晋开始，黄河流域完全陷入匈奴、羯、氐、羌、鲜卑五个少数民族相继混战、政权更迭的局面。西晋末的大乱迫使北方的一部分士族和大量汉族劳动人民迁移到长江下游，南渡的司马氏于公元 317 年建立东晋王朝。东晋在外来的北方士族和当地士族的支持下维持了 103 年之后，南方相继为宋、齐、梁、陈四个汉族政权更迭代兴，史称南朝，前后共 169 年。北方五个少数民族先后建立十六国政权。其中鲜卑族、拓拔部的北魏势力最强大，于公元 386 年统一整个黄河流域，是为北朝，从此形成了南北朝对峙的局面。北魏积极提倡汉化，利用汉族士人统治汉民，北方一度呈现安定繁荣局面。但不久，统治阶级内部开始倾轧，分裂为东魏和西魏，随后又分别为北齐、北周所取代。公元 589 年隋文帝灭陈，结束了魏晋南北朝这一历时 369 年的分裂时期，中国又恢复了大一统的局面。

二、时代特点

(一)社会大动荡

魏晋南北朝时期，群雄四起，逐鹿中原；诸侯争霸，各据一方；朝代更迭，社会动荡；大分裂成为社会发展的主流。除西晋短期统一以外，魏晋南北朝多数时间处在分裂割据状态，或三国鼎立，或南北对峙。南北对峙下的南方和北方，又时常呈现不同的分裂割据局面。致使正常的生产和生活秩序遭到破坏，人民居无定所，无所适从，惶惶不安。

(二)民族大融合

魏晋南北朝时期，中原地区长期割据混战，边疆地区的各少数民族获得了较大发展。特别是北方的匈奴、鲜卑、羯、氐、羌，趁西晋末年“八王之乱”，纷纷迁居内地，一些少数民族的贵族，还先后建立起政权。如西晋末年，匈奴贵族刘渊，乘“八王之乱”据有并州，建立了“汉”政权；羯族首领石勒建立了“后赵”政权；十六国之中，除了前凉、西凉和北燕为汉族人建立以外，其他都由迁居内地的少数民族建立。北朝中的所有政权，也都是迁居内地的西北、北部少数民族所建立。这一时期其他地区的少数民族，如南方的越族、西南地区的夷人，也都与内地封建王朝有过或多或少的接触。经过长时间的杂居相处，共同经历割据混战的苦难，各族人民之间增进了了解。民族界线越来越小，社会上出现了民族大融合的趋势。这种民族大融合的趋势，在北方表现得最为明显。北魏孝文帝顺应这一历史潮流，采取措施进行改革，客观上促进了少数民族的汉化和封建化，促进了北方民族大融合。

经过魏晋南北朝的民族大融合，中华民族增添了新的血液，内地经济生活中增添了新的成分，文化更加丰富多彩，为下一个繁荣时代的来临创造了条件。

(三)门阀大政治

魏晋南北朝时期，专制主义中央集权制度遭到破坏，门阀士族制度占据统治地位，形成这一时期特有的政治面貌。

门阀世族是东汉以来豪强地主的进一步发展。门阀世族统治影响了魏晋南北朝政治、经济、思想文化、社会风俗等各个方面，不仅直接导致西晋时的“八王之乱”，而且败坏了

社会风气，对魏晋南北朝的历史发展产生了消极影响。

（四）江南大开发

黄河流域是中国开发最早的地区，人口集中，经济文化发达，成为最早的经济中心。秦汉时期，南方经济明显落后于黄河流域。六朝时期，特别是东晋，江南经济较大规模的开发。这一时期，大规模的破坏性较大的动乱多发生在北方，并且战乱局面持续时间很长，而南方则相对安定。西晋末年以后，上百万北方人口南迁，充实了江南的劳动力，带去了先进的生产技术；南方少数民族与汉族融合，加速了当地经济的发展。一些统治者推行了劝课农桑、奖励耕织、安抚流民、兴修水利及有利于农业发展的政策，江南经济迅速发展。如江南农业的开发从江东扩展到整个长江流域进而波及岭南和闽江流域。江南丝织业、制瓷业、造纸业都有了很大的发展，南方商品经济也相对活跃。江南经济开发使南北经济趋向平衡，也为私家园林的发展打下了基础。

（五）佛教大兴盛

佛教起源于印度，西汉末年传入中国，东汉时在国内逐渐传播，魏晋南北朝时期盛行。

魏晋南北朝时期，社会动荡，战乱连绵，南北方政权更替频繁，劳苦百姓在苦难中挣扎，渴望找到一种精神解脱的方法。佛教宣传的轮回转世和因果报应等思想，把人们的注意力从痛苦的现实中转移到无法验证的来世幸福上，让痛苦的百姓在渺茫的“来世”中，消除了死亡的威胁和流亡的苦痛，进而从中得到虚幻的慰藉。

多事动乱之秋，人们深感世事无常。传统的儒家经学思想陈腐，只能坐而清谈，不适应时代需要；道教又往往成为农民组织的工具，相较于二者，佛教则被百姓所喜爱。所以，佛教被统治者用来加强思想控制，维持统治秩序，并予以极力宣扬。正如刘宋文帝说只要百姓皈依佛教，“则吾生致太平，夫复何事”！

统治者为了宣扬佛教，北方开凿石窟，南方修建寺院。佛教有了较广泛的信徒，也出现了不少名僧。中亚和印度等南亚的哲学、逻辑学、医学、语言学，艺术成就，以佛教、佛学为载体传入中国，丰富了中国的精神文化，佛教的兴盛对中国的传统文化的发展产生了积极作用，特别是寺院建筑大为发展，产生了我国古代的一种新的园林形式——寺观园林。

第二节 魏晋南北朝园林及其特点

魏晋南北朝时期的造园活动由以皇家造园为主逐渐普及于民间，私家园林异军突起，寺观园林也在这个时期产生，并且园林营造升华到艺术创作的境界，是中国古典园林发展史上的一个承先启后的转折期。

一、皇家园林

魏晋南北朝时期，战争不断，政权更迭频繁，三国、两晋、十六国、南北朝相继建立的大小政权都在各自的首都进行了宫苑的建设。历史上，那些建都比较集中的城市，如北方的邺城和洛阳、南方的建康，有关皇家园林的文献记载也较多，这三个地方的皇家园林都经历了若干朝代的踵事增华，在规划设计上达到了这一时期的较高水平，具有一定的代表性。

1. 邺城园林

邺城在今河北邯郸市的临漳县西 17 公里处，是三国时曹魏的旧都，东西长七里，南北五里(图 4-1)。邺城整体结构严谨，以宫城作为整个规划的中心。利用东西干道划分全城为南北两大区，南区为居住坊里，北区为宫禁及权贵府邸。城市功能分区明确，有严谨的封建礼制秩序，也利于宫禁的防卫。

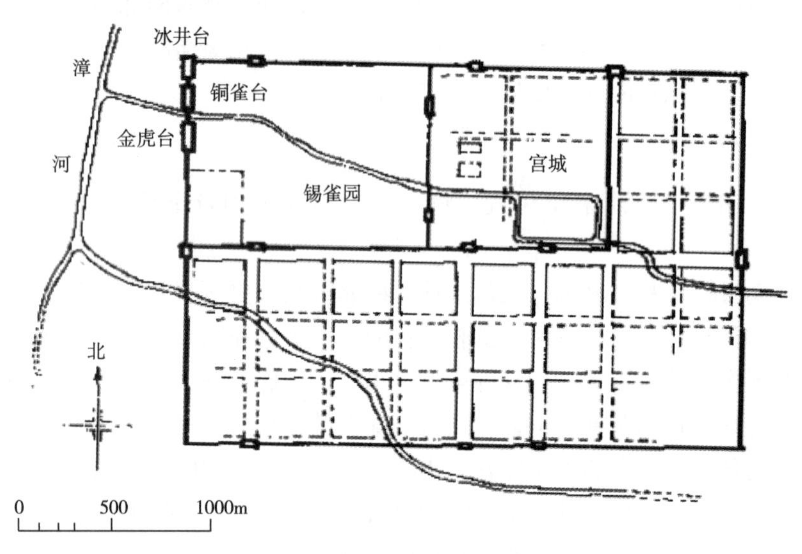

图 4-1 曹魏时期邺城平面图

(1)铜雀园(铜爵园)

铜雀园位于曹魏邺城(今河北临漳)城内西北隅，亦名铜爵园，东与宫城毗邻。铜雀园内有曲池疏圃，下畹高堂，兰诸石濑，观榭高台。殿宇显敞，景色清幽。铜雀园中最负盛名的是铜爵三台，即园的西部由北而南建有冰井台、铜雀台、金虎台三座高台建筑。台因城墙为基，台高十丈，相距各 16 步。三台之间作阁道相连，有若浮桥。其中，铜雀台上建屋 120 间，起五层楼阁，是一处离地共 27 丈的古代台式建筑群。台上楼宇连阙，飞阁重檐，雕梁画栋，气势恢宏。楼顶作铜雀，高约 5 米，舒翼若飞。

铜雀园紧邻宫城，已经初具“大内御苑”的性质。观赏之余，同时还有许多实用的功能。漳河之水由铜雀台与金虎台之间引入园内，开凿水池创为水景，也可以养鱼用以观赏；除宫殿之外，冰井台、铜雀台、金虎台，分别储存冰、盐和粮食，武库则贮藏军械。此处进可以攻、退可以守，是一座兼有军事功能坞堡性质的皇家园林。杜牧诗中所谓的“铜雀春深锁二乔”，也是对曹操意欲收复江南的宏图大志的一种调侃。

(2)仙都苑

公元 573 年，北齐高纬在邺都南城之西扩建了华林园，改名为仙都苑。这座皇家园林

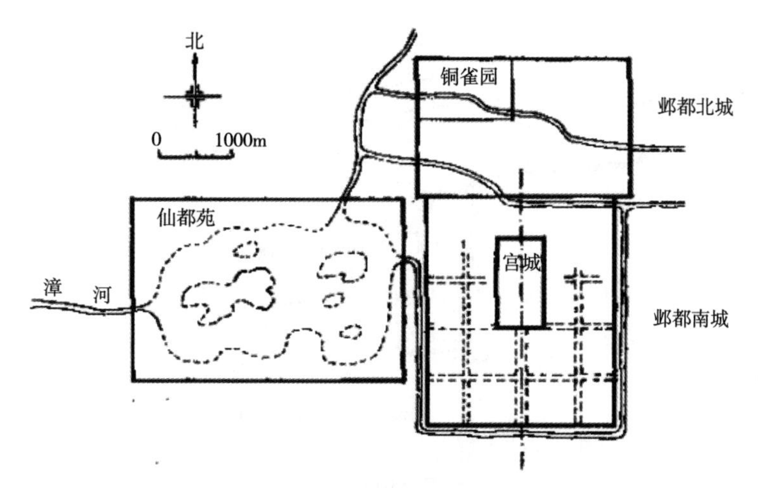

图 4-2　北齐邺城平面图

较之以往的邺城宫苑，规模更大，内容更丰富(图 4-2)。

仙都苑的前身是华林园，为十六国的后赵皇帝石虎(335—349 年)所建。位于在曹魏旧城之南的新城中，是一处最著名的皇家御苑，它的建成开启了邺城皇家园林的繁荣局面。

据《历代宅京记》：仙都苑周围数里，苑墙设三门、四观。苑中封土堆筑为五座山，象征五岳。五岳之间，引来漳河之水分流四渎为四海，即东海、南海、西海、北海，四海汇为大池，又叫作大海。这个水系通行舟船的水程长达二十五里。大海之中有连璧洲、杜若洲、靡芜岛、三休山，还有万岁楼建在水中央。其间点缀各种殿宇、楼、台、亭、榭等建筑，不计其数。仙都苑不仅规模宏大，总体布局上采用了象征的手法，以模拟象征五岳、四海、四渎，是对秦汉仙苑式皇家园林中模拟神仙境界的象征手法的继承和发展。园林建筑形式多样，形象丰富。其中，水中的密作堂，宛若水上漂浮的厅堂，类似后来“舫”的建筑；城堡类似园中的城池；贫儿村模仿民间的村肆。并且，园林中已经有了雕琢为莲花和各种人物形象的园林小品，这些在皇家园林史上都具有一定的开创性的历史意义。

2. 洛阳园林

洛阳是东汉旧都，东汉末年的董卓之乱，使洛阳遭受到空前的灾难，宫苑全部被董卓焚毁。曹魏从邺城迁都洛阳后，在东汉的旧址上修复和新建宫苑、城池(图 4-3)。

北魏洛阳在中国城市建筑史上具有划时代的意义，它的功能分区较之汉、魏时期更为明确，规划格局更趋完备。内城中央的南半部纵贯着一条南北向的主要干道——铜驼大街。大街以北为政府机构所在的衙署，衙署以北为宫城(包括外朝和内廷)，其后为御苑华林园，已邻近于内城北墙了。干道—衙署—宫城—御苑，自南而北构成城市的中轴线，这条中轴线是皇居之所在，政治活动的中心。利用建筑群的布局和体型变化形成一个具有强烈节奏感的完整的空间序列，以此来突出封建皇权的至高无上的象征。大内御苑毗邻于宫城之北，既便于帝王游赏，也具有军事防卫上“退足以守”的用意。这个城市的完全成熟了的中轴线规划体制，奠定了中国封建时代都城规划的基础，确立了此后的皇都格局的模式。

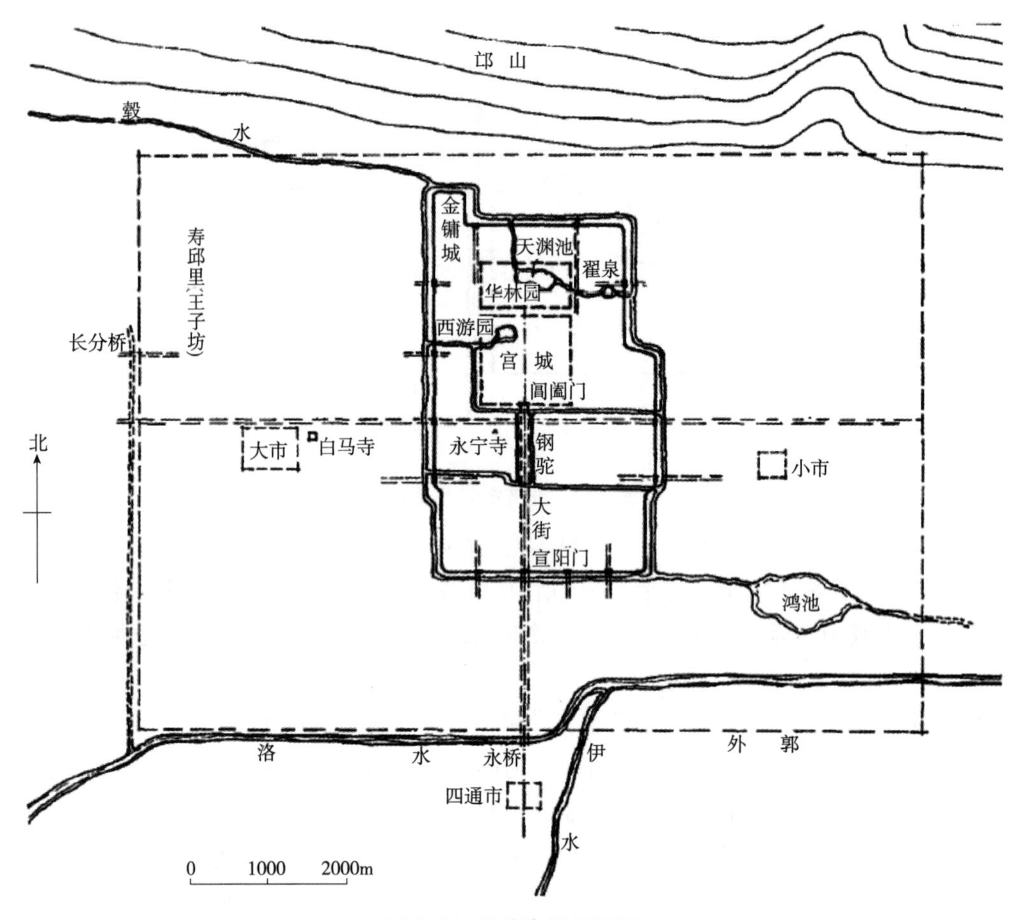

图 4-3　北魏洛阳平面图

（1）芳林园（华林园）

芳林园是曹魏洛阳宫城主要的大内御苑，坐落于汉、魏洛阳城内，位于城市中轴线的北端，乃东汉之旧苑，魏明帝大治洛阳宫室时加以扩建。后因避齐王曹芳名讳而改名为华林园。华林园中有大海，即魏天洲池，池中犹有文帝九华台。高祖于台上造清凉殿，世宗在海内作蓬莱山，山上有仙人馆；园的西北面为各色文石堆筑成山，谓之景阳山，山上广种松竹。谓之景阳山南有百果园，果列作林，林各有堂。园中还有流觞池，有扶桑海，仁寿殿、承露盘等。

明帝在天渊池南设流杯石沟，与群臣宴饮。流杯沟的形式，取自汉魏时日渐兴盛的三月三日临水祓禊、集宴歌饮之风。祓禊原为巫祭，后来变为伴有春游活动的民俗，汉魏之际衍为文人雅聚的文化盛事，禊事的形式和内容也日趋丰富生动。其中，曲水流觞、行令赋诗是最具代表性的项目。

御苑中以禊赏、曲水流觞为主题的景观建设，自曹魏开始被历代延续，并在时代审美取向的有力推动下，经历了由繁复向简约，由造作庞大向自然玲珑的逐步转化，最终演变成了后世在园林中盛行的流杯亭等建筑模式，成为中国古典园林中极具代表性的景观要素。

(2)西游园

西游园是一个较小的大内御苑，在宫城的西半部、千秋门内以北，为魏文帝(曹丕)所建，是利用曹魏华林园基址的另一部分改建而成。据《洛阳伽蓝记》所述，园中有凌云台，台上有八角井，井北造凉风观，登之远望，目极洛川。台下有碧海曲池，台东有宣慈观，距地面十丈。观东有灵芝钓台，为木结构建筑，伸出水面，离地面二十丈。刻石为鲸鱼，背负钓台，钓台南有宣光殿，北有嘉福殿，西有九龙殿。殿九龙吐水成一海，凡四殿皆有飞阁向灵芝台往来。此处风生户牖，云起梁栋，丹楹刻桷，图写列仙，是皇帝每年的避暑胜地。

3. 建康园林

建康即今南京，是魏晋南北朝时期吴、东晋、宋、齐、梁、陈六个朝代的建都之地，作为首都历时320年。

东汉末，军阀混乱、群雄割据，吴郡的各方割据势力中，孙氏逐渐强大，公元221年，孙权称帝，建立吴国，与魏、蜀成三国鼎立之局面。吴都建业，西晋时改名建康。建康濒临长江天险，与上游的荆楚地区交通往来方便，与下游吴地联系也很便捷。此处钟山龙盘、石头虎踞，地形十分险恶。它作为都城之所在，具有经济上和军事上的优势。

东晋时已开辟城北附廓近郊的天然湖泊玄武湖作为御苑区，到南齐时形成干道—衙署区—城—苑的中轴线规划序列(图4-4)。

南朝皇家园林多半集中在湖山相接、自然条件十分优越的玄武湖的北、东、南三面。湖中布列蓬莱、方丈、瀛洲三岛，西面直接连通长江。

建康的皇家园林历代均有新建、扩建和改建，到梁武帝时臻于极盛的局面。后经侯景之乱而被破坏殆尽，陈代建国才又重新加以整建。

南方汉族政权偏安江左，皇家园林的规模都不太大。但规划设计上则比较精致，内容也十分豪华，此乃文人笔下的“六朝金粉”。隋文帝灭陈，南朝宫苑遂被彻底破坏，“金陵王气黯然收”。

建康的皇家诸园中，比较著名的是“华林园”和“乐游园”。

(1)华林园

大内御苑华林园，位于宫城北面、玄武湖的南岸，包括鸡笼山的大部分。始建于三国时的东吴，历经东晋、宋、齐、梁、陈的不断经营，是南方的一座主要的、贯穿南朝历史始终的皇家园林。

东吴引玄武湖之水入华林园，汇为大池；东晋在园中开凿天渊池，堆筑景阳山，修建景阳楼、流杯渠，此时华林园的园林景观已初具规模。因此，东晋简文帝游华林园时赞叹道：“会心处不必在远，翳然林木，便有濠、濮间想也，觉鸟兽禽鱼自来亲人。”到刘宋时对华林园大加扩建，一是整理水系，利用玄武湖的水位高差，作大窦，通入华林园天渊池；引殿内沟渠水，经太极殿、东西掖门，注入南堑。因而，园内常“萦流回转，不舍昼夜”。水系的构建，为宫殿建筑群的园林化环境创设了优越的条件。二是营构建筑，园林建筑除保留了以前的仪贤堂、祓禊堂外，新建了清暑殿、华光殿、芳春琴堂、含芳堂、竹

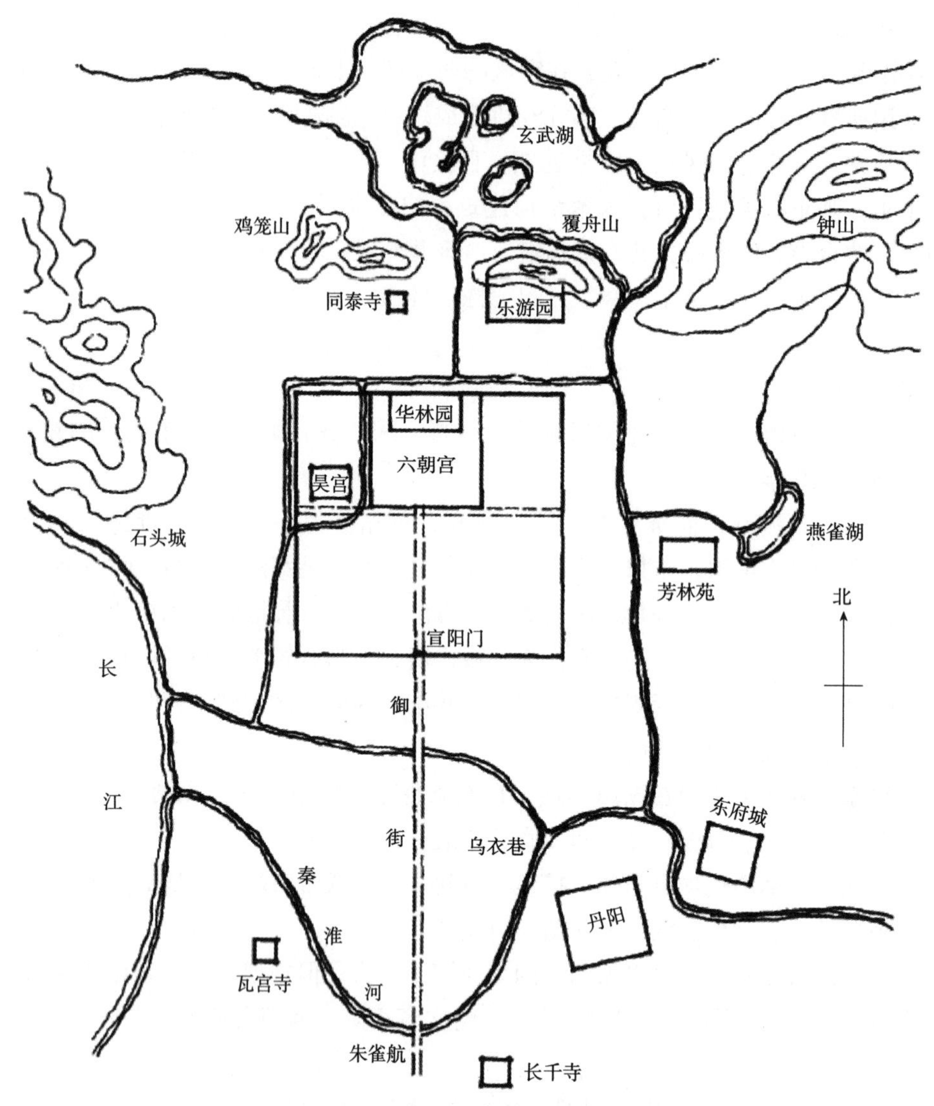

图 4-4　东晋、南朝时期建康平面图

林堂、华林阁等，还仿建市井的街道店铺。三是配置植物，不仅种植了当地花木植物，还引种栽植了许多名贵品种，如蔷薇等，使园中花木繁茂。梁武帝时期，在园内的鸡笼山麓修建佛寺、学舍、讲堂。佛寺"同泰寺"规模宏大，其中的大佛阁高七层。另在景阳山上修建"通天观"以观天象。后来，侯景叛乱，华林园尽毁。陈后主又予以重建，并在光昭殿前修建著名的临春，结绮、望仙三阁，"阁高数丈，并数十间"。

(2)乐游园

乐游园在建康城东北的覆舟山南面，在华林园的东面，又名北苑，始建于刘宋。园林基址的自然条件十分优越，往东可远眺钟山之借景，北临玄武湖。园东北角上的小山岗复舟山多巉岩而陡峭，山顶是观赏玄武湖景的最佳处。覆舟山上原有道观真武观，刘宋时加以扩充，建正阳殿、林光殿。乐游园景观优美，是皇帝游乐、饮禊、宴客之所。

此外，还有皇家的狩猎场"上林苑"在玄武湖之北；青林苑，博望苑、东田小苑在钟山

东麓；芳林苑又名桃花园，在废东府城东边秦淮大路北，为北齐高帝旧宅；芳乐苑在宫城东、华林园南，为南齐东昏侯所筑。

从上述邺城、洛阳、建康的宫苑园林，可见魏晋南北朝时期皇家园林有如下特点：

①沿袭秦汉宫苑的传统，追求宏伟的气魄，但由于财力、物力所限在规模上逊色，然而其规划设计却更趋于细致精练。

②园林功能多以游赏、活动为主，狩猎、通神、求仙、生产的功能已经消失或仅具象征意义。

③园林造景仍然保留着神仙境界的模拟和各种象征寓意。

④建筑类型多样，形象华丽，除常见的古典园林建筑外，还有特殊的娱乐建筑，如杂技场、市井买卖街等。

⑤出现了许多雕刻物为主的园林小品（如石雕、木雕等），点缀园林。

⑥山水气度开阔，但缺乏曲折幽致，植物配置多选用珍贵品种，山石多选用稀有石材，因而形成了皇家气派。

⑦皇家园林开始受到民间私家园林的影响，园林不再拘泥于秦汉时的建筑物连绵，而是顺山水之自然，上下点缀而成。如北朝茹皓营建华林园“经构楼馆，列于上下。树草栽木，颇有野致”。以筑山、理水构成地貌基础的人工园林造景，已经较多地运用一些写意的手法，把秦汉以来的注重写实的创作方法转换为写意和写实相结合。在造园艺术方面得以升华到更高的阶段。

⑧皇家园林在称谓上，除沿袭上一代的“宫”“苑”之外，“园”的称谓也比较多了。

二、私家园林

东汉末，民间的私人造园活动已经比较频繁。到了魏晋南北朝时期，寄情山水、雅好自然成为社会的风尚，于是官僚、士大夫纷纷造园，门阀士族的名流、文人，以及有权势的庄园主也竞相效尤，私家园林便应运而兴盛起来，出现了民间造园成风、名士爱园成癖的社会现象。

私家园林根据地理位置的不同，可分为两类，一类是营建在城市中或在城市近郊的宅园和游憩园，称为城市型私园；另一类是营建在郊外的庄园，或与庄园相结合的别墅园。由于园主人的身份、素养、情趣的不同，官僚、贵戚的园林与文人、名士的园林在内容和格调上有所不同；而北方园林与南方的园林，也因自然条件和文化背景的不同，有地域性的差异。

（一）城市私园

1. 北方的城市私家园林

北方的城市私家园林，以北魏首都洛阳诸园为代表。

（1）王子坊

洛阳城东的寿丘里，位于退酤以西、张方沟以东，南临洛水，北达邙山，地理位置优越，自然景观优美，王公贵戚纷纷在此营建宅邸和园林，“争修园宅，互相夸竞”。其园、

宅均极其华丽考究，“擅山海之富，居川林之饶”；崇门丰室，洞户连房；飞馆生风，重楼起雾。高台芳榭，家家而筑；花林曲池，园园而有。桃李夏绿，竹柏冬青。因此，民间称之为“王子坊”。由此可见北魏城市私家造园之盛况。此时的园林不仅是游赏的场所，更是作为斗富的载体。

(2)张伦的宅园

大官僚张伦的宅园在敬义里南的昭德里，最为豪侈，园林山池之美，诸王莫及。园中的景阳山“重岩复岭，嵚崟相属，深蹊洞壑，逦递连接”，有若自然。并且有“高林巨树，足使日月蔽亏；悬葛垂萝，能令风烟出入。崎岖石路，似壅而通。峥嵘涧道，盘纡复直”。还有珍禽异兽，“白鹤生于异县，丹足出自他乡。皆远来以臻此，藉水末以翱翔”。

可见，张伦的宅园有以下特征：一是利用旧园基址建成，园内高树成林，足见历史悠久；二是畜养多种珍贵禽鸟，尚保留汉代遗风；三是园中营建景阳山作为园林的主景，说明已经能够运用土石相间的方法筑叠而成土石山，把天然山岳形象的主要特征比较精练而集中地表现出来，做出“重岩复岭”和“深蹊洞壑”的效果。可见，在城市私家园林的有限基址上，人工山水园的筑山理水，运用了写意与写实相结合的手法，这是造园艺术中创作方法的一个飞跃。

2. 南方的城市私家园林

南方的城市私家园林也像北方一样，多为贵戚、官僚所经营。很讲究山池楼阁的华丽格调，争奇斗富，还刻意追求一种近乎绮靡的园林景观，满足其声色娱乐之享受。但亦不乏天然清纯的立意者。

(1)湘东苑

湘东苑是梁武帝之弟湘东王萧绎在他的封地首邑江陵的子城中所建私园，是南朝的一座著名的私家园林。《渚宫故事》记载：“湘东王子于城中营造湘东苑，苑中穿地构山，长数百丈；植莲、蒲缘岸，杂以奇木。其上有通波阁，跨水为之。南有芙蓉堂，东有禊饮堂，堂后有隐士亭，堂北有正武堂，堂前有射堋、马埒。其西有乡射堂，堂安行堋、可得移动。东南有连理堂，堂前捺生连理。……北有映月亭、修竹堂、临水斋。(斋)前有高山，山有石洞，潜行宛委二百余步。山上有阳云楼，极高峻，远近皆见。北有临风亭、明月楼。”

此园内容丰富，景观多样。建筑形象相当多，亭、堂、楼、阁、斋，或倚山、或临水、或映衬于花木、或观赏园外借景，均具有一定的主题性，发挥了点景和观景的作用。假山的石洞长达二百余步，足见其叠山技术已达到较高的水平。可见，湘东苑总体规划较为细致、严谨，通过山池、花木、建筑综合创造了优美的园林景观。

(2)玄圃

“玄圃”是南齐的文惠太子在建康城兴建的私园，园址的地势较高，“与台城北堑等”。其中起土山、池、阁，修楼、观、塔、宇，“多聚异石，妙极山水”。为不使园中奢华外露，更别出心裁于“傍门列修竹，内施高章，造游墙数百间，施诸机巧”，把园子的华丽情形障蔽起来。

(3)徐湛之宅园

徐湛之在其广陵城宅园中修风亭、月观、吹台、琴室，并且广种植物，园内果竹繁茂，花药成行。既有写意之情，亦颇有自然的清纯之气。

总之，城市私家园林表现出了如下特点：一是多数都追求华丽的园林景观，还讲究声色娱乐之享受，显示其偏于奢靡的格调，但亦不乏天然清纯的立意者；二是景观布局设置更精致化的趋势；三是园林规模小型化的趋势；四是景观营造有写意化的趋势。

(二)庄园和别墅

庄园经济在东汉就已经发展起来了，到魏晋南北朝时期已完全成熟。无论北方还是南方，庄园经济都占据主导地位。门阀士族拥有大量庄园，许多官僚、名士、文人同时也是大庄园主。因此，城市以外的别墅园，一般都与庄园相结合形成园林化的庄园或庄园别墅，少数毗邻于庄园而独立建置。因此更便于利用自然山水条件造园。

庄园的规模有的极其宏大，如北方著名的庄园别墅金谷园和南方著名的私园别墅始宁山居。一般包含四部分内容：一是庄园主家族的居住聚落；二是农业耕作的田园；三是副业生产的场地和设施；四是庄客、部曲的住地。这种庄园别墅，就生活而言，其封闭性的自给自足的农副业生产，可以满足基本生活需要，不必仰求外来物资；就生活环境选择而言，当时物质文明不高，人口密度很低，随处都可以找到充满自然美的幽静的世外桃源环境，为士人归园田居的隐逸生活提供了优越条件。另一类别墅园林依附于庄园而自成一区，或者完全独立建置，其规模一般都比较小而精，朴素雅致、妙造自然。一如陶渊明所经营的小型庄园，庄园虽小，却也朴素自然，亦有“采菊东篱下，悠然见南山”的那种怡然自得。

庄园的经营在一定程度上会体现庄园主们的文化素养和审美情趣，把普遍流行于知识界的以自然美为核心的时代美学思潮，融糅于庄园生产、生活功能规划之中；在承袭东汉传统的基础上，更讲究“相地卜宅”，延纳大自然山水风景之美，通过园林化的手法来创造一种自然与人文相互交融、亲和的人居环境，即天人和谐的环境。

1. 北方的庄园别墅——金谷园

金谷园，又称河阳别业，位于洛阳西北郊的金谷涧畔，是西晋大官僚石崇经营的一处庄园。经营的目的一是满足游宴生活；二是退休后可以安享山林之乐趣；三是兼作吟咏服食之场所。园中或高或下，阻长堤，前临清渠，流水周于舍下，柏木几于万株。有观阁池沼，多养鱼鸟。石崇的《金谷诗》序曰：“有清泉、茂林、众果、竹柏、药草之属，莫不毕备，又有水碓、鱼池、土窟，其为娱目欢心之物备矣。”可见，这是一座临河的、地形略有起伏的天然水景园。园内有主人居住的房屋，有观，有楼阁，有从事生产的水碓、鱼池、土窟等，是一座园林化的庄园。人工开凿的池沼和由园外引来的金谷涧水穿错萦流于建筑物之间，河道能行驶游船，沿岸可供垂钓。园内树木繁茂，植物配置以柏树为主调，其他植物则与不同的地貌和环境相结合而形成美景，如前庭的沙棠，后园的乌椑，柏木林中点缀的梨花等。一派赏心悦目、恬适宜人的风貌，其景观比起两汉私园更为精致，但楼、观建筑的运用，则仍旧残留着汉代的遗风。

2. 南方的私园别墅——始宁山居

始宁山居，是东晋门阀士族谢灵运家的庄园别墅，建造在会稽始宁县东山，是一座傍山带江，尽显幽居之美的大庄园。

这座庄园别墅分为南山和北山两部分，亦称南居和北居。山居“左湖右江，往渚还汀；面山背阜，东徂西倾；抱含吸吐，款跨纡萦”。完全融于自然山水环境之中。其中，北居即谢灵运新营之别业；南居则为谢灵运父、祖早先卜居之地，是谢家的老宅所在，也是庄园的主体部分，尤具山水风景之美：“南山则夹渠二口，周岭三苑。九泉别涧，丘谷异谳。群峰参差出其间，连岫复成其坂。众流溉灌以环近，诸堤拥拟以接远。”

无论新营的别业，还是原来的宅居、庄园、别墅，都完全契合于天然山水地形。它们在布局上能运用借景，收纳各具特色的远、近自然景观，“葺骈梁于岩麓，栖孤栋于江源。敞南户以对远岭，辟东窗以瞩近田。田连冈而盈畴，岭枕水而通阡……”既便于生活和农业耕作，“自园之田，自田之湖，泛滥川上，缅邈水区”，又兼顾美景呈现，“濬潭涧而窈窕，除菰洲之纡余。毖温泉于春流，驰寒波而秋徂。风生浪于兰渚，日倒影于椒涂，飞渐榭于中沚，取水月之欢娱。旦延阴而物清，夕栖芬而气敷……”一派自然生态的情景和自给自足的庄园经济的景象。整个庄园别业的规划布局和景观营造，体现了传统的天人合一的哲学思想，反映了门阀士族的文化素养。

庄园、别墅是生产组织和经济的实体，这种天人和谐的人居环境及其所体现的自然清纯之美，则又赋予它们以园林的特质。因此，知识阶层对之情有独钟，似乎更胜于城市私园。南朝的文人、名士是真正居处园林中尽情享受大自然的美好景致。他们追求“朱门何足荣，未若托蓬莱”和“何必丝与竹，山水有清音”的境界。因而南朝造园活动在民间的普及更胜于北朝，开启了后世文人经营园林的先河。

园林化的庄园、别墅，把造园活动与庄园经济、庄园生活结合起来，代表着南北朝的私家造园活动的一种潮流，开启了后世别墅园林之先河。从此以后，“别墅”一词便由原来生产组织、经济实体的概念，转化为园林的概念了。

私家园林发展到魏晋南北朝时期，初步形成了自然山水式园林的艺术格局，人们由利用自然环境发展到刻意模仿自然环境；由粗略地模仿山水发展到用写实的手法再现山水，又从单纯写实逐步发展到写意与写实相结合的过渡；内容从粗放逐渐精致，蕴含着老庄哲理、佛道精义、六朝风流、诗画趣味。改变了过去单纯地模仿自然山水的做法，发展为对自然适当地加以概括、提炼，但始终保持着“有若自然”的基调，以山水为园林的基本构架，将对山水的欣赏提升到审美的高度。私家园林因此而形成了它自身的特征，足以和皇家园林相抗衡。其艺术成就虽然尚处于比较幼稚的阶段，但在中国古典园林的三大类型中却率先迈出了转折时期的第一步。从此，我国古典园林开始由再现自然发展到了表现自然，自然景观与建筑景观相融合。

三、寺观园林

（一）寺观园林兴起的社会背景和历史渊源

佛教早在东汉时就已从印度经西域传入中国，是为“汉传佛教”。相传东汉明帝曾派人

到印度求法，指定洛阳白马寺庋藏佛经。寺本来是政府机构的名称，从此以后便作为佛教建筑的专称。魏晋南北朝时期，战乱频繁，百姓苦不堪言，正是各种宗教易于盛行的温床，这一时期思想的解放也为各种宗教学说提供了传播的条件。佛教作为一种宗教，它的因果报应和转世轮回之说，对于苦难深重的人民颇有迷惑力和麻醉作用。而统治阶级也接受和扶持佛教，利用它来麻痹和统治百姓，于是佛教便广泛地流行起来。

道教开始形成于东汉，其渊源为古代的巫术，合道家、神仙、阴阳五行之说，奉老子为教主。道教讲求养生之道、长寿不死、羽化登仙，这些思想正符合当时统治阶级留恋人间富贵、企图永享奢靡生活的愿望。因而，道教不仅在民间流行，同时也经过统治阶级的改造和利用而兴盛起来。

佛、道盛行，作为宗教建筑的佛寺、道观大量出现，由城市及其近郊进而遍及于远离城市的山野地带。北方的都城洛阳在最盛时，城内及附廓一带梵刹林立，多至一千三百六十七所。南朝的建康也是当时南方佛寺集中之地，东晋时有三十余所，到梁武帝时已增至七百余所。因此唐代诗人杜牧感慨“千里莺啼绿映红，水村山郭酒旗风。南朝四百八十寺，多少楼台烟雨中”。

由于汉民族传统文化具有兼容并蓄的特点，对外来文化形成强有力的同化，也由于中国传统木结构建筑对于不同功能的广泛适应性和以个体而组合为群体的灵活性，因而，随着佛教的儒学化，佛寺建筑的古印度原型亦逐渐被汉化了。因此，宗教建筑与世俗建筑并无根本差异。宗教建筑的世俗化，意味着寺、观无非是住宅的放大和宫殿的缩小。

随着佛教的兴盛和普及，皇帝和官府赏赐给寺院大量的土地以兴造佛寺、设立福田，士族地主和富商们也纷纷向寺院施舍土地，造寺祈福。随着寺、观的大量兴建，相应地出现了寺观园林这个新的园林类型。它也像寺、观建筑的世俗化一样，并不直接表现多少宗教意味和显示宗教特点，而是受到时代美学思潮的浸润，更多地追求人间的赏心悦目、畅情抒怀。

(二) 寺观园林的类型

寺观园林一般包括三部分内容：一是毗邻于寺观而单独建置的园林，犹如宅园之于邸宅。南北朝的佛教徒盛行“舍宅为寺”的风气，贵族官僚们往往把自己的邸宅捐献出来作为佛寺。原居住用房改造成为供奉佛像的殿宇，宅园则原样保留为寺院的附园，如河间王的河间寺；二是寺、观内部各种殿堂庭院的绿化或园林化环境；三是郊野地带的寺、观外围的园林化环境。寺观园林根据其园林所在区域和特点的不同，可分为城市寺观园林和郊野寺观园林，城市的寺观园林多属前两种情况。

1. 城市寺观园林

城市的寺、观不仅是举行宗教活动的场所，也是居民公共活动的中心，各种宗教节日、法会等都有大量群众参加。群众参加宗教活动、观看文娱表演，同时也游览寺观园林。有些较大的寺观，其园林定期或经常开放，游园活动盛极一时。

2. 郊野寺观园林

郊野寺观园林地处远离城市的郊野地带，自然风景绮丽，除了经营本身的园林之外，

尤其需要注意其周围的园林化环境。因此，在选择建筑基址的时候，对自然风景条件的要求非常严格。必须满足三个基本条件：一是靠近水源，以便获得生活用水；二是靠近树林，以便拥有僧侣们生活的副食采薪的基地；三是地势背风向阳，冬暖夏凉，小气候良好。能满足这种条件的郊野环境，一般都是自然风景优美之处。因此，殿宇僧舍往往因山就水、架岩跨涧，布局上讲究曲折幽致、高低错落。故而，寺观建筑也就必然会以风景建筑的面貌出现，这类寺观不仅成了自然风景的点缀，其本身也无异于山水园林。

寺观的选址与风景的建设相结合，意味着宗教的出世情感与世俗的审美要求相结合。寺观建筑与山水风景的亲和交融，既显示佛国仙境的氛围，也像世俗的庄园、别墅一般，呈现为天人谐和的人居环境。因而，郊野寺观园林的兴盛和发展，促进了风景名胜区的开发和原始型公共旅游的形成。

(三)典型寺观园林

1. 河间寺

河间王在洛阳自己的住宅区修筑了园林和寺观，舍宅为寺。其园林是与宅邸分开而又毗邻的。园林里有用石材堆叠的“礁峣”假山，建筑物为飞阁、重楼等形象，“飞梁跨阁”是类似后来的亭桥或廊桥的建筑。“入其后园，见沟渎蹇产，石磴礁峣，朱荷出池，绿萍浮水，飞梁跨阁，高树出云，咸皆唧唧，虽梁王兔苑想之不如也”。

2. 宝光寺

宝光寺在洛阳西阳门外御道北。园中有一海，号咸池，“葭菼被岸，菱荷覆水，青松翠竹，罗生其旁，果菜葱青，莫不叹息焉”。据《洛阳伽蓝记》记载，当时京邑士子、民众常结伴到寺园游玩。说明随着汉地佛教的世俗化，环境优美的宝光寺院吸引了大批信众，在当时具有了公共园林的性质。

3. 东林禅寺

东晋佛教高僧慧远，于晋孝武帝太元九年(384 年)来到庐山，营建了庐山的第一座佛寺——东林禅寺。

禅寺山清水秀，“远创精舍，洞尽山美。却负香炉之峰，傍带瀑布之壑。仍石垒基，即松栽构。清泉环阶，白云满室。复于寺内别置禅林，森树烟凝，石迳苔生”。环境清幽，仙云缭绕，令人赏心悦目，神清气爽。

总之，魏晋南北朝历时 369 年的动乱时期，思想、文化艺术活动十分活跃，是中国古典园林发展史上的一个重要的转折阶段。这个时期园林的主要成就和意义表现在以下几个方面的特点：

①园林开始由秦汉时期以雄伟的宫苑建筑为主向以秀丽的自然山水为主的园林转变，开创了我国自然山水园的新局面。

②园林的狩猎、求仙、通神的功能已基本消失，或者仅保留其象征的意义，游赏活动成为主导的功能。

③皇家园林的建设纳入都城的总体规划之中，大内御苑居于都城的中轴线上成为城市中心区的一个有机的组成部分。

④私家园林作为一个独立的类型异军突起，集中地反映了这个时期造园活动的成就。它一开始即出现两种明显的倾向：一种是以贵族、官僚为代表的崇尚华丽、争奇斗富的倾向；另一种是以文人名士为代表的表现隐逸、追求山林泉石之畅情抒怀的倾向。这种追求隐逸情调和山泉野趣的士流园林开启了文人园林的先河，对后世园林影响很大。

⑤寺观园林的出现，开拓了造园活动的新领域，对于风景名胜区的开发起着主导性的作用。

⑥在以自然美为核心的时代美学思潮的直接影响下，中国古典风景式园林由再现自然进而表现自然，由单纯地模仿自然山水进而发展到对自然山水植物景观适当地加以概括、提炼、抽象化、典型化，并开始在如何本于自然而又高于自然方面有所探索。

⑦建筑作为一个造园要素，与其他的自然诸要素取得了较为密切的协调关系。园林的规划由此前的粗放经营转变为较细致、更自觉的设计经营，造园活动已开始升华到艺术创作的境界。

至此，中国古典园林形成了皇家、私家、寺观三大类型并行发展的局面。中国古典园林中的两大典型特点——本于自然而高于自然，建筑美与自然美相融糅已经初步形成，标志着中国风景式园林体系的形成。它是秦汉园林的发展、转折和升华，也是此后的园林全面兴盛的伏笔，中国的风景式园林正是沿着这个脉络进入隋、唐的全盛时期。

第五章　隋唐园林

◇**学习目标**

知识目标

(1)了解隋唐时期的历史发展脉络和时代特点；

(2)熟悉全盛期各类园林及其特点；

(3)理解隋唐时期各方面对园林艺术的影响。

技能目标

(1)理解全盛期园林特点；

(2)把握全盛期的文化对园林艺术的作用。

素质目标

(1)提升隋唐时期园林文化方面的基本职业素养；

(2)培养热爱我国隋唐历史、热爱隋唐优秀文化和热爱园林的情感；

(3)感受我国盛世园林文化，增加文化自信。

第一节　历史概况和时代特点

隋唐为中国历史上隋朝和唐朝两个朝代的合称，是经历了南北朝漫长大分裂时期之后的两个大一统的朝代，是我国历史上最强盛的时期。这个时期政策上较为开明，民族思想上比较开放，在政治、军事、文化、经济、科技上快速发展。隋唐时期，诗文、史学、绘画、壁画与雕塑，书法等方面特别兴盛，促进了这个时期的古典园林艺术水平也随之大为提高。

一、历史概况

公元581年北周随国公、上柱国、大司马杨坚受北周静帝禅让为帝，建立隋王朝。公元589年，隋军南下灭陈，结束了两晋南北朝三百余年的分裂局面，中国复归统一。隋文帝在位时，勤俭治国，在政治、经济、文化等方面锐意改革，政绩卓著，社会安定繁荣，文化兴盛，隋文帝时期被尊称为“开皇之治”。隋文帝次子杨广即位，史称隋炀帝。杨广在位时修大运河，营建东都洛阳，大修宫殿苑囿、离宫别馆，频繁发动战争、滥用民力、穷奢极欲。结果国力耗尽，引发大规模叛乱与起义，导致帝国崩溃。

公元618年，隋朝贵族李渊扫除群雄，统一全国，建立唐朝。唐朝以安史之乱为界限

分前期和后期，前期是昌盛期，后期则是衰亡期。唐朝前期的几代帝王，励精图治，社会空前繁荣，经历了“贞观之治”“开元盛世”等时期的国强民富，太平盛世。在政治、经济、文化等各方面都居于当时世界领先地位。后期皇权旁落，节度使拥兵自重，藩镇割据日益激烈，吏治腐败，国势衰弱。公元907年，节度使朱温称帝，取代唐朝，中国古代又陷入五代十国的分裂时期。

二、时代特点

（一）政治稳定

隋唐时期大一统的时代，制度革新，唐承隋制，建立三省六部制度加强中央集权，提高了行政效能。并且能集思广益，开创了科举取士制度，让门第不高的有才能的人可以参与到国家治理中来。扩大了封建统治的阶级基础，适应了建立统一大帝国后，提高行政效能和扩大统治组织的要求，同时为王朝繁荣打下了坚实基础，让统一思想深入人心，统一局面基本稳定。唐朝版图超过秦汉，加之统一、集权，给中国经济文化的发展提供了有利的条件，也加深了中国文化对世界历史发展的影响。

隋唐时期的中国与世界的联系进一步加强，出现了万邦来朝的恢宏局面，丝绸之路贸易繁荣，商人、使臣来往不绝。中国与各国的交流频繁，文化相互影响深远。

（二）经济发达

隋唐两代国家统一、制度创新，经济与社会的发展在许多方面都达到了封建社会的高峰。唐中叶后，虽然遭到破坏，但在某些方面仍然保持发展的势头。农业、手工业以及商业得到了长足的进步与发展。在农业方面，隋唐两代基本上继承了北魏的均田制和租庸调制，轻徭薄赋、保证农时，提高了农民的生产积极性。同时唐朝鼓励农民兴修水利，改进锄、铲、镰、犁等生产工具，开垦大量荒地，修复和新建水利设施，犁地、播种、施肥、灌溉等一整套的长期积累的农业生产经验得到推广、良种普遍使用、经济作物得到发展，促进了农业和经济的繁荣和发展。在手工业方面，隋朝的私营和官营手工业中，都有达到很高水平。丝织业颇受消费者欢迎，制瓷业工艺相当熟练，造船业空前发达，采矿业冶炼达到很大的规模和较高的水平，造纸术更为发达，享有盛誉。在商业贸易方面也空前活跃起来。隋朝统一货币，方便了商品的流通。大运河开凿后，商旅往返不绝，促进了商业的发展。大城市中出现了柜坊，以及类似于今天的“支票”的“飞钱”或“便换”。

（三）文化繁荣

隋唐时期，采取开放政策，既注重传承中华民族文化，又兼容并蓄，出现了生动活泼、风格各异、丰富多彩的盛唐文化，使自身文化保持旺盛的生命力，展示中华民族的独特魅力。强盛、宽容、开放的盛唐时代，儒释道文化全面发展，特别是佛教，得到了前所未有的传播并逐步走向成熟；具有中国特色的诗、书、画、石窟艺术都发展到了一个鼎盛时期，其中文学成就以诗歌最为发达。在音乐、舞蹈和雕刻等方面，也取得了令世人瞩目的辉煌成就。在天文学方面，设立了观察天象的专门机构。在医学方面也取得了巨大的成

就。组织医学人士专门编写了世界上第一部由国家编定颁布的药典《唐本草》，医学家孙思邈撰写了《千金方》，吐鲁番著名的医学专家元丹贡布编写的《四部医典》，奠定了藏医学的基础。建筑技艺高超，规模宏大，气魄雄浑。桥梁建筑技艺精湛，建造了古老的一座石拱桥。这些都为盛唐文化的繁荣和发展奠定了深厚的基础，使隋唐的文化艺术达到了辉煌灿烂的高峰。

第二节　隋唐园林及其特点

隋唐时期城市建设规模进一步扩大，写意山水园林兴盛，私家园林开始发展，中国园林进入全盛时期。人们对于大自然的山水风景的观察力、鉴赏力提高，对于它的观赏角度、构景规律等又有了更深一层的把握和认识。同时，城市建设考虑了园林建设，山水画也推动了造园的发展。许多诗人、画家直接参与造园活动，他们将表现于绘画的观念也用于园林设计中，园林艺术开始有意识地融糅诗情、画意。观赏植物栽培的园艺技术有了很大进步，盆景艺术在唐代已经出现。

一、隋唐时期城市建设与园林建设

(一)大兴城城市建设

隋文帝杨坚取代北周建立隋王朝，为了巩固其统治地位则必须依靠鲜卑贵族，因而他把都城建在关陇军事集团的根据地长安。当时，汉代的长安故城经过长年的战乱已残破不堪，隋文帝乃于开皇二年(公元 582 年)下诏营建新都于长安故城东南面的龙首原一带。任命左仆射高颖总理其事，具体的规划建设工作则由太子左庶子宇文恺主持。翌年新都基本建成，命名为大兴城。

大兴城东西宽 9. 72 千米，南北长 8. 65 千米，面积约为 84 平方千米。它的总体规划形制保持北魏洛阳的特点：宫城偏处大城之北，其中轴线亦即大兴城规划结构的主轴线，由北而南通过皇城和朱雀门大街直达大城之正南门。皇城紧邻宫城之南，为衙署区之所在。宫城和皇城构成城市的中心区，其余则为坊里居住区。宫城的北垣与大城的北垣重合，这种做法则又类似于南朝的建康。此外，大兴城的规划还明显地受到当时已常见于州郡级城市的“子城—罗城”制度的影响，宫城和皇城相当于子城(内城)，大城相当于罗城(外城)。

全城共有南北街 14 条、东西街 11 条，纵横相交成方格网状的道路系统，形成居住区的 108 个“坊”和两个“市”，采取市、坊严格分开之制。坊一律用高墙封闭，设坊门供居民出入。坊内概不设店肆，所有商业活动均集中于东、西二市。居住区为“经纬涂制”道路网，街道纵横犹如棋盘格，唐代诗人白居易形容其为：“百千家似围棋局，十二街如种菜畦。”街道的宽窄并不一致，东西街宽 40~55 米，南北街宽 70~140 米。皇城正门以南、位于城市中轴线上的朱雀门大街或称天街，宽达 147 米，可谓壮观开阔之极。大城与皇城之间的那条横街则更宽阔，达 441 米。它不仅是长安城一条最宽的大街，而且成为皇城前面

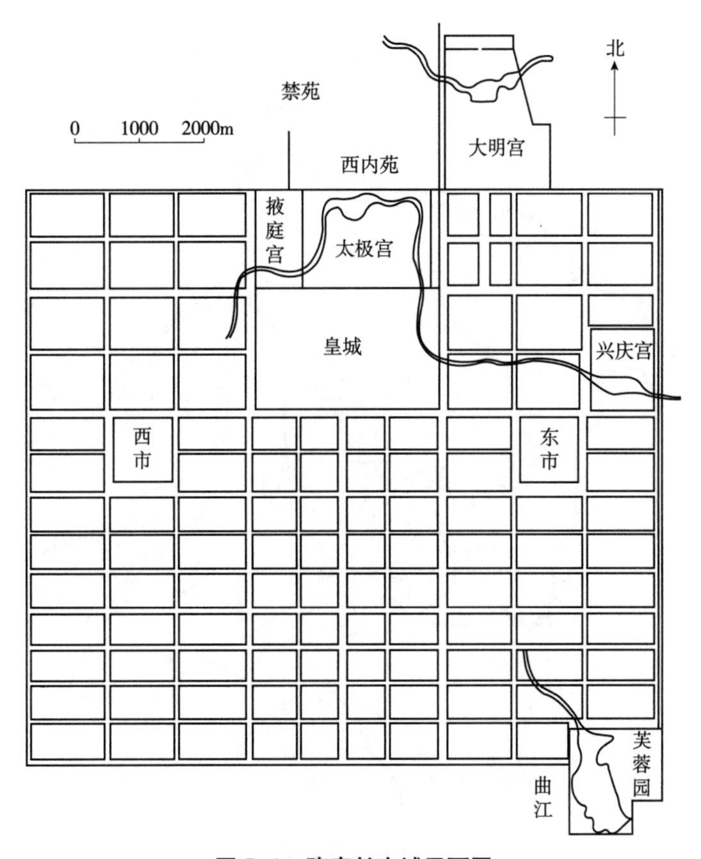

图 5-1　隋唐长安城平面图

的一个广场。大城以北为御苑“大兴苑”，北枕渭河，南接大城之北垣，东抵浐河，西面包括汉代的长安故城(图 5-1)。

大兴城于建城之初即开始进行城市供水、宫苑供水和漕运河道的综合工程建设。一共开凿四条水道(渠)引入城内：一是龙首渠，引浐水分两支入城，一支经城东北诸坊入皇城再北入宫城，潴而成为御苑水池东海；另一支绕城垣之东北角，往西进入大兴苑。二是永安渠，引交水由大安坊处穿南垣一直北上，穿过若干坊及西市，北入大兴苑，再入渭河。三是清明渠，引沈水由大安坊处穿南垣，与永安渠平行北上，入皇城，再入宫城和大兴苑，潴而为御苑水池南海、西海、北海。四是曲江，引黄渠之水，支分盘曲于东南角。这四条水渠的开凿主要是解决城市供水问题，也为城市的风景园林建设提供了用水的优越条件。皇家园林的大量建设需要保证足够供水的基础设施，而供水水系作为城市建设的一项重要基础设施的完善化，又促进了皇家园林建设的开展。此外，又开凿广通渠，把渭水和黄河沟通起来，供漕运之用。这一整套完善的水系一直沿用到唐代，唐代仅开辟了一条运材木和薪炭至西市的漕渠，作为补充(图 5-2)。

隋唐之洛阳城前直伊阙、后据邙山，洛水、伊水、谷水、瀍水贯入城中。它的规划与长安大体相同，不过因限于地形，城的形状不如长安规整。根据遗址实测，外郭城之东墙长 7.3 千米、西墙 6.8 千米、北墙 6.1 千米、南墙 7.3 千米。宫城、皇城偏居大城之西北隅，因为这里地势较高，便于防御。都城中轴线一改过去居中的惯例，北起邙山，穿过宫

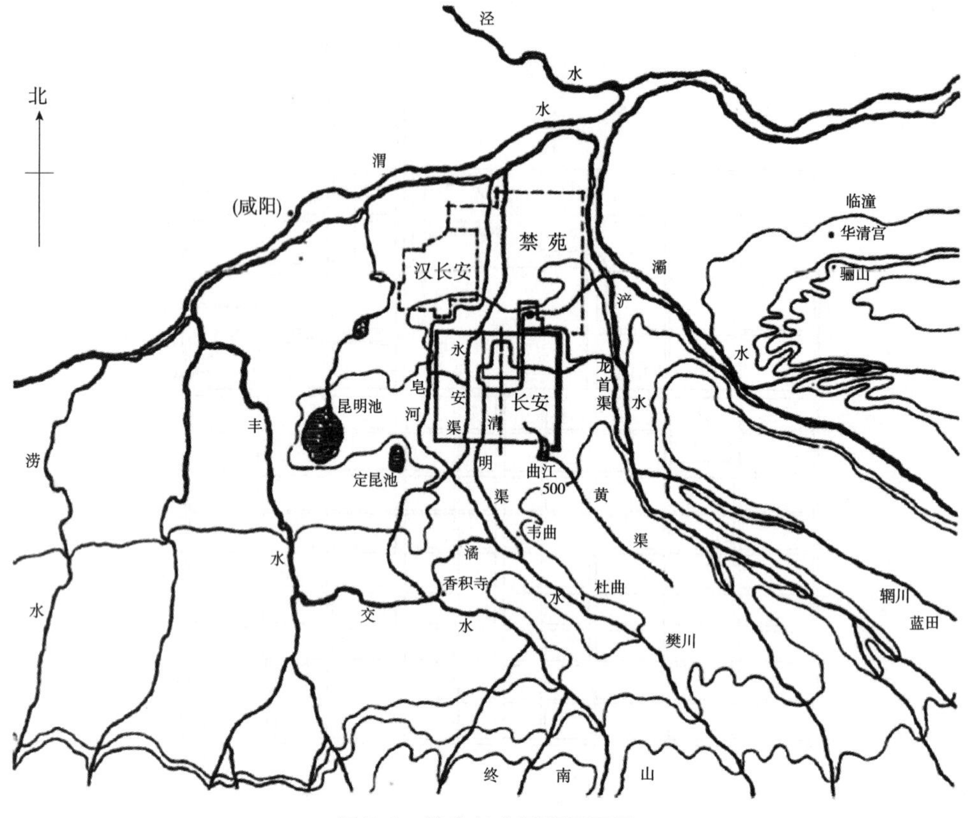

图 5-2　隋唐长安近郊平面图

城、皇城、洛水上的天津桥、外郭城的南门定鼎门，往南一直延伸到龙门伊阙。居住区由纵横的街道划分为 103 个坊里，设北、南、西三个市。坊里原先也像长安一样由高墙封闭，中唐以后受到商品经济发达的冲击，一些坊墙逐渐拆毁而开设商店，商业活动已不仅局限于三市了。

城内纵横各 10 街。"天街"自皇城端门直达定鼎门，宽百步，长八里，当中为皇帝专用的御道，两旁道泉流渠，种榆、柳、石榴、樱桃等行道树。每当春夏，桃红柳绿，流水潺潺，宛若画境。城内水道密布如网，供水和水运交通十分方便。

(二) 园林建设

隋唐园林在魏晋南北朝奠定的风景式园林艺术的基础上，随着封建经济、政治和文化的进一步发展而臻于全盛的局面。长安和洛阳两地的园林，就是隋唐全盛时期的集中反映。唐代长安是国际性的对外开放城市，外商、外交使节、留学生、学问僧云集，长安的园林绿化艺术以他们为媒介，传播到国外。

1. 街道绿化建设

贯穿于城内的三条南北向大街和三条东西向大街称为"六街"，宽度均在百米以上。其他的街道也都有几十米宽。街的两侧有水沟，栽种整齐的行道树，称为"紫陌"。街道的行道树以槐树为主，公共游憩地则多种榆柳；除了以槐树为主之外，也还采用其他树种如桃、柳、杨之类，甚至有以果树作为行道树的。

任意侵占、破坏街道绿地的行为是政府明令禁止的。居住区的绿化由京兆尹(相当于市长)直接主持。居民分片包干种树，中央政府则设置“虞部”管理街道和宫廷的树木花草。

长安的街道全是土路，两侧的坊墙也是夯土筑成，可以设想若刮风可能出现一派尘土飞扬的情况，大大降低了城市环境质量。而街道的树木种植整齐划一，间以各种花草，养护及时，足以在一定程度上抑制尘土飞扬，对改善城市环境质量是有利的。树茂花繁，郁郁葱葱，则又淡化了大片黄土颜色的枯燥。“行行避叶，步步看花”，对城市环境的美化也起到了很大的作用。

2. 园林建设的特点

(1)皇家园林的“皇家气派”完全形成

皇家园林不仅表现为园林规模的宏大，而且反映在园林总体的布置和局部的设计处理上面。皇家气派是皇家园林的内容、功能和艺术形象的综合而给人的一种整体的审美感受。它的形成与隋唐宫廷规制的完善、帝王园居活动的频繁和多样化有着直接的关系，标志着以皇权为核心的集权政治进一步巩固和封建经济、文化的空前繁荣。因此，皇家园林在隋唐三大园林类型中的地位，比魏晋南北朝时期更为重要，出现了像西苑、华清宫、九成宫等这样一些具有划时代意义的作品。就园林的性质而言，已经形成大内御苑、行宫御苑、离宫御苑三个类别和特征的园林。

(2)私家园林的艺术性进一步升华

私家园林着意于刻画园林景物的典型性格以及局部的细致处理。唐人已开始具有诗、画互渗的自觉追求。中唐以后，文献记载的某些园林已有把诗、画情趣赋予园林山水景物的情况。以诗入园、因画成景的做法，唐代已见端倪。通过山水景物而引发游赏者的联想活动、意境的塑造，亦已处于朦胧的状态。

文人参与造园活动，把士流园林推向文人化的境地，又促成了文人园林的兴起。唐代已涌现一批文人造园家，把儒、道、佛禅的哲理融会于他们的造园思想之中，从而形成文人的园林观。文人园林不仅是以“中隐”为代表的隐逸思想的物化，它所具有的清新淡雅格调和较多的意境涵蕴也在一部分私家园林创作中注入新鲜血液。这些写实与写意相结合的创作方法又进一步深化，为宋代文人园林兴盛打下基础。

(3)寺观园林的普及

寺观园林是宗教世俗化的结果，同时也反过来促进了宗教和宗教建筑的进一步世俗化。城市寺观具有城市公共交往中心的作用，寺观园林亦相应地发挥了城市公共园林的职能。郊野寺观的园林(包括独立建置的小园、庭园绿化和外围的园林化环境)把寺观本身由宗教活动的场所转化为兼有点缀风景功能的场所，吸引香客和游客，促进原始型旅游的发展，也在一定程度上保护了郊野的生态环境。宗教建设与风景建设在更高的层次上相结合，促成了风景名胜区，尤其是山岳风景名胜区普遍开发的局面，同时也使中国的“寺观园林”获得了长足发展。

(4)公共园林的发展

作为政治、文化中心的两京，尤其重视城市的绿化建设。公共园林、城市绿化配合宫廷、邸宅、寺观的园林，完全可以设想长安城内的一派郁郁葱葱的景象。长安城的郊外林木繁茂，山清水秀，散布着许多“原”，南郊和东郊都是私家园林荟萃之地。关中平原的南面、东面、西面群山回环，层峦叠翠，隋唐的许多行宫、离宫、寺观都建置在这一带地方。北面则是渭河天堑，沿渭河布列汉唐帝王陵墓，陵园内广植松柏，更增益了这里的绿化效果。就这个宏观环境而言，长安的绿化不仅局限于城区，还以城区为中心，向四面辐射，形成了近郊、远郊乃至关中平原的绿色景观大环境。长安城就仿佛镶嵌在辽阔无比的绿色海洋上的一颗绿色明珠。

(5)风景式园林创作技法达到新境界

风景式园林创作技巧和手法的运用，较之上代又有所提高而跨入一个新的境界。园林中的“置石”已经比较普遍了，“假山”一词开始用作为园林筑山的称谓。筑山既有土山，也有石山，但以土山居多。至于石山，因材料及施工费用昂贵，仅见于宫苑和贵戚官僚的园林中。但无论土山或石山，都能够在有限的空间内堆造出起伏延绵、模拟天然山脉的假山，既表现园林“有若自然”的氛围，又能以其造型而显示深远的空间层次。

园林的理水，除了依靠地下泉眼而得水之外，更注重从外面的河渠引来活水。郊野的别墅园一般都依江临河，即便城市的宅园也以引用沟渠的活水为贵。活水既可以为池为潭，也能成瀑、成濑、成滩，回环萦流，曲水流觞，潺漫有声，显示水体的动态之美，丰富了水景的创造。皇家园林内，往往水池、水渠等水体的面积占去相当大的比重，而且还结合城市供水，把一切水资源都利用起来，形成完整的供水体系。园林建筑从极华丽的殿堂楼阁到极朴素的茅舍草堂，它们的个体形象和群体布局均丰富多样而不拘一格，这从敦煌壁画和传世的唐画中也能略窥其一斑。

观赏植物栽培的园艺技术有了很大进步，培育出许多珍稀品种如牡丹琼花等，也能够引种驯化、移栽异地花木，园林植物题材作品更为多样化。李德裕在洛阳经营私园平泉庄，曾专门写过一篇《平泉山居草木记》，记录园内珍贵的观赏植物七八十种，其中大部分是从外地移栽的。段成式《酉阳杂俎》一书中的《木篇》《草篇》和《支植》共记载了木本和草本植物二百余种，大部分均为观赏植物。树木是供作观赏的品种，常见于文人的诗文吟咏的计有杏、梅、松、柏、竹、柳、杨、梧桐、桑、椒、棕、榕、檀、槐、漆、枫、桂楮等。在一些文献中还提到许多具体的栽培技术，如嫁接法、灌浇法、催花法等。另外，唐代无论宫廷和民间都盛行赏花、品花。姚氏《西溪丛话》把 30 种花卉与 30 种客人相匹配，例如，牡丹为贵客，兰花为幽客，梅花为清客，桃花为妖客，等等。

(6)山水画、山水诗文、山水园林相互渗透

中国古典园林诗画的情趣开始形成，意境的蕴含尚处在朦胧的状态，但隋唐园林作为一个完整的园林体系已经成型，并且在世界上崭露头角，影响及于亚洲汉文化圈内的广大地域。当时的朝鲜半岛和日本，全面吸收盛唐文化，其中也包括园林在内。

二、园林类型

(一)皇家园林

隋唐时期政治、经济、文化等各方面全面发展，有足够条件建设皇家园林。皇家园林主要集中在两京(长安、洛阳)，其数量之多、规模之大远远超过魏晋南北朝时期。隋唐的皇室贵族园居生活多样化，相应的大内御苑、行宫御苑、离宫御苑这三种类别的区分更加明显，各自的规划布局特点也比较突出。皇家造园活动以隋代、初唐、盛唐最为频繁。天宝以后，由于安史之乱导致皇家园林的全盛局面消失，最终一蹶不振。

1. 隋西苑

隋朝的西苑即显仁宫，又称会通苑、西内苑，位于洛阳宫城的西侧，是隋炀帝杨广于隋大业元年(605年)与洛阳城同时兴建的宫苑之一。这是历史上仅次于西汉上林苑的一座特大型皇家园林。唐代改名东都苑，武后时名为神都苑，当时它的面积已收缩大约一半。隋朝西苑规模虽不及汉代的上林苑，但可与秦始皇的阿房宫相媲美。

西苑是一座人工山水园，据文献记载，园内的理水、筑山、植物配置和建筑营造的工程极其浩大，都是按既定的规划进行营建。关于此园的内容，《旧唐书·地理志》、佚名《海山记》、杜宝《大业杂记》言之甚详，虽略有出入但大体上是相同的。总体布局以人工开凿的最大水域“北海”为中心。北海周长十余里，海中筑蓬莱、方丈、瀛洲三座岛山，高出水面百余尺。北海北面的水渠曲折萦行注入海中，沿着水渠建置十六院，均穷极华丽，院门皆临渠。

据《旧唐书·地理志》记载：苑城东面十七里，南面三十九里，西面五十里，北面二十里，东北隅即周之王城，周一百二十余里，超洛阳城两倍有余。其内丘陵起伏。西苑北靠邙山，西和南有山丘为屏。洛水和谷水贯穿其中，水资源非常丰富。

据《大业杂记》载：“筑西苑，周二百里。其内造十六院，屈曲绕龙鳞渠，其第一延光院，第二明彩院，第三合香院，第四承华院，第五凝晖院，第六丽景院，第七飞英院，第八流芳院，第九耀仪院，第十结绮院，第十一百福院，第十二万善院，第十三长春院，第十四永乐院，第十五清署院，第十六明德院。置四品夫人十六人，各主一院。庭植名花，秋冬即剪杂彩为之，色渝则改着新者。其池沼之内，冬月亦剪采为芰荷。每院开东西南三门，门并临龙鳞渠。渠面阔二十步，上跨飞桥。过桥百步，即种杨柳、修竹，四面郁茂，名花美草，隐映轩陛。其中有逍遥亭，八面合成，鲜华之丽，冠绝今古。其十六院，例相仿教。每院各置一屯，屯即用院名名之。屯别置正一人、副二人，并用宫人为之。其屯内备养刍豢，穿池养鱼为园，种蔬植瓜果，四时肴膳，水陆之产靡所不有。其外游观之处，复有数十。或泛轻舟画舸，习采菱之歌；或升飞桥阁道，奏春游之曲。苑内造山为海，周十余里，水深数丈，其中有方丈、蓬莱、瀛州诸山，相去各三百步。山高出水百余尺，上有道真观、集灵台、总仙宫，分在诸山。风亭月观，皆以机成。或起或灭，若有神变。海北有龙鳞渠，屈曲周绕十六院入海。海东有曲水池，其间有曲水殿，上巳禊饮之所。每秋八月，月明之夜，帝引宫人三五十骑，人定之后，开闾阖门入西苑，歌管。诸府寺因乃置清夜游之曲数十首。”

《山海记》中也有这十六院，名称与《大业杂记》所述者不同。《山海记》记载为又开凿五湖，每个湖四方十里。东湖称为翠光湖，南湖称为迎阳湖，西湖称为金光湖，北湖称为洁水湖，中湖称为广明湖。湖中堆积土石以成山，构筑亭殿，屈曲环绕，华丽至极。又开凿北海，周围四十里，海中有三山，仿效蓬莱、方丈、瀛洲，上面都建有台榭回廊，水深数丈，开沟与五湖相通。北海北面的沟通行龙凤舸。帝多于东湖泛舟，因而制成湖上之曲。大业六年，后苑中草木禽兽繁息茂盛，桃蹊李径，翠阴交合，金猿青鹿动辄成群。自大内开为御道，直通西苑。夹道种植长松高柳，帝多幸苑中，常来常往。

可见，西苑大体上沿用了秦汉时期“一池三山”的宫苑布局模式，以人造渠、海、池、湖，模拟天然河湖水景而构成一个以五湖的形式象征帝国疆域版图的完整水系，而这个水系又与“积土石为山”相结合而构成丰富的、多层次的山水空间，空间中有十六组建筑群结合水道绕插而构成园中之园的小园林集群，这是一种创新的规划方式。园林集群中分布着建筑宫苑，岛屿等园林景观。宫苑内多数景点以建筑为中心，岛屿的山上有的布置了只供观赏，不具有求仙功能的文化景点、道观建筑。苑中植物品种极多，配置得当。西苑内时隐时现的大量建筑，反映出当时园林建筑的技巧与造园技艺。不仅是复杂的艺术创作，更是一个经过精心设计安排的庞大的土木工程和绿化工程。这是一种创新的规划方式，它标志着中国古典园林全盛时期的到来，其设计规划方面的成就具有里程碑意义。

唐代的西苑改名东都苑，面积缩小，水系未变，建筑物则有所增损、易名。据《唐两京城坊考》可知，苑之东垣四门，从北往南依次为嘉豫门、上阳门、新开门、望春门；南垣三门，从东往西依次为兴善门、兴安门、灵光门；西垣五门，从南往北依次为迎秋门、游义门、笼烟门、灵溪门、风和门；北垣五门，从西往东依次为朝阳门、灵圈门、玄圃门、御冬门、膺福门。苑内最西者合璧宫，最东者凝碧池。凝碧池即隋的北海，又名积翠池。开元二十四年(736 年)为防河水泛溢，建三陂来防御，分别为积翠、月陂、上阳。在龙鳞渠畔建龙鳞宫，约位于苑中央。在合璧(宫)之东南，隔水建有明德宫(隋为显仁宫)，在其东面有黄女宫，其正南隔水有芳榭亭。苑的西北隅为高山宫，东北隅为宿羽宫，东南隅为望春宫。还有冷泉宫、积翠宫、青城宫、金谷亭、凌波宫等。隋代及唐初，苑内又有朝阳宫、栖云宫、景华宫、成务殿、太顺殿、文华殿、春林殿、和春殿、华渚堂、翠阜堂、流芳堂、清风堂、崇兰堂、丽景堂、鲜云堂、回芳亭、流风亭、露华亭、飞香亭、芝田亭、长塘亭、芳洲亭、翠阜亭、芳林亭、飞华亭、留春亭、徽秋亭、洛浦亭，皆隋炀帝所造。武德贞观之后多渐移毁、改造。

2. 隋大兴宫(唐太极宫)

隋大兴宫，为隋高祖杨坚任命建筑师宇文恺主持修建，为隋朝皇宫，坐落在大兴城中轴线北端、大明宫之西。东西宽 2820 米，南北深 1492 米。唐睿宗景元元年(710 年)，改称太极宫。自隋文帝开始，以大兴殿为中朝，是皇帝每逢朔(初一)、望(十五)之日主要听政视朝之处。另外，皇帝登基，册封皇后、太子、诸王、公主大典及宴请朝贡使节等也多在此殿举行。

宫墙四面共有十门，分为中、东、西三部。中部为皇宫，即大内，东西宽 1285 米，

面积1.92平方千米。东部为太子东宫，宽833米，西部为服务供应部分及作坊、掖庭宫，宽703米。大内部分自南而北分朝区、寝区和苑囿三大部分。朝区为处理国政、举行大典的办公区，象征国家政权；寝区是皇帝的住宅，代表家族皇权。朝区正南为宫城正门承天门，是元旦、冬至举行大朝会等大典之处，门外左右建高大的双阙，阙外为朝堂。门内正北为朝区主殿太极殿，是皇帝朔望(初一、十五两日)听政之处，与周代宫殿之“中朝”或“日朝”功能相似。殿四周由廊庑围成巨大的宫院，四面开门，南门为太极门。太极殿一组宫院之东西侧建宫内官署，东侧为门下省、史馆、弘文馆等，西侧为中书省、舍人院等。太极殿后为宫内第一条东西横街，是朝区和寝区的分界线。横街北即寝区，正中为两仪门，门内即寝区正殿两仪殿，也由廊庑围成矩形宫院。两仪殿东有万春殿，西有千秋殿，三殿都各有殿门，两殿亦由廊庑围成宫院，与两仪殿并列。两仪等殿之北为宫中第二条东西横街，街东端有日华门，街西端有月华门，横街北即后妃居住的寝宫，大臣等不能进入。此部分正中为正殿甘露殿，殿东有神龙殿，殿西有安仁殿，三殿并列，以甘露殿为主，各有殿门廊庑形成独立宫院。前后两列，每列之殿是寝殿的核心，有围墙封闭，其中两仪殿和甘露殿性质上近于一般邸宅的前厅和后堂。甘露殿之北即苑囿，有亭台池沼，其北即宫城北墙，有玄武门通向宫外。在朝区门下省、中书省和寝区日华门、月华门之东西外侧，还各有若干宫院，是宫中次要建筑。朝寝两区各主要门殿承天门、太极门、太极殿、两仪门、两仪殿、甘露门、甘露殿等南北相重，共同形成全宫的中轴线。

3. 隋紫微宫(唐洛阳宫、太初宫)

隋紫微宫，唐贞观六年(632年)改名洛阳宫，武后光宅元年(684年)改名太初宫。宫的南垣设三座城门，中门应天门。应天门之北为正殿含元殿，也是天子大朝之所，殿有四门，南曰乾元门。含元殿北为贞观殿，再北为微猷殿。应天门、含元殿、贞观殿、微猷殿构成宫廷区的中轴线，其东、西两侧散布着一系列的殿宇建筑群，其中有天子的常朝宣政殿、寝宫以及嫔妃居住和各种辅助用房。宫廷区的东侧为太子居住的东宫，西侧为诸皇子、公主居住的地方。北侧即大内御苑“陶光园”。

陶光园平面呈长条状，园内横贯东西向的水渠，在园的东半部潴而为水池。池中有二岛，分别建登春、丽绮二阁，池北为安福殿。据考古探测，宫城西北角有大面积的淤土堆积，西距西墙5米，北距陶光园南墙148米。淤土东西最长为280米，南北最宽260米，总面积约为55 600平方米。淤土距今地表深度不一，西部及西南部一般深在2米以下，东部深1.8米左右，东北部深0.5米左右。这处淤土堆显然是一个大水池的遗迹，可能就是当年的九洲池。《唐两京城坊考》有记载：“东都城有九洲池，在仁智殿之南，归义门之西。其地屈曲，象东海之洲，居地十顷，水深丈余，乌鱼翔泳，花卉罗植……他之洲(岛)，殿曰‘瑶光’，亭曰‘琉璃’，观曰‘一柱’。环池者曰‘花光院’，曰‘山斋院’，曰‘神居院’，曰“仙居院’，曰‘仁智院’，曰‘望京台’。”看来，宫城的西北角还有一处以九洲池为主体的园林区。它不在陶光园内而是在宫城内，足见当年宫内有苑、宫苑一体的情况。九洲池的北面与陶光园内的水渠连接，南面伸出约9米的缺口应是通往宫城外的另一条水渠(图5-3)。

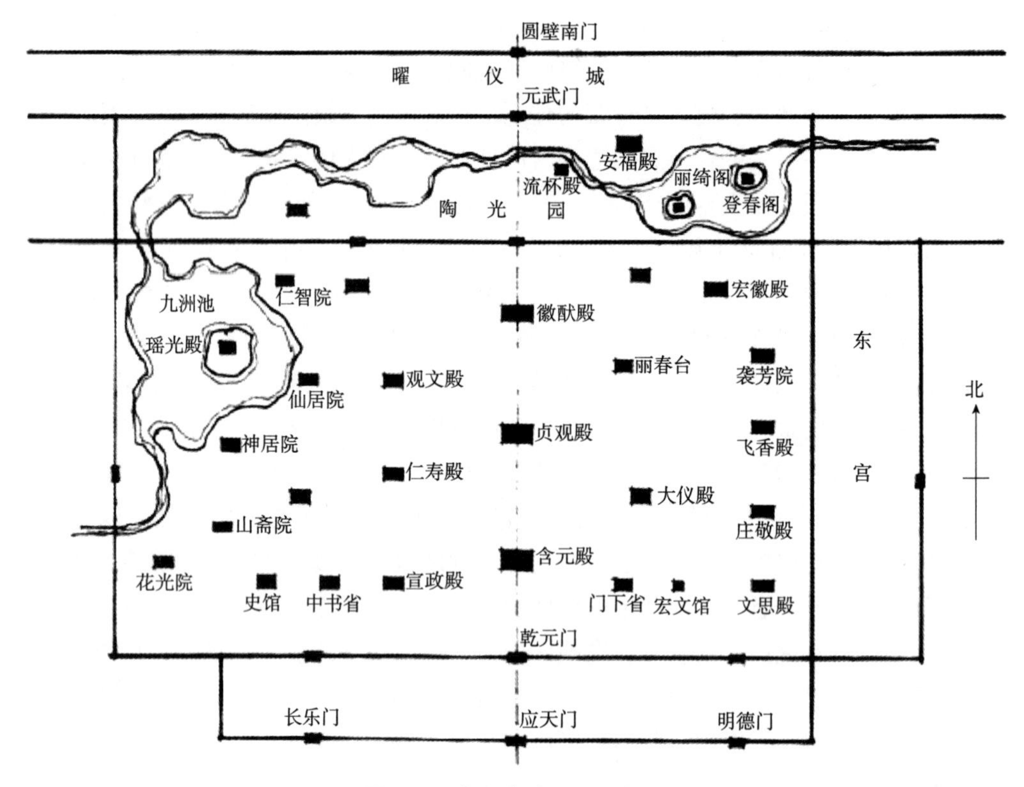

图 5-3　洛阳宫城平面设想图

4. 唐大明宫

大明宫位于长安禁苑东南之龙首原高地上，又称“东内”，以其相对于长安宫城之“西内”(太极宫)而言。据《雍录》载：“太宗初，于其地营水安宫，以备太上皇清暑。九年正月……改名大明宫。……龙朔二年(662 年)，高宗染风痹，恶太极宫卑下，故就新修大明宫，改名蓬莱宫，取殿后蓬莱池为名也。”次年，高宗移居蓬莱宫听政。神龙元年(705 年)，又恢复大明宫之名。

大明宫是一座相对独立的宫城，也是太极宫以外的另一处大内宫城。它的范围经考古探明：南城墙长 1370 米，西城墙长 2256 米，北城墙长 1135 米，东城墙长 2310 米(折线)，面积大约 3.42 平方千米，是明清北京紫禁城的 4.8 倍。它的位置“北据高原，南望爽垲，每天晴日朗，终南山如指掌，京城坊市街陌俯视如在槛内”。地形比太极宫更利于军事防卫，小气候凉爽也更适宜于居住，故唐高宗以后即代替太极宫作为朝宫。它的南半部为宫廷区，北半部为苑林区也就是大内御苑，是典型的宫苑分置的格局(图 5-4)。沿宫墙共设宫门 11 座，南面正门名丹凤门。北面和东面的宫墙均做成双重的“夹城”，一直往南连接南内兴庆宫和曲江池，以备皇帝车驾游幸。

宫廷区的丹凤门内为外朝之正殿含元殿，雄踞龙首原最高处。其后为宣政殿，再后为紫宸殿即内廷之正殿，正殿之后为寝区正殿蓬莱殿。这些殿堂与丹凤门均位于大明宫的南北中轴线上，这条中轴线往南一直延伸正对慈恩寺内的大雁塔。

含元殿利用龙首原做殿基，如今残存的遗址仍高出地面 10 米余。殿面阔 11 间，其前

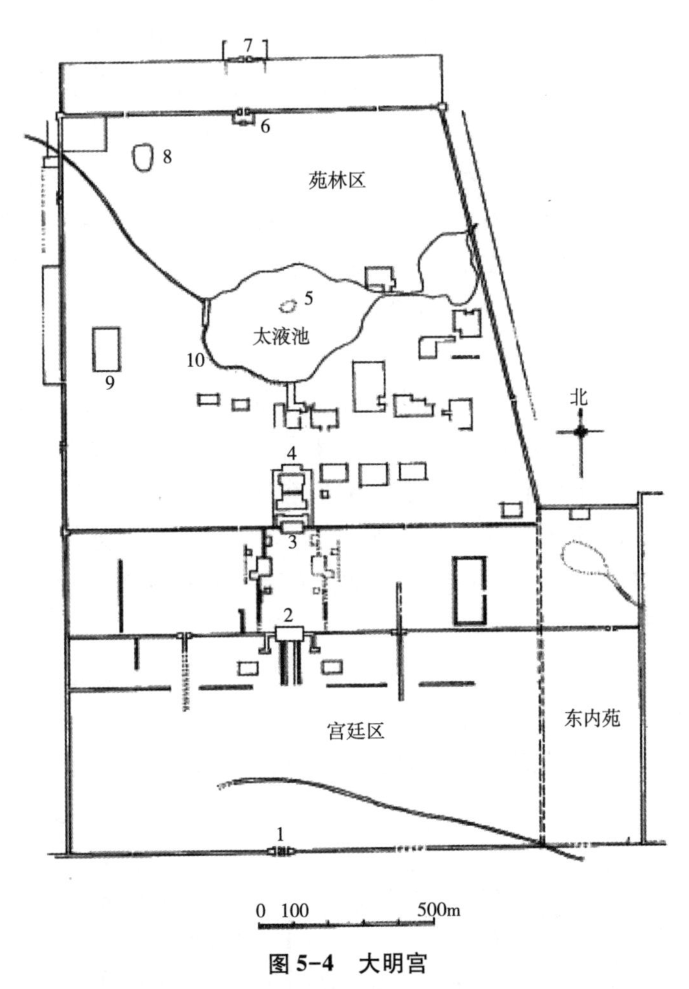

图 5-4　大明宫

1. 丹凤山　2. 含元殿　3. 宣政殿　4. 紫宸殿　5. 蓬莱山
6. 玄武门　7. 重玄门　8. 三清殿　9. 麟德殿　10. 沿池四廊

有长达 75 米的坡道“龙尾道”，左右两侧稍前处又有翔鸾、栖凤二阁，以曲尺形廊庑与含元殿连接。这个倒凹字形平面的巨大建筑群，其中央及两翼屹立于砖台上的殿阁和向前引申、逐步下降的龙尾道相配合，充分表现了中国封建社会鼎盛时期的宫廷建筑之雄浑风姿和磅礴气势。

苑林区地势陡然下降，龙首之势至此降为平地，中央为大水池“太液池”，包括东、西两部分。太液池遗址的面积约 1.6 公顷，西池中蓬莱山耸立，山顶建亭，皇帝经常在这里听文臣进讲，或宴请臣下。山上遍植花木，尤以桃花最盛。李绅《忆春日太液池亭候对》：“宫莺报晓瑞烟开，三岛灵禽拂水回。桥转彩虹当绮殿，舰浮花鹢近蓬莱。草承香辇王孙长，桃艳仙颜阿母栽。簪笔此时方侍从，却思金马笑邹枚。”沿太液池西池的岸边建回廊共四百余间。苑林区的建筑情况，《唐两京城坊考 · 大明宫》言之甚详：“蓬莱(殿)之西偏南，余有支陇，因坡为殿，曰金銮。环金銮者曰长安，曰仙居，曰拾翠，曰含冰，曰承香，曰长阁，曰紫兰。自紫兰而东，则太液池北岸之含凉殿，玄武门内之玄武殿也。由紫宸而东，经绫绮殿、浴堂殿、宣徽殿、温室殿、明德寺，以达左银台门。银台门之北为太和殿、清思殿、望仙台、珠镜殿、大角观，则极于银汉门。由紫宸而西，历延芙殿、思政殿、待制院、内侍别省，以达右银台门。银台门之北为明义殿、承欢殿、还周殿、左藏库、麟德殿、翰林院、九仙门、三清殿、大福殿，则达于凌霄门。”

可见，苑林区乃是多功能的园林，除了一般的殿堂和游憩建筑之外，还有佛寺、道观、浴室、暖房、讲堂、学舍等不一而足。麟德殿是皇帝饮宴群臣、观看杂技舞乐和作佛事的地方，位于苑西北之高地上。根据发掘出来的遗址判断，它由前、中、后三座殿阁组成，面阔11间、进深17间，面积大约相当于北京明清紫禁城太和殿的3倍，足见其规模之宏大。

5. 兴庆宫

兴庆宫又叫作“南内”，在长安外廓城东北、皇城东南面之兴庆坊，占一坊半之地。兴庆坊原名隆庆坊，唐玄宗李隆基为皇太子时的府邸即在此处。为避玄宗讳改名“兴庆池”，又名龙池。开元十六年(728年)，玄宗移住兴庆宫听政。宫的总面积相当于一坊半，根据考古探测，东西宽1.08千米，南北长1.25千米。有夹城(复道)通往大明宫和曲江，皇帝车驾“往来两宫，人莫知之”。为了因就龙池的位置和坊里的建筑现状，以北半部为宫廷区，南半部为苑林区，成北宫南苑的格局。

根据《唐两京城坊考》的叙述，可以大致设想兴庆宫的总体布局的情况：宫廷区共有中、东、西三路跨院。中路正殿为南薰殿；西路正殿为兴庆殿，后殿大同殿内供老子像；东路有偏殿“新射殿”和“金花落”。正宫门设在西路之西墙，名兴庆门(图5-5)。

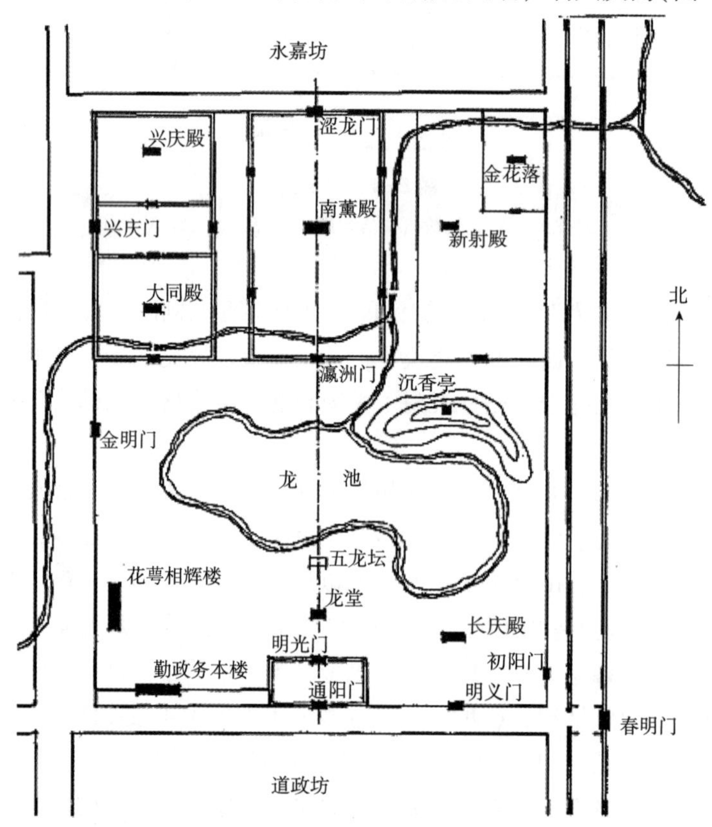

图5-5　兴庆宫平面设想图(据《唐两京城坊考》绘制)

兴庆宫既然称为“南内”，所以它的苑林区也就相当于大内御苑的性质。苑林区的面积稍大于宫廷区，东、西宫墙各设一门，南宫墙设二门。苑内以龙池为中心，池面略近椭圆形。池的遗址面积约 1.8 公顷，由龙首渠引来浐水之活水接济。池中植荷花、菱角、鸡头米及藻类等水生植物，南岸有草数丛，叶紫而心殷，名“醒酒草”。池西南的“花萼相辉楼”和“勤政务本楼”是苑林区内的两座主要殿宇，楼前围合的广场遍植柳树，广场上经常举行乐舞、马戏等表演。这两座殿宇也是玄宗接见外国使臣、策试举人以及举行各种仪典、娱乐活动的地方。时人有诗咏此种活动之盛况：“千秋御节在八月，会同万国朝华夷。花萼楼南大合乐，八音九奏鸾来仪。”

花萼相辉楼紧邻西宫墙，从楼上可望见隔街之胜业坊内宁王及薛王的府邸。二王为玄宗同胞弟，玄宗每登楼，听到二王作乐时，必召他们升楼与之同榻坐，或到二王府邸赋诗宴嬉，赐金帛侑欢。玄宗的这种友悌之情，当时传为美谈。楼以“花萼相辉”为名，亦寓手足情深之意。

兴庆宫的西南隅地段曾经考古发掘，清理了宫城西南隅的部分墙垣，发掘了勤政楼(一号址)及其他宫殿遗址多处。南城墙有内、外两重，内墙自转角处往东发掘出 140 米的遗址，墙基宽 5 米、上部宽为 4.4 米。

勤政务本楼(一号址)即建在这一道城墙之上，遗址西距西墙 125 米，很像一座城门楼。楼的平面呈长方形，现存柱础东西六排、南北四排，面阔五间共 26.5 米，进深三间共 19 米，面积 500 余平方米。楼址的周围均铺有散水，宽 0.85 米。勤政楼的遗址与各种文献的记载大体上是相符合的。至于花萼相辉楼的遗址(十七号址)，并不在西宫墙处。文献及图像记载它跨西墙建置，应是兴庆宫扩建前的西墙。但扩建前的西墙一带地层已被扰乱，许多建筑遗址都看不出全貌，因而花萼相辉楼的具体遗迹亦无从考查了。

兴庆宫出土的遗物多为带字的砖、瓦和瓦当等建筑材料，也有一些黄、绿两色的琉璃滴水瓦，足见当年“南内”建筑之华丽程度，并不亚于“西内”和“东内”。苑内林木蓊郁，楼阁高低，花香人影，景色绮丽。玄宗与宠妃杨玉环(杨贵妃)乘坐画船，行游池上，一派歌舞升平。诗人武平一赋诗咏之：“皎洁灵潭图日月，参差画舸结楼台。波摇岸影随桡转，风送荷香逐酒来。”

杨贵妃特别喜欢牡丹花，因而兴庆宫以牡丹花之盛而名重京华，也是玄宗与杨贵妃观赏牡丹的地方。牡丹为药用植物，唐初才培育成观赏花卉，故十分名贵。

龙池之北偏东堆筑土山，上建“沉香亭”。亭用沉香木构筑，周围的土山上遍种红、紫、淡红、纯白诸色牡丹花，是为兴庆宫内的牡丹观赏区。“开元中，禁中初种木芍药，得四本，上因移于兴庆池东沉香亭前。”李白有诗《清平调》：“名花倾国两相欢，常得君王带笑看。解释春风无限恨，沉香亭北倚阑干。”正是对此的描述。

池之东南面为另一组建筑群，包括翰林院、长庆殿及后殿长庆楼。兴庆宫的遗址如今已改建为兴庆公园。

(二)私家园林

唐代的私家园林较之魏晋南北朝更为兴盛，普及面更广，艺术水平在上代的基础上又有所提高。这是中国古典园林发展到此阶段的必然结果，自有其特定历史条件和人文背景的直接影响和推动。

隋代统一全国，修筑大运河，沟通南北经济。盛唐之世，政局稳定，经济、文化繁荣，呈现为历史上空前的太平盛世和安定局面。在中原、江南、巴蜀即当时的最发达地区，有关私家造园活动的文献记载不少。盛唐之世，为私家造园的兴旺创造了条件，而当时园林兴盛的程度也正是这个盛世的象征。

1. 城市私园

(1)长安私家园林

长安作为首都，私家园林集中荟萃，自不待言。长安城内的大部分居住坊里均有宅园或游憩园叫作“山池院”。“山池院”“山亭院”，即是唐代人对城市私园的普遍称谓。规模大者占据半坊左右，多为皇亲和大官僚所建。宅园多分布在城北靠近皇城的各坊，游憩园多半建在城南比较偏僻的坊里，因为园主人只是偶尔到此宴游，并不经常使用。在《长安志》等古籍中零星地提到几处这类园林的情况：

御史大夫王鉷宅，在太平坊。“宅内有自雨亭子，檐上飞流四注”。

琼山区主宅，在太平坊。“(县主)即吐谷浑之苗裔，富于财产。宅内有山池院，溪磴自然，林木葱郁，京城称之”。

左仆射令狐楚宅，在开化坊。宅内庭园“牡丹最盛”。

中书侍郎同中书门下平章事元载宅，在安仁坊。“造芸辉堂于私第。芸辉香草名也，出于阗国。”

剑南东川节度使冯宿宅，在亲仁坊。“宅南有山亭院，多养鹅鸭及杂禽之类，常遣一家人主之，谓之‘鸟省’”。

汝州刺史昕园宅，在昭行坊。宅园引永安渠为池，“弥亘顷亩，竹木环市，荷荇丛秀”。

徐王元礼山池在太平坊；太平公主山池院在兴道坊宅畔；长宁公主山池在崇仁坊宅畔；安乐公主山池在金城坊。

在长安城内的众多私园中，不乏清幽雅致的格调，寄托着身居庙堂的士人们向往隐逸、心系林泉的情怀。私园的筑山理水，刻意追求一种缩移模拟天然山水、以小观大的意境。

(2)洛阳私家园林

洛阳私园之多并不亚于长安，在朝的权贵和官僚们同时也在东都洛阳修造宅第、园林，洛阳城共有居住坊里二百二十个，大量的私家园林就散布在这些坊里之内，北魏人杨炫之《洛阳伽蓝记》这样描写道：“当时四海晏清，八荒率职……于是常族王侯、外戚公主，擅山海之富，居川林之饶，争修园宅，互相夸竞。崇门丰室，洞户连房。飞馆生风，重楼起雾。高台芳榭，家家而筑。花林曲池，园园而有。莫不桃李夏绿，竹柏冬青。”

洛阳有伊、洛二水穿城而过，城内河道纵横，为造园提供了优越的供水条件，故洛阳城内的私家园林多以水景取胜。由于得水较易，园林中颇多出现模拟江南水乡的景观，很能激发人们对江南景物的联想情趣。洛阳城内的私园也像长安一样，纤丽与清雅两种格调

并存。洛阳的城市私园中具有代表性的例子便是白居易的履道坊宅园。

履道坊宅园位于坊(里)之西北隅，洛水流经此处，被认为是城内“风土水木”最胜之地。白居易于杨凭旧园的基础上稍加修葺改造，深为满意。在他 58 岁时定居于此，遂不再出仕。履道坊宅园也是园主人以文会友的场所，白居易 74 岁时曾在这里举行“七老会”，与会者有胡杲、吉皎、郑据、刘真、卢贞、张深及他本人，寿皆 70 岁以上。同光二年(924 年)，宅园改为佛寺，白氏后人移居洛阳东南郊、洛水南滨的白碛村，一直繁衍至今。

这座宅园的遗址位于今洛阳市南郊的狮子村东北约 150 米，1992 年经考古发掘，发现唐代建筑基址多处，以及其西侧的两条唐代水渠，其走向与《唐两京城坊考》所记完全吻合。此外，还出土唐代器皿、钱币、砖、瓦当等。

白居易专门为这座最喜爱的宅园写了一篇韵文《池上篇》，篇首的长序详尽地描述此园的内容：

园和宅共占地 17 亩，其中“屋室三之一，水五之一，竹九之一，而岛树桥道间之”。“屋室”包括住宅和游憩建筑，“水”指水池和水渠而言，水池面积很大，为园林的主体，池中有三个岛屿，其间架设拱桥和平桥相联系。

其造园的目的在于寄托精神和陶冶性情，那种清纯幽雅的格调和“城市山林”的气氛，也恰如其分地体现了当时文人的园林观——以泉石竹树养心，借诗酒琴书怡性。《池上篇》颇能道出这个营园主旨：“十亩之宅，五亩之园；有水一池，有竹千竿。勿谓土狭，勿谓地偏。足以容膝，足以息肩。有堂有庭，有桥有船；有书有酒，有歌有弦。有叟在中，白须飘然；识分知足，外无求焉。如鸟择木，姑务巢安；如龟居坎，不知海宽。灵鹤怪石，紫菱白莲；皆吾所好，尽在吾前。时饮一杯，或吟一篇。妻孥熙熙，鸡犬闲闲。优哉游战，吾将终老乎其间。”

履道坊宅园的植物配置以竹林为主。白居易对于“履道幽居竹绕池”即竹与水的配合成景的布局十分赞赏。《池上竹下作》高度评价这座园林中的竹与水的象征寓意：“穿篱绕舍碧逶迤，十亩闲居半是池。食饱窗间新睡后，脚轻林下独行时。水能性淡为吾友，竹解心虚即我师。何必悠悠人世上，劳心费目觅亲知。”他对于宅园内以竹、石配置而构成的局部景观小品，也十分赞赏：“一片瑟瑟石，数竿青青竹。向我如有情，依然看不足。况临北檐下，复近西塘曲。筠风散余清，苔雨含微绿。有妻亦衰老，无子方党独。莫掩夜窗扉，共渠相伴宿。”(《北窗竹石》)

唐代的私家宅园中有前宅后园的布局，履道坊宅园即属此类：园宅合一，即住宅的庭院内穿插着园林，或者在园林中布置住宅建筑。1959 年西安西郊中堡村出土的唐墓明器中的一件唐三彩住宅建筑模型，它的两进院落的主庭院内，即有水池和假山的布置。

(3)扬州私家园林

扬州是当时东南地区的一座繁华城市。隋初，随着大运河开通，扬州成为运河南端的水陆码头、江淮交通的枢纽，同时也带来了城市经济的繁荣。隋炀帝坐船来到扬州恣意寻欢作乐，唐代诗人们曾用“谁知竹西路，歌吹是扬州”“腰缠十万贯，骑鹤下扬州”“天下三分明月夜，无赖二分在扬州”“十年一觉扬州梦，赢得青楼薄幸名”这样的诗句来描写它的一派歌舞升平的繁华景象。炀帝分别于大业元年(605 年)、六年(610 年)、十二年(616 年)三次由洛阳乘船到扬州游览，“欲取芜城作帝家”，遂在扬州大造宫苑。私家园林的兴建，当亦不在少数，正如诗人姚合《扬州春词三首》中所说的“园林多是宅”“暖日凝花柳，春风散管弦”的盛况。

“扬州侨寄衣冠及工商等，多侵衢造宅”。在市井相连的“春风十里扬州路”上，园林占有很大的比重。从杜牧的“天碧楼台丽”，姚合的“园林多是宅”等诗句中，可以想见当时扬州园林之盛。唐李复言撰的《续玄怪录》中有一篇叫《裴湛》，文中讲述了贞观年间的药商裴湛，在唐代扬州二十四桥之一的青园桥东有樱桃园住宅，这座住宅“楼阁重复，花木鲜秀，似非人境，烟翠葱茏，景色妍媚，不可形状”，很有气势。据说另有一座“郝氏园”，较樱桃园犹有过之。更“有大贾周师儒者，其居处花木楼榭之奇，为广陵甲第”。而“郝氏园”似乎还要超过它，正如诗人方干《旅次扬州寓居郝氏林亭》诗中所描写的：“鹤盘远势投孤屿，蝉曳残声过别枝。凉月照窗欹枕倦，澄泉绕石泛觞迟。”显示那一派犹如画意的园景。见于文献著录的扬州私家园林，大都以主人的姓氏作为园名，如郝氏园、席氏园等，这种做法一直沿袭到清代。

(4)成都私家园林

成都为巴蜀重镇，也是西南地区的经济和文化中心。文献多有记载私家造园情况。著名的如诗人杜甫经营的浣花溪草堂。

杜甫为避安史之乱，流寓成都。于上元元年(760 年)，择城西之浣花溪畔建置“草堂”，两年后建成。杜甫在《寄题江外草堂》诗中简述了兴建这座别墅园林的经过：“诛茅初一亩，广地方连延。经营上元始，断手宝应年。敢谋土木丽，自觉面势坚。台亭随高下，敞豁当清川。虽有会心侣，数能同钓船。”可知园的占地初仅一亩，随后又加以扩展。建筑布置随地势之高下，充分利用天然的水景，“舍南舍北皆春水，但见群鸥日日来”。园内的主体建筑物为茅草葺顶的草堂，建在临浣花溪的一株古楠树的旁边，“倚江楠树草堂前，故老相传二百年。诛茅卜居总为此，五月仿佛闻寒蝉”。园内大量栽植花木，“草堂少花今欲栽，不用绿李与红梅”。杜甫曾写过《诣徐卿觅果栽》《凭何十一少府邕觅桤木栽》《从韦二明府续处觅绵竹》等诗，足见园主人当年处境贫困，不得不向亲友觅讨果树、桤木、绵竹等移栽园内。因而满园花繁叶茂，荫浓蔽日，再加上浣花溪的绿水碧波，以及翔泳其上的群鸥，构成一幅极富田园野趣而又寄托着诗人情思的天然图画。杜甫在《堂成》一诗中这样写道：“背郭堂成荫白茅，缘江路熟俯青郊。桤木碍日吟风叶，笼竹和烟滴露梢。暂止飞乌将数子，频来语燕定新巢。旁人错比扬雄宅，懒惰无心作解嘲。”

杜甫除川北避乱的一段时间外，在草堂共住了三年零九个月，写成二百余首诗。此后草堂逐渐荒芜。唐末，诗人韦庄寻得归址，出于对杜甫的景仰而加以培修，但已非原貌。自宋历明清，又经过十余次的重修改建。最后一次重修在清嘉庆十六年(1811 年)，大体上奠定今日“杜甫草堂”之规模。

2. 郊野别墅园

别墅园即建在郊野地带的私家园林，它源于魏晋南北朝时期的别墅、庄园，但其大多数的性质已经从原先的生产、经济实体转化为游憩、休闲，属于园林的范畴了。

这种别墅园在唐代统称为别业、山庄、庄，规模较小者也叫作山亭、水亭、田居、草堂等。名目很多，但其含义则大同小异。

(1)王维的辋川别业

辋川别业在陕西蓝田县南约20千米。这里山岭环抱，溪谷辐辏有若车轮，故名“辋川”。川水汇聚成河，经过两山夹峙的哓山口往北流入灞河。

王维字摩诘，诗人、画家，也是虔诚的佛教徒和佛学家。开元九年(721年)举进士，天宝末任给事中，晚年官至尚书右丞，世称“王右丞”。据《旧唐书·王维传》：“晚年长斋，不衣文采。得宋之问蓝田别墅，在辋口，辋水周于舍下，别涨竹洲花坞，与道友裴迪，浮舟往来，弹琴赋诗，啸咏终日。”辋川别业原为初唐诗人宋之问修建的一处规模不小的庄园别墅，当王维出资购得时已呈一派荒废衰败景象，乃刻意经营，因就于天然山水地貌、地形和植被加以整治重建，并作进一步的园林处理。

王维早年仕途顺利，官至给事中，天宝十四年(755年)安禄山叛军占据长安时未能出走，被迫担任伪职。平叛后朝廷并未追究，官迁尚书右丞。但王维终因这个污点，晚年对名利十分淡薄，辞官终老辋川。对于辋川别业的规划整理，他确实费过一番心思。别业建成之后，一共有20处景点：孟城坳、华子岗、文杏馆、斤竹岭、鹿柴、木兰柴，茱萸沜，宫槐陌、临湖亭、南垞、欹湖、柳浪、栾家濑，金屑泉、白石滩、北垞、竹里馆、辛夷坞、漆园、椒园。王维住进别墅，心情十分舒畅。经常乘兴出游，即使在严冬和月夜，也不减游兴，其余时间便弹琴、赋诗、学佛、绘画，尽情享受回归大自然的赏心乐事。他在《山中与裴秀才迪书》中道出了幽居生活的可爱：“夜登华子冈，辋水沧涟，与月上下。寒山远火，明灭林外。深巷寒犬，吠声如豹。村墟夜舂，复与疏钟相间。此时独坐，僮仆静默。多思曩昔，携手赋诗。步仄径，临清流也。当待春中，草木蔓发，春山可望，轻鲦出水，白鸥矫翼，露湿青皋，麦陇朝雊，斯之不远，倘能从我游乎?”

诗人裴迪是王维的好友，王维曾邀请他一同游玩。随后，裴迪来到辋川小住，二人结伴同游，赋诗唱和，共写成40首诗，分别描述了20个景点的情况，结集为《辋川集》。王维还画了一幅《辋川图》长卷，对辋川的20个景点作了逼真、细致的描绘。王、裴唱和诗所描述的20个景点在《辋川集》中排列的顺序，大致与秦观文中所记述的顺序是吻合的。这个顺序很可能就是园林内部的一条主要的游览路线。我们不妨循着这条路线，设想此园景观之梗概。

孟城坳，《辋川志》描述：“过北岸关上村，高平宽敞，旧志云：即孟城口，右丞居第也。”这里是王维隐居辋川时的住处，王维诗：“新家孟城口，古木余衰柳。”有古代城堡的遗址一座，裴迪诗：“结庐古城下，时登古城上。古城非畴昔，今人自来往。”华子冈，以松树为主的丛林植被披覆的山冈，这里是辋川的最高点。文杏馆，以文杏木为梁、香茅草作屋顶的厅堂，这是园内的主体建筑物，也是辋川的一处主要景点。斤竹岭，山岭上遍种竹林，一弯溪水绕过，一条山道相通，满眼青翠掩映着溪水涟漪。鹿柴，用木栅栏围起来的一大片森林地段，其中放养麋鹿。木兰柴，用木栅栏围起来的一片木兰树林，路水穿流其间，环境十分幽邃。茱萸沜，生长着繁茂的山茱萸花的一片沼泽地。宫槐陌，两边种植槐树（守宫槐）的林荫道，一直通往名叫“欹湖”的大湖。临湖亭，建在欹湖岸边的一座亭子，凭栏可观赏开阔的湖面水景。南垞，欹湖的游船停泊码头之一，“垞”即小丘，在湖的南岸。欹湖，园内之大湖，湖中莲花盛开，可泛舟作水上游。柳浪，欹湖岸边栽植成行的柳树，倒映入水最是婉约多姿。栾家濑，这是一段因水流湍急而形成平濑水景的河道。金屑泉，泉水涌流涣漾呈金碧色。白石滩，湖边白石遍布成滩，裴迪诗：“跂石复临水，弄波情未极。日下川上寒，浮云澹无色。”北垞欹，湖北岸的一片平坦的谷地，辋川之水经过这里流入，设游船码头，可能还有船坞的建置。竹里馆，大片竹林环绕着的一座幽静的建筑物。辛夷坞，以辛夷的大片种植而成景的冈坞地带，辛夷形似荷花。漆园，种植漆树的生产性园地。椒园，种植椒树的生产性园地。

辋川别业有山、岭、冈、坞，湖、溪、泉、沜、濑、滩以及茂密的植被，总体上是以天然风景取胜，局部的园林化则偏重于各种树木花卉的大片成林或丛植成景。建筑物并不多，形象朴素，布局疏朗。王维是当其政治上失意、心情抑郁的情况下退隐辋川的，这在他对某些景点的吟咏上也有所流露。王维是著名的诗人，也是著名的画家，苏东坡誉之为“诗中有画，画中有诗”。因而园林造景，尤重诗情画意。辋川别业、《辋川集》与《辋川图》的同时问世，亦足以从一个侧面显示山水园林、山水诗、山水画之间的密切关系。

(2) 白居易的庐山草堂

元和年间，白居易任江州司马时在庐山修建了一处别墅园林——“草堂”，他写给好友元稹的一封信《与元微之书》中，略述了修建的缘起及其景观梗概。

“……仆去年秋始游庐山，到东西二林间香炉峰下，见云水泉石，胜绝第一，爱不能舍。因置草堂，前有乔松十数株，修竹千余竿。青萝为墙援，白石为桥道，流水周于舍下，飞泉落于檐间。红榴白莲，罗生池砌，大抵若是，不能殚记。每一独往，动弥旬日。平生所好者，尽在其中。不唯忘归，可以终老。此三泰也。”

白居易还专门撰写了《庐山草堂记》一文，由于这篇著名文章的广泛流传，庐山草堂亦得以知名于世。《庐山草堂记》记述了别墅园林的选址、建筑、环境、景观以及作者的感受：建园基址选择在香炉峰之北、遗爱寺之南的一块“面峰腋寺”的地段上，这里“白石何凿凿，清流亦潺潺。有松数十株，有竹千余竿。松张翠伞盖，竹倚青琅玕。其下无人居，悠哉多岁年。有时聚猿鸟，终日空风烟”。草堂建筑和陈设极为简朴，“三间两柱，二室四牖，广袤丰杀，一称心力。洞北户，来阴风，防徂暑也；敞南甍，纳阳日，虞祁寒也。木，斫而已，不加丹；墙，圬而已，不加白；砌阶用石，幂窗用纸，竹帘纻帏，率称是焉。堂中设木榻四，素屏二，漆琴一张，儒、道、佛书各三两卷”。堂前为一块约十丈见方的平地，平地当中有平台，大小约为平地之半。台之南有方形水池，大小约为平台之一倍。“环池多山竹野卉，池中生白莲、白鱼”。

周围环境，南面，“抵石涧，夹涧有古松老杉，大仅十人围，高不知几百尺……松下多灌丛、萝茑叶蔓骈织，承翳日月，光不到地。盛夏风气如八九月时。下铺白石为出入道”；北面，“堂北五步，据层崖积石，嵌空垤块，杂木异草，盖覆其上。绿阴蒙蒙，朱实

离离，不识其名，四时一色。又有飞泉植茗，就以烹燀，好事者见，可以销永日”；东面，“堂东有瀑布，水悬三尺，泻阶隅，落石渠，昏晓如练色，夜中如环珂琴筑声”；西面，“堂西依北崖右趾，以剖竹架空，引崖上泉，脉分线悬，自檐注砌，累累如贯珠，霏微如雨露，滴沥漂洒，随风远去”。

其较远处的一些景观亦冠绝庐山，“春有锦绣谷花，夏有石门涧云，秋有虎溪月，冬有炉峰雪，阴晴显晦，昏旦含吐，千变万状，不可殚记，视缕而言，故云甲庐山者”。

白居易贬官江州，心情十分抑郁，尤其需要山水泉石作为精神的寄托。司马又是一个清闲差事，有足够的闲暇时间到庐山草堂居住，“每一独往，动弥旬日”。因而把自己的全部情思寄托于这个人工经营与自然环境完美谐和的园林上面，“仰观山，俯听泉，旁睨竹树云石，自辰及酉，应接不暇。俄而物诱气随，外适内和，一宿体宁，再宿心恬，三宿后颓然嗒然，不知其然而然”。他在《香炉峰下新置草堂，即事咏怀，题于石上》一诗中还写道：“何以洗我耳，屋头飞落泉。何以净我眼，砌下生白莲。左手携一壶，右手挈五弦。傲然意自足，箕踞于其间。兴酣仰天歌，歌中聊寄言。言我本野夫，误为世网牵。时来昔捧日，老去今归山。倦鸟得茂树，涸鱼还清源。舍此欲焉往？人间多险艰。”

诗中表白了一个饱经宦海浮沉、人世沧桑的知识分子，对于退居林下，独善其身，作泉石之乐的向往之情。白居易以草堂为落脚的地方，遍游庐山的风景名胜，并广交山上的高僧。经常与东、西二林之长老聚会草堂，谈禅论文，结为深厚友谊。

《旧唐书·白居易传》：“居易与凑、满、朗、晦四禅师，追永、远、宗、雷之迹，为人外之交。每相携游咏，跻危登险，极林泉之幽邃。翛然顺适之际，几欲忘其形骸。或经时不归，或逾月而返。郡守以朝贵遇之，不之责。”

(3)李德裕的平泉山庄

平泉庄位于洛阳城南三十里，靠近龙门伊阙，园主人李德裕出身官僚世家，唐武宗时自淮南节度使入相，力主削弱藩镇。执政六年，晋太尉，封卫国公。唐宣宗时期，遭政敌的打击，贬潮州司马，再贬崖州司户，卒于贬所。他年轻时曾随其父宦游在外十四年，遍览名山大川。入仕后瞩目伊洛山水风物之美，便有退居之志。他在《平泉山居诫子孙记》一文中写道：“吾随侍先太师忠公在外十四年，上会稽，探禹穴，历楚泽，登巫山，游沅湘，望衡峤。先公每维舟清眺，意有所感，必凄然遐想。属目伊川，尝赋诗曰：‘龙门南岳尽伊原，草树人烟目所存。正是北州梨枣熟，梦魂秋日到郊园。’吾心感是诗，有退居伊洛之志。”于是，购得龙门之西的一块废园地，重新加以规划建设。“剪荆莽，驱狐狸，始立班生之宅，渐成应叟之地。又得名花珍木奇石，列于庭际。平生素怀，于此足矣。”园既建成，未仕时曾讲学其中。以后外出宦游三十余年，却又“杳无归期”。他深知仕途艰险，怕后代子孙难于守成，因此告诫子孙：“鬻平泉者非吾子孙也，以平泉一树一石与人者非佳士也。吾百年后，为权势所夺，则以先人所命泣而告之，此吾志也。”关于此园之景物，康骈《剧谈录》这样描写：“平泉庄去洛城三十里，卉木台榭，若造仙府。有虚槛，前引泉水，萦回穿凿，像巴峡洞庭十二峰九派迄于海门江山景物之状。竹间行径有平石，以手磨之，皆隐隐见云霞龙凤草树之形。”

李德裕官居相位，权势显赫。各地的地方官为了巴结他，竞相奉献异物置之园内，时人有题平泉诗曰：“陇右诸侯供鸟语，曰南太守送名花。”故园内“天下奇花异草、珍松怪石，靡不毕致”。怪石名品甚多，《剧谈录》提到的有醒酒石、礼星石、狮子石等。李家败落后，子孙毕竟难于守成，这些怪石也被别人取走了。

关于园林用石的品类，李德裕写的《平泉山居草木记》中还记录了：“日观、震泽、巫岭、罗浮、桂水、严湍、庐阜、漏泽之石”，以及“台岭、八公之怪石，巫峡之严湍，琅玡台之水石，布于清渠之侧，仙人迹、鹿迹之石，列于佛榻之前”。

平泉庄内栽植树木花卉数量之多，品种之丰富、名贵，尤为著称于当时。《平泉山居草木记》中记录的名贵花木品种计有：“有天台之金松、琪树，稽山之海棠、榧桧，剡溪之红桂、厚朴，海峤之香柽、木兰，天目之青神、凤集，钟山之月桂、青飕、杨梅，曲房之山桂、温树，金陵之珠柏、栾荆、杜鹃，茆山之山桃、侧柏、南烛，宜春之柳柏、红豆、山樱，蓝田之栗梨、龙柏。其水物之美者，荷有洲之重台莲，芙蓉湖之白莲，茅山东溪之芳荪。复有日观、震泽、巫岭、罗浮、桂水、严湍、庐阜、漏泽之石在焉。其伊洛名园所有，今并不载。岂若潘赋《闲居》，称郁棣之藻丽；陶归衡宇，喜松菊之犹存。爰列嘉名，书之於石。已未岁，又得番禺之山茶，宛陵之紫丁香，会稽之百叶木芙蓉、百叶蔷薇，永嘉之紫桂、簇蝶，天台之海石楠，桂林之俱郍卫，台岭、八公之怪石，巫山、严湍、琅邪台之水石，布于清渠之侧，仙人迹、鹿迹之石，列于佛榻之前。是岁又得钟陵之同心木芙蓉，剡中之真红桂，稽山之四时杜鹃、相思紫苑、贞桐、山茗、重台蔷薇、黄槿，东阳之牡桂、紫石楠，九华山药树天蓼、青枥、黄心先子、朱杉、龙骨(阙二字)庚申岁，复得宜春之笔树、楠稚子、金荆、红笔、密蒙、勾栗木，其草药又得山姜、碧百合等等。”

李德裕平生癖爱珍木奇石，宦游所至，随时搜求。再加上他人投其所爱之奉献，平泉庄无异于一个收藏各种花木和奇石的大花园。此外，园内还建置“台榭百余所”，有书楼、瀑泉亭、流杯亭、西园、双碧潭、钓台等，驯养了鸂鶒鸟、白鹭鸶、猿等珍禽异兽。可以推想，这座园林的“若造仙府”格调，正符合于园主人位居相国的在朝显宦身份和地位，与一般文人官僚所营园墅确实很不一样。

(三)寺观园林

佛教和道教经过东晋、南北朝的广泛传播，到唐代达到了普遍兴盛的局面。佛寺多数都有园林或者庭院园林化的建置。几乎每一所寺、观之内均莳花植树，往往繁花似锦绿树成荫，甚至有以栽培某种花或树而出名的。寺观内栽植树木的品种繁多，松、柏、杉、桧、桐等比较常见。寺观内也栽植竹林，甚至有单独的竹林院。此外，果木花树亦多有栽植。道教认为仙桃是食后能使人长寿的果品，故而道观多有栽植桃树。当时寺观园林兼具城市公共园林的职能。

寺观不仅在城市兴建，而且遍及于郊野。但凡风景幽美的地方，尤其是山岳风景地带，几乎都有寺观建置，故云“天下名山僧(道)占多”。全国各地以寺观为主体的山岳风景名胜区，到唐代差不多都已陆续形成。如佛教的大小名山，道教的洞天、福地、五岳、五镇等，既是宗教活动中心，又是风景游览的胜地。寺观作为香客和游客的接待场所，对

风景名胜区之区域格局的形成和原始型旅游的发展，起着决定性的作用。佛教和道教的教义都包含尊重大自然的思想，又受到魏晋南北朝以来所形成的传统美学思潮影响，寺、观的建筑当然也力求和谐于自然的山水环境，起着“风景建筑”的作用。

郊野的寺观把植树造林列为僧、道的一项公益劳动，也有利于风景区环境保护。因此，郊野的寺观往往内部花繁叶茂，外围古树参天，成为游览的对象、风景的点缀。许多寺观的园林、绿化、栽培名贵花木、保护古树名木的情况，也屡见于当时的诗文中。白居易《冷泉亭记》记述了杭州灵隐寺外围的园林环境中五座小亭的点景情况：“东南山水，余杭郡为最。就郡言，灵隐寺为尤。由寺观，冷泉亭为甲。亭在山下，水中央，寺西南隅……杭自郡城抵四封，丛山复湖，易为形胜。先是，领郡者有相里君造作虚白亭，有韩仆射皋作候仙亭，有裴庶子棠棣作观风亭，有卢给事元辅作见山亭，及右司郎中河南蕇最后作此亭。于是五亭相望，如指之列，可谓佳境殚矣，能事毕矣。”

隋唐时期的佛寺建筑均为“分院制”，即由若干个以廊庑围合而成的院落组织为建筑群。大的院落或主要殿堂所在的院落，一般都栽植花木而成为绿化的庭院，或者点缀山、池、花木而成为园林化的庭院，这从以上所引的有关文字材料可以看得出来。

洛阳的佛寺大多数均为“舍宅为寺”的，《洛阳伽蓝记》屡次提到它们舍作佛寺之前的住宅庭院绿化以及宅园的情况。

1. 大慈恩寺

大慈恩寺，位于唐长安城晋昌坊(今陕西省西安市南)，大慈恩寺是唐长安城内最著名、最宏丽的佛寺。大慈恩寺在中国佛教史上具有十分突出的地位，一直受到国内外佛教界的重视。唐太宗贞观二十二年(648 年)，太子李治为了追念母亲文德皇后长孙氏创建慈恩寺。玄奘在这里主持寺务，领管佛经译场，创立了汉传佛教八大宗派之一的唯识宗，成为唯识宗祖庭。慈恩寺广种花木、营构山池，尤以牡丹和荷花最负盛名。到慈恩寺赏牡丹、赏荷，成为一时之风气。文人对此亦多有吟咏：

“澹荡韶光三月中，牡丹偏自占春风。时过宝地寻香径，已见新花出故丛。曲水亭西杏园北，浓芳深院红霞色。擢秀全胜珠树林，结根幸在青莲域。艳蕊鲜房次第开，含烟洗露照苍苔。庞眉倚仗禅僧起，轻翅萦枝舞蝶来。独坐南台时共美，闲行古刹情何已。花间一曲奏阳春，应为芬芳比君子。”(权德舆《和李中丞慈恩寺清上人院牡丹花歌》)

“对殿含凉气，裁规覆清沼。衰红受露多，余馥依人少。萧萧远尘迹，飒飒凌秋晓。节谢客来稀，回塘方独绕。”(韦应物《慈恩寺南池秋荷咏》)

唐永徽三年(652 年)，玄奘为保存由天竺经丝绸之路带回长安的经卷佛像，在大慈恩寺内主持修建了大雁塔，武则天长安年间(701—704 年)重建。塔平面为正方形，最初五层，后加盖至九层，再后层数和高度又有数次变更，最后固定为今天所看到的七层塔身，通高 64. 517 米，底层边长 25. 5 米。大雁塔作为现存最早、规模最大的唐代四方楼阁式砖塔，是佛塔这种古印度佛寺的建筑形式随佛教传入中原地区，并融入华夏文化的典型物证，是凝聚了中国古代劳动人民智慧结晶的标志性建筑。

2. 敕建佛寺

贞观三年的十二月间，唐太宗下诏，为过去行阵作战的地方，建立佛寺，在他的《行阵所立七寺诏》一书中说："纪信捐生，丹青著于图像，犹恐九泉之下，尚论鼎镬，八维之间，永缠冰炭，所以树立福田，济其魂魄。"于是在交兵作战、死亡惨重的地方，为敌我双方的阵亡者各建寺刹，延招僧侣。让那些死难的亡魂，闻到晨钟暮鼓之声，能够变炎火于青莲，易苦海为甘露。

第二年五月间，在七处战场上建筑的佛寺一齐竣工落成，太宗还下诏派有道高僧住持。这七所佛寺为：破薛举于豳州，立昭仁寺；破宋老生于吕州，立普济寺；破宋金刚于晋州，立慈云寺；破刘武周于汾州，立弘济寺；破王世充于邙山，立昭觉寺；破窦建德于郑州，立等慈寺；破刘黑泰于洺州，立昭福寺。

寺建成后，太宗又令虞世南、李伯药、褚绪良、颜师良、颜师古、岑文本、许敬崇、朱子奢八位大臣，为以上七寺撰新寺碑志。

（四）公共园林

公共园林滥觞于东晋之世，名士们经常聚会的地方如"新亭""兰亭"等应是其雏形。唐代，随着山水风景的大开发，风景名胜区遍布全国各地。原始的旅游亦相应地普遍开展起来。在城邑近郊一些小范围的山水形胜之处，建置亭、榭等小体量建筑物作简单点缀，而成为园林化公共游览地的情况也很普遍。以亭为中心、因亭而成景的邑郊公共园林有很多见于文献记载。文人出身的地方官，往往把开辟此类园林当作是为老百姓办实事的一项政绩，当然也为了满足自己的兴趣爱好、提高自己的官声，则更是乐此不疲。在经济、文化比较发达的地区，大城市里一般都有公共园林，作为文人名流聚会饮宴、市民游憩交往的场所。

长安作为首都，是当时规模最大的城市和政治、经济、文化中心，有关公共园林的文献记载也比较翔实。长安城近郊，往往利用河滨水畔风景秀丽的地段，略施园林化的点染，而赋予其公共园林的性质。例如，灞河上的灞桥，为出入京都所必经之地，也是都人送往迎来的一处公共园林。另外，也有在上代遗留下来的古迹上开辟公共游览地的情况，昆明池便是一例。昆明池原为西汉上林苑内的大型水池，依然保留其水面及池中的孤岛。早在唐初，唐高祖曾"幸昆明池宴百官"，太宗"大蒐于昆明池，蕃夷君长咸从"。德宗时又加以疏浚、整治、绿化，遂成为长安近郊一处著名的公共游览地，以池上莲花之盛而饮誉京城，居民和皇帝常到此游玩。

长安城内，充分利用城南一些坊里内的岗阜开辟公共园林——"原"，如乐游原；或利用水渠转折部位的两岸而创的以水景为主的游览地，如著名的曲江。

1. 乐游原

乐游原是呈现为东西走向的狭长形土原，东端的制高点在长安城外，中间的制高点在紧邻东城墙的新昌坊，西端的制高点在升平坊。乐游原的城内一段地势高爽、境界开阔，游人登临原上，长安城的街市宫阙、绿树红尘，均历历在目。西汉宣帝时，曾在西端的制高点上建"乐游庙"。隋开皇二年（582 年），在中间的制高点上建灵感寺。唐初寺废，唐高宗龙朔二年（662 年），新城公主患病奏请复建为观音寺，唐睿宗景云二年（711 年）改名青龙寺。寺的遗址经初步考古发掘，探明的有殿堂、廊庑、僧房和佛塔等，出土遗物有长方

砖、莲花方砖、板瓦、筒瓦、瓦当、金银质小佛像、三彩佛像残片、瓷片等。可见唐代青龙寺的规模是很大的。唐人朱庆余《题青龙寺》诗有句云："寺好因岗势，登临值夕阳。青山当佛阁，红叶满僧廊。竹色连平地，虫声在上方。最怜东面静，如近楚城墙。"诗中描述的位置、境界、形势与考古发掘的情况相对照，也是一致的。

乐游原地势高爽、境界开阔，再加上佛寺的人文点缀，增加其景观的魅力。许多骚人墨客都在这里留下他们的游踪和诗文吟咏。诗人登高览胜，不免生出景在人非、怀念故旧的感慨，其中的李商隐《乐游原》一诗更成为传唱千古的名篇："向晚意不适，驱车登古原。夕阳无限好，只是近黄昏。"

2. 曲江池

曲江池，在长安城的东南隅，汉武帝时称宜春苑。隋初宇文恺奉命修筑大兴城，以其地在京城之东南隅，地势较高，根据风水之说，遂不设置居住坊巷而凿池以厌胜之。宇文恺详细勘测了附近地形之后，在南面的少陵原上开凿一条长十余公里的黄渠，把义谷水引入曲江，扩大了曲江池之水面。隋文帝不喜欢以"曲"为名，又因为它的水面很广而芙蓉花盛开，故改名芙蓉池。唐初一度干涸，到开元年间又重加疏浚，导引河上游之水经黄渠汇入芙蓉池，恢复曲江池旧名。曲江池疏凿为胜境，成为长安著名的风景胜地。曲江池分流引入城内，一渠向西北流入晋昌坊的慈恩寺，一渠向东北流入升道坊的龙华尼寺，解决了城东南隅地势高亢的坊内用水问题。

曲江池池水充沛，池岸曲折优美，环池楼台参差，林木蓊郁。这是一处大型的公共园林，也兼有御苑的功能。皇帝经常率嫔妃临幸，为此而建置许多殿宇，杜甫《哀江头》诗中有"江头宫殿锁千门，细柳新蒲为谁绿"之句。曲江的南岸有紫云楼、彩霞亭等建筑，还有御苑"芙蓉苑"；西面为杏园、慈恩寺。曲江的范围，宋人程大昌《雍录》引《长安志》谓："唐周七里，占地三十顷。"可见面积是很大的。现在已经探明的唐代曲江的范围为 144 万平方米，曲江池遗址的面积为 70 万平方米。据考古实测，曲江池南北长 1360 米，宽 500 多米，面积为 0.7 平方千米，水面呈南北长，东西狭的不规则形状(图 5-6)。

在曲江池东北面的高岗上，便是盛唐时建了大量亭台楼阁的芙蓉苑。池西是杏园，按唐代习俗，新考中的进士们要在杏园举行宴会，然后游览大慈恩寺，在寺内的大雁塔上题名。

唐宜宗时，诗人刘沧考中进士后，写了一部七律《及第后宴曲江》，可见当时盛况。

"及第新春选胜游，杏园初宴曲江头。紫毫粉壁题仙籍，柳色箫声拂御楼。霁景露光明远岸，晚空山翠坠芳洲。归时不省花间醉，绮陌香车似水流。"这是唐代读书人朝思暮想的盛事。

曲江池中植有莲荷，池边蒲草丛生，堤岸杨柳迎风，游鱼戏绿水，野鸭拨清波，畔亭殿映影。在乐游原上，北瞰，帝王宫阙高耸入云；南眺，终南山峰浮出树杪。每年农历三月初三日为上巳节，唐时俗多踏青修禊(辟除不祥)，长安人大批涌到曲江游玩，非常热闹。当时的盛况，可从懿宗时诗人许棠的《曲江三月三日》诗看到："满国赏芳辰，飞蹄复走轮。好花皆折尽，明日恐无春。鸟避连云幄，鱼惊远浪尘。如何当此节，独自作愁人。"

可见，曲江不同于那些苑墙高筑、护卫森然的禁苑，是个开放的风景区，上至皇帝、

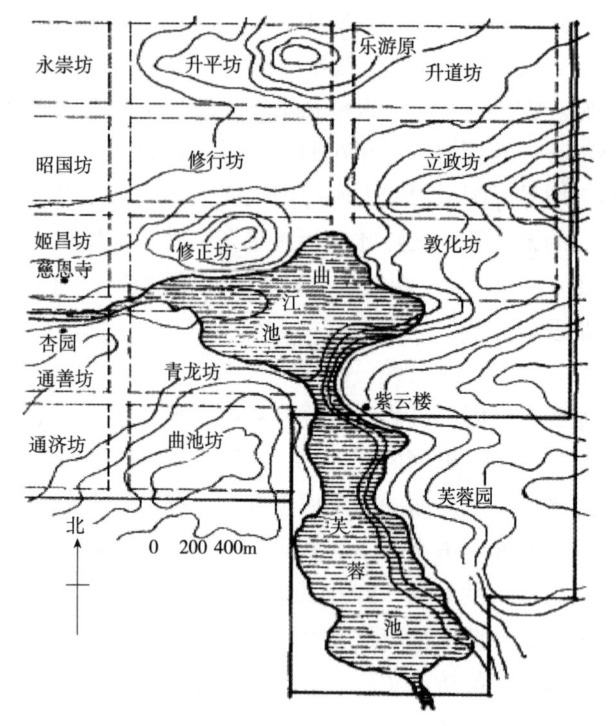

图 5-6 唐长安曲江位置图

大臣、贵戚，下至一般市民，都可以到此游玩。这种情况反映出唐代在文化思想方面是比较开放自由的。当然，这种“开放自由”是有限度的，诗中那多如连云的帐幕，说明游人不可能也不允许进入那些为帝王建造的亭殿楼阁和风景区。

安史之乱以后，曲江已逐荒芜，唐文宗大和九年(835 年)二月，发神策军 1500 人浚曲江及昆明池，修复紫云楼、彩霞亭。又诏百司于两岸建亭榭，“诸司如有力，要于曲江置亭馆者，宜给与闲地”。尽管这样，曲江之景色毕竟大不如前了。唐末，池水已干涸。来人张礼游城南，登大雁塔，发出“下瞰曲江宫殿，乐游宴喜之地，皆为野草”的感叹。到明代中叶，曲江已成为一片庄稼地，只剩下两岸的“江形委曲可指”了。

3. 杭州西湖

2000 多年前，西湖还是钱塘江的一部分，由于泥沙淤积，在西湖南北两山——吴山和宝石山山麓逐渐形成沙嘴，此后两沙嘴逐渐靠拢，最终毗连在一起成为沙洲，在沙洲西侧形成了一个内湖，即为西湖，此时大约为秦汉时期。

隋朝大业六年(610 年)开凿江南运河，与北运河相接，沟通南北五大水系，便捷的交通也促进了杭州的经济发展和旅游活动。唐代，西湖面积约有 10.8 平方千米，比近代湖面面积大近一倍，湖的西部、南部都深至西山脚下，东北面延伸到武林门一带。香客可泛舟至山脚下再步行上山拜佛。由于当时未修水利，西湖时而遭大雨而泛滥，时而因久旱而干涸。

建中二年九月(781 年)，李泌调任杭州刺史。为了解决饮用淡水的问题，他创造性地采用引水入城的方法。即在人口稠密的钱塘门、涌金门一带开凿六井，采用“开阴窦”(即埋设瓦管、竹筒)的方法，将西湖水引入城内。六井现大都湮没，仅相国井遗址在解放路井亭桥西。其余五井是：西井(原在相国井之西)、方井(俗称四眼井)、金牛井(原在西井西北)、白龟井(原在龙翔桥西)、小方井(俗称六眼井，原在钱塘门内，即今小车桥一带)。

长庆二年十月(822年)，白居易任杭州刺史。在任期间，兴修水利，拓建石涵，疏浚西湖，修筑堤坝水闸，提高西湖水位，增加湖水容量，对西湖进行了水利和风景的综合治理，解决了钱塘(杭州)至盐官(海宁)间上塘河两岸千顷良田的灌溉问题。其实白居易主持修筑的堤坝，在钱塘门外的石涵桥附近，称为白公堤，并非近代的白堤。白氏在钱塘门外修堤，建石涵闸，把湖水储蓄起来，还书写《钱塘湖闸记》刻于石碑，写明堤坝的功用，以及蓄放水和保护堤坝的方法。如今白公堤遗址早已无存，但后人仍借白堤(当时称"白沙堤")以缅怀白公。

白居易不仅留下了惠及后世的水利工程，同时沿西湖岸大量植树造林、修建亭阁以点缀风景。西湖得以进一步开发而增添风景的魅力，以至于白居易离任后仍对之眷恋不已："未能抛得杭州去，一半勾留是此湖。"白居易还创作了大量有关西湖的诗词。最为著名的作品有《钱塘湖春行》《春题湖上》和《忆江南》等。

三、隋唐的文人园林发展

文人园林的渊源可上溯到两晋南北朝时期，至唐代因山水文学兴旺发达而呈兴起状态。文人经常写作山水诗文，对山水风景的鉴赏普遍都具备一定的能力和水平。许多著名文人担任地方官职，出于对当地山水风景向往之情，在风景的开发上多有建树。例如，中唐杰出的文学家柳宗元在贬官永州期间，十分赞赏永州风景之佳美，并且亲自指导、参与了好几处风景区和景点的开发建设，为此而写下了著名的散文《永州八记》。柳宗元经常栽植竹树、美化环境，把他住所附近的小溪、泉眼、水沟分别命名为"愚溪""愚泉""愚沟"。他还负土垒石，把愚沟的中段开拓为水池，命名"愚池"，在池中堆筑"愚岛"，池南建"愚堂"，池东建"愚亭"。这些命名均寓意于他的"以愚触罪"而遭贬谪，"永州八愚"遂成当地名景。诸如此类的文人地方官积极开发当地风景的事例，见于文献记载的有很多。

这些文人出身的官僚，不仅参与风景的开发、环境的绿化和美化，而且还参与营造自己的私园。凭借他们对自然风景的深刻理解和对自然美的高度鉴赏能力来进行园林的经营，同时也把他们对人生哲理的体验、宦海浮沉的感怀融注于造园艺术之中。中唐的白居易、柳宗元、韩愈、裴度、元稹、李德裕、牛僧儒等人，都是一代知识分子的精英，也是最具有代表性的文人官僚。他们处在政治斗争的旋涡里无不心力交瘁，却又都在园林的丘壑林泉中找到了精神的寄托和慰藉。他们对园林可谓一往情深，甚至把自己经营的园宅中的一木一石视为珍宝。李德裕和牛僧儒分别为当时敌对的两个政治集团的首领，也是当时的两位著名的园石鉴赏家。牛僧儒的归仁里宅园和李德裕的平泉庄别墅园，被誉为洛阳"怪木奇石"的精品荟萃之地。若干年后两家败落，园内的奇石散出，凡镌刻牛、李两家标记的，洛阳人无不争相购买。

在这种社会风尚影响之下，文人官僚的士流园林所具有的清沁雅致格调，得以更进一

步提高、升华，更附着上一层文人的色彩，这便出现了“文人园林”。文人园林就是士流园林，更侧重于以赏心悦目而寄托理想、陶冶性情、表现隐逸。文人园林不仅是文人经营的或者文人所有的园林，也泛指那些受到文人趣味浸润而“文人化”的园林。如果把它视为一种造园艺术风格，则“文人化”的意义就更为重要，乃是广义的文人园林。它们不仅在造园技巧、手法上表现了园林与诗、画的沟通，而且在造园思想上融入了文人士大夫的独立人格、价值观念和审美观念，成为园林艺术的灵魂。文人官僚开发风景，参与造园，通过这些实践活动而逐渐形成其对园林的看法。参与较多的则形成比较全面、深刻的“园林观”，大诗人白居易便是其中有代表性的一人。

第六章　宋代园林

◇**学习目标**

知识目标

(1)梳理宋朝的历史发展脉络和时代特点;

(2)了解和熟悉成熟前期的各类型园林及其特点;

(3)理解这一历史时期各方面对园林艺术的影响。

技能目标

(1)能够理解成熟前期园林特点;

(2)能够把握成熟前期的文化对园林艺术的作用。

素质目标

(1)增强对宋朝时期文化发展对园林发展影响的认识;

(2)体会宋朝园林景观特征以及园林对生活的影响;

(3)培养热爱祖国园林文化的情感,增强文化自信。

第一节　历史概况和时代特点

继隋唐之后,中国封建社会发育定型,农村的地主小农经济稳步成长,城市的商业经济空前繁荣,市民文化的兴起为传统文化注入了新鲜的血液。封建文化虽然失去了汉唐的闳放风度,但转化为在日益缩小的精致境界中实现着从总体到细节的自我完善当中。相应地,园林的发展亦由全盛期而升华为富于创造进取精神的完全成熟阶段。

一、历史概况

宋朝(960—1279年)是中国历史上承五代十国、下启元朝的时代,分为北宋和南宋。960年,后周大将赵匡胤黄袍加身,建立宋朝。宋真宗、宋仁宗时期步入了盛世,北宋初期加强了中央集权,解决了藩镇割据问题。

1127年靖康之变,北宋灭亡。宋高宗赵构南迁建立了南宋。后期,抗蒙战争连年,到1276年,元朝军队占领临安,1279年,8岁的小皇帝赵昺被大臣陆秀夫背着跳海自尽,崖山海战后,宋朝彻底灭亡。

两宋时期民族融合和商品经济空前发展,对外交流频繁,文化艺术发展迅速,是中国历史上的黄金时期。

二、时代特点

(一)政治

由国家的再度分裂割据、民族政权并立走向统一；少数民族封建化的进程加快；宋元两朝的专制主义中央集权进一步加强。宋代政治的特点是轻武人，重文人。为巩固政权，宋代高度重视文治，高度重用文人。宋太祖曾云，文人"纵皆贪浊"，其危害"亦未及武臣十之一也"，为此宋王朝采取了扩大科举取士的范围及职能，提高文人的政治、生活待遇等措施。取士的名额较唐扩大了数十倍，且"布衣草泽，皆得充举"，为平民入仕铺平道路，入仕后的俸禄也远远高出唐人。从此科举考试几乎成了通向权力与财富的重要途径。

(二)经济

封建经济继续发展，经济重心完成南移，城市商业繁荣，海上贸易发达。宋朝的经济繁荣程度可谓前所未有，农业、印刷业、造纸业、丝织业、制瓷业均有重大发展。航海业、造船业成绩突出，海外贸易发达，与南太平洋、中东、非洲、欧洲等地区的50多个国家通商。南宋时期对南方的开发，促成江南地区成为经济文化中心。宋代的经济较于其他封建王朝的经济有以下几个特点：坊市制打破；打破了原先空间和时间的限制；官府的控制减弱；行政和军事因素减弱，经济功能上升；城市的面积和繁荣超过前代，城市的管理范围也日益扩大。宋代经济的繁荣为园林的发展打下了坚实的基础，极大地促进了江南私家园林的发展和完善。

(三)军事

宋朝存在着严重的"三冗"(冗官、冗兵、冗费)问题，导致其积贫积弱。宋朝重文轻武，着重于推行文官政治，实行崇文抑武，以牺牲军事效能，束缚武将才能，加强中央集权统治。在地方上，多以文官来制约武官，所有涉及兵权的官员，轮换频繁，训练松懈，战斗力低下。于是进入战败征兵，再战败再征兵的恶性循环。天下的财富，十有八九用来赡军，财力消耗非常严重。由于宋朝的军事水平较低，常年遭受外族入侵，宋朝与边疆各族的战争与和平深深影响着整个朝代。

(四)文化

宋朝文化空前进步，各个领域硕果累累，享誉千古，对人类做出了杰出的贡献。明人宋濂谓："自秦以下，文莫盛于宋。"宋朝是中国文化历史中的丰盛时期，理学、文学、史学、艺术以及科学技术领域硕果累累，为筛选官员而建立的科举考试推进了教育制度的发展，印刷品的广泛流传，促进了文学的交流与对艺术的鉴赏，景德镇瓷器在这一时期高度繁荣。唐宋八大家，宋朝占了六位，除"三苏"(苏洵、苏轼、苏辙)外，还有王安石、曾巩、欧阳修。宋四大书法家：苏东坡、黄庭坚、米芾、蔡襄；北宋理学家"二程"：程颐、程颢；南宋"东南三贤"：朱熹、张栻、吕祖谦。南宋四大家：陆游、杨万里、范成大、尤袤。宋朝空前繁荣的文化发展为宋朝打下了非常深厚的造园艺术基础，才使我国明、清时期的园林艺术达到炉火纯青的地步。

第二节　宋代园林及其特点

两宋时期，中国园林继盛唐之后，持续发展而臻于完全成熟的境地，造园的技术和艺术达到了历来中国古典园林的最高峰，以艮岳为代表的皇家园林体现了中国园林的最高水平。在宋代经济、文化和政治的影响下，上至帝王，下至庶民，无不大兴土木，广营园林。皇家园林、私家园林、寺观园林大量修建，其数量之多，分布之广，较隋唐有过之而无不及。

一、宋代园林的类型

(一)皇家园林

宋朝皇家园林规模既远不如唐代之大，也没有唐代那样远离都城的离宫御苑，但造园技术和手法比其更加娴熟，规划设计更精密细致，更多地接近私家园林的造园方式，布局和环境设计都更趋于自由化，在营造园林的主题意境上已经有了质的飞跃。宋朝皇家园林还具有较多的公共性，一些御苑定期开放任人游览，皇室经常以御苑赏赐臣下，也经常把臣下的园林收为御苑。这些情况在历史上并不多见，也从一个侧面反映出两宋封建政治的一定程度的开明性和文化政策具有一定的宽容性。

1. 东京园林

东京汴梁(现开封市)作为北宋都城，必然也是皇家园林荟萃之地，东京的皇家园林均为大内御苑和行宫御苑。属前者的有后苑、延福宫、艮岳 3 处；属后者的分布在城内外，城内有撷芳苑、玉津园、金明池、宜春苑(图 6-1)。

(1)玉津园

玉津园在南薰门外，原为后周的旧苑，宋初加以扩建。苑内仅有少量建筑物，环境比较幽静，林木特别繁茂，故俗称“青城”。苏轼有诗《游玉津园》：“承平屯囿杂耕桑，六圣勤民计虑长。碧水东流还旧派，紫坛南峙表连冈。不逢迟日莺花乱，空想疏林雪月光。千亩何时穷帝耤，斜阳寂历锁云庄。”

东京玉津园引惠民河水入园内，再放水入惠民河下流，内有水有岛，有农田，有亭阁台榭，有花草树木，有奇珍异兽，园林与农桑相结合，奇花和异兽互争艳，真一派人间仙境。据杨侃《皇畿赋》记载：“别有景象仙岛，园名玉津。珍果献夏，奇花进春，百亭千榭，林间水滨。珍禽贡兮何方？怪兽来兮何乡？郊薮既乐，山林是忘，则有麒麟含仁，驺虞知义，神羊一角之祥，灵犀三蹄之瑞；狻猊来于天竺，驯象贡于交趾；孔雀翡翠，白鹇素雉，怀笼暮归，呼侣晓去。何毛羽之多奇，罄竹素而莫纪也！”南宋临安的玉津园建于宋高宗绍兴十七年(1147 年)，位于杭州城南的嘉会门外南四里钱塘县龙山北、洋泮桥侧，靠山临江，景色极佳，其布局基本仿照北宋东京玉津园。

(2)金明池

金明池是北宋时期著名的皇家园林，位于东京城外。金明池始凿于五代后周时期，又

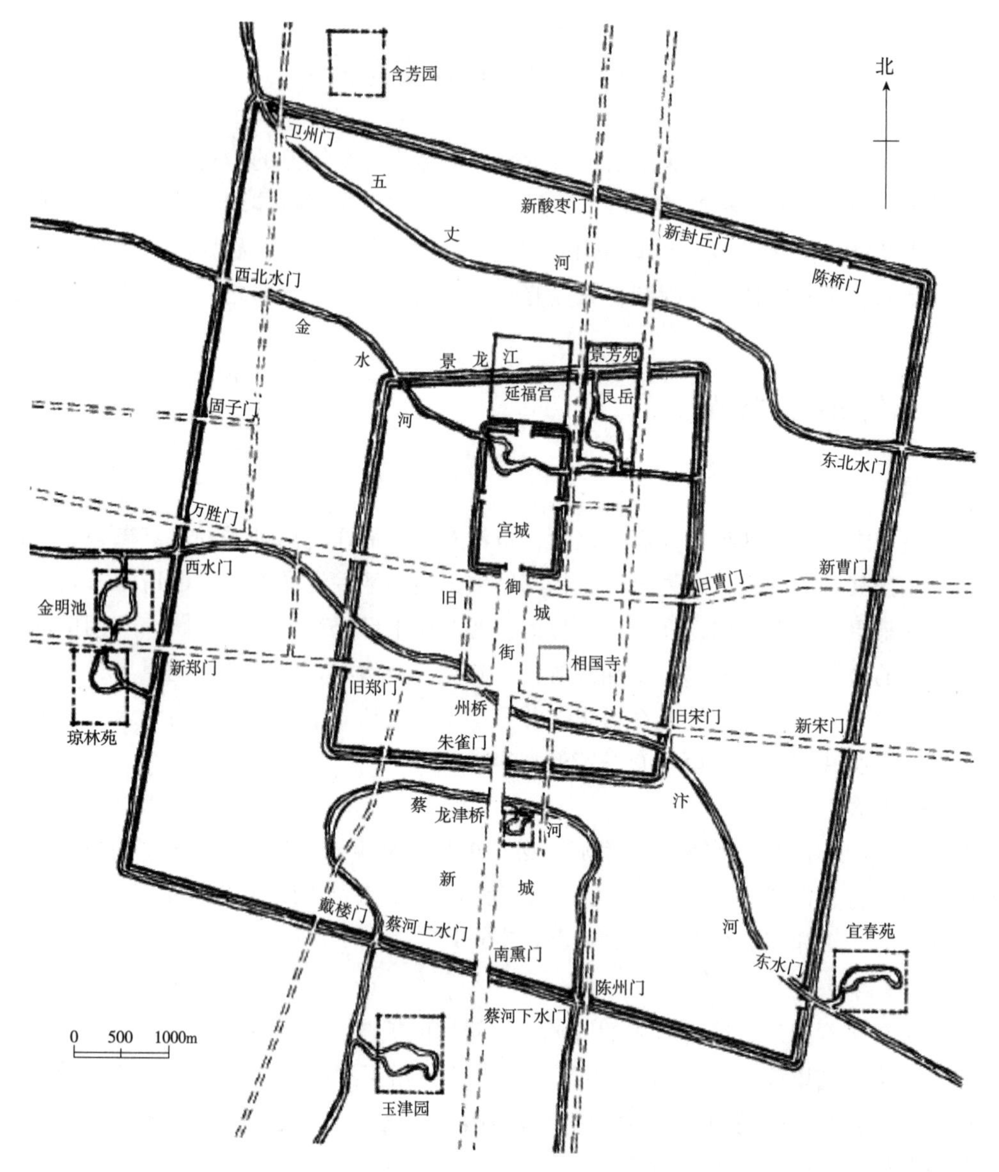

图 6-1 北宋东京城平面示意及主要宫苑分布图

经北宋王朝多次营建，而成为一处规模巨大、布局完备、景色优美的皇家园林。宋太祖赵匡胤曾携众节度使泛舟湖上，并在龙舟中摆设酒席。但对它进行大规模的开挖与营建则始于宋太宗太平兴国元年(976 年)。据宋人王应麟《玉海》卷一百四十七记载："太平兴国元年，诏以卒三万五千凿池，以引金水河注之。有水心五殿，南有飞梁，引数百步，属琼林苑。每岁三月初，命神卫虎翼水军教舟楫，习水嬉。西有教场亭殿，亦或幸阅炮石壮弩。"次年二月，宋太宗亲临工地视察凿池情况，赐役卒三万五千人每人千钱、布一端。这时池尚未修好，亦无名字，史书称作新凿池。太平兴国三年二月，池已凿成，并引金水河河水入内，宋太宗赐名"金明池"(图 6-2)。

金明池周围九里三十步，中有仙桥，桥面三虹，朱漆阑楯，下排雁柱，中央隆兴，谓

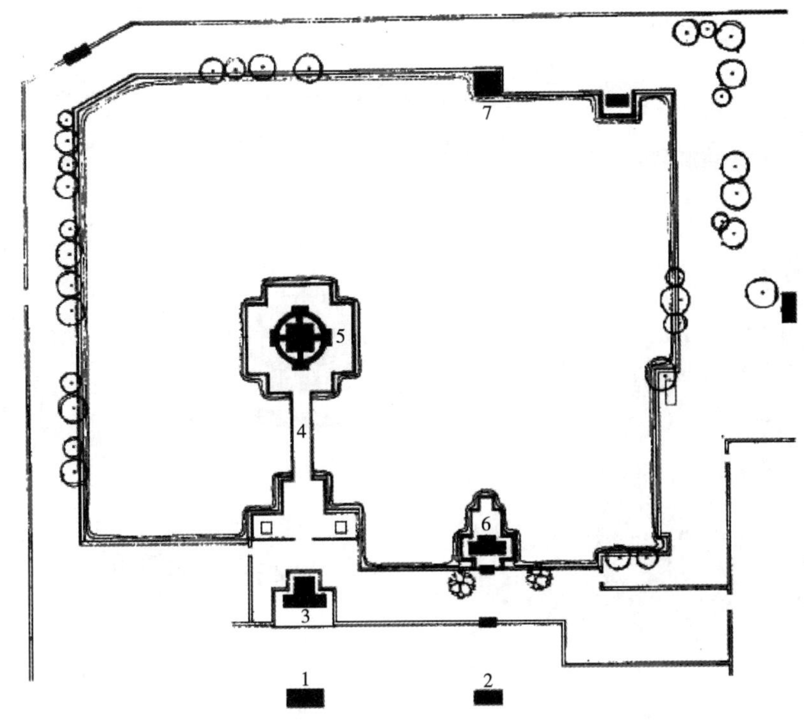

图 6-2　金明池平面设想图

1. 宴殿　2. 射殿　3. 宝津殿　4. 仙桥　5. 水心殿　6. 临水殿　7. 奥屋

之骆驼峰，若飞虹之状。桥头有五殿相连的宝津楼，位于水中央，重殿玉宇，雄楼杰阁，奇花异石，珍禽怪兽，船坞码头，战船龙舟，样样齐全。每年三月，金明池春意盎然，桃红似锦，柳绿如烟，花间粉蝶，树上黄鹂，京城居民倾城而出，到金明池郊游。金明池内还遍植莲藕，每逢阴雨绵绵之夜，人们多爱到此地听雨打荷叶的声音。雨过天晴，万物清新，更有一番新气象，故有“金池夜雨”之称。桥尽处，建有一组殿堂，称为五殿，是皇帝游乐期间的起居处。北岸遥对五殿，建有一“奥屋”，又名龙奥，是停放大龙舟处。仙桥以北近东岸处，有面北的临水殿，是赐宴群臣的地方。每年三月初一至四月初八开放，允许百姓进入游览。沿岸“垂杨蘸水，烟草铺堤”，东岸临时搭盖彩棚，百姓在此看水戏。西岸环境幽静，游人多临岸垂钓。金明池就像一幅古色古香的风景画，镶在现代都市里，露花倒影，烟芜蘸碧。金明池畔，推门一湖碧水，放眼皆是秀色。

金明池中建筑全为水上建筑，池中可通大船，战时为水军演练场。张择端的《金明池争标图》就是描绘了金明池中水军演练的场景(图 6-3)。一些文人也创作了关于金明池的诗词。

(3)寿山艮岳

艮岳是宋徽宗赵佶所建的一座影响极大的苑囿。许多人见过《清明上河图》里的繁荣，那是民间汴梁的昌盛，但无法瞻仰艮岳的崇丽，因为那是看不见的皇家园林韶华。艮岳于宋徽宗政和七年(1117 年)兴工，宣和四年(1122 年)竣工，初名万岁山，后改名艮岳、寿岳，或连称寿山艮岳，亦号华阳宫。1127 年金人攻陷汴京后被拆毁。宋徽宗赵佶亲自写有

图 6-3　宋朝 · 张择端《金明池夺标图》

《御制艮岳记》，艮为地处宫城东北隅之意。

寿山艮岳是先构图立意，然后根据画意施工建造的，园林的设计者就是赵佶本人。喜好游山玩水的宋徽宗，更喜欢造园，甚至达到玩物丧志的地步。他在位时，命平江人朱缅专门搜集江浙一带奇花异石进贡，号称“花石纲”，并专门在平江设应奉局狩花石。载以大舟，挽以千夫，凿河断桥，运送汴京，营造艮岳。

全园以山石奇秀、洞空幽深的艮岳为园内各景的构图中心。“山周十余里，其最高一峰九十步，上有介亭，分东西二岭，直接南山”。艮岳的缀山，雄壮敦厚，是整个山岭中高而大的主岳，而万松岭和寿山是宾是辅，形成主从关系，这就是我国造园艺术中“山贵有脉”“岗阜拱状”“主山始尊”的造园手法(图 6-4)。

介亭建于艮岳的最高峰，成为群峰之主，是全园的主要景观。这在山水画的创作中称为“先立宾主之位，次定远近之形”。有了这种总的原则，再加上恰到好处的叠石理水，使得山无止境，水无尽意，“左山而右水，后溪而旁陇”，山因水活，绵延不尽，山水生动。

艮岳的叠石理水，也为以后的造园积累了很好的经验。“寿山两峰并峙，列峰如屏，瀑布下入雁池，池水清澈涟漪，凫雁浮泳水面，栖息石间，不可胜数”。池水出为溪，自南向北行岗脊两石间，往北流入景龙江，往西与方沼、风池相通，形成了谷深林茂、曲径

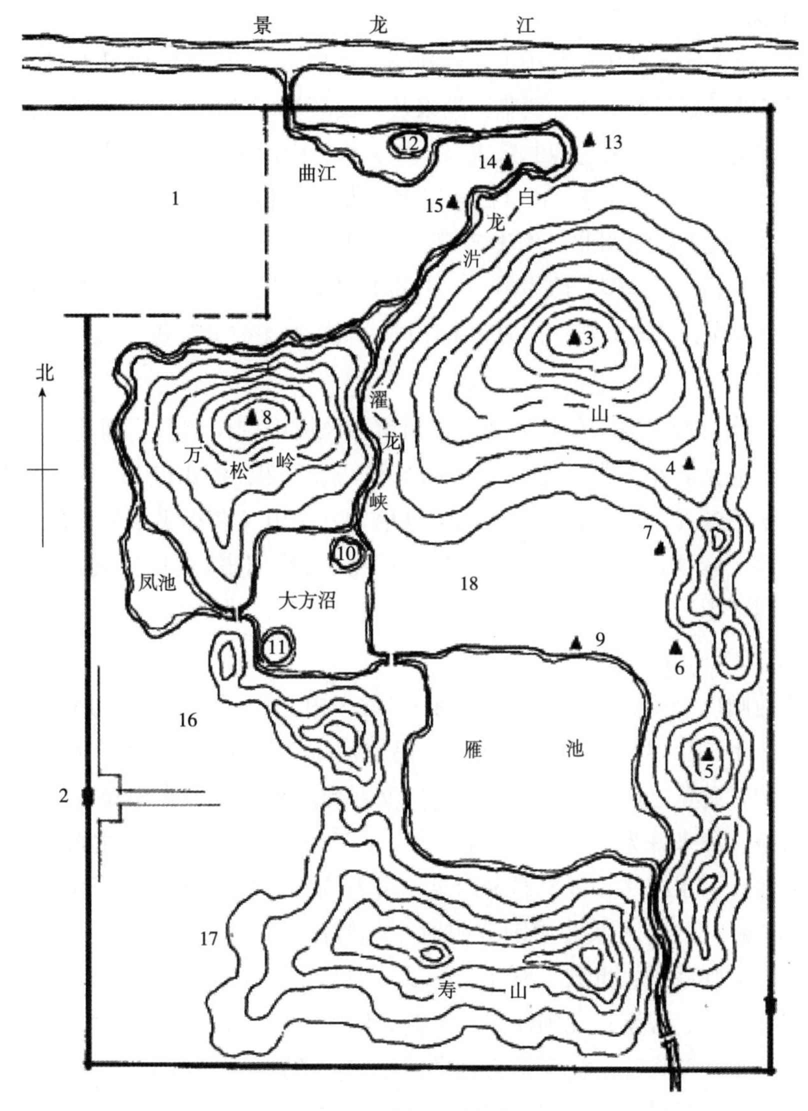

图 6-4 艮岳平面设想图

1. 上清宝篆官 2. 华阳门 3. 介亭 4. 萧森亭 5. 极目亭 6. 书馆
7. 尊绿华堂 8. 巢云亭 9. 绛霄楼 10. 芦渚 11. 梅渚 12. 蓬壶
13. 消闲馆 14. 漱玉轩 15. 高阳酒肆 16. 西庄 17. 药寮 18. 射圃

两旁完好的水系。合理的水系，形成艮岳极好的布局，所谓“穿凿景物，摆布高低”。艮岳之东，植梅万株，以梅取胜；之西是药用植物配置。西庄是农家村舍，帝王贵族往往于“放怀适情，游心玩思”的别苑中，品尝田野风味。

艮岳的营建，是我国园林史上的一大创举，它不仅有艮岳这座全用太湖石叠砌而成的园林假山之最，更有众多反映我国山水特色的景点；它既有山水之妙，又有众多亭、台、楼、阁等园林建筑。它是一个典型的山水宫苑，成为宋以后元、明、清宫苑的重要借鉴，而元、明、清的宫苑也是在继承这一传统的山水宫苑形成的基础上进一步发展的。

2. 临安园林

临安园林包括南园，湖中小孤山上的延祥园、琼华园、三天竺的下天竺御园，北山的梅冈园、桐木园等处。临安即杭州，西临西湖以及三面环抱的群山，东临钱塘江，历来就是一座风景城市。临安的皇家园林也像北宋东京一样，均为大内御苑和行宫御苑。大内御苑只有1处，即宫城的苑林区——后苑。行宫御苑很多，德寿宫和樱桃园在外城，大部分则分布在风景优美的地段，较大的如湖北岸的集芳园、玉壶园，湖东岸的聚景园，湖南岸的屏山园、南园，湖中小孤山上的延祥园、琼华园，北山的梅冈园、桐木园等处。这些御苑“俯瞰西湖，高挹两峰，亭馆台榭，藏歌贮舞，四时之境不同，而乐亦无穷矣”(图6-5)。

(1)大内后苑

南宋皇宫后苑又称大内御苑，位于今杭州市区凤凰山的西北部。园内有大龙池、万岁山等景区。大龙池又名小西湖，是整个御园的核心，面积约10亩*，分东西南北四个景区。四个景区景色各异，可观春夏秋冬四季景色。万岁山又名小飞来峰，高十余丈，由人工叠石而成。登上峰顶，全国景色一览无遗。周密《武林旧事》卷四云其“亭榭之盛，御舟之华，则非外间可拟”。

(2)德寿宫后苑(北大内)

德寿宫后苑则位于望仙桥之东，都人称为“北大内”。它是在原秦桧府第的基础上扩建而成的。绍兴三十二年(1162年)六月丙子，高宗禅位后退居于德寿宫，因其喜湖山之胜，故建后苑以为四时游览之所。乾道初年，孝宗又对此进行了改造和拓建，德寿宫后苑的建筑布局以冷泉亭、飞来峰为中心。《武林旧事》卷四载：“高宗喜湖山之胜，恐数跸烦民，乃于宫内凿大池。引水注之，以象西湖冷泉。垒石为山，作飞来峰。”据李心传《建炎以来朝野杂记》乙集番三载：“凡禁苑周围分四地：东则香远、清深、月台、梅坡、松菊三径、清妍、芙蓉岗；南则载忻、忻欣、射厅、临赋、灿锦、至乐、半绽红、清旷、泻碧；西则冷香、文杏馆、静乐、浣溪；北则绛华、旱船、俯翠、春桃、盘松，得之以归。”其中，香远堂即梅堂，用来观赏梅花；清深堂为竹堂，用来赏竹；松菊三径是菊、芙蓉、竹；梅坡是植早梅之处；月台是供赏月所用；清妍亭是供观赏荼所用；清新堂又称为木香堂，供观赏木香所用；芙蓉岗因植有大量芙蓉，故名；载忻堂是供太上皇赵构设御宴时所用；忻欣亭供赵构欣赏古柏、太潮石所用；临赋亭又称为荷花亭，是用来观赏荷花的；射厅用来举行抛球、秋千等活动；灿锦堂用来观赏金林檎；至乐堂用于为太上皇祝寿时唱歌跳舞；清旷堂又称木樨堂，用来观赏木樨；半绽红亭又称为李花亭，用来观赏李花；泻碧亭筑在金鱼池中，用来观赏金鱼；冷香亭用来观赏古梅，据载此梅为苔梅，枝干茂密，花开时荫盖三亩地；芙蓉石与古梅一样，也是德寿宫后苑中的一景，据《乾淳起居注》所说，乾道三年三月十一日，高宗赵构至静乐堂看牡丹，进酒；完溪亭一作盘松亭，用来观赏盘松。聚远楼是德寿宫后苑内最为壮观的建筑，取苏轼诗“赖有高楼能聚远，一时收拾与闲人”名之。登此楼，德寿宫东区花景可一览无遗。太上皇赵构常至后苑游玩，如淳熙十一年六月初一

---

* 1亩≈667平方米。

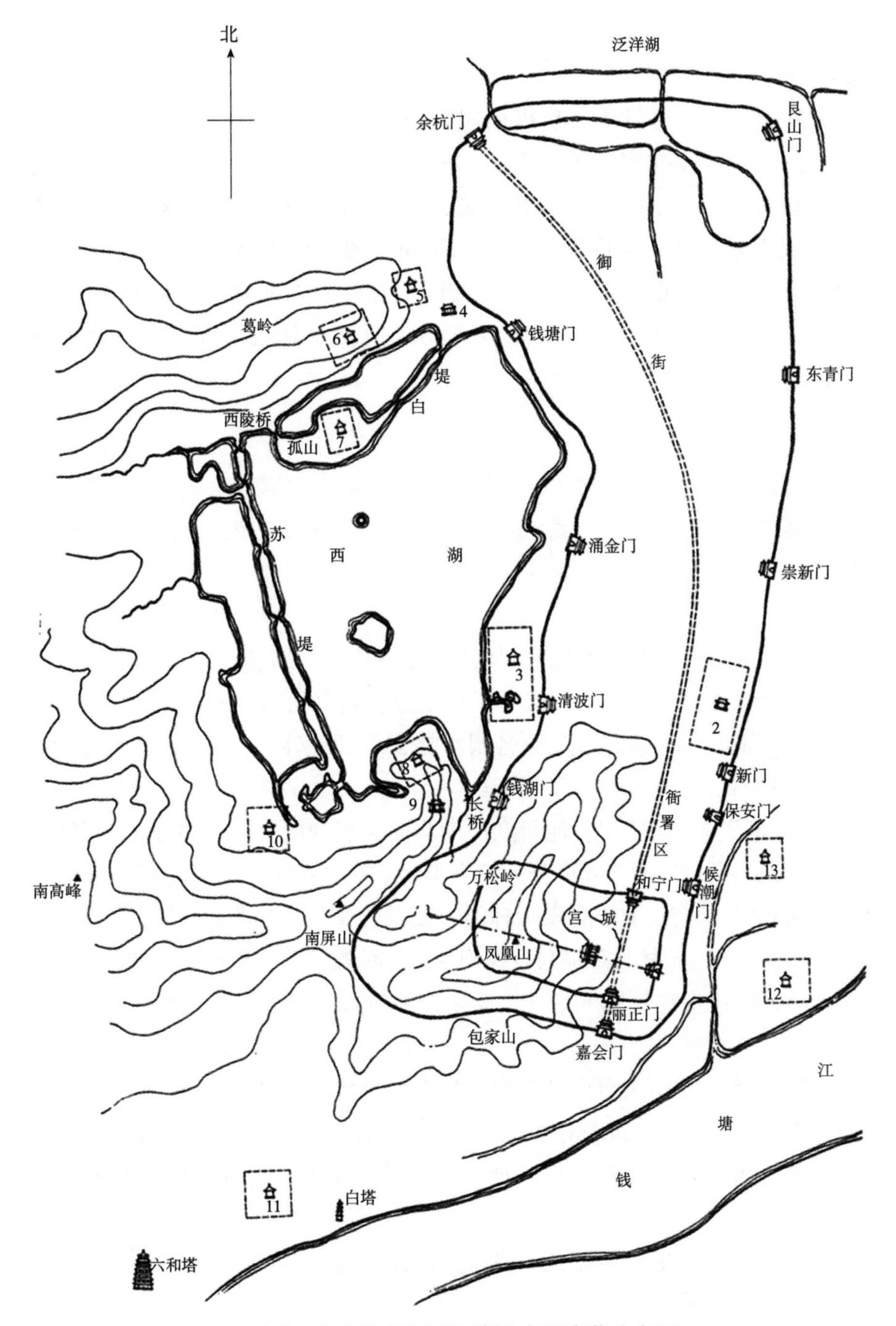

图 6-5　南宋临安平面示意及主要宫苑分布图

1. 大内御苑　2. 德寿宫　3. 聚景园　4. 昭庆寺　5. 玉壶园　6. 集芳园　7. 延祥园　8. 屏山园　9. 净慈寺　10. 庆乐园　11. 玉津园　12. 富景园　13. 五柳园

日，赵构与儿子孝宗一起“同到飞来峰看水帘”。时荷花盛开，赵构指池心云：“此种五花同开，近伯圭自湖州进来，前此未见也。堂前假山、修竹、古松，不见日色。并无暑气。”周益大端午帖子对此有生动的描述：“聚远楼高面面风，冷泉亭下水溶溶。人间炎热何由到，真是瑶台第一重。”

(3)聚芳园

聚芳御园在葛岭，前临湖水，后据山冈。原为张婉仪园，后归太后。绍兴年间收归官家，藻饰更加华丽。亭堂有蟠翠、雪香、翠岩、倚秀、王蕊、清胜、望江，诸皆高宗御题，园内古梅古松甚多。宋帝常至此游览，如《西湖老人繁胜录》载：“上真生辰……或往集芳园，或在聚景园，降旨贾市。”淳祐年间，理宗将此园赐给宠臣贾似道，改名为后乐园。故吴自牧《梦梁录》卷十一《岭》载道：“葛岭，在西湖之西，葛仙翁炼丹于此，有初阳台，高庙即其地创集芳园。理庙以此园赐贾秋壑建第宅家庙，盖贾公元有别墅在焉。”

(二)私家园林

中原和江南是宋代的经济、文化发达地区，有相继为北宋和南宋政权的政治中心之所在地。私家园林的兴盛见于文献记载比较多的，中原有洛阳、东京两地，江南有临安、吴兴、平江等地。

1. 中原园林

中原的私家园林，可举洛阳为代表。洛阳是汉唐旧都，为历代名园荟萃之地。北宋以洛阳为西京，公卿贵族兴建的邸宅、园林不在少数，足以代表中原地区私家园林的一般情形。当时就有“人间佳节惟寒食，天下名园重洛阳”“贵家巨室，园圃亭观之盛，实甲天下”“洛阳名公卿园林，为天下第一”的说法。

宋人李格非《洛阳名园记》记叙他所亲历的当时著名的园林二十多处，大多数是利用唐代废园的基址所建。所记叙的名园可分为三个类型：一是花园，二是宅园，三是游憩园(别业类)。《洛阳名园记》是有关北宋私家园林的一篇重要文献，对所记诸园的总体布局以及山池、花木、建筑所构成的园林景观描写具体而翔实，可视为北宋中原私家园林的代表。

①花园类　是以搜集观赏花木为主，面积往往较大。如天王院花园子、归仁园、李氏仁丰园。

天王院花园：素有“牡丹甲天下”之称，独有牡丹数十万本。

归仁园：占据一个街坊，北部植牡丹、芍药千株，中部植竹百亩，南面植桃李。

李氏仁丰园：植桃、李、梅、杏、牡丹、芍药、山茶、菊花、临水植柳，水中多植荷、莲等。

②宅园类　主要是供主人生活的连接宅第的园林。如富郑公园、环溪、湖园、苗帅园、赵韩王园、大字寺园等。

富郑公园：为宋仁宗、神宗两朝宰相富弼的宅园。以景物取胜，以景物为构图中心，景物以一区又一区的展开，在自然曲折变化中求得统一的手法布局，既有深密幽致之景，也有开朗豁达之景，组成一座景物丰富的自然山水园林。

环溪：以湖水取胜。全园以溪池的水景为主题，临水建亭、台、榭等园林建筑，并种植花木千株。

湖园：主园为以湖为主，布局而成的水景园，大湖为主园的构图中心，湖中有洲岛，

湖中有堂与湖水岸的堂遥相呼应，又与两岸之亭里相对应的形势，取得构图的平稳。

③游憩园（别业类）　供园主休息游憩和宴会娱乐之用，园景与住宅分开，多住城郊。如：董氏西园、董氏东园、独乐园、刘氏园、丛春园、松岛、水北胡氏园、东园、紫金台张氏园、吕文穆园。

董氏西园、东园：为工部侍郎董俨的游憩园。

独乐园：是司马光的游憩园，规模不大且非常朴素。园名及园内各景题名都与园林的内容、格调相吻合。后者因前者的阐发而更能引起人们的联想，使得这座园林所表现的意境进一步深化。

刘氏园：右司谏刘元瑜的游憩园。《洛阳名园记》着重叙述此园的建筑之比例、尺度合宜及其与周围花木配置之完美结合。

丛春园：门下侍郎安焘的游憩园。此园以植物造景取胜。

根据《洛阳名园记》对这二十几座名园的叙述，可总结出以下特点：

①除依附于邸宅的宅园之外，单独建置的游憩园占大多数。无论前者或后者，一般都定期向市民开放，主要是供公卿士大夫们进行宴集、游赏等活动。

②洛阳的私家园林都以莳栽花木著称，有大片树林而成景的林景，如竹林、梅林、桃林、松柏林等，尤以竹林为多。

③所记诸园都没有谈到用石堆叠假山的情况，足见当时中原私家园林的筑山仍以土山为主，仅在特殊需要的地方如构筑洞穴时掺以少许石料，一般少用，甚至不用。

④园内建筑形象丰富，但数量不多，布局疏朗。园中筑“台”，有的作为园景之点缀，有的则是登高俯瞰园景和观赏园外借景之用。建筑物的命名均能点出该处景观的特色，而且蕴含一定的意境。

2. 江南园林

北宋时期，江南的经济、文化都保持着历久发展不衰的势头，在某些方面甚至超过中原。私家园林也发展兴盛。

（1）临安

临安作为南宋的“行在”和江南最大的城市，西邻西湖及其三面环抱的群山，东临钱塘江，既是当时的政治、经济、文化中心，又有美丽的湖山胜境。这些都为民间造园提供了优越的条件，自南宋与金人达成和议、形成相对稳定的偏安局面以来，临安私家园林的盛况比之北宋的东京和洛阳有过之而无不及。大多数分布在西湖一带。如南园、水乐洞园、水竹院落、后乐园、廖腰洲园、云洞园、水月园、环碧园、湖曲园、裴园等。

（2）吴兴

吴兴即今湖州，是江南的主要城市之一，靠近富饶的太湖，“山水清远，升平日，士大夫多居之。其后秀安僖王府第在焉，尤为盛观。城中二溪横贯，此天下之所无，故好事者多园池之胜”。南宋人周密《癸辛杂识》中有对“吴兴园圃”的一段描述，后人别出单行本《吴兴园林记》，记述他亲身游历的吴兴园林 36 处，其中比较具有代表性的是南、北沈尚书园，即南宋绍兴年间尚书沈德和的一座宅园和一座别墅园。此外，俞氏园、赵氏菊坡园、叶氏石林、韩氏园亦各具特色。

南沈尚书园在吴兴城南，占地百余亩，园内“果树甚多，林檎尤盛”，有三块太湖石“各高数丈，秀润奇峭，有名于时”，足见此园以太湖石的“特置”而名重一时。北沈尚书园在城北门外，占地三十余亩。此园“三面背水，极有野意”，园中开凿五个大水池均与太湖沟通，园内园外之水景连成一体。南园以山石之类见长，北园以水景之秀取胜，两者为同一园主人因地制宜而出之以不同的造园立意。

(3)平江

平江即今苏州，自唐以来，就是一座手工业和商业繁荣的城市。交通方便、经济繁荣、文化也很发达，加之气候温和、风景秀丽，花木易于生长，附近有太湖石、黄石等造园用石的产地，为经营园林提供优越的社会条件和自然条件。大批官僚、地主、富商、文人定居于此，竞相修造园、宅以自娱。主要分布在城内、石湖、尧峰山、洞庭东山和洞庭西山一带，包括宅园、游憩园和别墅园。平江及其附近县治之私家园林，见于文献记载的有：隐园、梅都官园、范家园、郭氏园、乐圃、沧浪亭、翁氏园、刘氏园、洪氏园、陈氏园、郑氏园等。

①沧浪亭　位于苏州市城南，是江南现存历史最久的古园林之一，与狮子林、拙政园、留园并称苏州“四大名园”，自五代以来就享有盛名。北宋诗人苏舜钦丢官流寓苏州，花了四万钱买下这座名园，在水旁筑亭。他有感于渔夫《沧浪之水》歌与孟子“沧浪之水清兮，可以濯吾缨”之语，题名为沧浪亭，还自号沧浪翁。

沧浪亭占地面积1.08公顷，整个园林位于湖中央，湖内侧由山石、复廊及亭榭绕围一周。园内以山石为主景，山上植有古木，山下凿有水池，山水之间也是以曲折的复廊相连。山石四周环列建筑，通过复廊上的漏窗渗透作用，沟通园内、外的山、水，使水面、池岸、假山、亭榭融成一体。沧浪亭(此处特指名为沧浪的亭阁)即隐藏在山顶上，亭的结构古雅，四周环列有数百年树龄的高大乔木五、六株。“明道堂”是园中最大的主体建筑，位于假山东南部，面阔三间。“翠玲珑”连贯几间大小不一的旁室，前后芭蕉掩映，并植以各类竹20余种，同“翠玲珑”相邻的是五百名贤祠，祠中三面粉壁上嵌594幅与苏州历史有关的人物平雕石像，为清代名家顾汀舟所刻。“印心石屋”位于园中西南处，为一假山石洞。“看山楼”位于山中，与仰止亭和御碑亭等建筑映衬(图6-6)。

②网师园　始建于南宋淳熙年间(1174—1189年)，旧为宋代藏书家、官至侍郎的扬州文人史正志的“万卷堂”故址，花园名为“渔隐”，后废。至清乾隆年间(约1770年)，退休的光禄寺少卿宋宗元购之并重建，定园名为“网师园”。

网师园是苏州典型的府宅园林。全园布局紧凑，建筑精巧，空间尺度比例协调，以精致的造园布局，深蕴的文化内涵，典雅的园林气息，成为江南中小古典园林的代表作品。网师园现面积约10亩(包括原住宅)，其中园林部分占地约8亩。内花园占地5亩，其中水池447平方米。总面积还不及拙政园的六分之一，但小中见大，布局严谨，主次分明又富于变化，园内有园，景外有景，精巧幽深之至。建筑虽多却不见拥塞，山池虽小，却不

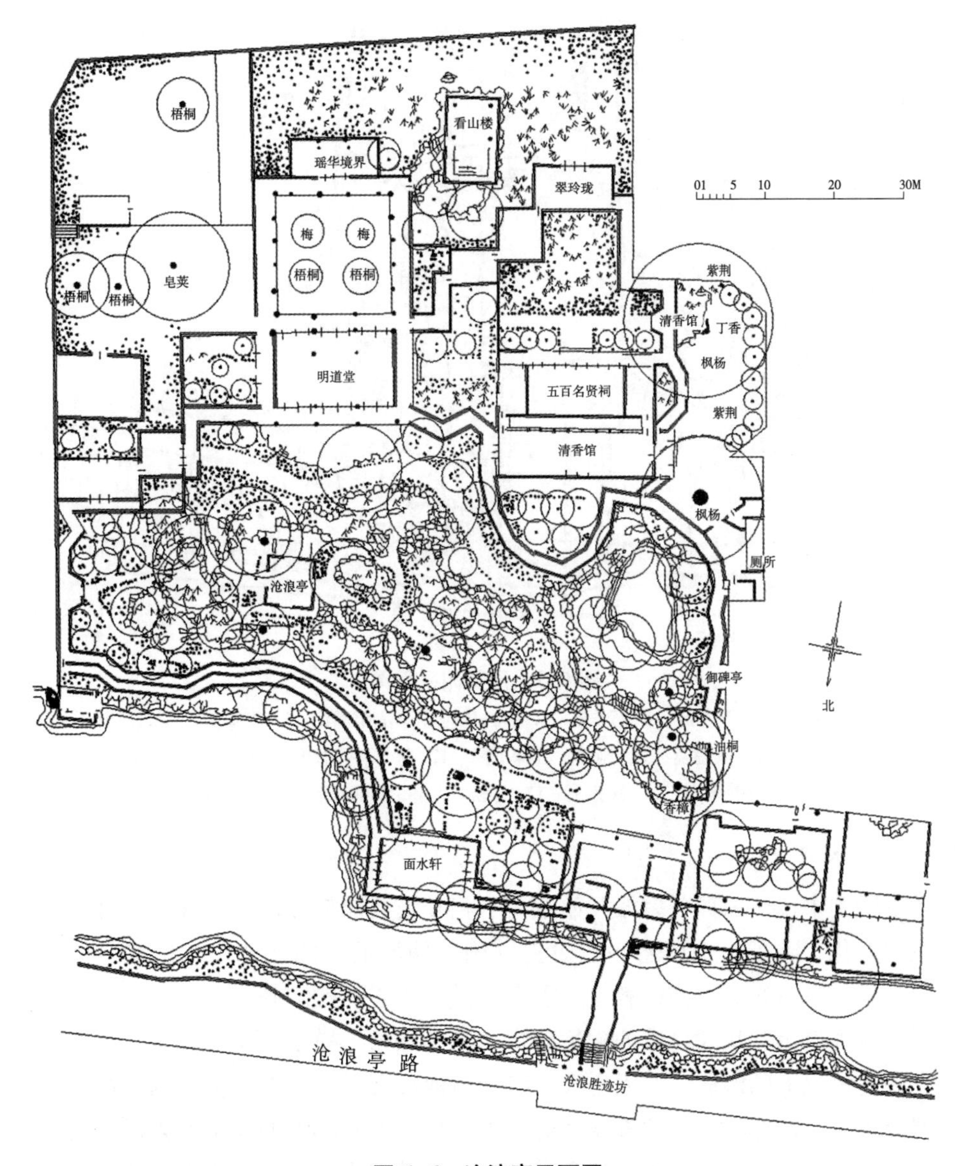

图 6–6　沧浪亭平面图

觉局促。网师园布局精巧，结构紧凑，以建筑精巧和空间尺度比例协调而著称(图 6–7)。

网师园分三部分，境界各异。东部为住宅，中部为主园，西部为内园。网师园按石质分区使用，主园池区用黄石，其他庭用湖石，不相混杂。突出以水为中心，环池亭阁也山水错落映衬。西部为内园(风园)，占地约 1 亩。北侧小轩三间，名“殿春簃”。轩北略置湖石，配以梅、竹、芭蕉成竹石小景。轩西侧套室原为著名画家张大千及其兄弟张善子的画室“大风堂”，庭院假山采用周边假山布局，东墙峰洞假山围成弧形花台，松枫参差。南面曲折蜿蜒的花台，穿插峰石，借白粉墙的衬托而富情趣，与“殿春簃”互成对景。花台西南为天然泉水“涵碧泉”。北半亭“冷泉亭”因“涵碧泉”而得名，亭中置巨大的灵璧石。

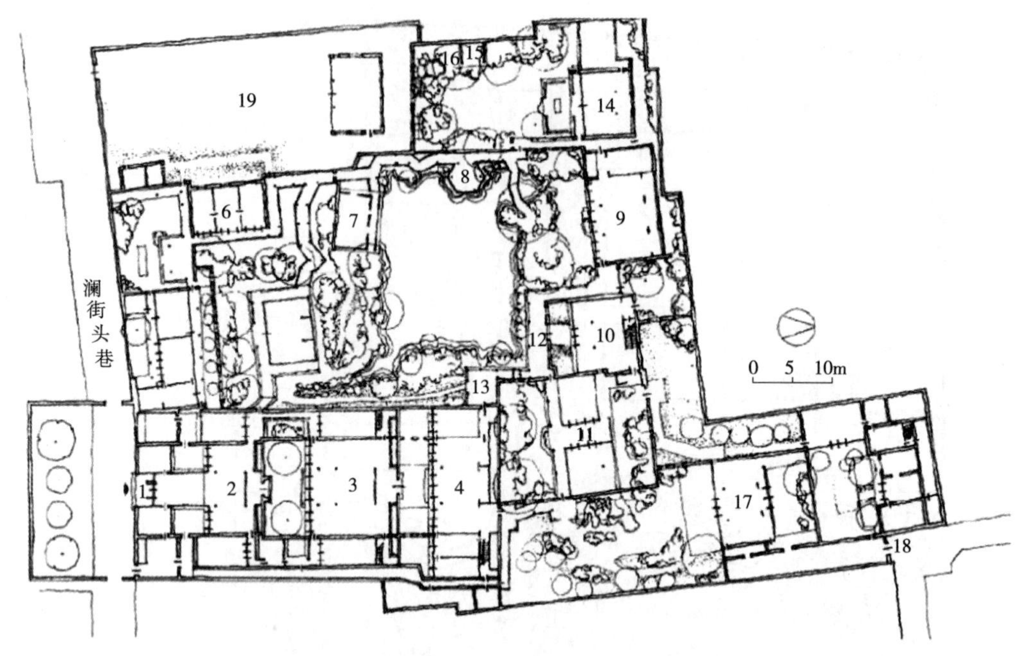

图 6-7　网师园平面图

1. 大门　2. 轿厅　3. 万卷宗　4. 撷秀楼　5. 小山丛桂轩　6. 蹈和馆　7. 濯缨水阁　8. 月到风来亭
9. 看松读画轩　10. 集虚斋　11. 画楼、五峰书屋　12. 桥竹外一枝轩　13. 射鸭廊　14. 殿春移
15. 冷泉亭　16. 涵碧泉　17. 梯云室　18. 网师园后门　19. 苗圃

（三）寺观园林

佛教发展到宋代，内部各宗派开始融会、相互吸收而变异复合。寺观园林由世俗化而进一步地文人化，除了尚保留着一点烘托佛国、仙界的功能之外，与私家园林无太大差别。宋代，佛教禅宗崛起，禅宗教义着重于现世的内心自我解脱，尤其注意从日常生活的细微小事中得到启示和从大自然的陶冶欣赏中获得感悟。禅宗与儒家合流，意味着佛教与文人士大夫的思想上的沟通。文人士大夫多崇尚禅悦之风，而禅宗僧侣则日趋文人化。同时，一部分道士也像禅僧一样逐渐文人化，"羽士""女冠"经常出现在文人士大夫的社交活动圈里。在这种情况下，佛寺园林和道观园林由世俗化进而达到文人化的境地，当然也是不言而喻的事情。它们与私家园林的差异，除了佛寺园林尚保留着一点烘托佛国、仙界的功能外，其他差异基本上已完全消失，所以说文人园林的风格也涵盖了大多数寺观的造园活动。宋代佛教禅宗崛起，禅僧的深邃悠远、纯净清雅的情操使得他们更向往远离城市世俗的幽谷深山。

宋代佛寺园林的发展，与文人士大夫的关系至为密切。文人经常与禅僧交往酬唱，而佛寺园林便是这种交往、酬唱的最理想的场所。在交往中，文人的诗画情趣必然会受到禅趣的濡染，也必然会通过他们的审美意识而影响佛寺园林的规划设计。扬州的平山堂由欧阳修主持修造，并为之题写匾额，同时也是一处佛寺园林。书画家米芾曾为鹤林寺题写"城市山林"的匾额，足见佛寺园林气氛之浓郁。

道教方面，道教从它创立的时候起，便不断吸收佛教的教义内容，模仿佛教的仪典制

度。宋代继承唐代儒、道、释三教共尊的传统，进一步发展为儒、道、释互相融汇，但道士讲究清净简寂，栖息山林有如闲云野鹤，强调清净、空寂、恬适、无为的哲理，表现为高雅闲逸的文人士大夫情趣，当然也具有类似禅宗的情怀。再加上僧道们的文人化素养和对自然美的鉴赏能力，从而掀起了继两晋南北朝之后的又一次在山野风景地带建置寺观的高潮，部分道士也像禅僧一样逐渐文人化，道观园林逐渐由世俗化而进一步文人化，也属势之所趋了。因而，促进了寺观园林的兴建，特别是山岳风景名胜区的再度大开发。掀起了继两晋南北朝之后又一次在山野风景地带建置寺观的高潮，客观上促使全国范围内的风景名胜区的形成。在这些风景名胜区内，寺观都要精心地经营园林、庭院绿化和周围的园林化环境。寺观作为风景点和原始型旅游接待场所的作用，比之过去也得以更大发挥。

北宋东京城内许多寺观都有各自的园林，其中大多数在节日或一定时期内向市民开放，任人游览。寺观的公共活动除宗教法会和定期的庙会之外，游园活动也是一项主要内容，因而这些园林多少具有类似城市公共园林的职能。寺观的游园活动不仅吸引大量民众，皇帝亲临游览也是常有的事。每年新春灯节之后，东京居民出城探春，届时附廓及近郊的一部分皇家园林和私家园林均开放任人参观，但开放最多的则是寺观园林，如玉仙观、一丈佛园子、祥棋观、巴娄寺、铁佛寺、鸿福寺等，均是“四时花木、繁盛可观”，形成了以这些佛寺为中心的公共游览地，京师居民可以到此探春、消夏，或访胜寻幽。

南宋临安的西湖一带，是当时国内佛寺建筑最集中的地区之一，也是宗教建设与山水风景的开发相结合的比较有代表性的地区。南宋时，在西湖之山水间大量兴建园林（私家园林和皇家园林），而佛寺兴建之多，也绝不亚于园林，此两者遂成为西湖建筑的两大主要类型。由于大量佛寺的建置，临安成了东南的佛教圣地，前来朝山进香的香客络绎不绝。东南著名的佛教禅宗五山，有两处在西湖，即灵隐寺和净慈寺。为数众多的佛寺一部分位于沿湖地带，其余分布在南北两山。它们都能够因山就水，选择风景优美的基址，建筑布局则结合于山水林木的局部地貌而创为园林化的环境。因此，佛寺本身也就成了西湖风景区的重要景点。西湖风景因佛寺而成景的占着一定比重，而大多数的佛寺均有单独建置的园林。这种情况一直持续到明代。杭州西湖集中荟萃寺观园林之多，如灵隐寺、天竺三寺、韬光庵等，在当时全国范围内恐怕也是罕见的。

宋代不仅是中国园林发展史上的一个重要阶段，随着佛教、禅宗传入日本，宋代的造园艺术继唐代之后再度影响日本，促成了盛极一时的禅宗园林、枯山水以及茶庭等的相继兴起。宋代文人园林对日本的禅僧造园起到了一定的启迪作用，唐宋文人如白居易、苏东坡等人的园林寺观也就在这时候开始为日本宫廷和民间造园界的人士普遍接受。

在中国古典园林史中，宋朝造园技术已经臻于成熟，总的来说，有以下特征：

①在三大园林类型中，私家的造园活动最为突出。

②皇家园林较多地受到文人园林的影响，也出现了比任何时期都接近私家园林的倾向。

③叠石、置石均显示出高超技艺，理水已经能够模拟大自然全部水体形象，与石山、土石山、土山的经营相配合而构成园林的地貌骨架。

④已基本上完成了园林向写意的转化。

⑤以皇家园林、私家园林、寺观园林为主体的两宋园林，达到了中国古典园林史上登

峰造极的境地。

二、宋代的文人园林发展

文人园林萌芽于魏晋南北朝，兴起于唐代。到宋代，它已成为私家造园活动中的一股巨大潮流，占据士流园林的主导地位，同时还影响着皇家园林和寺观园林。

宋代文人园林的风格特点大致概括为简远、疏朗、雅致、天然四个方面：

（一）简远

简远即景象简约而意境深远。简约并不意味着简单、单调，而是以少胜多、以一当十。造园诸要素如山体、水体、花木、建筑小品不追求品类之繁杂，不滥用设计之技巧，也不过多地划分景域或景区。

意境的深化在宋代文人园林中特别受到重视，除了以视觉景象的简约而留有余韵之外，还借助于景物题署的“诗化”来获得景外之旨。

用文字题署景物的做法已见于唐代，如王维的辋川别业，但都是简单的环境状写和方位、功能的标定。到了两宋时则代之以诗的意趣，即景题的“诗化”。

（二）疏朗

园内景物的数量不求其多，因而园林的整体性强，不流于琐碎。筑山往往主山连绵、客山拱伏而构成一体，且山势多平缓，不做故意的大起大伏。水体多半以大面积来营造园林空间的开朗气氛。植物配置亦以大面积的丛植或群植成林为主，林间留出隙地，虚实相衬，于幽奥中见旷朗。建筑的密度低，数量少，而且个体多于群体。就园林总体而言，虚处大于实处。正由于造园诸要素特别是建筑布局之着眼于疏，园林景观乃益见其疏朗。

（三）雅致

两宋时期朝廷内外党祸甚烈，知识分子宦海浮沉，再加上社会的普遍忧患意识，因而虽身居显位亦莫不忧心忡忡。他们中一部分人不甘心于沉沦，追求不同于流俗的高蹈、沉湎隐逸的雅趣便成了逃避现实的唯一的精神寄托。

竹是宋代文人画的主要题材，也是诗文吟咏的主要对象，它象征人品的高尚、节操。苏轼“宁使食无肉，不可居无竹。无肉使人瘦，无竹令人俗”。园中种竹成了文人追求雅致情趣的手段，作为园林的雅致格调的象征，也是不言而喻。

菊花、梅花也是入诗入画的常见题材，北宋林逋喻之为“梅妻”，写下“疏影横斜水清浅，暗香浮动月黄昏”的咏梅名句。

宋代文人爱石成癖则更甚于唐代。米芾每得奇石，必衣冠拜之呼为“石兄”。苏轼因石成癖而创立了以竹、石为主体的画体，逐渐成为文人画中广泛运用的体裁。园林用石盛行单块的“特置”，以“透、瘦、漏、皱”作为太湖石选择和品评的标准亦始于宋代。它们的抽象造型不仅具有观赏价值，也表现了文人爱石的高雅情趣。

建筑物多用草堂、草庐、草亭等，以示不同俗流。园中的流杯亭的建置，象征一向为文人视为高雅韵事的“曲水流觞”。

景题的命名，主要为了激发人们的联想而创造意境。这种由“诗化”的景题而引起的联想多半引申为操守、哲人、君子、清高等寓意，抒发文人士大夫的脱俗和孤芳自赏的情趣，这也是园林雅致特点的一个主要方面。

（四）天然

宋代私园所具有的天然之趣表现在两方面：第一，力求使园林本身与外部自然环境相契合；第二，园林内部的成景以植物为主要内容。园林选址很重视因山就水、利用原始地貌，园内建筑物更注重收纳、摄取园外之“借景”，使得园内园外相结合而浑然一体。文献和宋画中所记载、描绘的园林，绝大部分以花木种植为主，以成片花木种植为主，多运用成片栽植的树木而构成不同的景域主题，如竹林、梅林、桃林等，也有混交林。往往借助于“林”的形式来创造幽深而独特的景观，例如，司马光的独乐园在竹林中把竹梢扎结起来做成两处庐、廊的模拟，代替建筑物作为钓鱼时休息的地方；环溪留出足够的林间空地，以备树花盛开时作为群众观赏场地。这些，都是别开生面的构思。宋人喜欢赏花，园林中亦多种植各种花卉，每届花时则开放任人游赏参观。园中还设药圃、蔬圃等，甚至有专门种植培育花卉的“花园子”。蓊郁苍翠的树木，姹紫嫣红的花卉，既表现园林的天然野趣，也增益浓郁的生活气息。宋代园艺技术特别发达，与营园重视植物的造景作用也有直接的关系。

上述四个特点是文人的艺术趣味在园林中的集中表现，也是中国古典园林体系基本特点的外延。文人园林在宋代的兴盛促成了中国园林艺术继两晋南北朝之后的又一次升华。宋代文化发展之登峰造极、文人广泛参与造园活动，以及政治、经济、社会的种种因素，固然为此次升华创造了条件，而当时佛教禅宗的兴盛、隐逸思想的转变，以及艺坛的出现，也是促成文人园林风格异军突起的契机。

（五）宋代的公共园林

宋代城市公共园林的情况，可以东京、临安为例。

北宋的东京，地势比较低湿，城内外散布着许多池沼，如普济水门西北的凝祥池、城东北之蓬池、陈州门里的凝碧池、南薰门外玉津园一侧的学方池，以及鸿池、讲武池、莲花池，等等。这些池沼大多数均由政府出资在池中植菰、蒲、荷花，沿岸植柳树，并在池畔建置亭、桥、台、榭相峙，因而都成为东京居民的游览地，相当于公共园林。城东南三里许的平台，被附会为东汉梁园遗址，唐代曾略加整建。到宋代再加以开拓，也成为一处公共园林。

东京的城市街道绿化也很出色，市中心的天街宽二百余步，当中的御道与两旁的行道之间以“御沟”分隔，两条御沟“尽植莲荷，近岸植桃李梨杏，杂花相间。春夏之间，望之如绣”。其他街道两旁一律种植行道树，多为柳、榆、槐、椿等中原乡土树种，“连骑方轨，青槐夏荫”“城里牙道，各植榆柳成荫”。护城河和城内四条河道的两岸均进行绿化，由政府明令规定种植榆、柳。

南宋临安的西湖，历经晋、隋、唐、北宋的开发与整治，景观优美。西湖处在南、北两山的三面环抱之中，再经南宋继续开发建设而成为附廓风景名胜游览地，也相当于一座特大型公共园林——开放性的天然山水园林。建置在环湖一带的众多小园林则相当于大园林中的许多景点——"园中之园"。它们既有私家园林，也包括皇家园林和少数寺庙园林。诸园各抱地势，借景湖山，开拓视野和意境。湖山得园林之润饰而更加臻于画意之境界，园林得湖山之衬托而把人工与天然凝为一体。所以说，西湖一带的园林分布虽不一定有事先的总体规划，但从诸园选址以及皇家、私家园林相对集中的情况来看，确实是考虑到湖山整体的功能分区和景观效果，并以之作为前提的。总的来看，小园林的分布是以西湖为中心，南、北两山为环卫，随地形及景色之变化，借广阔湖山为背景，采取分段聚集，或依山、或滨湖，起伏疏密，配合得宜，天然人工浑然一体，充分发挥了诸园的点景作用，扩展了观景的效果。

诸园的布局大体上分为三段：南段、中段和北段。南段的园林大部分集中在湖南岸及南屏山、方家峪一带。这里接近宫城，故以行宫御苑居多，如胜景园、翠芳园等。私家园林和寺庙园林也不少，随山势之蜿蜒，高低错落。其近湖处集结名园佳构，意在渲染山林，借山引湖。

中段的起点为长桥，环湖沿临安之西城墙北行，经钱湖门、清波门、涌金门至钱塘门，包括耸峙湖中的孤山。在沿城滨湖地带建置聚景玉壶、环碧等园缀饰西湖，并借远山及苏堤作对应，以显示湖光山色的画意。继而沿湖西转，顺白堤引出孤山，是为中段造园的重点和高潮。孤山立于耸峙湖上，碧波环绕，是西湖风景最胜处，唐以来即有园亭楼阁之经营，宛若琼宫玉宇。南宋时尚遗留许多名迹，如白居易之竹阁，僧志铨之柏堂，名士林通之巢居梅圃等。绍兴年间南宋高宗在此营建御苑祥符园，理宗作太乙西宫，扩展御苑而成为中段诸园之首。西湖中段以孤山形势之胜，经此妆点，更借北段宝石山、葛岭诸园为背景，与南段南屏一带诸园及中段之滨湖园林互相呼应，蔚为大观。不仅如此，还于里湖一带布置若干别业小圃，以为隔水之陪衬。孤山及其附近遂成为西湖名园荟萃之区，以至于"一色楼台三十里，不知何处觅孤山"了。

北段自昭庆寺循湖而西，过宝石山，入于葛岭，多为山地小园。在昭庆寺西石涵桥北一带集结云洞、瑶池、聚秀、水丘等名园，继之于宝石山麓大佛寺附近营建水月园等，再西又于玛瑙寺旁建置养乐、半春、小隐、琼花诸园。入葛岭更有集芳、挹秀、秀野等园，形成北段之高潮。复借西泠桥畔之水竹院落衔接孤山，又使得北段之园林高潮与中段之园林高潮凝为一体，从而贯通全局之气脉。

总观三段园林之布置，各园基址的选择均能着眼于全局，因而形成总体结构上疏密有致的起、承、转、合和轻、重、急、徐的韵律，长桥和西泠桥则是三段之间的衔接转折的重要环节。

这许多皇家私家、寺庙园林既借于湖山之秀色，又装点了湖山之画意。西湖山水之自然景观，经过它们的点染，配以其他的亭、榭、桥、梁等小品，自由随意地半藏半露于疏柳淡烟之中，显示出人工意匠与自然天成之浑然一体。西湖北岸宝石山顶的保俶塔则是湖山整体的构景中心，起到了总览全局的作用。西湖的山水通体既有自然景观之美，又渗透着以建筑为主的人文景观之盛，无异于一座由许许多多小园林集锦而成的特大型天然山水园林。著名的"西湖十景"，在南宋时就已形成了。一座大城市能拥有如此广阔、丰富的公

共园林，这在当时的国内甚至世界上，恐怕都是罕见的。临安西湖的基本格局经过后来历朝历代的踵事增华，又逐渐开拓、充实而发展成为一处风景名胜区，杭州也相应地成为典型的风景城市(图 6–8)。

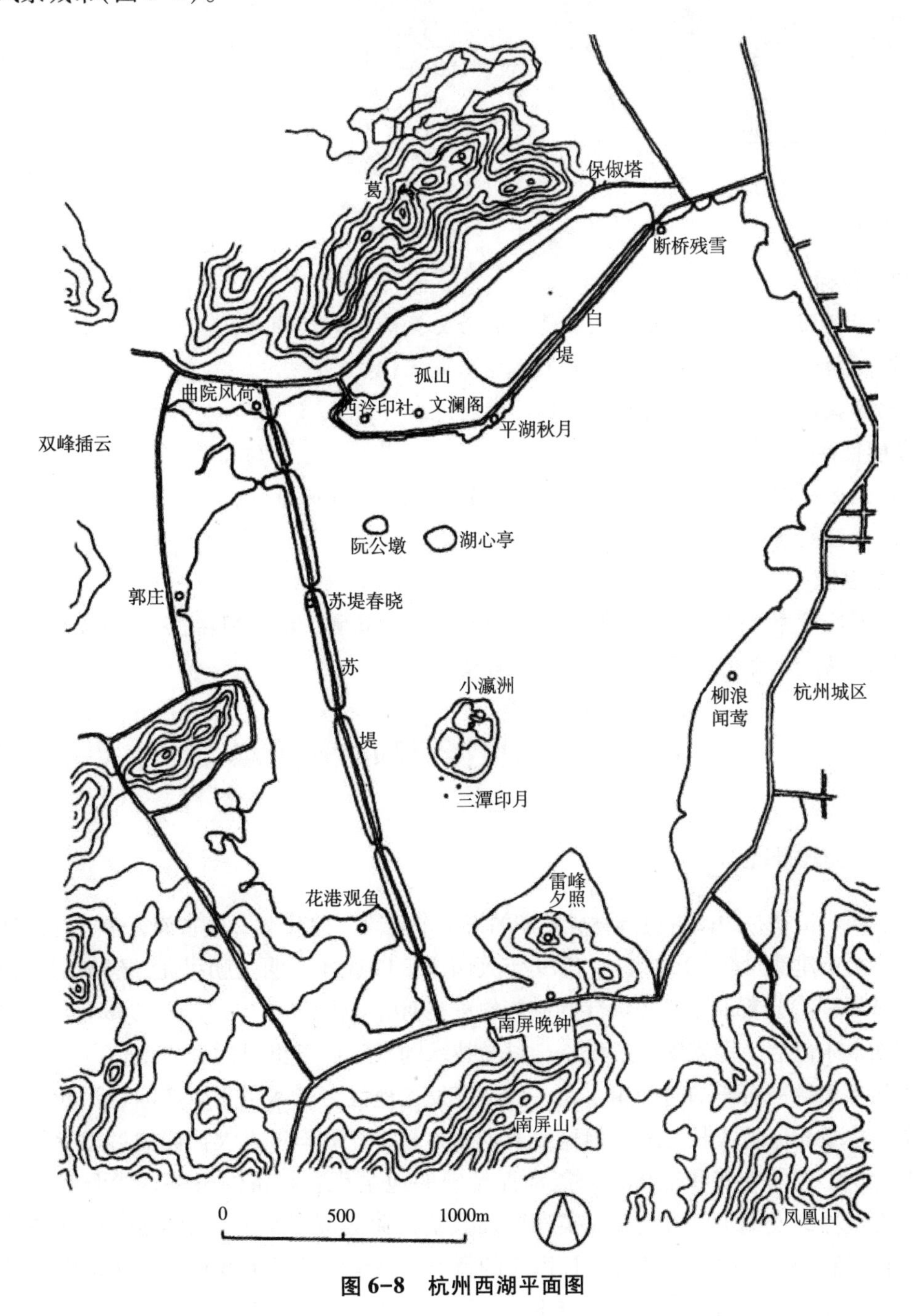

图 6–8　杭州西湖平面图

第七章 元明清初园林

◇**学习目标**

知识目标

(1)了解园林成熟中期元、明、清初的历史背景和时代特点;

(2)理解和体会元、明、清初的园林艺术成就;

(3)掌握元、明、清初时期典型园林的特点。

技能目标

(1)能分析苏州、扬州、无锡三个地区的代表性园林的特征;

(2)能区别清代大内御苑和行宫御苑。

素质目标

(1)通过对专业造园家作品和园林专著的学习和欣赏,提升园林艺术素养;

(2)增强民族文化认同感,坚定文化自信。

第一节 历史概况和时代特点

一、历史概况

元、明、清初是中国古典园林成熟期的第二个阶段。1271年,蒙古族灭金,忽必烈定国号为元,次年建都大都(今北京),1279年灭南宋。1368年,明王朝灭元,建都南京,永乐十九年(1421年)迁都北京。1644年为满族的清王朝所取代。

明朝永乐以后,国家安定、统一,科学技术的水准居于世界的领先地位。从明中叶到清康熙初年大约一百年的时间里,在一些经济发达地区,资本主义生产因素不断发展,新兴的资产阶级相应地成长起来。但这股新生的力量终究敌不过重农抑商的封建专制主义政权及其意识形态的束缚和摧残,未能动摇传统的地主小农经济的根基。然而就在一百年间,西方世界却发生了巨大变化。英国的新兴资产阶级联合部分开明贵族发动两次内战,建立了代议制的民主政体,欧洲其他国家的资产阶级也陆续掌握政权。这些国家经过资本的原始积累和产业革命,大工业生产飞速发展,科技水平跃居于世界前列,为了开拓自由贸易的空间,其凭借强大的军事力量不断向海外扩张,寻找市场、掠夺原料,先后成为殖民主义国家。相较于西方国家,中国旧式的农民战争却只能实现改朝换代,虽然经历了"康乾盛世"的辉煌,却没有引起像西方那样的变革。面对西方殖民国家军事、政治、经济

力量的直接攻击，社会发展受到了巨大挑战。

二、时代特点

（一）政治盛衰交替

1206年，铁木真统一蒙古各部落，号称成吉思汗，起兵西征，创造了版图辽阔、幅员广大的帝国。1271年，忽必烈改国号为元，次年定都于燕京，称为大都。元朝统治者起自漠北，征服四方而得以统治广大地域，由于民族文化所限，其广收人才，辽、金遗臣来归者皆授以官职，汉人中有才能者则延为幕宾。元代的统一虽然是空前罕见的伟大事业，但是由于频繁外征而荡尽国力，于是加重聚敛苛捐杂税，终于招致国家混乱。元朝末年，各地纷纷起义，但是元顺帝依然耽于淫乐，不顾国政。这时濠州人朱元璋随郭子兴起兵，经过15年东征西讨，1368年建都于金陵，年号为洪武。

明太祖朱元璋平定北方各族，分封诸王子于全国各地。后明成祖朱棣改旧都金陵为南京，继续远征四方，北征鞑靼，南平安南，又收南海，派郑和七下西洋，开启“洪宣之治”。然而，自英宗以后，开始重演历史上宦官专权、外戚干政、朋党纷争的悲剧，使朝纲紊乱、吏治腐败，内忧外患蜂拥而至，终于导致明末农民大起义爆发。1644年正月，李自成拥兵东进，攻取居庸关，威逼北京。崇祯皇帝自缢而亡，宣告着明朝的结束。

同一时期，女真族的杰出人物努尔哈赤起兵于建州，建立后金，1616年称汗，年号为天命。1636年，太宗皇太极改国号为清。1644年3月，李自成攻下了名都北京城，明将吴三桂联合清军攻打李自成，清人利用这个机会，宣称为明帝报仇，于该年5月进入北京城，取得了全国的统治地位。康熙之世，削平三藩之乱，收取台湾，西征准噶尔，平定西藏，带领中国进入封建社会最后一个灿烂的太平盛世。

（二）商品经济长足发展

元朝统一全国后，随着农业、手工业的恢复和发展，商品生产逐渐兴盛。国内市场上，北至益兰州（蒙古乌鲁克木河流域），南至海南诸岛，西至西藏，东达海滨，商队往来络绎不绝，陆运、河运、海运畅通无阻。国际市场上，元大都成了世界著名经济中心之一，从欧洲、中亚到非洲海岸，从日本、朝鲜到南洋各地都有商队前来贸易。国内消费市场扩大，国际贸易开拓，都为商业资本的积累和更广泛的商业活动带来了新的机遇。

明朝，在一些发达地区开始出现了资本主义的生产关系，一大批半农半商的工商地主和市民阶层崛起。但由于封建制度和中央集权政治尚处于“超稳定”状态，皇权不需要像西欧中世纪末期那样与市民阶层结成同盟，也无意促进商品经济的更大规模发展。尽管如此，资本主义生产方式终究为社会的经济生活和政治生活打上了某些烙印。例如，北方的陕、晋商人，南方的徽州商人大批外出经商，形成强大的帮伙，在全国范围内声势之大、分布之广均独步于当时。就徽州商人而言，长江中下游及南方各地都有他们的足迹。尤其在当时属于最发达地区的江南，徽商几乎控制了主要城镇的经济命脉，所谓“无徽而不成镇”。明末清初，朝廷颁行“纲盐法”，准许商人承包食盐的专卖业务。两淮食盐贩运获利最大，盐商几乎为徽州人所垄断。居住在扬州的大盐商绝大多数是徽州籍和徽籍后裔，这些商人大多拥资数万，奢丽相尚。经济实力的急剧膨胀使得商人的社会地位大为提高，他们中的一部分向士流靠拢，从而出现“儒商合一”。因此，以商人为主体的市民作为一个新兴的阶层，对社会的风俗习尚、价值观念等的转变产生了巨大影响。

(三)文化艺术异彩纷呈

(1)市民文化勃兴

由于封建社会内部资本主义因素的成长，工商业繁荣，宋代开始出现的市民文化到明初加快了发展步伐，明中叶以后随着社会风气变化而大为兴盛起来。诸如小说、戏曲、说唱等通俗文学和民间的木刻绘画等十分流行，民间的工艺美术如家具、陈设、器玩、服饰等也都争放异彩。市民文化的兴盛必然会影响民间的造园艺术，市民的生活要求和审美意识在园林的内容和形式上都有了明显的反映。在全国范围内的一些发达地区，市民趣味渗入园林艺术，不同的市民文化、风俗习尚形成不同的人文条件，制约着造园活动，加之各地区之间自然条件的差异，遂逐渐出现明显不同的地方风格。其中，经济、文化最发达的江南地区，造园活动最兴盛，园林的地方风格最为突出。北京自永乐迁都以后成为全国政治中心之所在，人文荟萃，园林在引进江南技艺的基础上逐渐形成北方的风格。不同的地方风格既蕴含于园林总体的艺术格调和审美意识之中，也体现在造园的手法和使用材料上面，标志着中国古典园林成熟时期的百花争艳局面的到来。

(2)人本主义浪漫思潮出现

明代废除宰相制，把相权和君权集中于皇帝一身。清代满族入主中原，皇帝的集权更有过之。绝对集权的独夫统治，要求政治上更严格的封建秩序和礼法制度。由宋代理学转化为明代理学的新儒学更加强化上下等级之大义名分、纲常伦纪的道德规范。因而皇家园林又复转向表现皇家气派，规模又趋于宏大。明初大兴文字狱，对知识分子施行严格的思想控制，宋代相对宽松的文化政策已不复存在，整个社会处于人性压抑状态。但与此相反，明中叶以后资本主义的成长和相应的市民文化的勃兴，则又要求一定程度的个性解放。在这种矛盾的情况下，知识界出现一股人本主义的浪漫思潮：以享乐代替克己，以感性冲动突破理性的思想结构，在放浪形骸的厌世背后潜存着对尘世的眷恋和一种朦胧的自我实现的追求，这在当时的小说、戏曲以及世俗文学上表现得十分明显。文人士大夫由于苦闷感、抑压感而企求摆脱礼教束缚、追求个性解放的意愿，比之宋朝更为强烈，也必然会反映在园林艺术上面，并且通过园林的享受而得到一定程度的满足。因此，文人造园的意境就更着上一层压抑心理的流露。这种情况正如促成两晋南北朝时期的私家园林异军突起一样，促成了私家园林的文人风格的深化，把园林的发展推向了更高的艺术境界。

(3)艺术高度成熟

元代在蒙古族的统治下，汉族文人地位低下。知识分子不屑于侍奉异族，或出家为僧道，或遁迹山林，即使出仕为官，也一样心情抑郁。在绘画上的表现方式就是借笔墨以自恃高雅，山水画发展了南宋马远、夏珪一派的画风，且更重意境和哲理的体现。明初由于专制苛酷，画家动辄得咎，画坛一时出现泥古仿古的现象。到明中叶以后，元代那种自由放逸、各出心裁的写意画风又复呈光辉灿烂。文人画则风靡画坛，成独霸之势。在文化最

发达的江南地区，山水画的吴门派、苏松派崛起。明中期，以沈周、文徵明为代表的吴门派主要继承宋元文人画的传统而发展成为当时画坛的主流。明代文人画比宋代文人画更注重笔墨趣味，即所谓“墨戏”，画面构图讲究文字、落款、题词，把绘画、诗文和书法三者融为一体。文人、画家直接参与造园的现象比过去更为普遍，个别的甚至成了专业造园家。造园工匠也努力提高自己的文化素养，涌现出一大批知名的造园家。此类情况必然会影响园林艺术尤其是私家园林的创作，主要出现了两个明显的变化：一是由以往全景山水缩移模拟的写实与写意相结合的创作方法逐渐转化为以山水局部来象征山水整体的写意创作方法。明末造园家张南垣所倡导的叠山流派，截取大山一角而让人联想到山的整体形象，即所谓“平岗小坂”“陵阜陂陀”的做法，便是此种深化的标志，也是写意山水园的意匠典型；二是景题、匾额、对联在园林中普遍使用，犹如绘画的题款，意境信息的传达得以直接借助于文字、语言而大大增加信息量，意境表现手法亦多种多样，包括状写、寄情、言志、比附、象征、寓意、点题等。园林意境的蕴藉更为深远，园林艺术比以往更密切地融洽诗文、绘画趣味，从而赋予园林本身以更浓郁的诗情画意。

第二节　元明清初园林及其特点

元代蒙古族政权经历了不到一百年的短暂统治，民族矛盾尖锐；明初战乱甫定，经济有待复苏，造园活动总的来说处于迟滞的低潮状态。永乐以后又活跃起来，到明末和清初的康熙、雍正年间达到了高潮。

一、皇家园林

(一)元明的皇家园林——元大都(北京)

(1)元大内御苑

早在1267年，忽必烈就下旨开始在燕京城内建造新的宫殿，1285年完工，这就是北京城的前身(图7-1)。元大都城近方形，城为三重环套配置形制：外城、皇城、宫城(图7-2)。皇城中部为太液池，池之东为宫城即大内，大内的朝、寝两大殿呈工字形。大都城的总体规划继承发展了唐宋以来皇都规划的模式：三套方城、宫城居中、宫轴对称的布局，不同的是突出了《周礼·考工记》所规定的“前朝后市，左祖右社”的古制。社稷坛建在城西的平则门内，太庙建在城东的齐化门内，商业区集中于皇城北面。

元代皇家园林均在皇城范围之内，其中大内御苑十分开阔空旷，占去皇城北部和西部的大部分地段。其主体为开拓后的太液池，池中三个岛屿沿袭着历来皇家园林“一池三山”的传统模式。最大的岛屿即金代的琼华岛，改名万岁山(图7-3)。据元人陶宗仪《南村辍耕录》记载，万岁山皆叠玲珑石，峰峦隐映，松桧隆郁，秀若天成。山上的山石堆叠仍为金代故物。山顶建广寒殿，是岛上最大的一幢建筑物。南坡居中为仁智殿，左、右两侧为延和殿、介福殿。此二殿之外侧分别为温石浴室和荷叶殿。此外，尚有若干小厅堂、亭子等点缀其间。从山顶正殿之命名“广寒”看来，万岁山显然是以模拟仙山琼阁的境界为其规

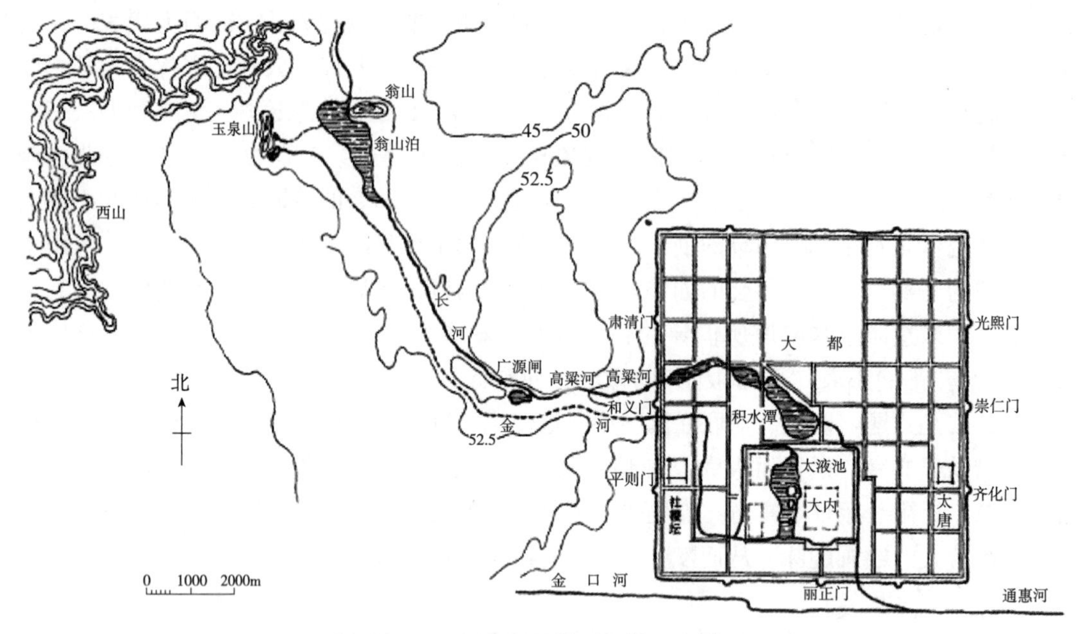

图 7-1　元大都及其西北郊平面图

划设计的立意。山上还有一处特殊的水景，其仿效艮岳之法引金河水至山后，汲水至山顶石龙口注方池，伏流至仁智殿后，有石刻蟠龙昂首喷水仰出，然后分东、西流入太液池。太液池中的其余二岛较小，一名“圆坻”，一名“犀山”。圆坻为夯土筑成的圆形高台，上建仪天殿犀山在圆坻之角，上植木芍药。北面为通往万岁山的石桥，东、西分别架木桥连接太液池两岸。太液池之水面遍植荷花，沿岸没有殿堂建置，均为一派林木蓊郁的自然景观。太液池西侧，靠北为兴圣宫，靠南为隆福宫，这两组大建筑群分别为皇太子和皇后的寝宫。

(2)明大内御苑

明成祖即位后，自南京迁都北京。永乐十八年(1420 年)，在大都的基础上建成新的都城——北京，并确立北京与南京的“两京制”。永乐营建北京城，放弃大都城北的一部分，将南城墙往南移少许，即内城，内城面积比大都略小。宫城即大内，又称紫禁城，位于内城的中央。大内的主要朝宫建筑为三大殿。整个宫城呈“前朝后寝”的规制，最后为御花园。宫城之外为皇城，包括大内御苑、内廷宦官各机构、府库及宫城。皇城的正南门为承天门(清代改称天安门)，左右建太庙、社稷坛，两侧为五府六部的政府衙署。

明代皇家园林建设的重点亦在大内御苑。明代的大内御苑共有六处(图 7-4)：位于紫禁城寝区中路、中轴线北端的御花园，位于紫禁城寝区西路的慈宁宫花园，位于皇城北部中轴线上的万岁山(清初改称景山)，位于皇城西部的西苑，位于西苑之西的兔园，位于皇城东南部的东苑。

①苑　西苑即元代太液池的旧址。明代初期，西苑大体上仍然保持着元代太液池的规模和格局。天顺年间(1457—1464 年)，进行了第一次扩建。扩建工程包括三部分内容：其一，填平圆坻与东岸之间的水面，圆坻由水中的岛屿变成了突出于东岸的半岛，把原来

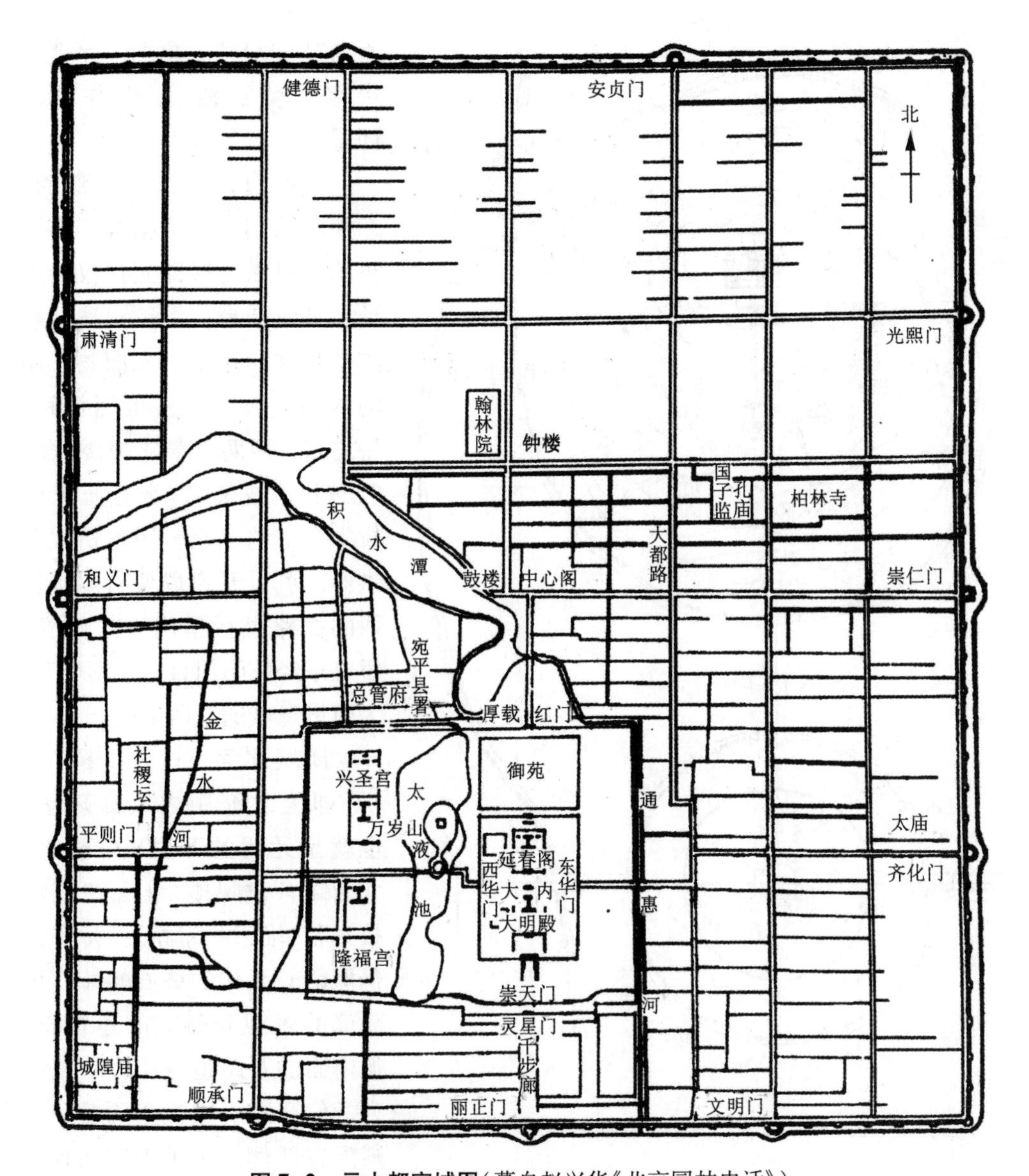

图 7–2　元大都宫城图（摹自赵兴华《北京园林史话》）

的土筑高台改为砖砌城墙的“团城”，横跨团城与西岸之间水面上的木吊桥改建为大型的石拱桥“玉河桥”；其二，往南开凿南海，扩大太液池的水面，奠定了北、中、南三海的布局，即玉河桥以北为北海，北海与南海之间的水面为中海；其三，在琼华岛和北海北岸增建若干建筑物，改变了这一带的景观。以后的嘉靖（1522—1566 年）、万历（1574—1620 年）两朝，又陆续在中海、南海一带增建新的建筑，开辟新的景点，使得太液池的天然野趣更增益了人工点染。

西苑的水面大约占园林总面积的二分之一。东面沿三海东岸筑宫墙，设三门：西苑门、乾明门、陟山门。西面仅在玉河桥的西端一带筑宫墙，设棂星门。西苑门为苑的正门，正对紫禁城之西华门。入门循东岸往北为蕉园，又名椒园，正殿崇智殿为平面圆形，屋顶饰黄金双龙。殿后药栏花圃，有牡丹数百株。殿前小池，金鱼游戏其中。西有小亭临

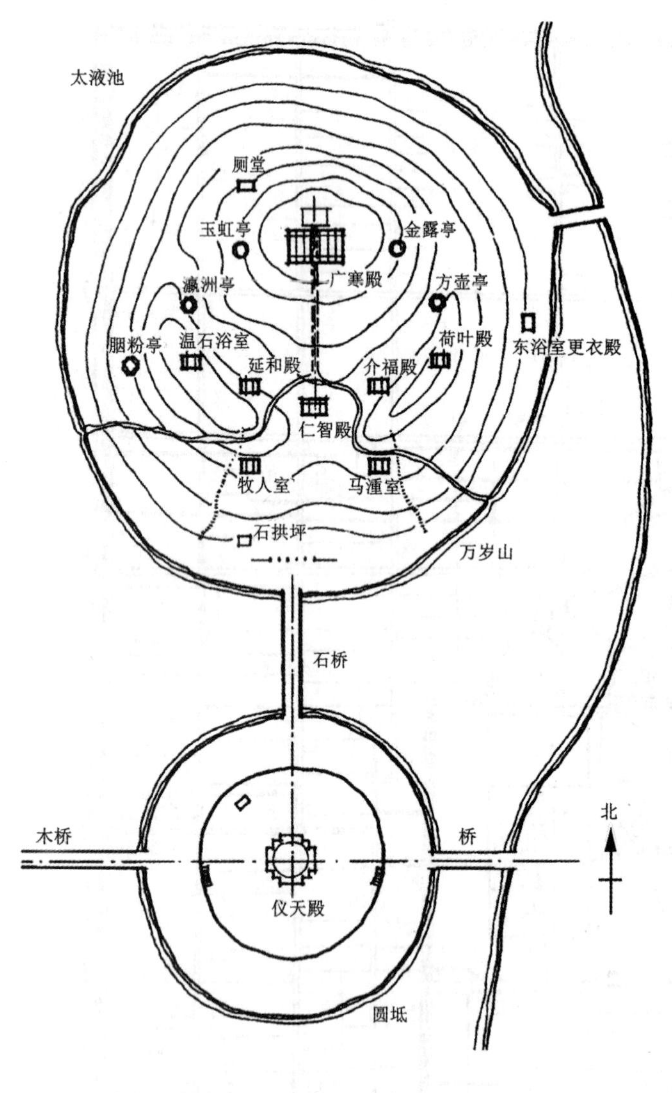

图 7-3　万岁山及圆坻平面图

水名“临漪亭”，再西一亭建于水中名“水云榭”。再往北，抵团城。

团城自两掖洞门拾级而登，东为昭景门、西为衍祥门。城中央的正殿承光殿即元代仪天殿旧址，平面圆形，周围出廊。殿前古松三株，皆金、元旧物。团城的西面，大型石桥玉河桥跨湖，桥之东、西两端各建牌楼“金鳌”“玉蝀”，故又名“金鳌玉蝀桥”。桥中央空约丈余，用木枋代替石拱券，可以开启以便行船。桥以西的御路过棂星门直达西安门，桥以东经乾明门直达紫禁城东北，为横贯皇城的东西干道。

团城北面，过石拱桥“太液桥”即为北海中之大岛琼华岛，也就是元代的万岁山。桥之南、北两端各建牌楼“堆云”“积翠”，故又名“堆云积翠桥”。琼华岛上仍保留着元代的叠石嶙峋、树木蓊郁的景观和疏朗的建筑布局。循南面的石蹬道登山，有三殿并列，仁智殿居中，介福殿和延和殿配置两侧。山顶为广寒殿，天顺年间就元代广寒殿旧址重修，是一座面阔七间的大殿。广寒殿的左右有四座小亭环列：方壶亭、瀛洲亭、玉虹亭、金露亭。岛的西坡，有水井一口深不可测，有虎洞、吕公洞、仙人庵。岛上的奇峰怪石之间，还分布着琴台、棋局、石床、翠屏之类。琼华岛浮现北海水面，每当晨昏烟霞弥漫之际，宛若仙山琼阁。由琼华岛东坡过石拱桥即抵陟山门。循北海之东岸往北为凝和殿，前有涌翠、飞香二亭临水。再往北为藏舟浦，是停泊龙舟凤舸的大船坞。

西苑之东北角为什刹海流入三海之进水口，设闸门控制水流量，其上建“涌玉亭”。嘉靖十五年(1536 年)，在其旁建“金海神祠”，祀宣灵宏济之神、水府之神、司舟之神。自此处折而西即为北海北岸的一座佛寺“大西天经厂”，其西为“北台”。台顶建“乾佑阁”，与琼华岛隔水遥相呼应。天启年间，钦天监言其高过紫禁城三大殿，于风水不利，遂将北台平毁，在原址上建嘉乐殿。北台以西的大片空地，为禁军的校场。

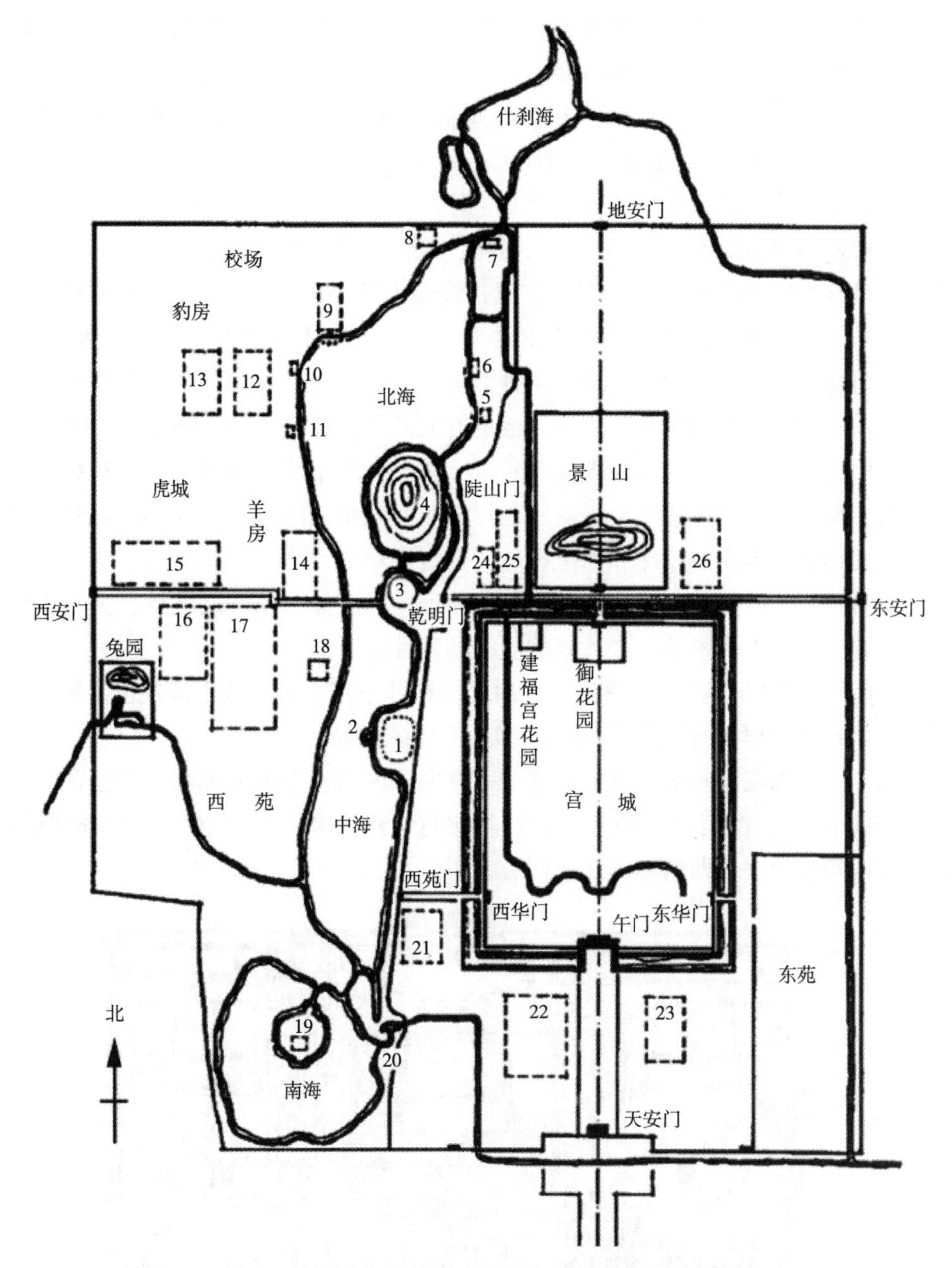

图 7-4　明北京皇城的西苑及其他大内御苑分布图

1. 蕉园　2. 水云榭　3. 团城　4. 万岁山　5. 凝和殿　6. 藏舟浦　7. 西海神祠、涌玉阁　8. 北台　9. 太素殿　10. 天鹅房　11. 凝翠殿　12. 清馥殿　13. 腾禧殿　14. 玉熙宫　15. 西十库、西酒房、西花房、果园厂　16. 光明殿　17. 万寿宫　18. 平台（紫光阁）　19. 南台　20. 乐成殿　21. 灰池　22. 社稷坛　23. 太庙　24. 元明阁　25. 大高玄殿　26. 御马苑

北海北岸之西端为太素殿。这是一组临水的建筑群，正殿屋顶以锡为之，不施砖甓，其余皆茅草屋顶，不施彩绘，风格朴素。夏天作为皇太后避暑之居所。后来改建为先蚕坛，作为祀奉蚕神和后妃养蚕的地方。嘉靖二十二年（1543 年），又把临水的南半部改建为五龙亭。

过太素殿折而南，西岸为天鹅房，有水禽馆两所，饲养水禽。临水建三亭：映辉、飞霭、澄碧。再往南为迎翠殿，殿前有浮香、宝月二亭临水。迎翠殿之西北为清馥殿，前有翠芳、锦芬二亭。金玉蝣桥之西为一组大建筑群“玉熙宫”，这是明代宫廷戏班学戏的地方，皇帝也经常到此观看“过锦水戏”的演出。

中海西岸的大片平地为宫中跑马射箭的“射苑”，中有“平台”高数丈。台上建圆顶小殿，南北垂接斜廊可悬级而升。平台下临射苑，是皇帝观看骑射的地方。

南海中堆筑大岛“南台”。台上建昭和殿，殿前为澄渊亭，降台而下，左右廊庑各数十楹，其北滨水一亭名涌翠是皇帝登舟的御码头。南台一带林木深茂，沙鸡水禽如在镜中，宛若村舍田野之风光。皇帝在这里亲自耕种“御田”，以示动农之意。南海东岸设闸门泻水往东流入御河。闸门转北别为小池一区，池中有九岛三亭，构成一处幽静的小园林。

三海水面辽阔，夹岸榆柳古槐多为百年以上树龄。海中萍荇蒲藻，交青布绿。北海一带种植荷花，南海一带芦苇丛生，沙禽水鸟翔泳于山光水色间。皇帝经常乘御舟作水上游览，冬天水面结冰，则作拖冰床和冰上掷球比赛之游戏。

总的来看，明代的西苑，建筑疏朗，树木蓊郁，既有仙山琼阁之境界，又富水乡田园之野趣，无异于城市中保留的一大片自然生态的环境。

②御花园　又名“后苑”(图7-5)，在内廷中路坤宁宫之后。这个位置也是紫禁城中轴线的尽端，体现了封建都城规划的“前宫后苑”的传统格局。

明永乐年间，御花园与紫禁城同时建成。它的平面略呈方形，面积1.2公顷，约占紫禁城总面积的1.7%。南面正门坤宁门通往坤宁宫，东南和西南隅各有角门分别通往东、西六宫，北门顺贞门之北即紫禁城之后门玄武门。

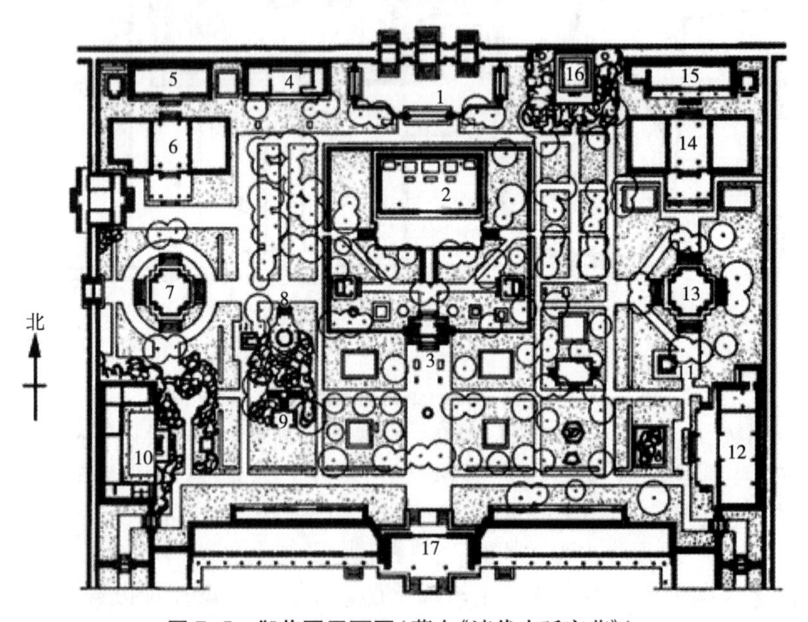

图7-5　御花园平面图(摹自《清代内廷宫苑》)

1. 承光门　2. 钦安殿　3. 天一门　4. 延晖阁　5. 位育斋　6. 澄瑞亭　7. 千秋亭　8. 四神祠　9. 鹿囿　10. 养性斋　11. 井亭　12. 绛雪轩　13. 万春亭　14. 浮碧亭　15. 擒藻堂　16. 御景亭　17. 坤宁门

这座园林的建筑密度较高，十几种不同类型的建筑物一共二十多幢，几乎占去全园三分之一的面积。建筑布局按照宫廷模式即主次相辅、左右对称的格局来安排，园路布设亦呈纵横规整的几何式，山池花木仅作为建筑的陪衬和庭院的点缀。这在中国古典园林中实属罕见，主要是由于它所处的特殊位置，同时更多的是为了显示皇家气派。但建筑布局能于端庄严整之中力求变化，虽左右对称而非完全均齐，山池花木的配置则比较自由随意。因而御花园的总体于严整中又富有浓郁的园林气氛。

御花园于明初建成后，虽经多次重修，个别建筑物也有易名，但一直保持着这个规划格局未变。全园的建筑物按中、东、西三路布置。中路居中偏北为体量最大的钦安殿，内供玄天上帝像。明代皇帝多有信奉道教的，故以御花园内的主体建筑物钦安殿作为宫内供奉道教神像的地方，以后历朝均相沿未变。

（二）清初的皇家园林——大内御苑、离宫御苑

(1) 大内御苑

明、清改朝换代之际，北京城并未遭到破坏（图 7-6）。清王朝入关定都北京之初，全部沿用明代的宫殿、坛庙和苑林，仅有个别的改建、增损和易名。宫城和坛庙的建筑及规划格局基本上保持着明代的原貌，皇城的情况则随着清初宫廷规制改变而有较大变动，从而也导致大内御苑的许多变化。

兔园、景山、御花园、慈宁宫花园，仍保留明代旧观。东苑之小南城的一部分，于顺

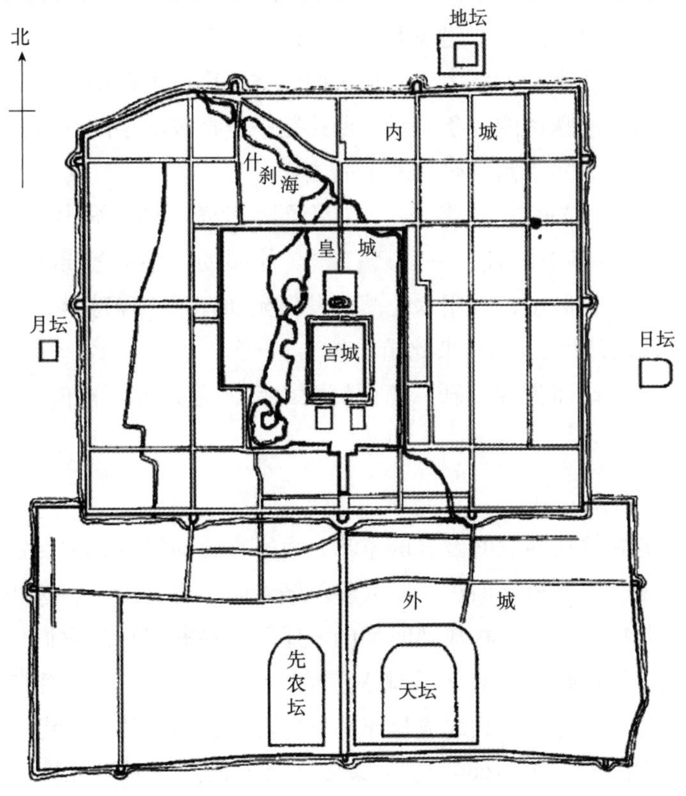

图 7-6　明、清北京城平面图

治年间赐出为睿亲王府，康熙年间收回改建为玛哈噶喇庙，其余析为佛寺、厂库、民宅，仅有皇史宬和苑林区内的飞虹桥、秀岩山以及少数殿宇保存下来。西苑则进行了较大的增建和改建。

顺治八年（1651 年），毁琼华岛南坡诸殿宇改建为佛寺“永安寺”。在山顶广寒殿旧址建喇嘛塔“小白塔”，琼华岛因而又名白塔山。

康熙年间，海沿岸的凝和殿、嘉乐殿、迎翠殿等处建筑均已坍废，玉熙宫改建为马厩，清馥殿改建为佛寺“宏仁寺”，中海东岸的崇智殿改建为万善殿。

南海的南台一带环境清幽空旷，顺治年间曾稍加修葺。康熙帝选中此地作为日常处理政务、接见臣僚和御前进讲、耕作“御田”的地方，因而进行了规模较大的改建、扩建。延聘江南著名叠山匠师张然主持叠山工程，增建许多宫殿、园林以及辅助供应用房。改南台之名为“瀛台”，在南海的北堤上加筑宫墙，把南海分隔为一个相对独立的宫苑区。

北堤上新建的一组宫殿名“勤政殿”，其北面的宫门德昌门即为南海宫苑区的正门。瀛台之上为另一组更大的宫殿建筑群，共四进院落，自北而南呈中轴线的对称布列。第一进前殿“翔鸾殿”，北临大石台阶蹬道，东、西各翼以延楼十五间。第二进正殿“涵元殿”，东西有配楼和配殿。第三进后殿“香扆殿”。第四进即临水的南台旧址，台之东、西为“堪虚”“春明”二楼，南面深入水中的为“延薰亭”。这一组红墙黄瓦、金碧辉煌的建筑群的东、西两侧叠石为假山，其间散布若干亭榭，种植各种花木，表现出浓郁的园林气氛。隔水看去，宛若海上仙山的琼楼玉宇，故以“瀛台”为名。

勤政殿以西为互相毗邻的三组建筑群。靠东的丰泽园四进三路：第一进为园门，第二进为崇雅殿，第三进澄怀堂是词臣为康熙进讲的地方，第四进遐瞩楼北临中海；东路为菊香书屋，中路为园门到遐瞩楼的一条曲线，西路是一座精致的小园林“静谷”，其中的叠石假山均出自张然之手，为北方园林叠山的上品之作。

勤政殿之东，过亭桥“垂虹”为御膳房。南海的东北角上即三海出水口的部位，在明代乐成殿旧址上改建为一座小园林——“淑清院”。此园的山池布置颇具江南园林的意趣，东、西二小池之间叠石为假山，利用水位落差发出宛如音乐之琤琮声，故名其旁的小亭为“流水音”。康熙每次到南海，都要来此园小憩。

南海东岸，淑清院南面为春及轩、蕉雨轩两组庭园建筑群。再南为云绘楼、清音阁、大船坞、同豫轩、鉴古堂。

（2）离宫御苑

清初的离宫御苑融糅江南民间园林的意味、皇家宫廷的气派、大自然生态环境的美姿三者为一体，比之宋、明御苑又前进了一大步。畅春园、避暑山庄、圆明园是清初的三座大型离宫御苑，也是中国古典园林成熟时期的三座著名皇家园林。它们代表着清初宫廷造园活动的成就，集中地反映了清初宫廷园林艺术的水平和特征。这三座园林经过此后的乾隆、嘉庆两朝的增建、扩建，成为北方皇家园林空前全盛局面的重要组成部分。

①畅春园　康熙二十三年（1684 年），康熙帝首次南巡，对于江南秀美的风景和精致的园林印象很深。归来后立即在北京西北郊的东区、明代皇亲李伟的别墅“清华园”的废址

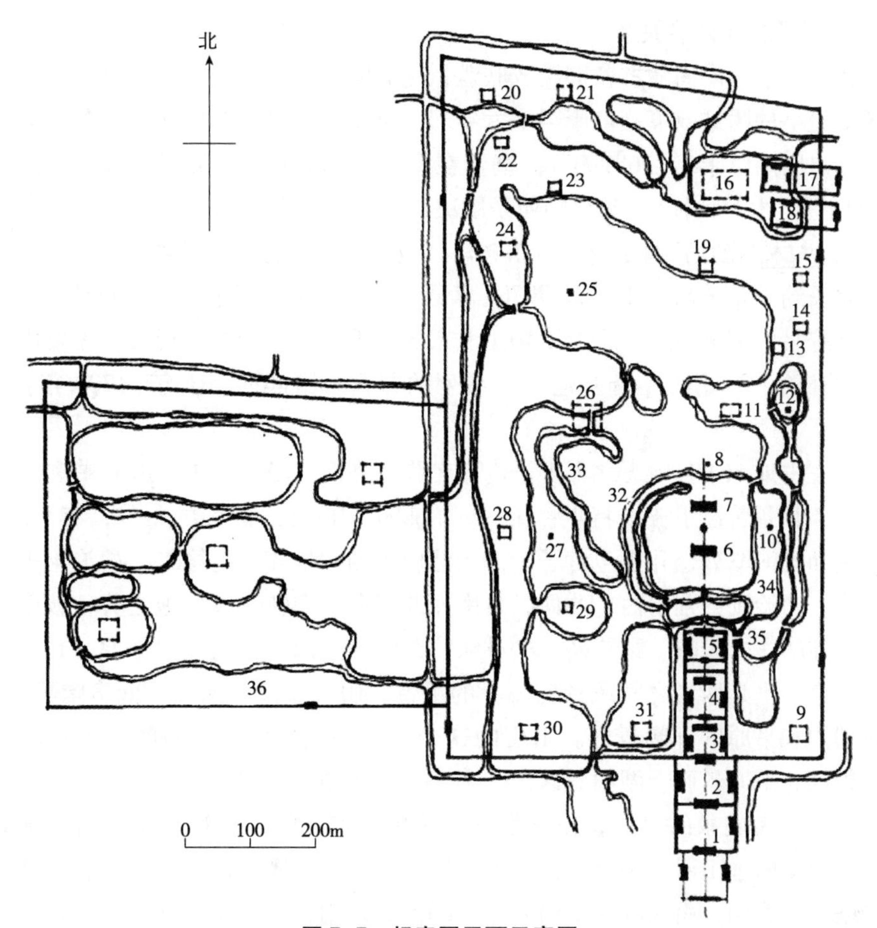

图 7-7　畅春园平面示意图

1. 大宫门　2. 九经三事殿　3. 春晖堂　4. 寿萱春永　5. 云涯馆　6. 瑞景轩　7. 延爽楼　8. 鸢飞鱼跃亭　9. 澹宁宫　10. 藏辉阁　11. 渊鉴斋　12. 龙王庙　13. 佩文斋　14. 藏拙斋　15. 疏峰轩　16. 清溪书屋　17. 恩慕寺　18. 恩佑寺　19. 太仆轩　20. 雅玩斋　21. 天馥斋　22. 紫云堂　23. 观澜榭　24. 集凤轩　25. 蕊珠院　26. 凝春堂　27. 娘娘庙　28. 关帝庙　29. 韵松轩　30. 无逸斋　31. 玩芳斋　32. 芝兰斋　33. 桃花堤　34. 丁香堤　35. 剑山　36. 西花园

上，修建这座大型的人工山水园（图 7-7）。

畅春园至迟于康熙二十六年（1687 年）竣工，由供奉内廷的江南籍山水画家叶洮参与规划，延聘江南叠山名家张然主持叠山工程。平地起造的畅春园既显示高度的人工造园的技艺水平和浓郁的诗情画意，又表现出一派宛若大自然生态的环境气氛。畅春园是明清以来首次较全面地引进江南造园艺术的一座皇家园林。

畅春园建成后一年的大部分时间，康熙均居住于此，处理政务，接见臣僚，这里遂成为与紫禁城联系着的政治中心。为了上朝方便，在畅春园附近明代私园的废址上，陆续建成皇亲、官僚居住的许多别墅和“赐园”。

②避暑山庄　康熙四十二年（1703 年）在承德兴建规模更大的第二座离宫御苑“避暑山庄”，康熙四十七年（1708 年）建成。它较之畅春园，更具备“避暑宫城”的性质。园址之所以选择在塞外的承德，固然由于当地优越的风景、水源和气候条件，也与当时清廷的重要

政治活动“北巡”有着直接关系。

清王朝入关前与漠南蒙古各部结成联盟，建立蒙古八旗，入关后一直对蒙古族上层人士采取怀柔笼络的团结政策。自康熙十六年起，皇帝定期出古北口北巡塞外，对蒙古王公作例行召见。康熙二十年(1681年)，皇帝在塞外利用蒙古一些部落的土地建成“木兰围场”，定期举行“木兰秋狝”，其目的便是解决训练军队和团结蒙古各部这两个有关国家防务的大问题。“木兰围场”原是内蒙古喀喇沁、敖汉、翁牛特诸部游牧之地，东西宽约150千米，南北长约100千米。北部为“坝下”草原，气候温和，雨量充沛，森林繁茂，野兽成群，是行围狩猎的理想地方。木兰围场距北京350千米，皇帝及随行人员需要中途休息和生活用品的补给，为此而在沿途建立一系列的行宫。康熙四十七年(1708年)避暑山庄建成。

避暑山庄占地564公顷，北界狮子沟，东临武烈河。经过人工开辟湖泊和水系整理后的地貌环境，具备着以下五个特点：第一，有起伏的峰峦、幽静的山谷，有平坦的原野，有大小溪流和湖泊罗列，几乎包含了全部天然山水的构景要素。第二，湖泊与平原南北纵深连成一片，山岭则并列于西、北面，自南而北稍向东兜转略成环抱之势，坡度也相应由平缓而逐渐陡峭。松云峡、梨树峪、松林峪、西峪四条山峪通向湖泊平原，是后者进入山区的主要通道，也是两者之间风景构图上的组带。山坡大部分向阳，既多幽奥僻静之地，又有散向湖泊和平原的开阔景界。山庄的这个地貌环境形成了全园的三大景区鼎列的格局：山岳景区、平原景区、湖泊景区。三者各具不同的景观特色而又形成一个有机的整体。彼此之间互为成景的对象，充分发挥画论中所谓高远、平远、深远的观赏效果。第三，狮子沟北岸的远山层峦叠翠，武烈河东岸和山庄的南面一带多奇峰异石，都能提供很好的借景条件。第四，山区的大小山泉沿山峪汇聚入湖，武烈河水从平原北端导入园内再沿山麓流到湖中，连同湖区北端的热河泉，是为湖区的三大水源。湖区的出水则从南宫墙的五孔闸门再流入武烈河，构成一个完整的水系。这个水系充分发挥水体的造景作用，以溪流、瀑布、平濑、湖沼等多种形式来表现水的静态和动态的美，不仅观水形而且听水音，成为山庄园林景观中的最精彩的一部分。第五，山岭屏障于西北，挡住了冬天的寒风侵袭，由于高峻的山峰、茂密的树木，再加上湖泊水面的调剂，园内夏天的气温比承德市区低些，确具冬暖夏凉的优越小气候条件。

避暑山庄则从选址、规划到施工，始终贯彻着力求保持大自然的原始、粗犷风貌的原则。山庄内的建筑和景点大部分集中在湖区及其附近，一部分在山区、平原区。大部分景点是建筑与局部自然环境相结合的，三分之一纯粹是自然景观。建筑少而疏朗，着重大片的绿化和植物配置成景，把自然美与人工美结合起来，以自然风景融汇于园林景观，开创了一种特殊的园林规划——园林化的风景名胜区。

③圆明园　位于畅春园的北面，早先是明代的一座私家园林。清初收归内务府，康熙四十八年(1709年)赐给皇四子作为赐园。它的规模比后来的圆明园要小得多，大致在前湖和后湖一带。雍正三年(1725年)开始扩建，乾隆九年(1744年)竣工。这是清代的第三座离宫御苑(图7-8)。扩建后的圆明园，面积扩大到约5200公顷(包括长春园、万春园两座附园，面积达347公顷)。咸丰十年(1860年)，英法联军侵入北京，先是劫掠，继而放

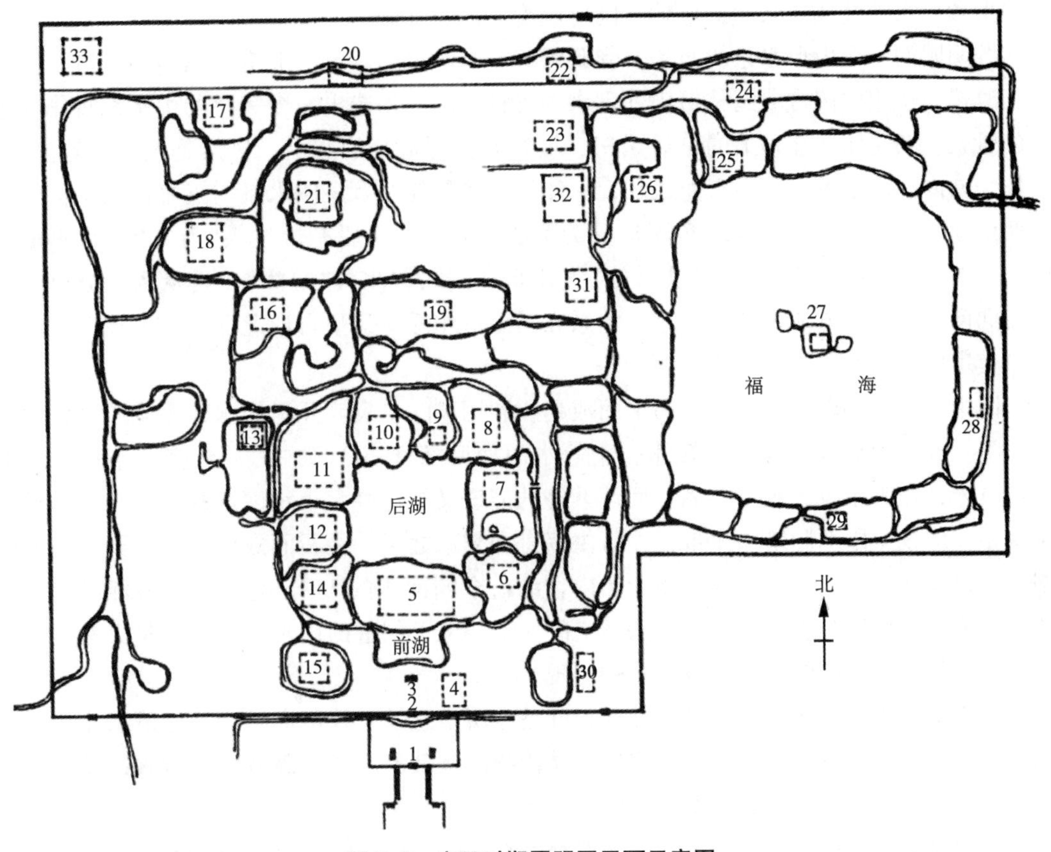

图 7-8　雍正时期圆明园平面示意图

1. 大宫门　2. 出入贤良门　3. 正大光明　4. 勤政亲贤　5. 九州清晏　6. 镂月开云　7. 天然图画　8. 碧桐书院　9. 慈云普护　10. 上下天光　11. 杏花春馆　12. 坦坦荡荡　13. 万方安和　14. 茹古涵今　15. 长春仙馆　16. 武陵春色　17. 汇芳书院　18. 日天琳宇　19. 澹泊宁静　20. 映水兰香　21. 濂溪乐处　22. 鱼跃鸢飞　23. 西峰秀色　24. 四宜书屋　25. 平湖秋月　26. 廓然大公　27. 蓬岛瑶台　28. 接秀山房　29. 夹镜鸣琴　30. 洞天深处　31. 同乐园　32. 舍卫城　33. 紫碧山房

火烧毁了这座旷世名园，只留下残壁断垣，衰草荒烟。

扩建的内容共有四部分：第一部分，新建一个宫廷区。在原赐园的南面建设轩墀，即宫廷区的外朝，共三进院落。第一进为大宫门，门前有宽阔的广场，广场前面建置影壁一座，南临扇面湖。大宫门的两厢分列东西外朝房，即政府各部门官员的值房。第二进为二宫门“出入贤良门”，有金水河绕门前成偃月形，河上跨汉白玉石桥三座。门两厢分列东西内朝房，即政府各部门的办公处，还有缮书房、清茶房以及军机处值房。第三进正殿正大光明殿，是皇帝上朝听政的地方，宴请外藩、寿诞受贺等仪典也在此举行。正殿东侧是勤政亲贤殿，皇帝平常在这里召见群臣、处理日常政务，西侧为翻书房和茶膳房。正大光明殿直北、前湖北岸的九州清晏一组大建筑群，以及环列于东西两面的若干建筑群，是帝后嫔妃居住的地方，相当于宫廷区的内廷。第二部分，就原赐园的北、东、西三面往外拓展，利用多泉的沼泽地改造为河渠串联着许多小型水体的水网地带。第三部分，把原赐园东面的东湖开拓为福海，沿福海周围开凿河道。第四部分，是沿北宫墙的一条狭长地带，从地形和理水的情况看来，扩建的时间可能晚于前三部分。

圆明园的整个山形水系的布局，受到堪舆风水学说的影响，顺应自然地形，进行大量人工改造，运用中国古典园林掇山和理水的各种手法，创造出一个完整的山水地貌作为造景的骨架。圆明园西北角上的紫碧山房，堆筑有全园最高的假山，显然是昆仑山的象征。它作为园内群山之首，因而来龙最旺，总体的形势最佳。万泉庄水系与玉泉山水系汇于园的西南角，合而北流，至西北角附近分为两股。靠南的一股东流注入“万方安和”再汇于前、后湖，靠北的一股流经“濂溪乐处”直往东从西北方注入“福海”，再从福海分出若干支流向南，自东南方流出园外。这个水系亦与山形相呼应，呈自西北而东南的流向，正合于堪舆家所确认的天下山川之大势。

园中之景大都以水为主题，因水而成趣。利用泉眼、泉流开凿的水体占全园面积的一半以上。大水面如福海宽 600 多米；中等水面如后湖宽 200 米左右；众多的小型水面宽 40~50 米，作为水景近观的小品。回环萦绕的河道又把这些大小水面串联为一个完整的河湖水系，构成全园的脉络和纽带，并可供荡舟和交通之用。叠石而成的假山，聚土而成的岗阜，以及岛、屿、洲、堤等分布于园内，约占全园面积的 1/3。它们与水系相结合，构成了山重水复、层叠多变的数十处园林空间。这些人工创造的山水景观，既是天然景色的缩影，又是烟水迷离的江南水乡风物的再现。

乾隆皇帝六次到江南游览名园胜景，凡是他所中意的景致都命画师摹绘下来作为建园的参考。因此，圆明园得以在继承北方园林传统的基础上广泛地汲取江南园林的精华，成为一座具有极高艺术水平的大型人工山水园。

园内有类型多样的大量建筑物，虽然都呈院落的格局，但配置在那些不同的山水地貌和树木花卉之中，就创造出一系列丰富多彩、格调各异的大小“景区”。这样的景区总共有近 70 处，主要有宫廷区的大宫门、正大光明殿、勤政亲贤殿、九州清晏，后湖景区的镂月开云、天然图画、上下天光、杏花春馆、坦坦荡荡、万方安和，山高水长后湖以北小园聚集区的武陵春色、坐石临流、安佑宫、水木明瑟、含卫城、文源阁、西峰秀色、四宜书屋、北远山村，福海景区的方壶胜境、接秀山房、别有洞天、蓬岛瑶台、平湖秋月、廓然大公等。其中主要的“圆明园四十景”，都由皇帝命名题署。园内的建筑物一部分具有特定的使用功能，如宫殿、住宅、庙宇、戏院、藏书楼、陈列馆、店肆、山村、水居、船埠等，但大量的则是供游憩宴饮的园林建筑。除极少数的殿堂、庙宇之外，一般外观都很朴素雅致、少施彩绘，与园林的自然风貌十分协调。

圆明园内的建筑群各具特色，大多数可称之“园中之园”。它们之间均以筑山或植物配置作障隔，又以曲折的河流和道路相联系，很自然地引导游人从一景走向另一景。园中有园是中国古典园林中的一种独特布局形式，圆明园在这方面可算是典型佳例。

二、江南私家园林

元、明、清的江南(大致为今之江苏南部、安徽南部、浙江、江西等地)，经济之发达冠于全国。农业亩产量最高，手工业、商业十分繁荣，朝廷赋税的三分之二来自江南。经济发达促成地区文化水平不断提高，文人辈出，文风之盛亦居于全国之首。江南河道纵横，水网密布，气候温和湿润，适宜于花木生长。江南的民间建筑技艺精湛，又盛产造园用的优质石材，所有这些都为造园提供了优越的条件。江南的私家园林遂成为中国古典园林后期发展史上的一个高峰，代表着中国风景式园林艺术的最高水平。这个高峰的重要标志是造园活动的广泛兴旺、造园技艺的精湛高超，还有那大批涌现出来的造园家和匠师，以及刊行于世的许多造园理论著作。

江南私家园林兴造数量之多，为国内其他地区所不能企及。绝大部分城镇都有私家园林的建置，而扬州和苏州则更是精华芸萃之地，一向有“园林城市”之美誉。

(一)扬州园林

扬州位于长江与大运河的交汇处，隋唐以来便是一座繁华城市，私家营园的当然也不在少数。自明永乐年间重开漕运，修整大运河，扬州便成为南北水路交通的枢纽和江南最大的商业中心。徽州、江西、两湖商人聚集此地，世代侨寓，尤以徽商的势力最大。城市经济发展带来了城市文化繁荣，私家园林经过元代短暂的衰落，到明中叶又空前兴盛起来。

1. 明代扬州园林

明代扬州园林见于文献著录的不少，绝大部分是建在城内及附廓的宅园和游憩园，郊外的别墅园不多。这些大量兴造的“城市山林”把扬州的造园艺术推向一个新的境地，明末扬州望族郑氏兄弟的四座园林：郑元侠的休园、郑元勋的影园、郑元嗣的嘉树园、郑元化的五亩之园，被誉为当时的江南名园。其中，规模较大、艺术水平较高的为休园和影园。

(1)休园

休园在新城流水桥畔，原为宋代朱氏园的旧址，占地 50 亩，是一座大型宅园。据宋介之《休园记》记载，园在邸宅之后，入园门往东为正厅，正厅的南面是一处叠石小院。园的西半部为全园山水最胜处。正厅的东面有一座小假山，山麓建空翠楼。由山趾窍穴中出泉水，绕经楼之东北汇入水池“墨池”。池南岸建水阁，阁的南面叠石为大假山，高山大陵，峰峻而不绝。山顶近旁建“玉照亭”半隐于树丛中，登山顶可眺望江南诸山之景。水池之北岸建屋如舟形，园之东北隅建高台“来鹤台”。园内游廊较多，晴天循园路游览，雨天则循游廊亦可遍览全园。

休园以山水之景取胜。山水断续贯穿全园，虽不划分为明确的景区，但景观变化较多，尚保存着宋代园林“简远、疏朗”的特点。组景按照山水的画理以画入景。园内建筑物较少，整体使用游廊串联景点，这与宋园又有所不同。

(2)影园

影园在旧城西城墙外的护城河——南湖中长岛的南端，由当时著名的造园家计成主持设计和施工，造园艺术当属上乘，也是明代扬州文人园林的代表作品(图 7-9)。影园的面积很小，只有五亩左右，选址却极佳。据郑元勋自撰的《影园自记》的描写，这座小园林环境清旷而高于水乡野趣，虽然南湖的水面并不宽广且背倚城墙，但园址“前后夹水，隔水蜀岗(扬州西北郊的小山岗)蜿蜒起伏，尽作山势。环四面柳万屯，荷千余顷，萑苇生之。水清而多鱼，渔棹往来不绝”。园林所在地段比较安静，又有北面、西面和南面的极好的

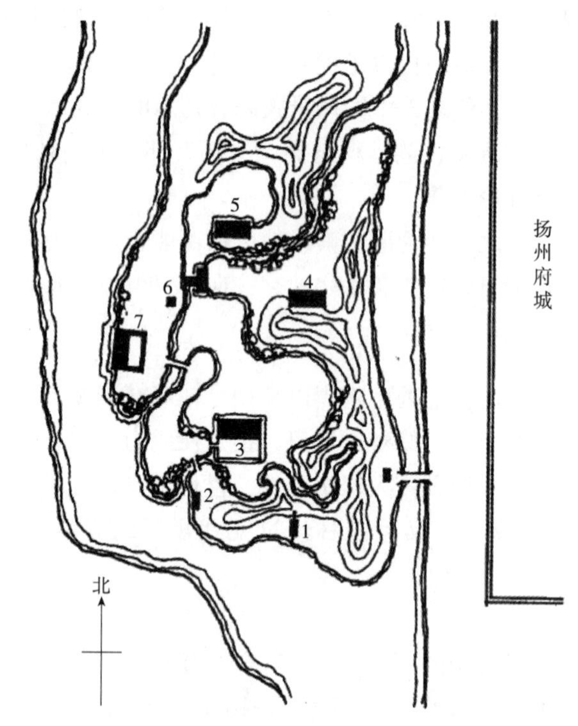

图 7-9　影园平面示意图（摹自吴肇钊《计成与影园兴造》）

1. 二门　2. 半浮阁　3. 玉勾草堂　4. 一字斋　5. 媚幽斋　6. 菰芦中　7. 淡烟疏雨

借景条件，“升高处望之，迷楼、平山（迷楼和平山堂均在蜀岗上）皆在项臂，江南诸山，历历青来。地盖在柳影、水影、山影之间”，故命园之名为“影园”。影园是以一个水池为中心的水景园。呈“湖（南湖）中有岛、岛中又有池”的格局，园内园外之水景浑然一体。靠东面堆筑的土石假山作为连绵的主山把城墙障隔开来，北面的客山较小则代替园林的界墙，其余两面全部开敞以便收纳园外远近山水之借景。园内树木花卉繁茂，以植物成景，还引来各种鸟类栖息。建筑疏朗而朴素，各有不同的功能，如课子弟读书的“一字斋”，临水的“淡烟疏雨阁”由廊、室、楼构成一独立小院，楼下藏书，楼上读书兼赏景。各处建筑物之命名亦与周围环境相切贴，颇能诱发人们之意境联想。例如，“幽媚帝”前临小溪，“若有万顷之势也，媚幽所以自托也”，故取李白“浩然媚幽独”之诗意以命名。园林景域之划分亦利用山水、植物为手段，不取建筑围合的办法，故极少用游廊之类的建筑。

总之，此园整体恬淡雅致，以少胜多，以简胜繁，所谓“略成小筑，足征大观”。郑元勋出身徽商世家，明崇祯癸未进士，工诗画，已是由商而儒，厕身士林。他修筑此园当然也遵循着文人园林风格的路数，使其园成为园主人与造园家相契合而获得创作上的成功之例。故而得到很高的社会评价，大画家董其昌为之亲笔题写园名。

2. 清初扬州园林

清初，扬州私家造园更加兴旺发达。纲盐法施行后，扬州成为两淮食盐的集散地，大盐商是商人中的最富有者，他们生活奢侈，挥金如土。商人们又多为儒商合一、附庸风雅，他们出入官场，参与文化活动，扶持文化事业，因而扬州也是江南的主要文化城市，

聚集了一大批文人、艺术家。在这种情况下，扬州的私家园林盛极一时，《扬州画舫录》评价苏、杭、扬三地，认为“杭州以湖山胜，苏州以市肆胜，扬州以名园胜”。

商人们不惜巨资竞相修造邸宅、园林。徽商利用方便的水路交通，带来徽州工匠、苏州工匠和北方工匠，各地建筑材料、叠山石料更借空船压舱之便源源运到扬州。他们广事搜求营造园宅技艺的秘技，甚至有宫廷建筑的秘技。因此，扬州园林建筑得以融南、北之特色，兼具南、北之长而独树一格。由于各地名贵的造园石料汇集，扬州园林特别讲究叠山技艺，文人多有直接主持叠山的，如石涛、计成；著名的叠山匠师亦荟萃于此，如张涟、仇好石、董道士之辈。故当时人有“扬州以名园胜，名园以叠石胜”的说法。扬州居民喜欢莳花植树，花木品种多，园艺技术发达，盆景独具一格，以剪扎工夫之精而自成流派。这些都为清初扬州私家造园之兴盛提供了优越的条件。

当时，扬州城内宅园密布，新城的东关街、花园巷一带尤为集中，像九峰园、乔氏东园、秦氏意园、小玲珑山馆等均名重一时。庭院的花木点缀几乎家家都有，乃至茶楼、酒肆、浴池，亦都莳花种竹、引水叠山。在扬州众多的私家园林中，既有士流园林和市民园林，也有大量的两者混合体。王洗马园、卞园、员园、贺园、冶春园、南园、郑御史园、筱园，号称康熙时的“扬州八大名园”。

(二)苏州园林

苏州城市的性质与扬州有所不同，虽然两者均为繁华的消费城市，但苏州文风特盛，登仕途、为官宦的人很多，这些人致仕还乡则购田宅、建园墅以自娱，外地的官僚、地主亦多来此定居颐养天年。因此，苏州园林属文人、官僚、地主修造者居多，基本上保持着正统的士流园林格调，绝大部分均为宅园而密布于城内，少数建在附近的乡镇。

苏州城内河道纵横，地下水位很浅，取水方便。附近的洞庭西山是著名的太湖石产地，尧峰山出产上品的黄石，叠石取材也比较容易。因而苏州园林之盛，不输扬州。其中较著名的沧浪亭始建于北宋，狮子林始建于元代，艺圃、拙政园、五峰园、留园、西园、芳草园、洽隐园等均创建于明代后期。这些园林屡经后来的改建，如今已非原来的面貌。根据有关文献记载，当年的园主人多是官僚而兼擅诗文绘画，或者延聘文人画家主持造园事宜，因而它们的原貌有许多特点很类似于扬州的影园，沿袭着文人园林的风格。明末清初的苏州诸名园中，拙政园颇为时人所推崇，因而也是比较有代表性的一例。

(三)无锡园林

苏州附近的常熟、无锡等地的园林建置也很兴盛。其中最著名者当推无锡的寄畅园(图 7-10)。这座园林至今仍然保持着当年格局未经太大改动，是江南地区唯一一座保存较为完好的明末清初时期之文人园林，体现了当时高水平的造园艺术成就。

寄畅园位于无锡城西的锡山和惠山间的平坦地段上，东北面有新开河(惠山浜)连接大运河。园址占地约 1 公顷，属于中型的别墅园林。元代原为佛寺的一部分，明代正德年间(1506—1521 年)兵部尚书秦金辟为别墅，初名“风谷行窝”，后归布政使秦良。万历十九年(1591 年)，秦耀由湖广巡抚罢官回乡，着意经营此园并亲自参与筹划，疏浚池塘、大兴土木成二十景。改园名为“寄畅园”，取王羲之《兰亭序》中“一觞一咏，亦足以畅叙幽

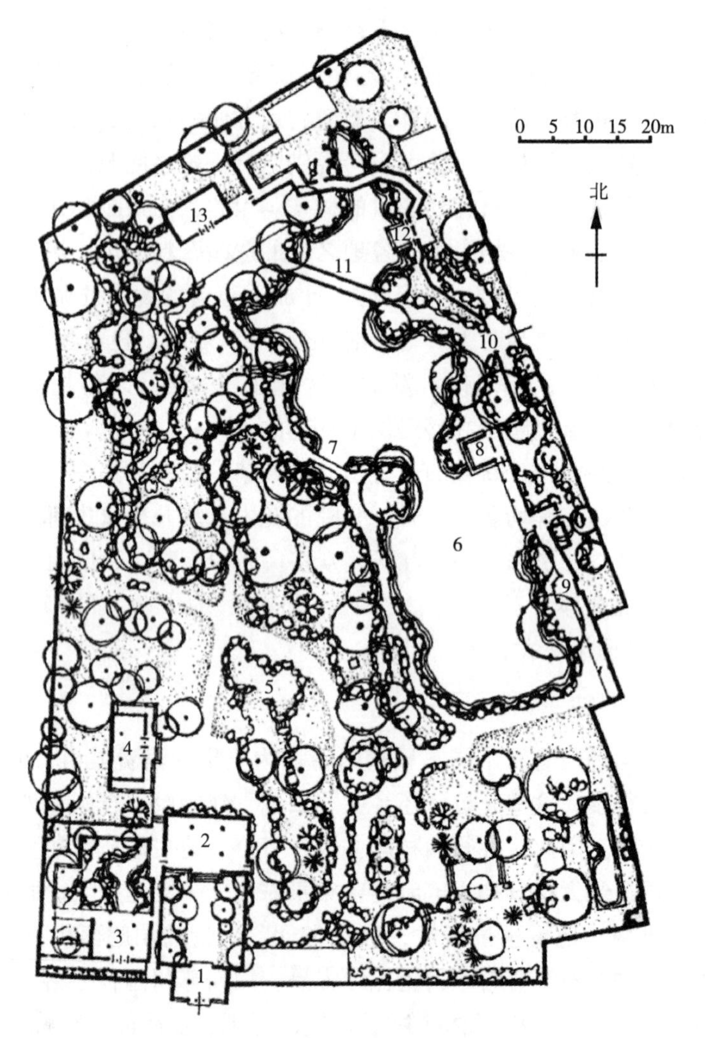

图 7-10 寄畅园平面图(引自冯钟平《中国园林建筑》)

1. 大门 2. 双孝祠 3. 秉礼堂 4. 含贞斋 5. 九狮台 6. 锦汇漪 7. 鹤步滩 8. 知鱼槛 9. 郁盘 10. 清响 11. 七星桥 12. 涵碧亭 13. 嘉树堂

情……因寄所托，放浪形骸之外”的文意。此园一直为秦氏家族所有，故当地俗称“秦园”。清初，此园曾分割为两部分，康熙年间再由秦氏后人秦德藻合并改筑进行全面修整，延聘著名叠山家张南垣之侄张钺重新堆筑假山，又引惠山的“天下第二泉”的泉水流注园中。经过秦氏家族几代人的三次较大规模的建设经营，寄畅园更为完美，名声大噪，成为当时江南名园之一。清代康熙、乾隆二帝南巡，均曾驻跸于此园。

清咸丰十年(1860 年)，寄畅园曾毁于兵火，如今的园林现状是后来重建的。南部原来的建筑物大多数已不存在，新建双孝祠、秉礼堂一组建筑群作为园林的入口，北部的环翠楼改建为单层的嘉树轩。其余的建筑物一仍旧观，山水的格局也未变动，园林的总体尚保持着明代的疏朗格调，故乾隆帝驻跸此园时曾赋诗咏之为“独爱兹园胜，偏多野兴长”。

入园经秉礼堂再出北面的院门，东侧以太湖石堆叠的小型假山“九狮台”作为屏障，绕过此山便到达园林的主体部分。九狮台通体具有峰峦层叠的山形，但若仔细观看则仿佛群

狮蹲伏、跳跃，姿态各异，妙趣横生。

园林的主体部分以狭长形水池“锦汇漪”为中心，池的西、南为山林自然景色，东、北岸则以建筑为主。西岸的大假山是一座土石山，山并不高峻，最高处不过4.5米，但却起伏有势。山间的幽谷壑道忽浅忽深，予人以高峻的幻觉。山上灌木丛生，古树参天，这些古树多是四季长青的香樟和落叶的乔木，浓荫如盖，盘根错节。加之山上怪石嵯峨，更突出了天然的山野气氛。从惠山引来的泉水形成溪流破山腹而入，再注入水池之西北角。沿溪堆叠为山间堑道，水的跌落在堑道中的回声叮咚犹如不同音阶的琴声，故名“八音河”。人行堑道中宛若置身深山大壑，耳边回响着空谷流水的琴音，所创造的意境又别具一格。假山的中部隆起，首尾两端渐低。首迎锡山、尾向惠山，似与锡、惠二山一脉相连。把假山做成犹如真山的余脉，这是此园叠山的匠心独运之笔。

水池北岸地势较高处原为环翠楼，后来改为单层的嘉树堂。这是园内的重点建筑物，景界开阔足以观赏全园之景。自北岸转东岸，点缀小亭“涵碧亭”，并以曲廊、水廊连接于嘉树堂。东岸中段建临水的方形“知鱼槛”，其南侧粉垣、小亭及随墙游廊穿插着花木山石小景，游人可凭槛坐憩，观赏对岸之山林景色。池的北、东两岸着重在建筑的经营，但疏朗有致、着墨不多，其参差错落、倒映水中的形象与池东、南岸的天然景色恰成强烈对比。知鱼槛突出于水面，形成东岸建筑的构图中心，它与对面西岸凸出的石滩“鹤步滩”相峙，而把水池的中部加以收束，划分水池为南、北两个水域。鹤步滩上原有古枫树一株，老干斜出与“知鱼槛”构成一幅绝妙的天然图画。

水池南北长而东西窄，于东北角上做出水尾，以显示水体之有源有流。中部西岸的鹤步滩与东岸的知鱼槛对峙收束，把水池划分为似隔又合的南、北二水域，适当地减弱水池形状过分狭长的感觉。北水域的北端又利用平桥“七星桥”及其后的廊桥再划分为两个层次，南端做成小水湾架石板小平桥，自成一个小巧的水局。于是，北水域又呈现为四个层次，从而加大了景深。整个水池的岸形曲折多变，南水域以聚为主，北水域则着重于散，尤其是东北角以跨水的廊桥障隔水尾，池水似无尽头，益显其疏水脉脉、源远流长的意境。

此园借景之佳在于其园址选择，能够充分收摄周围远近环境的美好景色，使得视野得以最大限度地拓展到园外。从池东岸若干散置的建筑向西望去，透过水池及西岸大假山上的蓊郁林木，远借惠山优美山形之景，构成远、中、近三个层次的景深，把园内之景与园外之景天衣无缝地融为一体。若从池西岸及北岸的嘉树堂一带向东南望去，锡山及其顶上的龙光塔均被借入园内，衬托着近处的临水廊子和亭榭，则又是一幅以建筑物为主景的天然山水画卷。

寄畅园的假山约占全园面积的23%，水面占17%，山水一共占去全园面积的三分之一以上。建筑布置疏朗，相对于山水而言数量较少，是一座以山为重点、水为中心、山水林木为主的人工山水园。它与乾隆以后园林建筑密度日愈增高、数量越来越多的情况迥然不同，正是宋以来的文人园林风格的传承。不过，在园林的总体规划以及叠山、理水、植物配置方面更为精致、成熟，不愧为江南文人园林中的上品之作。

三、元明清初的文人园林发展

明代和清初，文人园林作为两宋的承传而继续发展，在江南、北京这些经济、文化发达的地区达到了极盛的局面。文人园林风格一时成为社会上品评园林艺术创作的最高标准。

经过元代的发展文人画进入明代已经完全成熟，并且占据着画坛的主要地位。文人作画都要在画幅上署名、钤印、题诗、题跋，甚至以书法的笔力入画，真正把诗、书、画融为一体，因而人们赞誉一个画家常用“诗、书、画三绝”一类的词句。文人画的“三绝”结合它的清淡隽永的韵味，便呈现出所谓的“书卷气”和“雅逸”——包含着隐逸情调的雅趣。江南地区为文人画的发祥地和大本营，“三绝”的文人画家辈出。他们生活富裕却淡于仕途，作品主要描绘江南风光和文人游山池园林之雅兴，抒写宁静清寂之情怀，又兼有诗书画的三位一体。画坛的这种主流格调在一定程度上影响民间造园活动的趋向。士流园林便更多地以追求雅逸和书卷气来满足园主人企图摆脱礼教束缚、获致返璞归真的愿望，也在一定程度上寄托他们不满现状、不合流俗的情思——隐逸思想。士流园林更进一步地文人化，促成了文人园林的大发展，同时也与新兴市民园林的“市井气”和贵戚园林的“富贵气”相抗衡。文人园林的发展，便在雅与俗相抗衡的局面下进入了一个新阶段。

一方面是士流园林的全面文人化而促成文人园林的大发展；另一方面，富商巨贾由于儒商合一、附庸风雅而效法士流园林，或者本人文化不高而延聘文人为他们筹划经营，在市民园林的基调上著以或多或少的文人化的色彩。市井气与书卷气相融糅的结果，冲淡了市民园林的流俗性质，从而出现文人园林风格的变体。由于此类园林的大量营造，这种变体风格成为一股社会力量而影响当时的民间造园艺术。这在江南地区尤为明显，明末清初的扬州园林便是文人园林风格与它的变体并行发展的典型局面。

清初，康熙帝南巡江南，深慕江南园林风物之美，归来后延聘江南文士叶洮和江南造园家张然参与畅春园的规划设计事宜，首次把江南民间造园技艺引进宫廷，同时也把文人趣味掺入宫廷造园艺术，为宫廷造园注入了新鲜血液，在园林的皇家气派中平添了几分雅逸清新的韵致。

文人园林的大发展，无疑是促成江南园林艺术达到高峰境地的重要因素，它还影响了皇家园林和寺观园林，并且普及全国各地，随着时间的推移而逐渐成为一种造园模式。

四、造园家

相较于两宋时期，文人园林接受意识形态方面的影响、浸润，已处于停滞状态，更多地转向于造园技巧的琢磨，园林的思想性逐渐为技巧性所取代，造园技巧获得长足的发展。也就是这个时候，在文人园林臻于高峰境地的江南，一大批掌握造园技巧、有文化素养的造园工匠便应运而生。

造园匠师的社会地位在过去一直很低下，除了极个别的有文人偶一提及之外，大都是名不见经传。但到明末清初，经济、文化最发达的江南地区，造园活动十分频繁，工匠的需求量很大。由于封建社会内部资本主义因素的成长，市民文化的勃兴，引起社会价值观

念改变，造园工匠中之技艺精湛者逐渐受到社会的重视而闻名于世。他们在园主人或文人与一般匠人之间起着承上启下的桥梁作用，大大提高了造园的效率。其中的一部分人努力提高自己的文化素养，甚至有擅长于诗文绘事的，则往往代替文人而成为全面主持规划设计的造园家。文人士大夫很尊重他们，并乐于与之交往，甚至为之撰写传记。这些匠师的社会地位有所提升，张南垣父子便是此辈中的杰出者。

张南垣，名涟，原籍江苏华亭，生于明万历十五年(1587 年)，晚岁徙居嘉兴，毕生从事叠山造园。钱谦益、吴伟业皆江南名士，与南垣为布衣之交甚至颇不拘形迹，足见他已因叠山巧艺而名满江南公卿之间。南垣的文化素养较高，因而他的叠山作品亦最为时人所推崇。传统的叠山方法，是以小体量的假山来缩移模拟真山的整体形象，南垣对此深不以为然。他从追求意境深远和形象真实的可入可游出发，主张堆筑“曲岸回沙”“平岗小坂”“陵阜陂”“然后错之以石，缭以短垣，翳以密篆”。从而创造出一种幻觉，仿佛园墙之外还有“奇峰绝嶂”，人们所看到的园内叠山好像是“处于大山之麓”而“截溪断谷，私此数石者，为吾有也”。这种主张以截取大山一角而让人联想大山整体形象的做法，开创了叠山艺术的一个新流派。

南垣的四个儿子均继承父业，其中尤以次子张然造诣最高、成就最大。张然，字陶庵，早年在苏州洞庭东山一带为人营造私园之叠山已颇有名气。顺治十二年(1655 年)重修西苑，朝廷征召张南垣，南垣以年迈固辞，乃遣张然前往。张然在京工作一段时间之后回到苏州，又重操旧业。康熙十六年(1677 年)，张然再次北上，在北京城内为大学士冯溥营建万柳堂，为兵部尚书王熙改建怡园，此后，诸王公士大夫的私园亦多出其手。康熙十九年(1680 年)供奉内廷，先后参与了重修西苑瀛台、新建玉泉山行宫以及畅春园的叠山、规划事宜。二十七年(1688 年)赏赐还乡，其后人的一支定居北京，世代承传其业，成为北京著名的叠山世家“山子张”。张然再度回到苏州，晚年为汪琬的“尧峰山庄”叠造假山，获得极大的成功。

此外，与张氏父子大约同时而稍早一些的张南阳，亦值得一提。张南阳，字山人，上海人。出身农家，自幼酷爱绘画，年长从事叠山行业，尝试用绘画的手法堆叠园林假山，颇获成功。他除了规划设计之外，还亲自参与施工。这种规划、设计、施工一以贯之的做法，是首次见于文献记载的，以后普遍为叠山工匠所采用而成为传统。由于张南阳技艺高超，许多名门世家都委托他造园，江南名园如上海潘允端的“豫园”、陈所蕴的“日涉园”，太仓王世贞的“弇园”，其假山堆叠均出自他的手笔。豫园的黄石大假山，见石不露土，石壁深谷，幽壑蹬道，山麓并缀以小岩洞。从现存的一段看来，能把大小黄石块组合成为一个浑然整体，磅礴郁结，颇具真山水的气势。虽高不过 12 米，却予人以万山重叠的感受。其堆叠手法，乃是传统的缩移模拟真山整体形象的路数，与张涟父子的平岗小坂不同。

明末清初，像张氏父子、张南阳这样的造园工匠，出现在江南地区的为数不少，而苏州、扬州两地尤为集中，可谓群星灿烂、各领风骚。随着工匠的学养和素质的提高，文人与造园工匠之间的关系，也比以往更为密切。由于社会价值观的改变，文人亦不再把造园技术视作壮夫不为的雕虫小技。于是，一些文人、画士直接掌握造园叠山的技术而成为名家，个别的则因个人爱好而发展成为专业的造园家，计成便是其中的代表人物。

计成，字无否，江苏吴江人，生于明万历十年(1582年)。少年时即以绘画知名，师法宗关仝、荆浩笔意。中年曾漫游北方及两湖，返回江南后定居镇江。计成曾为江西布政使吴又予在武进营造宅园，园成，吴又予喜曰："从进而出，计步仅四里，自得谓江南之胜，惟吾独收矣。"又应汪士衡中书的邀请，为他在銮江之西营造了一座园林。这两座园林都获得了社会上的好评。于是，计成后半生便专门为人规划设计园林，足迹遍于镇江、常州、扬州、仪征、南京各地，成了著名的专业造园家。并于造园实践之余，总结其丰富之经验，写成《园冶》一书，并于崇祯七年(1634年)刊行，是中国历史上一部重要的园林理论著作。

一方面是叠山工匠提高文人素养而成为造园家；另一方面则是文人画士掌握造园技术而成为造园家。前者为工匠的"文人化"，后者为文人的"工匠化"。两种造园家合流，再与文人和一般工匠相结合而构成"梯队"。这种情况的出现，固然由于当时江南地区特殊的经济、社会和文化背景，以及频繁的造园活动之需要，但也反过来促进了造园活动的普及。它标志着江南园林的发达兴旺、文人营园的广泛开展，影响及于全国各地，形成了明末清初的文人园林大普及和文人园林艺术臻于登峰造极的局面。

五、造园理论著作

江南的私家造园在广泛实践的基础上积累大量创作和实践的经验，文人、造园家与工匠三者的结合又促成这些宝贵经验向系统化和理论性方面升华。于是，这个时期便有许多有关园林的理论著作刊行于世。其中专门成书的有《园冶》《一家言》《长物志》是比较全面而有代表性的三部著作。此外，颇有见地的关于园林的议论、评论散见于文人的各种著述中的也比过去为多。

《园冶》《一家言》《长物志》的内容以论述私家园林的规划设计艺术，叠山、理水、建筑、植物配置的技艺为主，也涉及一些园林美学的范畴。它们是私家造园专著中的代表作，也是文人园林自两宋发展到明末清初时期的理论总结。

(一)《园冶》

《园冶》的作者为计成，成书于明崇祯四年(1631年)，刊行于崇祯七年(1634年)。这是一部全面论述江南地区私家园林的规划、设计、施工，以及各种局部、细部处理的综合性的著作，由明末著名的文人阮大铖、郑元勋作序。全书共分三卷，第一卷包括"兴造论"一篇、"园说"四篇，第二卷专论栏杆，第三卷分论门窗、墙垣、铺地、掇山、选石、借景。

第一卷中，"兴造论"泛论营园要旨，是全书的总纲。计成开宗明义提出营园必须具备的一个先决条件：营园之成败并不取决于一般工匠和园主人，而是取决于能够主持其事的、内行的造园家。不过，造园家未必都能营构出好的园林，那么，好的园林的评价标准是什么呢？计成把它概括为两句话："巧于因借，精在体宜。"因、借是手段，体、宜是目的。

"园说"共四篇，论述园林规划设计的具体内容及其细节。在篇首计成提出两个规划设

计的原则：其一“景到随机”；其二“虽由人作，宛自天开”。前者意为园林造景要适应于园址的地貌和地形特点，并尽量发挥它的长处、避开它的短处；后者包含着两层意思，一是人工创造的山水环境，必须予人以一种仿佛天造地设的感觉，二是建筑的配置必须从属、协调于山水环境，不可喧宾夺主。第一篇“相地”，指出造园首先要选择一处合适的地段，再详细研究该地段的地貌形势，然后决定何处可以眺望，何处可以凿池，何处可以建筑。第二篇“立基”，即园林的总体布局。第三篇“屋宇”，即园林建筑。园林建筑不同于一般住宅建筑之有规制可循，哪怕一室半室都要“按时景为精”。第四篇“装折”，即装修。指出园林建筑的装修之所以不同于一般住宅，在于“曲折有条，端方非额，如端方中须寻曲折，到曲折处还定端方，相间得宜，错综为妙”。

第二卷“栏杆”。计成认为古代所用的回文和万字文栏杆不可用于园林建筑，但未解释其原因。他主张园林的栏杆应是信手画成，以简便为雅。

第三卷中的第一、二、三篇分别讲述门窗、墙垣、铺地的常见形式和做法，并附图样。第四篇“掇山”讲述叠山的施工程序、构图经营的手法和禁忌。第五篇“选石”，指出选石不一定都要太湖石，应考虑开采和运输的成本，“石无山价，费只人工”。第六篇“借景”，计成非常重视园外之借景，认为它是“林园之最要者”，提出“俗则摒之，嘉则收之”的原则。

通观《园冶》全书，理论与实践相结合，技术与艺术相结合，言简意赅，颇有许多独到的见解。它是系统地论述江南园林的一部专著，被列为世界造园名著之一也是当之无愧的。

（二）《一家言》

《一家言》又名《闲情偶寄》，作者李渔，字笠翁，钱塘人，生于明万历三十九年(1611年)。李渔是一位兼擅绘画、词曲、小说、戏剧、造园的多才多艺的文人，平生漫游四方，遍览各地名园胜景。他颇以自己能作为造园家而自豪。先后在江南、北京为人规划设计园林多处，晚年定居北京，为自己营造“芥子园”。《一家言》共有九卷，其中八卷讲述词曲、戏剧、声容、器玩。第四卷“居室部”介绍建筑和造园的理论，分为房舍、窗栏、墙壁、联匾、山石五节。

李渔认为，人们既然不能经常置身于大自然环境之中，乃退而求其次，拟大自然而创为园林。园林既然是模拟大自然的人为的创作，势必会在一定程度上熔铸、反映园主人或造园家的审美情趣和生活感受。因此，“主人雅而取工，则工且雅者至矣。主人俗而容拙，则拙而俗者来矣”。雅是文人士大夫生活情趣的核心，审美的最高境界，当然也是造园艺术的标准之一。在“房舍”一节中，李渔竭力反对墨守成规，抨击“立户开窗，安廊置阁，事事皆仿名园，丝毫不谬”的做法，提倡勇于创新。在“窗栏”一节中，指出开窗要“制体宜坚，取景在借”。

“山石”一节尤多精辟的立论。李渔非常重视园林筑山，认为它“另是一种学问，另有一番智巧”。筑山不仅是艺术，还需要解决许多工程技术问题，因此必须依靠工匠才能完成。他主张叠山要“贵自然”，不可矫揉造作。明末清初私家园林的叠山出现两种倾向：一方面沿袭宋以来土石相间或土多于石的土石山的做法；另一方面则由于园林的富贵气或市井气促成园主人争奇斗富的心理，而流行“以高架叠级为工，不喜见土”的石多于土或全部用石的石山做法。李渔反对后者而提倡前者，认为用石过多往往会违背天然山脉构成的规律而流于做作。土石山“用以土代石之法，既减人工，又省物力，且有天然委曲之妙，混假山于真山之中，使人不能辨者”。土石山与石山实际上是分别反映了文人园林及其变体的不同格调，李渔提倡前者、反对后者也意味着站在文人园林的立场上，对流俗的富贵气和市井气的鄙夷。他推崇以质胜文，以少胜多，这都是宋以来文人园林的叠山传统，与计成的看法也是一致的。

(三)《长物志》

《长物志》的作者文震亨，字启美，长洲人，生于明万历十三年(1585 年)，卒于清顺治二年(1645 年)。文震亨出身书香世家，是明代著名文人画家文征明的曾孙，曾做过中书舍人的官职，晚年定居北京。他能诗善画，多才多艺，对园林有比较系统的见解，可视为当时文人园林观的代表。平生著述甚丰，《长物志》共 12 卷，其中与造园有直接关系的为室庐、花木、水石、禽鱼四卷。

“室庐”卷中，把不同功能、性质的建筑以及门、阶、窗、栏杆、照壁等分为 17 节论述。对于园林的选址，文震亨认为“居山水间者为上，村居次之，郊居又次之”。如果选择在城市里面，则“要须门庭雅洁，室庐清靓，亭台具旷士之怀，斋阁有幽人之致。又当种佳木怪箨，陈金石图书。令居之者忘老，寓之者忘归，游之者忘倦”。此外，他认为建筑设计均需要“随方制象，各有所宜。宁古无时，宁朴无巧，宁俭无俗”，并提出两个建筑设计和评价的标准——雅、古。

“花木”卷分门别类地列举了园林中常用的 42 种观赏树木和花卉，详细描写它们的姿态、色彩、习性以及栽培方法。他认为栽培花木是十分不易的事，所谓“弄花一岁，看花十日”。他提出园林植物配置的若干原则：“庭除槛畔，必以虬枝古干，异种奇名”“草木不可繁杂，随处植之，取其四时不断，皆入图画”等。

“水石”卷分别讲述园林中常见的水体和石料，共 18 节。水、石是园林的骨架，“石令人古，水令人远。园林水石，最不可无”。他提出叠山理水的原则：“要须回环峭拔，安插得宜。一峰则太华千寻，一勺则江湖万里。又须修竹、老木、怪藤、丑树，交覆角立，苍岩碧涧，奔泉汛流，如入深岩绝壑之中，乃为名区胜地。”

“禽鱼”卷仅列举鸟类六种、鱼类一种，但对每一种的形态、颜色、习性、训练、饲养方法均有详细描述。特别指出造园应突出大自然生态的特点，使得禽鸟能够生活在宛若大自然界的环境里，悠然自得而无不适之感。

第八章　清中后期园林

◇**学习目标**

知识目标

(1)了解园林的成熟后期——清中叶、后期时代特点；

(2)理解园林成熟后期的园林走向。

技能目标

(1)能够识别园林成熟后期的园林艺术；

(2)能够分析园林成熟后期园林的变化。

素质目标

(1)感受这一特殊的历史时期对现代中国园林发展的影响；

(2)体会这一时期社会因素对中国园林发展的最后辉煌的影响；

(3)培养对祖国灿烂辉煌的园林文化的自豪感，增强民族自信和文化自信；

(4)培养热爱祖国、热爱园林的情感。

第一节　历史概况和时代特点

一、历史概况

园林成熟后期——清中叶、后期，相当于清乾隆到宣统时期170余年，是中国古典园林发展历史上集大成的终结阶段。

清代乾隆朝是中国封建社会漫长历史上最后一个繁荣时代，政治稳定，经济发展，多民族的统一大帝国最终形成。这个帝国表面上的强大程度似乎可以追赶汉、唐，然而当时的世界形势却已远非昔比。西方的殖民主义国家利用其发达的工业文明和强大的武装力量逐渐向东方扩张，沙俄的侵略前锋已经达到中国的东北边疆，英帝国通过东印度公司控制印度之后继续从海上窥睨中国。乾隆五十七年(1792年)，英国国王派遣以马戛尔尼勋爵为首的外交使团来到中国，试图与清廷建立外交关系，同时也利用这个机会窥测中国的虚实。虽然乾隆皇帝在给英王的“诏书”中全部驳回了使团提出的通商和建交的要求，维护了“天朝”几千年的传统尊严。但英国人却通过这次出使对天朝帝国的实际情况有所了解，为后来的军事侵略预做了先期的准备。

国内，乾隆盛世的繁荣掩盖着尖锐的阶级矛盾和四伏的危机。一方面是地主小农经济十分发达，工商业资本主义因素经过清初短暂的衰落后又呈现活跃，统治阶级生活骄奢淫逸；另一方面则是广大的城乡劳动人民忍受残酷剥削，生活极端贫困。嘉庆、道光以后，各地民变此起彼伏，终于发展成咸丰年间声势浩大的太平天国革命，强烈冲击着清王朝的根基。

道光二十年(1840年)爆发了鸦片战争，1851年开始，与洪秀全所创的太平天国斗争14年，又有慈禧听政50年，使清朝元气大伤。外国资本主义武装入侵中国，内忧外患，丧权辱国到了极点，到公元1911年，清朝统治被孙中山领导的革命武装推翻。历时267年的清王朝宣告灭亡。

二、时代特点

清朝是我国历史上造园最多的时期，皇家园林和私家园林都是中国古代后期园林发展史的两个高峰。清代所建皇家园林苑囿之多、规模之大、内容之丰富、建筑之华丽是历史上任何时代都不及的。特别是乾隆年间，清王朝统治巩固，建园活动极为兴盛，新建、扩建一系列大小园林，分布皇城、宫城、近郊、远郊、畿辅等地，并大量吸收江南园林精华，引进欧洲及其他地方建筑风格，使皇家园林处于鼎盛时期。随着国际、国内形势变化，中西园林文化开始有所交流，西方的造园艺术引进皇家宫苑，如圆明园中的西洋园。同时，当时欧洲宫廷和贵族也掀起一股“中国热”。清代的私家园林亦进入鼎盛时期，主要表现在：第一，都城的王侯宅第园林兴建极多；第二，非建于都城、不属于王侯的宅院也大量出现；第三，私家园林长期发展的结果形成了江南、北方、岭南三大地方风格鼎峙的局面。

第二节　清中后期园林及其特点

一、北方皇家园林

清王朝进入乾隆时期，最终完成了肇始于康熙的皇家园林建设高潮，这个皇家建园高潮规模之广大、内容之丰富，在中国历史上是罕见的。康熙以来，皇家造园实践经验上承明代传统并汲取江南技艺而逐渐积累，乾隆又在此基础上把设计、施工、管理方面的组织工作进一步加以提高，当时皇家园林营造的组织和管理已很严密，每项工程的设计、施工操作也是有序化和规范化的。

(一)大内御苑：西苑三海

西苑的最大一次改建是在乾隆时期完成的，改建的重点在北海。经过这次改建之后，北海的建筑密度大增，园林景观亦有很大变化。

乾隆年间，皇城范围内的居民逐渐多起来，三海以西原属西苑的大片地段，这时已完全被衙署、府邸、民宅占用。因而西苑的范围不得不收缩到三海西岸，仅保留了沿岸的一条狭长地带，并且加筑了宫墙。西苑的面积缩小了，水面占去三分之二。北海与中海之间亦加筑宫墙，西苑更明确地划分为北海、中海、南海三个相对独立的苑林区。

康熙、乾隆的两次改建，奠定了西苑此后的规模和格局。根据《日下旧闻考》《乾隆京城全图》等文字和图纸资料，参照西苑的现状情况，可以得出这座大内御苑在乾隆时期的全部概貌。

团城（位于北京市西城区北海南门外西侧。原是太液池中的一个小屿）之上，在承光殿的南面建石亭，内置元代的玉瓮“渎山大御海”。此瓮可贮酒三十余石，原置万岁山广寒殿内，元末流失，乾隆以千金购得于西华门外的真武庙中。承光殿之后为敬跻堂，堂东为古籁堂、朵云亭，堂西为余清斋、沁香亭，堂后为镜澜亭。

团城之东，经桑园门进入北海。团城与琼华岛之间为跨水的堆云积翠桥，桥南端与团城的中轴线对位，但桥北端则偏离琼华岛的中轴线少许。为了弥补这一缺陷，乾隆八年（1743 年）改建新桥成折线形，桥北端及堆云坊均往东移，使得桥之南北端分别与团城、琼华岛对中，从而加强了岛、桥、城之间的轴线关系。

来自什刹海的水在西苑的东北角上汇为小池，自此处再分为两支：一支西流下泻入北海；另一支沿着东宫墙南流，在陟山门之北折而东南流入筒子河。乾隆二十年（1755 年），其利用这后一支水系沿东宫墙建成一个相对独立的景区。

此景区包括自南而北的四个部分：水系南端的第一部分筑土为山，山上建云岫、崇椒二室以爬山廊串联。北面的第二部分是以水池为主体的小园林濠濮间，水池用青石驳岸，纵跨九曲石平桥，遗憾的是驳岸过高，山石堆叠技法呆板，是其美中不足之处。桥南水榭，桥北石坊，水榭连接于其南的爬山廊。石坊以北为第三部分，平地筑土山如岗坞丘陵状，树木蓊郁，道路蜿蜒其中。过此往北，进入第四部分即画舫斋。这是一组多进院落的建筑群，是皇帝读书的地方。前院春雨林塘，院内土山仿佛丘陵余脉未断，山上绿竹依依。循曲径过穿堂进入正院，正厅为前轩后厦的画舫斋。斋前临方形水庭。斋后的小庭院土山曲径，竹石玲珑。东北隔水廊为一小巧精致的跨院古柯庭，曲廊回抱，粉墙漏窗，具有江南小庭园的情调。

庭前古槐一株，相传为唐代物。这个景区的四部分自南而北依次构成山、水、丘陵、建筑的序列。游人先登山，然后临水渡桥，进入岗坞回环的丘陵，到达建筑围合的宽敞水庭，最后结束于小庭院。这是一个富于变化之趣、有起结开合韵律的空间序列，把自然界山水风景的典型缩移与人工建置交替地展现在三百余米的地段上。构思巧妙别致，可谓深得造园的步移景异之真味。

画舫斋之北为皇后嫔妃养蚕、祭蚕神的先蚕坛，建成于乾隆七年（1742 年）。宫墙周长一百六十丈*，正门设在南墙偏西。先蚕坛内有方形的蚕坛、桑树园，以及养蚕房、浴蚕池、先蚕神殿、神厨、神库、蚕署等建筑。

北海北岸新建和改建的共有六组建筑群：镜清斋、西天梵境、澄观堂、阐福寺、五龙亭、小西天。它们都因就于地形之宽窄，自东而西根据实际情况展开。利用其间穿插的土山堆筑和树木配置，把这些建筑群作局部的隐蔽并且联结为一个整体的景观。因此，北岸的建筑虽多却并不显壅塞。

---

* 1 丈≈3.3 米。

镜清斋建成于乾隆二十三年(1758 年)，这是一座典型的“园中之园”，它既保持着相对独立的小园林格局，又是大园林的有机组成部分。当年为皇帝读书、操琴、品茗的地方。光绪年间改名“静心斋”，除在西北角上加建叠翠楼之外，大体上仍保持着乾隆时期的规模和格局，正门面南、临湖。

园址为明代北台乾佑阁旧址，北靠皇城的北宫墙，南临北海。这里因必须让出环海道路的足够用地，故园址的进深比较浅，造园设计确有一定难度。

园林的主要部分靠北，这是一个以假山和水池为主的山池空间，也是全园的主景区。它的南面和东南面分别布列着四个相对独立的小庭院空间。这四个空间以建筑、小品分隔，但分隔之中有贯通，障抑之下有渗透，由迂回往复的游廊、爬山廊把它们串联为一个整体。山池空间最大，但绝大多数建筑物则集中在园南部四个小庭院，作为山池空间主景的烘托。足见造园的立意是以山池为主体，建筑虽多，却并无喧宾夺主之感。

从烟波浩渺的北海北岸进入园门，迎面为四个小庭院之一的方整水院。由开旷而骤然幽闭，通过空间处理的一放一收完成了从大园到小园的过渡。水院的正厅也就是全园的主体建筑物“静心斋”，面阔五间，北出抱厦三间。绕过正厅进入北面的山池空间，则又豁然开朗。这整个有节奏的对比序列，一开始便给人以强烈的印象，引起情绪的共鸣。

山池空间也就是园林的主景区，周围游廊及随墙爬山廊一圈。正厅静心斋面北，临水池，水池的北岸堆筑假山，这是私家园林典型的“凡园圃立基，定厅堂为主”的布局方式。但这个景区地段进深过浅，因而又因地制宜运用增加层次的办法来弥补地段的缺陷：跨水建水榭“沁泉廊”将水池分为两个层次，与正厅、园门构成一条南北中轴线。池北的假山也分为南北并列的北高南低的两重，与水池环抱嵌合，形成了水池的两个层次之外的山脉的两个层次。通过这种多层次既隔又透的处理，景区的南北进深看起来就比实际深远得多，这是此园设计最成功的地方。假山的最高处在西北，山的主脉与水体相配合，蜿蜒直达东南面的小庭院“器画轩”，形成景区西北高、东南低的地貌。西南的余脉回抱成一突起的岗峦，这是为了与主脉相呼应并以实体填补西南角的空虚，同时也增加景区东西向的层次感。假山全部用太湖石叠造，北面倚宫墙，挡住了墙外的噪声，保证园内环境之安静。山的西北高，则又在一定程度上为园林创造了冬暖夏凉的小气候条件。山的南北两重之间宛若峭壁，形成贯穿东西的一条深谷，也作为沟通景区东、西的山道，对外能表现层次感，对内则加强山地景观的气势。这整组假山于博大峻厚之中又见婉约多姿，它那仿佛真山一角的陵阜陂陀形象，可以看出张南垣一派叠山风格的余绪，因此很有可能是张然后人的作品。

主景区内的建筑不多，但与山水的结合关系却处理得很好。沁泉廊作为景区的构图中心，与正厅静心斋对应构成南北向的主轴线。西北角假山的最高处建两层的叠翠楼作为景区的制高点，楼与爬山廊相结合实为冬天防御西北寒风的屏障。从爬山廊登叠翠楼，还有山石砌筑的户外楼梯。在楼上可极目远眺园外什刹海和北海的借景，当年西太后登此楼观赏北面什刹海盂兰盆会的荷灯，灯光万点映照水面，乃是一种“应时而借”的特殊借景。西南岗峦上建八方小亭“枕峦亭”，两者的尺度十分协调。并在岗顶暗置一大水缸，皇帝游幸时将水放出，形成瀑布，其声清脆。坐此亭上，居高临下，目观四面八方山水之景，耳听水声、树声、风声、鸟语蝉声，声声交织，赏心乐事，别有一番情趣。枕峦亭与叠翠楼成

犄角呼应之势，又与东面的汉白玉小石拱桥成对景，从而构成东西向的次轴线。这主次两条轴线就是控制全园总体布局的纲领。

园内另外三个小庭院器画轩、抱素书屋、画峰室，均以水池为中心，山石驳岸，厅堂、游廊、墙垣围合，但大小、布局形式都不相雷同。各抱地势，不拘一格。它们既有相对独立的私密性，又以游廊彼此联通。院内水池与主景区的大水池沟通，形成一个完整的水系。

静心斋以建筑庭院烘托山石主景区，山池景观突出，具有多层次、多空间变化的特点。园内林木蓊郁，古树参天。体现了小中见大、咫尺山林的境界，是一处设计出色、闹中取静的精致小园林。

西天梵境是大型的宫廷佛寺，又名大西天，乾隆二十四年（1759 年）建成。南临水，设船码头，山门前为琉璃牌楼。以北第一进院落为天王殿，钟、鼓楼。第二进正殿大慈真如殿。第三进正殿华严清界殿，高两层，四隅各有楼相接。第四进为九层琉璃塔，此塔与玉泉山顶的玉峰塔同一形制，刚完工不久便毁于火。西侧另有跨院，正殿“大圆镜智宝殿”。殿后建亭，亭后为藏经楼。殿前正对大影壁一座即著名的“九龙壁”，全长25.52 米，高 6.65 米。在影壁的两面，用五色琉璃拼镶为九条姿态各异的团龙浮雕，工艺极精致。

澄观堂原为明代先蚕堂的东值房，共两进院落。乾隆七年（1742 年）先蚕坛东迁新址，此处改建为乾隆游览北海时的休息处。乾隆四十四年（1779 年），收得赵孟頫的快雪堂帖，摹刻成石镶嵌在两廊壁上，原堂改名为“快雪堂”。庭院内有移自北宋东京艮岳的名石“云起”，大门前有元代的铁影壁。

阐福寺建成于乾隆十一年（1746 年），即明代太素殿、先蚕坛的旧址。建筑群共三进院落建在高台之上，南面正对五龙亭。正殿高三层，内供巨型释迦佛站像，故名大佛殿。其形制仿照河北正定龙兴寺大佛殿，是当年皇城诸寺庙中最为壮丽的一座殿宇。

寺前临水的五龙亭，重修后仍保持着明代的旧观。小西天又名观音阁，是乾隆皇帝为庆祝皇太后七十寿辰于乾隆三十六年（1771 年）建成。平面正方形，面阔七间，殿内有仿南海普陀山的泥塑大山。殿外的四角建角亭，四面环以水池。每面水池之上各架汉白玉石桥一座，桥外设琉璃牌楼。此种建筑布局方式，显然是密宗曼荼罗的模拟。小西天之北为万佛楼，楼内供小型铜铸镏金佛像上万尊。楼的东北别有一小院，为乾隆拈香礼佛时的休息处。

北海西岸原来的建筑已全毁废，加筑宫墙之后地段过于狭窄，因而未做任何建置。

金鳌玉练桥南侧的东、西两端分别为进入中海苑林区东、西岸的两座园门——蕉园门、紫光门。

中海西岸，紫光阁于乾隆二十五年（1760 年）修葺之后，仿效汉代绘功臣像于凌烟阁之制，将平定回部和大小金川叛乱的二百名功臣的画像置于阁内，另在阁的四壁满绘这两次战役主要场景的壁画。阁后为武成殿，东西两壁绘西师劳绩诸图，两庑各十有五楹石刻，石刻乾隆有关两次战役的《御制诗》224 首。

中海东岸，西苑门以及蕉园万善殿一组大建筑群仍保持旧观。

南海苑林区亦保持康熙时之旧观。乾隆二十二年（1757 年），另在南海南岸建成宝月楼，作为瀛台宫殿建筑群中轴线的延伸。

乾隆时期的西苑，经过又一次规模较大的改建之后，园林的陆地面积缩小了，但建筑的密度却增大。因此，原来的总体景观所表现的那种开旷、疏朗、富于野趣的环境气氛已经大为削弱了。乾隆帝经常住在郊外的圆明园，西苑只作一般性的游赏，但每年的传统活动，如北海冰嬉、中海水云榭放荷灯、丰泽园演耕错礼、先蚕坛演浴蚕礼等，仍然继续进行。苑内佛寺、祀庙增多，宗教活动频繁，园林相应地具有更浓郁的宗教气氛。

嘉庆、道光、咸丰、同治诸朝，西苑除个别建筑物的更易增损之外，大体上仍保持着乾隆时期的格局。

光绪十二年(1886 年)，西太后在撤帘归政的前夕，动用当时筹办海军的经费修葺西苑。工程的内容包括改建、新建、拆修、补修等项，历时两年完工，这是明、清对西苑的最后一次修建。在南海，重修瀛台、翔弯阁、澄怀堂以及新建大小殿宇共 98 处；在中海，重修船坞、水云榭、新建军机房；在北海，重修团城承光殿、阐福寺、画舫斋等将近 20 处。规模远不及康熙、乾隆时的两次修建，因而也没有引起西苑总体规划格局的变异。光绪年间，对于是否在中国修筑铁路的问题朝廷颇有争议，西太后为了亲身体验，乃命在西苑内修建一段轻便铁路。起点站设在紫光阁前，路轨沿中海和北海的西岸敷设直达静心斋前的终点站，火车曾来往运行多次。这条铁路不久便拆除了，但却不失为西苑建设中一个小小插曲，也可说是中国铁路史上一出小闹剧。

(二)行宫御苑：静宜园、静明园

1. 静宜园

静宜园位于香山的东坡。于乾隆十一年(1746 年)扩建完工之后，面积达 140 公顷。周围的宫墙顺山势蜿蜒若万里长城，全长约 5 千米。全园分为“内垣”“外垣”和“别垣”三部分，共有大小景点五十余处。内垣在园的东南部，是静宜园内主要景点和建筑荟萃之地，其中包括宫廷区和著名的古刹香山寺、洪光寺。

宫廷区坐西朝东紧接于大宫门即园的正门之后，二者构成一条东西中轴线。大宫门五间，两厢朝房各三间。前为月河，河上架石桥，渡石桥经城关循山道即下达于通往圆明园的御道。宫廷区的正殿勤政殿面阔五间，两厢朝房各五间，殿前的月河源出于碧云寺，由殿右岩隙喷注流绕坪前。勤政殿之北为致远斋，乾隆偶尔住园时在此处接见臣僚、批阅奏章，斋西为韵琴斋和听雪轩。勤政殿之后、位于中轴线上一组规整布局的建筑群名横云馆，相当于宫廷区的内廷。

宫廷区的南面另有“中宫”一区，周围绕以墙垣，四面各设宫门，是皇帝短期驻园期间居住的地方。内有广宇、回轩、曲廊、幽室以及花木山池的点缀，主要的一组建筑朝南名虚朗斋，斋前的小溪作成“曲水流觞”的形式，上建亭。

中宫的东门外有两条石板路。南路通往香山寺，东路经城关西达带水屏山，后者是一处以水瀑为造景主题的小园林，瀑源来自双井。中宫之南门外为璎珞岩，泉水出自横云馆之东侧，至岩顶倾注而下。其旁建亭名清音亭，坐亭上则可目赏水景，耳听水音。璎珞岩之东稍北为翠微亭。翠微亭之东复有亭名青未了，雄踞于香山南侧岭的制高部位。足见此

处视野之开阔，观景条件之优越。无怪乎乾隆要以登泰山而俯瞰齐鲁相比拟、取杜甫诗意"岱宗夫何如，齐鲁青未了"为景题了。青未了以西的山坡岩际为驯鹿坡，这里放逐宁古塔将军所贡之驯鹿。坡之西有龙王庙，庙下为双井即金章宗梦感泉之所在，其上为蟾蜍峰。双井泉西北注入松坞云庄之水池内，再经知乐濠，由清音亭过带水屏山绕出园门外，是为香山南源之水。

蟾蜍峰在香山寺之南岗，是一处以奇石为主题的天然景观。松坞云庄又名"双清"，楼榭曲廊环绕水池，小园林极幽静。过知乐濠方池上的石桥即达香山寺，这就是金代永安寺和会景楼的故址，寺依山势跨壑架岩而建成为坐西朝东的五进院落。山门前有虬枝挺秀的古松数株名"听法松"，山门内第一进为钟鼓楼和戒坛，院内有樱树一株，枝繁叶茂。乾隆和康熙均曾作《娑罗树歌》以咏之。第二进为正殿，第三进为后殿"眼界宽"，第四进为六方形三层楼阁，第五进为高踞岗顶的两层后照楼。香山寺是著名的古刹，也是静宜园内最宏大的一座寺院。寺之北邻为观音阁，阁后为海棠院。东邻即是历史上著名的景点"来青轩"，乾隆对此处景观评价甚高，誉之为"远眺绝旷，尽挹山川之秀"，故为西山最著名处。

香山寺西南面的山坡上建六方亭唳霜泉，是一处以禽声鹤唳、暮鼓晨钟入景的景点。

古刹洪光寺在香山寺的西北面，山门东北向，毗卢圆殿，仍保持明代形制。洪光寺的北侧为著名的九曲十八盘山道，山势耸拔，取径以纡而化险为夷。盘道侧建敞宇三间，曰"霞标磴"。

外垣是香山静宜园的高山区，虽然面积比内垣大得多，但只疏朗地散布着大约十五处景点，其中绝大多数属于纯自然景观的性质。因此，外垣更具有山岳风景名胜区的意味。

晞阳阿位于外垣中央部位的山梁上，东、北面各建牌坊一座，西为潮阳洞。再西为香山的最高峰，俗名"鬼见愁"，下临峭壁绝壑，已邻近园的西端了。

芙蓉坪是山地小园林，正厅为三开间的楼房。在此能够"翘首眺青莲，堪以静六尘"，望群峰有如莲花，故得名芙蓉坪。乾隆对此景观评价甚高："昔人有云，岩岭高则云霞之气鲜，林数深则萧瑟之音清，两言得园中之概。"芙蓉坪的西南面为园内位置最高的一处建筑群"香雾窟"之所在，也是景界最为开阔的一处景点。其北的岩间建置石碑，上刻乾隆御书"西山晴雪"四字，为燕京八景之一。附近尚有竹炉精舍、栖月崖、重翠庵、泰素履等景点。

外垣的最大一组建筑群是玉华寺，坐西朝东，正殿、配殿及附属建筑均保持古刹规制。寺之西南，峰石屹立，其上刻乾隆御题"森玉笏"三字。此外，尚有阆风亭、隔云钟等一些单体的亭榭点缀于山间岩畔，则是外垣的建筑小品点景。别垣一区，建置稍晚，垣内有两组大建筑群：昭庙、正凝堂。昭庙全名"宗镜大昭之庙"，这是一座汉藏混合式样的大型佛寺，坐西朝东。山门之前为琉璃牌楼，门内为前殿三楹。藏式大白台环绕前殿的东、南、北三面，上下凡四层。其后为清净法智殿，又后为藏式大红台四层，再后为六面七层琉璃塔。昭庙建于乾隆四十七年(1782 年)，是为了纪念班禅额尔德尼来京为皇帝祝寿这一有关民族团结的政治事件，而模仿西藏日喀则的札什伦布寺建成。它与承德须弥福寿庙属于同一形制，但规模较小。此两者也可以说是出于同样的政治目的而分别在两地建置的一双姊妹作品。

昭庙之北，渡石桥为正凝堂。早先是明代的一座私家别墅园，乾隆利用其废址扩建而成为静宜园内一座最精致的小园林，也是典型的园中之园。嘉庆年间改名“见心斋”，保存至今，目前大体上就是嘉庆重修后的规模和格局。

见心斋倚别垣之东坡，地势西高东低。园外的东、南、北三面都有山峦环绕，园墙随山势和山峦的走向自然蜿曲，逶迤高下。园林的总体布局顺应地形，划分为东、西两部分。东半部以水面为中心，以建筑围合的水景为主体，西半部地势较高，则以建筑结合山石的庭院山景为主体。一山一水形成对比，建筑物绝大部分坐西朝东。

东半部的水面呈椭圆形，另在西北角延伸出曲尺形的水口，宛若源头疏水无尽之意。正厅见心斋坐西朝东，面阔三开间，带周围廊。其西北侧以曲尺游廊连接一幢楼房，坐北朝南，则是登临西半部山地的交通枢纽。水池的东岸建一方亭，与见心斋隔水相对应，但稍偏北，便于观赏西岸之全景。园门设在水池之北、南两侧，北门是园的正门，入门迎面为小庭院，点缀花木山石，再经过三开间的临水过厅而豁然开朗，水景在望。自过厅往东沿游廊可迂回达到西面的正厅，往西循弧形爬山廊登临楼房上层，过此即进入西半部。

西半部是建筑物比较集中的一区。一组不对称的三合院居中，正厅“正凝堂”面阔五间，与东面的见心斋和西面的方亭构成一条东西向的中轴线，北厢房即作为东西两部分之间交通枢纽的楼房的上层。三合院的北侧为两层的畅风楼，面阔三间前临山地小庭院，既是全园建筑构图的制高点，也是俯瞰园景和园外借景的观景点。南侧和西侧的山地小庭院各以一座方亭为中心，点缀少量山石，种植大片树木。循蹬道沿南墙而降，穿过南厢房下的一组叠石假山，便到达园的南门。

静宜园经过时代变迁，直到中华人民共和国成立后，对其加以保护、修整。二十八景中的璎珞岩、蟾蜍峰、森玉笏、芙蓉坪、玉乳泉等依然存在，昭庙、见心斋等建筑基本保留原状，其他的名胜古迹一部分亦依稀可寻。香山静宜园的自然景色，一年四季各臻其妙。

2. 静明园

静明园所在的玉泉山呈南北走向，纵深约 1300 米，东西最宽处约 450 米，主峰高出于地面约 50 米。山形秀丽，当年山上林木葱郁，多奇岩幽洞，到处泉流潺潺。山不在高，有景则名。自元、明以来，它一直就是京郊颇有名气的游览胜地。

明正统年间，明英宗敕建上华严寺和下华严寺于山之南坡，嘉靖二十九年(1550 年)被瓦剌军焚毁。寺的附近有五个石洞，深者二三十丈，浅者十余丈。《长安客话》云：“上华严寺、下华严寺俱正统间建，有二洞，一在山腰，一在殿，后曰七真洞，或云即翠华洞，洞中石壁镌元耶律丞相一词。”设石床供游人憩坐。上、下华严寺也是山上的一处风景点，明人曾这样描写：“门外寒流浸碧虚，玉泉山上老僧居。芙蓉云锁前朝殿，耶律诗存古洞书。曲涧正当虹饮处，好山相对雨晴初。笑攀石磴临高顶，浩荡天风袭客裾。”华严寺的东面约半里许为金山寺，旁有石洞名玉龙洞。泉水自洞中流出汇潴为池即龙泉湖。此外，沿山的南麓尚有崇真观、观音寺，玉泉湖的西岸有普陀寺，寺内石洞名吕公洞，其上为观音洞、一笑庵。

玉泉山不大的范围内荟萃着如此众多的寺庙，可以想见其浓郁的宗教气氛，颇有几分

“名山”的味道。这些寺庙大多与石洞相结合而形成玉泉山景观的特色，为北京西北郊他处所没有的。而洞景本身的幽奇也颇能引人入胜，如吕公洞“石洞知何代，门当玉润湾。潮音疑可听，仙驾杳难攀。暗穴深通海，危亭上据山。吟身贪纵步，遥带夕阳还”。

除寺庙之外，山上还建置许多供游赏之用的建筑物，如玉泉湖畔吕公岩上的看花台、卷幔楼，裂帛湖畔山坡上的望湖亭等。望湖亭是明代北京西北郊著名的风景点之一，从亭上俯瞰西湖，得景之佳诚，如袁中道所谓：“见西湖明如半月，又如积雪未消。”凡到西湖的游人几乎都要登临其上一览湖光山色之胜，明代的皇帝亦多次驻足于此。当时的文人对此处风景留下不少的诗文题咏，如：“一半湖光影树，一半湖光影山。四月林中未有，林端黄鸟关关。”“为览西湖胜，来登最上亭。云生拖练白，日出拥螺青。葭美高低岸，鸥凫远近汀。泉源何所籍，佛土与山灵。”“孤亭斜倚碧山隈，槛外明湖对举杯。万顷玻瓈山下出，千岩紫翠镜中开。云连阁道笼春树，雨过行宫绣碧苔。尽说昆明雄汉苑，无如此地接蓬莱。”

玉泉山的名望不仅在其风景之优美，还在于它那丰沛的泉水。早先，这里的泉眼很多，“沙痕石隙随地皆泉”，每遇石缝即迸流如溅雪。其中最大的一组泉眼在山的南麓，泉水从石穴中涌出，潴而为湖。喷出的水柱高达尺许，很像济南的趵突泉，这就是著名的玉泉。以玉泉而得名的“玉泉垂虹”为元、明以来的燕京八景之一。另一组泉眼在山的东南麓，名叫裂帛泉。据明人的描写：“泉迸湖底，伏如练帛，裂而珠之，直弹湖面，涣然合于湖……湖方数丈，水澄以鲜”“裂帛湖泉仰射如珠串，古榆荫潭上，极幽秀”。第三组泉眼在山的东面，“山有玉龙洞，洞出泉。昔人石为暗渠，引水伏流，约五里许入西湖，名曰龙泉”。此外，环山和山上还有不少小泉眼。这些大小泉眼的出水都很旺盛，若把它们汇聚起来，对于供水比较困难的北京来说，确乎是一处不可多得的水源。因此，玉泉山在历来北京的城市供水工程中都占有十分重要的地位。

泉水乃是玉泉山突出的构景要素，在文人墨客的题咏中就多有记述泉流景观的：“跳珠溅玉出岩多，尽日寒声洒碧萝。秋影涵空翻雪练，晓光横野落银河。潺潺旧绕芙蓉殿，滉漾遥通太液波。更待西湖春浪阔，兰桡来听灌缨歌。”“浮花溅玉落崔嵬，径出千若去不回。白日半空疑雨至，青林一道指烟开。月分秋影云边见，风送寒声树杪来。流入宫墙天汉静，还同瀛海绕蓬莱。”

对于著名的裂帛湖，袁中道《裂帛湖记》一文中生动地描写道：“泉水仰射，沸冰结雪，汇于池中。见石子鳞鳞，朱碧磊珂，如金沙布地，七宝妆施，荡漾不停，闪烁晃耀。”袁祈年《裂帛湖》诗则咏之为：“蠕蠕泉脉动，太古无停时。虫鱼莫能托，非但寒不宜。听如骤急雨，观如沸漏吹。水性怒自得，物性犹已亏。”等，均足以说明玉泉山之水景，自有其不同于一般的特色。

明代至清初，玉泉山一直是北京西北郊风景区的一个重要组成部分。它的林泉山石之幽致、园亭寺宇之盛概，最为时人所称道。诗文中经常把它与西湖相提并论而描绘那一派动人的北国江南的景观：“峰头乱石斗嵯呀，山底浮光浸碧霞。绝似苏门山下路，惜无修竹与桃花。湖上归鸦去雁，湖中暮雨朝霞。全画潇湘一幅，楚人错认还家。”

康熙、雍正时期，静明园的范围大致在玉泉山的南坡和玉泉湖、裂帛湖一带。乾隆十五年(1750年)，就瓮山和西湖兴建“清漪园”，大约与此同时又对静明园进行了大规模的扩建，把玉泉山及山麓的河湖地段全部圈入宫墙之内。十八年(1753年)再次扩建，设总理大臣兼领清漪、静宜、静明三园事务，命名“静明园十六景”，即：廓然大公、芙蓉晴照、玉泉趵突、圣因综绘、绣壁诗态、溪田课耕、清凉禅窟、采香云径、峡雪琴音、玉峰塔影、风篁清听、镜影涵虚、裂帛湖光、云外钟声、碧云深处、翠云嘉荫。乾隆二十四年(1759年)全部建成，乾隆五十七年(1792年)全园进行一次大修，这就是玉泉山风景的全盛时期。

全盛时期，静明园园内共有大小建筑群三十余组。其中寺庙十一所，属于宫廷性质的三所，其余均为园林建筑。静明园是一般的行宫园林，皇帝并不在此长期居住。因此，居住建筑很少，辅助建筑如值房、茶膳房等也不多。除个别的寺院外，建筑物的体量一般都不大，尺度亲切近人，外观朴素无华。乾隆时，大学士张文贞赐游静明园，曾著文追记：“初六日癸酉早，上御玉泉山静明园。诸臣偶集，从园西门入园。在山麓环山为界，林木蓊郁，结构精雅。池台亭馆初无人工雕饰，而因高就下，曲折奇胜，入者几不能辨东西。径路攀跻而上，历山腰诸洞直至山顶，眺望西山诸胜……”从这段文字的描写，亦可略窥当年园内景物的一鳞半爪。

静明园南北长1350米，东西宽590米，面积约65公顷。它以山景为主、水景为辅，前者突出天然风致，后者着重园林经营。玉泉山山形秀丽，主峰与侧峰前后呼应构成略似马鞍形起伏的优美轮廓线。含漪湖、玉泉湖、裂帛湖、镜影湖、宝珠湖这五个小湖之间以水道连缀，萦绕于玉泉山的东、南、西三面，五个小湖分别因借于山的坡势而成为不同形状的水体，结合建筑布局和花木配置，又构成五个不同性格的水景园，它们的湖面宽度均在200米以内，是为隔岸观赏建筑主景的最佳视距。因此，静明园在总体上不仅山嵌水抱，而且创造了以五个小型水景园而环绕、烘托一处天然山景的别具一格的规划格局。这一条连续的环山水景带也是环山的水上游览线，宛若银丝串缀着五颗明珠，沿山麓紧紧镶嵌，青山碧水相映得景。从山上逼视山脚，透出一角明湖如镜，水光粼粼，倍增山景之幽致。若泛舟于水路，五个湖面或倚陡峭的山壁、或傍平缓的山坡、或就山口而汇聚成潭，河道则沿山素回，时而开朗，时而幽曲。园中景随境异，很富于江南丘陵水网地貌的婉约情调。

宫墙设园门六座。正门南宫门五楹，西厢朝房各三楹，左右罩门，其前是三座牌楼形成的宫前广场。东宫门、西宫门的形制与南宫门同。此外，另有小南门、小东门和西北夹墙门。园内共有大小景点三十余处，其中约三分之一与佛、道宗教题材有关，山上还建置了四座不同形式的佛塔，足见此园浓厚的宗教色彩。可以设想，乾隆当年建园的规划思想显然在于模拟中国历史上名山藏古刹的传统而创造一个具体而微的园林化的山水风景名胜区。

玉泉山的主峰高出地面五十余米，如果按山脊的走向与沿山湖泊所构成的地貌环境，则全园可以大致分为三个景区：南山景区、东山景区和西山景区。

南山景区的山坡面南，有很好的朝向。山的主峰与其西南面的侧峰构成“客山拱伏，主山始尊”的呼应关系，又像屏障一般挡住了西北风的侵袭，形成小气候冬暖夏凉。沿山麓的平地比较开阔，布列着玉泉湖和裂帛湖以及迂曲萦回的河道。因此，这个景区就成为

全园建筑精华荟萃之地，而玉泉湖则是景区的中心。湖的南岸，紧接于南宫门之后的是一组建筑群，共两进院落。这就是静明园的宫廷区，它与湖中的乐成阁形成一条南北中轴线。

玉泉湖近似方形，湖中三岛鼎列乃是沿袭皇家园林中“一池三山”的传统格局。中央的大岛上有芙蓉晴照一景，正厅乐成阁。背后衬托着玉泉山的形似莲花萼的峰峦，相传为金章宗所建芙蓉殿的遗址，故以此为景题。

湖之西、北两岸倚山，西岸的景点玉泉趵突，即著名的玉泉泉眼之所在。泉旁立两个石碑，左刊乾隆御书“天下第一泉”五字，右刊御制《玉泉山天下第一泉记》全文。

玉泉之北为龙王庙“永泽皇畿”，其南循石径而入即为仿无锡惠山听松庵而建成的竹坊山房。西岸山坡上还有开锦斋和赏迁楼两处小景点、吕祖洞和观音洞两处洞景。吕祖洞的前面建道观真武庙，其南为双关帝庙。湖西岸的这些建筑群背山濒水，上下天光互相掩映，又与山顶的华藏塔遥相呼应，构成一幅颇为动人的风景画面。

湖北岸坐落着静明园内一处主要的小园林“翠云嘉荫”，满院竹笋丛生，又有两株古梧树郁然并峙，浓荫匝地。西半部为临湖的两进院落华滋馆，楠木梁柱，装修极考究，是当年乾隆游幸静明园时的驻留之所。它的东半部为甄心斋及湛华堂，曲廊粉垣环抱着一个小庭院的山石水池，环境十分静谧。湖东岸隔河即是东宫门，与乐成阁相对应而成东西向的次轴线。

玉泉山南端的余脉侧峰构成景区西部的地貌基础。山麓有泉眼名“进珠泉”，附近河道蜿流，自垂虹桥以西濒河皆水田，这一带就是富于江南水村野居情调的“溪田课耕”之所在。侧峰之巅为小型佛寺华藏海，寺后建八面七级石塔华藏塔。山坡上疏朗地散布着漱芳斋、层明宇、福地幽居、绣壁诗态、圣因综绘等几处景点。圣因综绘的正殿为五开间的楼阁，仿杭州西湖圣因寺行宫的形制。

南山景区最主要的景点乃是雄踞玉泉山主峰之顶的香岩寺、普门观一组佛寺建筑群，依山势层叠而建。居中的八面七层琉璃砖塔玉峰塔是仿镇江金山寺塔的形制，各层供铜制佛像，中有旋梯可登临。极目环眺，西北郊的远近湖光山色、平畴田野、村舍园林尽收眼底。玉峰塔是全园的制高点，园内园外随处都能看到“玉峰塔影”之景。它与南侧峰顶的华藏塔、北侧峰顶的妙高塔呼应成犄角之势，恰如其分地把山脊的通体加以着力点染。玉泉山秀丽的山形因此而益发显得凝练生动，成为西北郊诸园的借景对象和风景区内成景的主题之一。玉峰塔之于玉泉山，实为惜墨如金而又画龙点睛之笔。

塔与山相结合的构图形象是成功的、予人的印象是完美的，这种做法亦得之于江南风景的启迪。江南的长江下游一带冲积平原上，常有小山丘平地隆起，每多在山的极顶建置寺塔。这种以塔嵌合于山丘所构成的景观十分优美，往往成为江南大地风致的重要点缀，也是江南风光的特色之一，如南通狼山的指云塔、无锡锡山的龙光塔、苏州灵岩山的灵岩塔、杭州宝石山的保俶塔等。玉泉山上建置玉峰塔的意匠，即取法于此。由于这塔影山光的点缀，北京西北郊平原更增益几分北国江南的风采。

香岩寺以南的山坡上有洞景若干处，如四壁满刻五百罗汉像的罗汉洞，供观音像的华严洞，以及伏魔洞、水月洞、兹子洞等。华严洞之前，在明代华严寺遗址上建成“云外钟声”一处景点，从这里“西望西山梵刹，钟声远近相应，寒山夜半殆不足云”。

裂帛湖即“裂帛湖光”一景之所在，湖西岸的山坡上建观音阁。北岸临水之清音斋以风动竹笋、泉涌如漱的声音入景，所谓“数竿竹是湘灵瑟，一派泉真流水琴”，自是别具一格的幽邃小园林。清音阁之北为含晖堂，紧接其东就是小东门。

东山景区包括玉泉山的东坡及山麓。这个景区的重点在狭长形的影镜湖，湖呈狭长形，南北长 220 米，东西最宽处 90 米，建筑沿湖环列而构成一座水景园。大部分建筑集中在北岸，楼阁错落高低，回廊曲折围合；植物配置则以竹为主题，“竹近水则韵益清，凉飔暂至，萧然有渭滨淇澳之想”，故名之为“风篁清听”。湖东岸临水为水榭延绿厅及船坞，西岸“澄泓见底，荇藻罗罗，轻鲦如空中行；洑流沸出，若大珠小珠错落盘中”，此即“镜影涵虚”一景。沿湖岸之水廊“分鉴曲”和“写琴廊”逶迤而南，直达试墨泉。

影镜湖之北为宝珠湖，湖面略小于前者。在湖的西岸沿山坡建含经堂，共两进院落，前面是临水的书画舫和游船码头，自此舍舟登岸，循山道可达山顶。

东山景区的山地建筑不多，主要一组为北侧峰顶的妙高寺，寺前石坊，寺后妙高塔，又后为该妙斋。位于马鞍形山脊的最低部位上的景点峡雪琴音，为两进院落的建筑群架岩跨涧构筑，“山巅涌泉潺潺，石峡中晴雪飞洒，琅然清圆”，是观赏山泉景观的好去处，附近还有几座小亭榭和若干洞景疏朗地点缀于山间。

西山景区即山脊以西的全部区域。山西麓的开阔平坦地段上建置园内最大的一组建筑群，包括道观、佛寺和小园林。道观东岳庙居中，坐东朝西，共有四进院落。第一进山门殿，其前是三座牌楼围合成的庙前广场。第二进正殿仁育宫，第三进后殿玉宸宝殿，第四进后照殿泰钧楼。这是一座规模很可观的道教建筑，据乾隆御制《玉泉山东岳庙碑文》的记载：“东岳为五岳宗……去京师千里而远。岁时莅事，职在有司。方望之祀，非遇国家大庆及巡狩所至，未尝辄举。”而玉泉山位于京郊，“峰峦窈深，林木清瑟，为玉泉所自出。滋液渗漉，泽润神皋，与泰山之出云雨功用广大正同……则东岳之祀于兹山也，固宜。”他认为玉泉山下出泉随地涌流，与泰山之“不崇朝而雨天下”具有同样的神圣意义，故而应建东岳庙以便岁时祭祀，足见此庙的重要性。东岳庙之南邻为佛寺圣缘寺，规模稍小但也有四进院落，第四进院内建琉璃砖塔。东岳庙北邻之小园林名“清凉禅窟”，正厅坐北朝南，周围亭台楼榭连以曲廊，随宜穿错于假山叠石之间。乾隆的诗文中把“清凉禅窟”与东晋时白莲社的名士们在庐山结庐营寺相比拟，又把附近环境比之为五台山的台怀镇。据此，可以设想当年这里景观之富于浓郁的名山古刹之气氛。

东岳庙之右，转东北沿山坡磴道盘行，当年“山苗确叶，徘酸缘径”，这就是鸟语花香的“采香云径”一景。

清凉禅窟之北为含漪湖，湖北岸临水建含漪斋和游船码头。自此处循山之西麓往北可达崇霭轩。这里环境幽静，观赏山间出没的朝岚夕霭最为佳妙，所谓“铺空白绵常映带，时或清阅时疏旷。以之兴咏咏亦佳，以之散襟襟实畅”。

含漪斋之东即园之角门，自香山经石渡槽导引过来的泉水在此穿水门而汇入于玉泉水系。角门外的石铺御道南连南宫门，往西直达香山静宜园。乾隆二十四年（1759 年），在南宫门外就原来的小河开拓为高水湖，与早先开凿的养水湖连接，将静明园内之水经由南宫墙上的水关引入高水湖，以灌溉附近日益开辟的稻田，高水湖亦藉水而成景。并拆卸畅春园西花园内的“先得月楼”迁建于湖的中央，命名为“影湖楼”。影湖楼四面环水，成为静明园墙外的一处以水景取胜的景点。登楼观赏玉泉山、万寿山以及远近的田畴湖泊，面面得景俱佳。

小东门外长堤石桥上建两个石坊，迤东为界湖楼，登楼环眺则远山近水、平畴田野历历在目，乾隆赋诗句咏其景：“界堤筑横楼，漪影翻窗纸。实得空澄趣，讵止烟波美。面面辟溪田，万顷绿含绮。”

咸丰十年（1860 年）北京西北郊诸园遭到英法侵略军的焚掠，静明园亦未幸免于难。园内建筑物大部分被毁，光绪年间曾部分地加以修复，西太后居住颐和园期间经常乘船到静明园游览。辛亥革命后曾一度作为公园向群众开放，又修复了一些建筑物，湖光山色大体上完整如初，仍不失为一座保持着原有特色的行宫御苑。

（三）离宫御苑：避暑山庄、颐和园

1. 避暑山庄

避暑山庄，又名承德离宫、热河行宫，是清代皇帝夏天避暑和处理政务的场所。位于承德市区以北、武烈河西岸一带狭长的谷地上，距离北京 230 千米。始建于康熙四十二年（1703 年），历经康熙、雍正、乾隆三朝，耗时约 90 年建成。与北京紫禁城相比，避暑山庄以朴素淡雅的山村野趣为格调，取自然山水之本色，吸收江南塞北之风光，成为中国现存占地最大的古代皇家园林。1994 年，河北承德避暑山庄及周围寺庙以独特的风采被联合国教科文组织列入《世界遗产名录》。

当年康熙皇帝在北巡途中，发现承德这片地方地势良好，气候宜人，风景优美，又是清朝皇帝家乡的门户，还可俯视关内，外控蒙古各部，于是选定在这里建行宫。康熙四十二年（1703 年）开始在此大兴土木，疏浚湖泊，修路造宫，至康熙五十二年（1713 年）建成三十六景，并建好山庄的围墙。雍正朝代暂停修建。乾隆六年（1741 年）到乾隆五十七年（1792 年）又继续修建直至完工，建成的避暑山庄新增加了乾隆三十六景和山庄外的外八庙，宫墙之内约占地 564 公顷，其规模壮观，为后人留下了珍贵的古代园林建筑杰作。

避暑山庄分宫殿区、湖洲区、平原区、山岭区四大部分，另外还有外八庙。

（1）宫殿区

按照前宫后苑的规制，宫殿区位于山庄南部，是皇帝处理朝政、举行庆典和生活起居的地方。由正宫、松鹤斋、万壑松风和东宫四组建筑组成。这些建筑的布局都是对称、严整、封闭的宫廷体制。但为了突出“山庄”这一主题思想，建筑风格与历代帝王的苑林迥然不同，它既不用琉璃瓦、大理石装潢，也不加彩画油饰。而是采用朴素简洁的北方民居形式，青砖灰瓦，古朴典雅，随和自然。为了消除传统民居的呆板单调气氛，在艺术处理上，采取了在庭院增加自然气氛，利用建筑物的布局、形体组合和空间对比，在严整中求协调，在封闭中求疏朗的手法，以获得层叠错落，闭而不塞，有变化、有风韵的空间扩大感。

①正宫　在宫殿区的西侧，平面呈南北为长边的长方形，四周有围墙，形成一个封闭

的四合院式的院落。建筑布局严整、对称。主要建筑“丽正门”“避暑山庄门”“澹泊敬诚殿”“四知书屋”“烟波致爽”“云山胜地”等，前后按顺序排列在一条中轴线上。

丽正门是正宫一组建筑的大门，也是山庄的正门。建于乾隆十九年(1754 年)。迎门有高大的红色照壁。两旁有两个神态凶猛的大石狮。城楼之下并列三门，中门上方用满、藏、汉、维、蒙五种文字题“丽正门”三字。按照清代规定，只有皇帝与他们的父母才可以由中门进出，文武官员和各少数民族王公贵族只能从侧门出入。

避暑山庄门是正宫门，因悬康熙题“避暑山庄”而得名。清代皇帝常在这里阅训、会见官吏和外国使者。门前分立一对铜狮，昂首蹲踞在有雷纹的石台上，雕刻精细，神态雄猛而善良。门两侧墙上有乾隆诗刻石。进宫门是七进院落的正宫。

澹泊敬诚殿是正宫的正殿。皇家各种隆重的大典，一般都在这里举行。这是一座坐北朝南、面阔七间的卷棚歇山式建筑。大理石铺地。它的全部木构件由贵重的楠木制成，因而又称为楠木殿。不施彩绘，保持本色。古朴清雅，芳香浓郁。棱窗、隔扇、天花板都有精致的雕刻图案。特别是那些天花板心，每块都有万字、蝙蝠、卷草等深浮雕纹饰，做工玲珑纤巧，图案浮凸生动。殿前古松苍翠，掩映着殿堂，不仅避免了视线的一览无余，而且使建筑与自然融合，室内景与室外景相互因借，造成了清幽典雅的环境，烘托出“非澹泊无以明志”的意境。此殿建于康熙四十九年(1710 年)，乾隆十九年(1754 年)使用楠木改建，耗费大量人力、物力。其中仅从川贵运楠木一项费用就达白银一万三千两。

四知书屋建于康熙四十九年(1710 年)，四周绕有回廊，把庭院的有限空间，化成若干小空间。通过空廊，使廊子两侧空间景物彼此衬托，各自成为对方的远景或背景。多层次的纵深，有效地加强了庭院清旷、幽深的空间层次感，使人产生庭院深深的联想。清帝常在这里举行便宴，招待各少数民族王公贵族。“四知”源于《易经》的“知微、知彰、知柔、知刚”。

烟波致爽殿(寝宫)是后寝部分的主体建筑，建于康熙四十九年(1760 年)。康熙说这里“四围秀丽，十里平湖，致有爽气”。这是一座面阔七间的建筑，当中两间设宝座，两间设佛堂，最西一小间是皇帝的寝室。嘉庆和咸丰两个皇帝驾崩于此。寝宫的东西各有一个小院，有侧门相通，称为东、西所，是皇帝、后妃居住的地方。慈禧就曾住在这西小院里。

云山胜地楼在烟波致爽殿的后面。建筑玲珑轻盈，通达开敞。楼前点缀小巧的假山，登假山可循级上第二层，北望湖光山色。此楼和烟波致爽的封闭式建筑形成疏密对比。在封闭式建筑群中，放进高敞洞达的楼阁，有助于在有限的空间内获得无限的视野，有助于封闭空间的突破。它既是正宫的终点，也是高视点，起着正宫与万壑松风两组建筑、正宫与苑林两个景区的转换和引导作用。

②松鹤斋　在正宫东面，两者有侧门相通，曾是乾隆母亲的住所。建于乾隆十四年(1749 年)。当时庭中养鹤并遍植古松，风致清雅。乾隆有诗写道“常见青松蟠户外，更欣白鹤舞庭前”。乾隆以松鹤延年、长生不老之意取名“松鹤”。

松鹤斋有大殿七间，后改“含晖堂”。斋后是“继德堂”“畅远楼”。楼后有垂花门与“万壑松风”相通。当年慈禧太后垂帘听政，就是在这里开场的。

③万壑松风　在松鹤斋后面，石筑墙垣。有“万壑松风”殿(记恩堂)、“鉴始斋”“静住室”等建筑。主要建筑万壑松风殿是康熙皇帝读书、批阅奏章和接见官吏之处。乾隆皇帝为纪念其祖父将其改为记恩堂。南面的鉴始斋是乾隆皇帝少年时读书的地方。这组建筑踞岗临湖，布局参错，灵活多变，具有南方园林建筑艺术特点，与前面严整的四合院建筑风格迥然不同。

④东宫　在松鹤斋的东面，地势比正宫和松鹤斋低。东宫的前面宫墙上另辟大门，称德汇门，形制与丽正门相仿。进入德汇门后，中轴线上的主体建筑依次有门殿七间、正殿十一间、清音阁、福寿阁、勤政殿、卷阿胜境殿等。

清音阁俗称大戏楼。与北京圆明园同乐园中的戏台同名，与现存故宫畅音阁、颐和园中德和园大戏楼形式相近。阁高三层，外观雄伟。结构精巧，阁内布景逼真，音响效果很好。清音阁的三层楼，上层称“福台”悬挂“清音阁”三字御制匾额；中层名“禄台”，额题“云山韶濩”；下层曰“寿台”，额题“响叶钧”，取“福禄寿三星吉祥”之意。

福寿阁位于清音阁东西两侧的上下各九间的二层群楼北面，坐北朝南，与群楼相通。福寿阁中间面阔五间，东西两侧四间，与南北走向的群楼连接。福寿阁上层是当年皇帝后妃听戏的御座楼，一楼和两侧的群楼是外国使节，满、蒙、汉大臣，少数民族王公贵族听戏的地方。

勤政殿位于福寿阁北面，面阔五间，是乾隆三十六景第二景。是皇帝接见群臣、发布政令的地方。殿面南有匾，题“正大光明”；面北有匾，题“高明博”。东西有配殿各三间。

卷阿胜境殿位于勤政殿北面，是东宫最后一座建筑。面阔五间。乾隆年间，乾隆经常在这里同皇太后用膳，并赐宴少数民族首领和王公贵族茶点，亦可坐览湖区风光。1945年，东宫失火被烧毁。仅存基址。现在的卷阿胜镜殿为1979年重建。

(2)湖洲区

湖洲区在山庄东南部，宫殿区以北，面积较小，仅占据山庄总面积约14%(建筑面积占山庄的50%以上)。这里湖光变幻，洲岛错落，景色优美迷人。山庄中著名的七十二景，多数分布在这一区里。整个湖面总称为塞湖，湖面广阔，波光粼粼。由于数个洲岛的分隔，塞湖又被分成了澄湖、如意湖、长湖、镜湖、银湖、上湖、下湖七个水面，其间又有长堤、桥梁连接，造成了曲折、深远、含蓄的意境。主要的景区景点有：水心榭、文园狮子林、月色江声、芝径云堤、如意洲、烟雨楼、天宇咸畅(又称金山亭)等。下面作简要介绍。

①水心榭　是湖区东路风景的起点。湖上架石为桥，桥分三段，南北两段之上各有一亭，中段上是三座重檐水榭。建筑紧凑，尺度匀称，明快轻盈，四面洞朗。建于康熙四十八年(1709年)，康熙皇帝题名“水心榭”。站在桥上，极目远眺，南望罗汉峰、僧帽山；东北对金山亭；西北遥望南山积雪亭；西与万壑松风隔湖相望，四周皆成画景。水榭之下，为水闸八孔，俗称“八孔闸”。水闸具有调节两侧湖中水位的作用，外低内高。每当清晨或黄昏，霞光映红湖水，水心荡漾，倒影成趣，水心榭犹如一只精雕细刻的游船，令人心旷神怡。

②文园狮子林　位于水心榭东，银湖中的一个岛上，乾隆题名文园狮子林，是仿我国元代著名大面家倪瓒(字云林)画的《狮子林图卷》和苏州狮子林景观而建造的。乾隆皇帝南巡时，曾游览苏州名园狮子林，喜爱万分，命画师绘图北归。他下旨以《狮子林图卷》为样本，仿苏州狮子林的意境，在北京长春园及避暑山庄各修了一座同名建筑。

避暑山庄的文园狮子林建于乾隆三十九年(1774 年)，完成于乾隆四十三年(1778 年)，共耗白银七万六千三百七十九两。乾隆皇帝仿苏州文园题了十六景：狮子林(门殿)、虹桥、假山、云林石室、蹬道、占峰亭、纳景堂、清宓阁、藤架、清淑斋、水香幢、延景楼、探真书屋、画舫、横碧轩、水门，还有邻近的枕烟亭、牣鱼亭。这些景点是乾隆读书、游览的主要去处。在这些景观中，亭阁别致，石林参差，怪峰嶙峋，亭台错落，水绕洞行，结构精巧，布局灵活。乾隆皇帝亲临此地，感到如游图画中，对十六景曾即兴吟诗题词，夸耀这处仿南方造园艺术的精华和别具一格的风趣。可惜的是文园狮子林在热河被军阀占据时被毁。1994 年承德市人民政府多方筹资，经过四年多时间，现已把大部分景观恢复了原貌。目前已对游人开放。

③月色江声　水心榭北行，过桥是一个椭圆形的洲岛，名月色江声岛。岛上有四进四合院式建筑一组：门殿面南，康熙题额“月色江声”，面阔五楹，两梢间前设槛窗，中三间置门扇。二进有殿七楹，名静寄山房，前后设廊，是皇帝读书之所，建于康熙四十三年(1704 年)，是山庄内最早的建筑之一。再北有殿七楹，名莹心堂，规制与静寄山房略同。后殿名湖山罨画，硬山单檐，面阔五楹，前后设廊。殿前有东、西配殿，院内植松柏、梅桂，堆假山，小环境幽雅清静，亲切宜人。出湖山器罨后门，东北临溪，溪边铺石，名鱼矶，清帝常于此模仿隐士垂钓。

月色江声，取材苏东坡前、后《赤壁赋》“月出于东山之上，徘徊于斗牛之间，白露横江，水光接天”“江流有声，断岸千尺，山高月小，水落石出”的意境。每当玉兔东升，锤峰朗照的夜晚，皎皎白月映照湖水，山庄万籁俱寂，可听下湖之水漫过三梯亭水闸，发出江涛之声。身临其境，便可领悟《赤壁赋》的画意诗情。

④芝径云堤　在“万壑松风”之北，系仿杭州西湖苏堤掘池积土而成。建于康熙四十二年(1703 年)。长堤逶迤，径分三支，东北通月色江声岛(云朵洲)，中间通如意洲，偏西通往采菱渡(芝英洲)。宛如一林灵芝仙草，洲岛如芝叶，长堤为芝茎，又酷似互相连缀的云朵，康熙取名为“芝径云堤”。此堤穿湖而行，为湖区主要风景观赏线。堤岸平沙似席，芳草如茵，垂柳夹道，青杨映水，湖光波影，胜趣天成；湖中游鱼戏水，堤上驯鹿往来，令人目不暇接。

⑤如意洲　从环碧北行，过桥即达塞湖中最大的洲岛，该岛形状颇似如意，故名如意洲。如意洲西南接芝径云堤，南与月色江声相连。康熙五十年(1711 年)前，如意洲是宫殿区，是清帝接见文武大臣和少数民族王公首领、批阅奏章、处理朝政的地方。正宫落成后，此处成了苑林区的重要景区，分布有山庄康乾七十二景中的十二景。洲上建筑较多，也较完整。其中主要风景区为康熙题名的“无暑清凉”。这里长廊环抱，红莲满塘，长堤曲径，绿树掩映。由前往后为：无暑清凉、延熏山馆、水芳岩秀。延熏山馆是清帝在湖洲区接待蒙古王公贵族的别殿。水芳岩秀乾隆时为祈祷皇太后长寿，改称“乐寿”。盛夏，清帝

在此召集词臣儒官作赋吟诗，一唱一和，颇为热闹。

洲南有一方亭“观莲所”，亭北是“金莲映日”。此处因在庭前种植旱金莲而得名。当时湖面和地上遍布金莲花，“日光照射，精彩映目，登楼下观，直作黄金布地观”。新修复的“沧浪屿”，古色古香，原为康熙题词。四周石墙，前后假山，中部水池，水中建阁，被誉为岛中岛，园中园。水雾如绿云浮空，格外壮观。

在无暑清凉以东，尚有两景区，一是二层楼“一片云”，是清帝宴请少数民族王公和文武官员看戏的地方；一是“般若相”(法林寺)。这两组建筑，在风和日丽、湖平如镜时，与蓝天白云、辉煌的金山、巍峨的馨锤峰，共映入湖，构成一幅壮丽的图画。

⑥烟雨楼　在如意洲西北的青莲岛上。是乾隆四十六年(1781年)，仿浙江嘉兴烟雨楼形制在岛上修建的一组建筑，也命名烟雨楼，为山庄内最晚的建筑之一。

门殿三楹，中为通道。门殿北有围廊，与主楼四面围廊相通。主楼五楹两层，进深两间，槽间为楼梯，周围廊。北、西廊外湖中起台，置汉白玉望柱。顶层檐下悬乾隆御题“烟雨楼”云龙金匾，另挂楹联“百尺起空蒙碧涵莲岛，八方临渺弥澄印鸳湖”。楼后临湖有石栏望柱，这里是清帝与后妃消夏赏景之处。门殿西有殿三楹，名对山斋。斋北为一独立小院，白墙青瓦，有月门出入。斋南堆假山，洞府之上起六角翼亭。主楼东隔墙有殿，名青阳书屋，面阔三楹，是清帝的书房之一。

烟雨楼布局紧凑，庭院古松挺拔，院外遍植荷、苇、蒲、菱，庄严、素淡形成对比。附属建筑设计颇见匠心，一高一低，一远一近，一洞一院，一山一水，既调节了精神气氛，又丰富了整体内容。假山洞府给青莲岛以幽静，翘檐松枝赋烟雨楼以飞动，白墙月门增添秀气，回廊曲径表现含蓄。山雨迷蒙、风卷云低之时，烟雨楼湖山尽洗，雨雾如烟，水天一色，天地无分。

⑦金山　在如意洲以东，两岛隔湖相望，是湖洲区最高望视点。仿江苏镇江金山寺意境而建造。乾隆因其状似紫金浮玉，题名“金山”。它三面环湖，一面溪水，山石堆叠，峭壁悬崖，层层斜上。下有洞府，上为平台。平台上建筑高低错落，参差有致。主体建筑为三层的“上帝阁”，俗称“金山亭”。第一层匾额“皇穹永枯”；第二层匾额“元武威灵”，祀真武大帝；第三层匾额“天高听卑”，供奉玉皇大帝。阁前是“天宇咸畅”殿，阁北是“芳洲亭”，阁西建“镜水云岑”殿，周围爬山廊随山上下，依势而曲，环如半月，波光岩影，瑰丽异常。朝霞沐浴下的金山景色最佳，那卷棚歇山灰瓦，如春燕展翅的殿阁翼角，玲珑剔透的雕栏，廊檐下蓝绿色的彩画，都与金光融为一体，放出夺目光彩。望澄湖，金波粼粼；登金山，一面一幅画；攀高阁，更是一步一层天。

⑧热河泉　在金山北凸出的港湾内，曲径幽堤，林木葱茏。港湾中一泓碧水，深达丈余，泉心不时喷出一串串水泡，在湖面上悠然地散去，泛起层层涟漪，这里就是“热河泉”。它是山庄内湖水的主要来源之一，与山间的瀑布和溪流汇合，形成了宽阔的湖区。这里一年四季胜景不衰。春日泉水清清，澄弘见底，游鱼戏水；夏日浮萍点点，清香不绝；秋时湖中荷花同秋菊寒梅争艳，翠盖临波，朱房含露；等到了严冬季节，山庄被冰雪覆盖，湖面结冰盈尺，而热河泉处，碧水涟漪，春意盎然，堪称奇观。热河泉旁的峰石上刻有“热河泉”三个大字。《大英百科全书》称它为世界上最短的河流，热河泉一时天下闻

名。泉北侧设有“东船坞”，停放帝后的游船，其南建有“香远益清”，北为“萍香泮”。泉周亭台楼榭疏密有致。

(3)平原区

山庄平原区，在湖洲区以北，西部山岭以东，形状近似三角形，面积占山庄总面积的近1/10。这一片也分三部分。东部称万树园，这里生长有数百年的古榆、古柳、古槐，树种繁多，枝叶茂密，飞雉、野兔、狍、鹿来此就食，是步行围猎的好场所。西部为试马埭，绿草如茵，放马奔驰使人心旷神怡。北部为寺庙和建筑。平原区东部原有三组大型重要建筑：春好轩、永佑寺、澄观斋。其中澄观斋仅剩基址，春好轩、永佑寺于近年复建。平原区西部有以文津阁为主的大型建筑组群。下面依次进行简要介绍。

①万树园　这里古树参天，芳草萋萋，乾隆年间正式命名“万树园”。清代有二十八架蒙古包散置其间，是清帝举行政治活动的重要场所。康熙、乾隆、嘉庆时期，曾经多次在这里会见、宴请少数民族王公贵族及东南亚和欧洲的使节。

②试马埭　在万树园的西南部，立有石碑一块，乾隆题写“试马埭”。是清代皇帝赴木兰围场举行“秋弥大典”之前，精选良马的地方。试马埭的驰马道，是按蒙古草原风貌和西北少数民族的习俗开辟的。《热河志》载：“进柔地旷，驰道如弦，云锦成群，腾骧沛艾。大驾巡幸，于兹考牧。”

从这段话可以看出，皇帝每年去木兰围场举行秋猎。大典时，由北京翻马圈选定的御马，从蒙古各旗选送的良马，还有蒙古王公台吉敬献的骏马便聚集在此，供皇帝考牧之用。然后随围的皇子和蒙古诸王公进行试马、骑射。按射中者的优劣，皇帝给予赏赐。另外，皇帝还在此观看火戏、灯戏、马戏、摔跤比赛等。

③文津阁　坐落于山庄西北部南山积雪脚下。是乾隆三十九年(1774年)，仿浙江宁氏天一阁而建。这里是清代的藏书楼，原曾珍藏《古今图书集成》和《四库全书》各一部。《古今图书集成》是康熙时召集朝臣编纂的一部大型图书，耗时十年，清康熙年间陈梦雷等原辑，后陈梦雷得罪了皇上，于是特命蒋延锡等重编，全书共一万卷。《四库全书》于乾隆二十八年(1773年)开始编纂，四十七年(1783年)宣告编成，也历时十年。全书分经、史、子、集四大部分，故称“四库”。它是我国历史上最大的一部丛书，也是世界罕见的巨著。

文津阁建在虎皮墙环绕的院落中心，坐北朝南，外观两层，实三层，中间夹层，光线幽暗，以藏书籍。阁前假山怪石堆叠，环抱一池碧水清澈见底，既可防火又起到美化环境的效果，不仅如此，在这里还可看到天下奇观“日月同辉”的景象。站在阁前，向池中望去，只见一弯新月在水中轻轻抖动，抬头仰望，天上丽日高悬，此景是在假山洞穴处打一缺口，形似弯月，光通过缺口折到水中而形成。

④永佑寺　位于万树园东侧，建于乾隆十六年(1715年)，是山庄内九处寺庙之中规模最大的一处。它坐北朝南，沿中轴线依次排列山门、牌坊、天王殿、正殿、后殿、舍利塔及御容楼等建筑。原殿中供奉弥勒、三世佛、八大菩萨和无量寿佛等。御容楼是专门供奉清代已亡皇帝画像的地方，康熙皇帝死后，他的画像即供于这所楼上。每年，乾隆到山

庄的第一项活动，就是到这里祭拜。后来雍正和乾隆的画像也供奉于此。现永佑寺除舍利塔及四座石碑外均已无存。

永佑寺舍利塔是仿南京报恩寺塔和杭州六和塔建造的，八角九层，材料选用石料，斗拱采用了琉璃饰件，塔高为 65 米，包括基座、塔廊、楼阁、宝顶四部分。

⑤春好轩　万树园东南宫墙边有一处建筑，南有门殿三间，二门为垂花门，周围粉墙环绕，墙中设什锦窗，外表朴素无华，院内假山耸立自然。牡丹、海棠遍植成片，满园春晖，是清帝的御花园。主殿五间名“春好轩”，左右有配殿各三间。用曲形围廊连接，院后有重檐八角棚攒尖亭，名“巢翠”。站在亭中可看到“四周锦簇霜枝丽，一院芳含秋卉新。春好轩前风露好，居然八月有三春”的景色。这组建筑于 1984 年重建。

⑥绿毯八韵碑　此碑坐落在澄湖北岸，万树园的南端。通高 254 厘米，其中碑首高 74 厘米，碑高 82 厘米，碑身高 98 厘米，宽 198 厘米，厚 40 厘米。面南额首上雕有祝寿图，碑上刻有八仙。这些人物雕刻得形状飘逸，神态潇洒，眉目传神，颇有呼之欲出之感。面北额首上雕刻的蝙蝠姿态逼真，碑上雕刻的鹿神态自若。碑上整幅图案象征着福、禄、寿。碑身面南镌刻七言诗《绿毯八韵》一首，面北镌刻五言诗《平旦》一首。两首诗的字迹清晰，结构严谨，风格秀丽。

(4) 山岭区

位于山庄西部和北部，是一片层峦叠嶂、沟壑纵横的山地，占山庄总面积的 4/5。高耸的山岭如天然屏障阻挡了西北寒风的侵袭，对调节山庄气候发挥了非常重要的作用。山区主要由四条峪组成，由南而北依次为榛子峪、松林峪、梨树峪、松云峡。山区内依山就势建筑了宇、阁、轩、斋和庵、观、寺、院等共达 40 余处。各建筑组群之间互相借景。避暑山庄作为一个完整的群体又通过山区的几个高峰“锤峰落照”“四面云山”“南山积雪”“北枕双峰”等与外八庙建筑群之间取得了空间的联系，使山庄与外八庙互相借景，从而形成完整的整体。山区原有建筑大多不存，现仅就几处主要景点作简要介绍。

①锤峰落照　是一座歇山卷棚顶的大型敞亭，位于山庄西南部的山上。它与武烈河东岸山巅之上的馨锤峰遥遥相对。早在康熙年间，康熙皇帝就常在傍晚时分，登上锤峰落照亭，欣赏上大下小、状若馨锤峰矗然倚天，披满金碧色的晚景。乾隆皇帝也曾登亭赏景。

②四面云山　为方形双排柱攒尖亭，耸立于全园的最高峰上，上有康熙题额“四面云山”。楹联为“山高先得月，岭峻自来风”。站在此亭，虽入伏暑，凉爽如秋，放眼眺望，四周群山如惊骇浪，奔腾于白云烟岚间，令人心旷神怡。近览湖光山色，亭台楼阁，尽收眼底。乾隆特别喜欢登四面云山，常率王公、大臣到此登高，以狍子肉野宴，留有四面云山诗五十余首。亭内悬匾一面，镌乾隆诗一首：“绝预平临北斗齐，座中惟觉众山低。林禽馈客争衔果，涧鹿迎人浅印泥。”

③南山积雪　东北山峰上有一座亭，康熙皇帝题“南山积雪”。塞北地高气寒，秋末有时降雪，积雪期长，到春天仍然不化。登亭远眺，山庄之南复岭环拱，岭上积雪经久不消。康熙题诗：“图画难成丘壑容，浓妆淡抹耐寒松。水心山骨依然在，不改冰霜积雪冬。”

④北枕双峰　北山之巅有双排柱攒尖方亭，康熙题名“北枕双峰”，南与南山积雪亭相对，东与馨锤峰相望，是山庄东北的制高点，也是山庄主要借景点之一。是专为欣赏山庄以北百里之迢的黑山、金山而设。乾隆题诗：“欲排云雾叩仙关，咫尺罗天即此山。却喜晴明聊纵目，滦河如带一湾湾。”

(5)外八庙

位于山庄东部和北部。清康熙和乾隆皇帝为了加强各民族的团结统一，用近70年的时间修筑了十二座藏传佛教寺庙。其中有八座属内务部管辖，称为外八庙。另在山庄内东北方向也有寺庙十六座。

承德外八庙是我国重点文物保护单位。它瑰丽雄伟，闻名于世，是我国著名的佛教圣地。下面介绍几个主要的寺庙。

①溥仁寺　康熙五十二年(公元1713年)，蒙古族各王公贵族为康熙六十年诞辰，请求建庙。此庙坐落在武烈河东岸滩地之上，其布局和建筑形式同汉民族的佛教寺庙。主要建筑有三大殿：天王殿、正殿和后殿。

②普乐寺　位于溥仁寺之北，建于乾隆三十一年(公元1766年)。全寺分东西两部分：西部为汉式伽蓝七堂，东部为碑亭和藏式阇城。西山门乾隆题“普乐寺”匾额，入门有天王殿，其内供布袋尊者(大肚弥勒佛)，两旁有四大天王。第二层院正中为宗印殿，供三世佛，左右为八大菩萨，北有配殿，供护法金刚。东半部为巨大经坛——藏式闍城，分三层，正门为乾隆御笔刻“普乐寺碑记”。第二层院内有八座喇嘛塔，象征释迦牟尼八大成就的功德语。第三层中有旭光阁，仿北京天坛祈年殿而建，中央有大型立体“曼陀罗”。曼陀罗中央供上乐王佛(欢喜佛)。旭光阁装饰精美，雕刻细腻，艺术价值很高。

③普宁寺　位于山庄东北五里狮子沟，为乾隆二十年(1755年)建。清政府为平定厄鲁特蒙古准噶尔部达瓦齐叛乱，祝愿边陲人民“安其居，乐其业，永远普宁”而建。

该寺规模宏大，分前后两大部分：前部为汉式寺庙建筑格局，后部为仿西藏三摩耶庙的建筑格局。从南向北建筑有：天王殿、内供布袋尊者。其后为大雄宝殿，内供三世佛。东西主殿称大乘之阁，仿西藏三摩耶庙主殿之乌策殿，阁中供奉四十二臂、千手千眼木雕观音菩萨佛，高22.28米。阁旁建有象征太阳月亮的日月殿，有白、绿、黑、红四座喇嘛塔。还有代表东胜神洲、南瞻部洲、西牛贺洲、北俱芦洲的庑殿式建筑，另有八座白塔，代表四小部洲和四分天。大乘之阁的东面，为汉式四合院建筑，称“妙严室”，是乾隆观礼时休息之处，阁西是“讲经堂”。

④普陀宗乘之庙　位于山庄正北狮子沟北坡，占地22万平方米，是外八庙中最大的一座庙宇。该庙始建于乾隆三十三年(1767年)，为庆祝乾隆六十大寿和其母八十诞辰，接待信奉喇嘛教的蒙古王公祝寿而建。历时四年半，仿达赖喇嘛在西藏的住所——布达拉宫的式样。

⑤须弥福寿之庙　位于山庄北狮子沟北山，始建于乾隆四十五年(1780年)。乾隆七十大寿时，为接待万里跋涉来京祝寿的西藏政教领袖班禅额尔德尼六世而专建。该庙仿班禅六世在西藏日喀则的住所扎什伦布寺的形式，是班禅来京时的住处，因“扎什伦布”藏语

之意是吉祥的须弥山，所以命名为“须弥福寿之庙”。

此庙占地 3.79 万平方米，平面布局和主要建筑似扎什伦布寺，是典型藏式寺庙，但局部建筑和装饰细节为汉族风格。南北中轴线明显，但总平面不严格对称。寺正中为大红台，以台将寺分成前后两大部分：前为碑亭，后为琉璃万寿塔。庙前有五孔石桥、石狮、山门、碑刻等。四周有围墙，墙上有墩台，墩台上有城楼式建筑，远看似一座宫城。

避暑山庄的湖洲区具有浓郁的江南情调，平原区代表了塞外景观，而山岭区则象征北方的名山，可谓移天缩地、荟萃南北风景于一园之内。蜿蜒起伏于山岭间的宫墙犹如万里长城，园外众星捧月般分列的外八庙则象征了国家的团结。在造园艺术上，其水景山景的构思和境界的创造方面都有独到之处，首次把全国园林艺术的精华向北推进到塞外，是一处可游可居又充满政治、宗教色彩的皇家园林。

2. 颐和园

颐和园在北京的西北郊，是利用昆明湖、万寿山为基址，以杭州西湖风景为蓝本，汲取江南园林的一些设计手法和意境而建成的一座大型天然山水园，占地约 290 公顷，是我国保存得最为完整的一座离宫御苑。

颐和园原名清漪园，始建于清乾隆十五年，即 1750—1764 年，历时 15 年，共动用白银 448 万两。颐和园是清代北京著名的“三山五园”(香山静宜园、玉泉山静明园、万寿山清漪园、圆明园、畅春园)中，处于中心位置的最后建成的一座皇家园林。咸丰十年(1860年)被英、法侵略军焚毁。光绪十二年(1886 年)开始重建，光绪十四年，改名颐和园。光绪二十一年工程结束，是慈禧太后挪用海军经费修建的。光绪二十六年又遭八国联军破坏，翌年修复。全园可分为宫廷区和苑林区两大部分。

(1)宫廷区

颐和园是当时“垂帘听政”的慈禧太后长期居住的离宫，兼有宫和苑的双重功能。因此，在进园的正门内建置一个宫廷区作为接见臣僚、处理朝政及寝居的区域。宫廷区是由朝堂、朝房、值房等组成多进院落的建筑群，占地不大，相对独立于其后的面积广阔的苑林区，二者既分隔又有联系。宫廷区的主要景点如下。

①东宫门　坐西朝东，是颐和园的正门。门檐下是光绪皇帝御笔题写的“颐和园”匾额。宫门为五洞，三明两暗。正中设三个门洞，中门叫御路门，是慈禧太后和皇帝、皇后进出专用门；两旁门洞供王公大臣出入。太监、差役只能行走两边的罩门。

②仁寿门　在东宫门以内，是一座牌坊式门楼。该门匾额用汉、满两种文字写成。门前两旁各陈列有一块青石，一块像猴，一块似猪，俗称猪猴石，象征孙悟空和猪八戒守卫着皇家大门。院内南北两侧配殿为南北九卿房，是九卿六部的内值班房。

③仁寿殿　位于仁寿门内，坐西朝东，有正殿七间，是园内最主要的政治活动场所。仁寿殿原名勤政殿，建于乾隆时，后来毁于第二次鸦片战争中的英法联军之手。光绪皇帝时重建，并取《论语》中“仁者寿”语句，意为施仁政者长寿，将勤政殿更名为仁寿殿。

④玉澜堂　位于仁寿殿西南，是一座临湖的三合院建筑。这里是光绪皇帝在园中居住以及后来被囚禁的地方。正殿玉澜堂坐北朝南，东配殿霞芬室，西配殿藕香榭。“戊戌变

法”失败后，慈禧太后将光绪皇帝囚禁起来，并将玉澜堂四面的门窗都堵死，又砌筑了许多道墙壁，使光绪皇帝完全与外界隔绝。这些墙壁虽然大部分已拆除，但仍留有当时的遗迹。

⑤宜芸馆　位于玉澜堂后，是光绪皇帝的皇后——隆裕在园中的住寝之处。院南的垂花门名叫宜芸门，门内两侧廊中嵌有10块乾隆临摹古代书法家的真迹碑石。

⑥乐寿堂　位于昆明湖东北岸，前轩临湖，是慈禧太后的寝宫。乐寿堂之名取自《论语》中“知者乐，仁者寿”。院内北堂七间，是乐寿堂正殿。阶上左右分列铜鹿、铜鹤、铜花瓶，取意“六和太平”。堂前种植玉兰、海紫、牡丹等，名花满院。院内还有一块长2.4丈、宽6尺*、高1.2丈，重约20吨的巨石，名叫青芝岫，石上还残留有乾隆写的《青芝岫诗》。此石俗称败家石，400多年前，明代大诗画家米万钟爱石成癖，他在北京南部大房山群峰中发现了这块巨石，曾想收藏它，结果耗尽家财却未能把它运抵他的芍园（今北京大学院内），只能遗弃在良乡。100多年后，乾隆皇帝在去河北易县为其父雍正扫墓时在良乡发现了它，因为该石的体积过大，为把此石运往乐寿堂，不得不破门而入。为此，乾隆皇帝的母亲孝圣皇太后还大怒过，说此石“先败米家，又破我门，其石不祥”。败家石因此得名。

⑦德和园　位于仁寿殿以北，由大戏楼、颐乐殿和看戏楼组成。大戏台的舞台规模壮观，共有上下三层，分别以福、禄、寿命名。正对大戏楼的颐乐殿，是帝后看戏之处，内设慈禧的宝座和供她休息的地方。

（2）苑林区

苑林区以万寿山、昆明湖为主体。万寿山东西长约1000米，高约60米。昆明湖水面广阔，约占全园面积的4/5，湖的西北端绕过万寿山西麓而连接于北麓的“后湖”，构成山环水抱之势，把湖和山紧密地连成一体。苑林区又可分为昆明湖区、万寿山前山区、后山后湖区三大部分。

①昆明湖区　包括昆明湖北缘以南的广大区域。昆明湖是清代皇家诸园中最大的湖泊，湖中一道长堤——西堤自西北逶迤向南。西堤及其支堤把湖面划分为三个大小不等的水域，每个水域各有一个湖心岛。这三个岛在湖面上成鼎足而峙的布局，象征着中国古老传说中的东海三神山——蓬莱、方丈、瀛洲。由于岛堤分隔，湖面呈现层次变化，避免了单调空疏。西堤以及堤上的六座桥是有意识地模仿杭州西湖的苏堤和“苏堤六桥”所建，使昆明湖益发神似西湖。西堤一带碧波垂柳，自然景色开阔，园外数里的玉泉山秀丽山形和山顶的玉峰塔影排闼而来，被收摄作为园景的组成部分。从昆明湖上和湖滨西望，园外之景和园内湖山浑然一体，这是中国园林中运用借景手法的杰出范例。湖区建筑主要集中在三个岛上。湖岸和湖堤绿树阴浓，掩映潋滟水光，呈现一派富于江南情调的近湖远山的自然美。此区内的主要景点有八处。

西堤六桥，西堤上自北向南建有风格迥异的六座石桥，依次是：界湖桥、豳风桥、玉带桥、镜桥、练桥、柳桥。其中玉带桥为六桥之冠，用大理石和汉白玉石雕砌而成。桥拱

---

* 1尺≈33.3厘米。

高而薄，形如玉带，故而得名为玉带桥。

南湖岛位于昆明湖的东南部，占地一公顷多，是昆明湖中最大的岛屿。周围用条石砌岸，以青白石雕栏围护。岛上北部为叠石假山，山上建涵虚堂，是岛上的主体建筑。岛的东部是龙王庙；南部为鉴远堂。另外还有澹会轩、月波楼等。这里是帝后赏月的地方，清末也曾在这里举行过水师表演。

十七孔桥是连接东岸廓如亭与南湖岛的一座长桥，桥长 150 米，宽 8 米，由 17 个孔券组成，是园内最大的石桥。十七孔桥建于乾隆时代，仿照北京的卢沟桥和苏州宝带桥的特点而建。桥的望柱上有 544 只神态不同的石狮，让人联想到“卢沟桥石狮数不清”的民谣。桥额北面书“灵兽偃月”，南面书“修炼凌波”。

廓如亭位于十七孔桥东端，是一座八角重檐亭，又叫八方亭。该亭建于乾隆年间，其面积达 130 多平方米，是园内 40 多座亭子中最大的一座。据说，远远看去，廓如亭(头)、十七孔桥(颈)和南湖岛(背)连接成一只乌龟的形状，象征着统治阶级的长寿。

铜牛位于东堤中部。铸于乾隆二十年(1755 年)，取意于大禹治水的故事。相传四千年前大禹治水时，每当治理好一处，就要铸造钢牛投放水底，以镇水患。乾隆皇帝开发昆明湖时，仿照大禹，在紧邻廓如亭的位置设置了一个镇水铜牛，乾隆皇帝有时也把铜牛称为金牛(古时有这个习惯)。这只铜牛形态逼真，双目炯炯，昂首凝眸，栩栩如生，牛身下面是一个雕有海浪纹的青白石座，牛背上刻有乾隆皇帝题写的《金牛铭》。

知春亭位于东提西面一个小岛上，是观赏题和园全景的最佳地点之一，亭是重檐四方亭，有桥和堤相通，四面临水。小岛遍植桃柳，每当春季伊始，柳绿挑红，“知春”二字便源于此景。

文昌阁与如春亭相邻，建于乾隆时期，为城关式建筑。高三层的阁楼中层供奉有一尊文昌帝君铜像，左右侍立童男童女各一名，还设有文昌帝君乘坐的铜马匹。

清晏舫位于万寿山西麓的昆明湖边，又称石舫，是园中著名的水上建筑。石舫体长 36 米，由大理石雕砌而成。原建于 1755 年，1893 年重建。取“河清海晏”之意，将其命名为清晏舫。新建成的石舫将仿风火轮式样改为西洋式楼阁，并配以彩色玻璃窗，船侧还加了两个石雕的机轮。

②万寿山前山区　万寿山的南坡(即前山)临昆明湖，湖山相连，构成一个极其开朗的自然环境。这里的湖、山、岛、堤及其上的建筑，配合着园外的借景，形成一幅幅连续展开、如锦似绣的风景画卷。前山接近园的正门和帝后的寝宫，游览往返比较方便，又可面南俯瞰昆明湖区，所以园内主要建筑物均荟萃于此，造园匠师在前山建筑群体的布局上相应地运用了突出重点的手法。在居中部位建置一组体量大而形象丰富的中央建筑群，从湖岸直到山顶，一重重华丽的殿堂台阁将山坡覆盖住，构成贯穿于前山上下的纵向中轴线。这组大建筑群包括园内主体建筑物——帝后举行庆典朝会的“排云殿”和佛寺“佛香阁”。后者就其体量而言是园内最大的建筑物，阁高约 40 米，雄踞于石砌高台之上，在园内园外的许多地方都能看到，气宇轩昂，凌驾群伦，成为整个前山和昆明湖的通观全局的构图中心。与中央建筑群的纵向轴线相呼应的是横贯山麓、沿湖北岸东西逶迤的“长廊”。前山其余地段的建筑体量较小，自然而疏朗地布置在山麓、山坡和山脊上，镶嵌在葱茏的苍松

翠柏之中，用以烘托端庄、华丽的中央建筑群。此区内的主要景点如下。

长廊沿万寿山南麓、昆明湖北岸构筑，又称千步廊。东起乐寿堂的邀月门，西至石丈亭，全长约728米，共273间，其间有留佳亭、寄澜亭、秋水亭、逍遥亭穿插其间，象征着春、夏、秋、冬四季。是中国、也是世界古典园林中最长的游廊。逶迤的彩绘长廊上绘有图画1.4万余幅，均为传统故事或花鸟鱼虫。内部枋梁上绘有精美的西湖风景及人物、山水、花鸟等苏式彩画8000多幅，因之素有"画廊"之美称。

排云殿位于万寿山前山的中轴线上，殿内设有宝座、围屏和宫扇等。殿前有排云门与二宫门，两边分列四座配殿，分别名为紫霄、玉华、芳辉和云锦。正殿两侧有耳殿21间。全部用黄琉璃瓦盖顶，是颐和园内最为壮观的建筑群。慈禧太后在颐和园内贺寿时，就在此殿接受贺拜。

佛香阁位于万寿山前山，是颐和园中的主体建筑。佛香阁建筑在高21米的方形台基上，阁高40米，有8个面、3层楼、4重屋檐；阁内有8根巨大的铁梨木擎天柱直贯顶部。佛香阁的建筑结构相当复杂，为古典建筑中的精品。佛香阁上层榜曰"式延风教"，中层榜曰"气象昭回"，下层榜曰"云外天香"，阁名"佛香阁"。内供接引佛(阿弥陀佛)。每月的初一、十五，崇信佛教的慈禧在此烧香礼佛。

智慧海位于万寿山之巅，是一座两层仿木砖石结构的殿堂，由纵横相间的拱券结构组成，拱顶全用砖石砌成，没有一根支撑物，其极高的技术水平令人对这样一座不设支撑物的大殿倍感赞叹，因之又名为无梁殿。该殿通体用五色琉璃砖瓦装饰，殿内供奉乾隆时所造的观音像。殿外墙壁上饰有琉璃佛像1008座。殿前有一座琉璃牌坊。牌坊的两面枋额和无梁殿的前后殿额，均为三字，连起来读，正是佛家歇语"众香界，祇树林，智慧海，吉祥云"。

转轮藏位于佛香阁东侧山上，是一组木结构建筑，环抱于一座高大石碑的东、西、南三面。这座石碑高达9.87米，造型宏大，刻工精美，是典型的民族风格。正面刻乾隆手书"万寿山昆明湖"六个大字。背面刻有乾隆手书《万寿山昆明湖记》，记叙了扩建昆明湖的目的和经过。

宝云阁位于佛香阁西侧，全部用铜铸而成，是一座著名的铜亭。建于1755年，高达7.55米，共用铜207吨。亭阁上的花纹采用传统的拔蜡法制造，工艺水平相当高超。这里是喇嘛们为帝后祈福求寿的念经祈祷之处。

听鹂馆位于长廊西部，原是慈禧太后的小戏院。由大戏楼、颐乐殿和看戏楼组成，慈禧太后就在这里看戏。馆内有供宫廷演出的两层戏楼一座。现在听鹂馆已被辟为"听鹂饭庄"。

景福阁位于万寿山东部山顶，前后各五楹，皆南向，有宽敞的敞厅。慈禧太后每年中秋节都在此赏月，九月初九在此登高。夏天阴雨日，慈禧在此赏雨。1903年后，慈禧太后曾数次在这里接见和宴请外国使节。

画中游位于万寿山西南坡，是一座亭台楼阁式建筑。当中是八角形两层楼阁，东西有两亭两楼，以爬山廊相连接，西为"爱山"，东为"借秋"。此地风景如画，漫步游廊，仿佛置身于画中，所以得名为"画中游"。

③后山后湖区　万寿山后山的景观与前山迥然不同，是富有山林野趣的自然环境，林木蓊郁，山道弯曲，景色幽邃。除中部的佛寺“须弥灵境”外，建筑物大都集中为若干处，自成一体，与周围环境组成精致的小园林。它们或踞山头，或倚山坡，或临水面，均能随地貌而灵活布置。后湖中段两岸，是乾隆时模仿江南河街市肆而修建的“买卖街”遗址（近年已进行了重建）。后山的建筑除谐趣园和霁清轩于光绪时完整重建之外，其余都残缺不全，只能凭借断垣颓壁依稀辨认当年的规模。

后湖的河道蜿蜒于后山的山麓，造园匠师巧妙地利用河道北岸与宫墙的局促环境，在北岸堆筑假山障隔宫墙，并与南岸的真山脉络相配合而造成两山夹一水的地貌。河道的水面有宽有窄，时收时放，泛舟后湖给人以山复水回、柳暗花明之趣，是园内一处出色的幽静水景。此区内的主要景点有三处。

四大部洲位于后山中轴线上，是乾隆皇帝推崇藏传佛教所建的一组藏式建筑喇嘛庙。在主体建筑香岩宗印之阁的四角筑有象征佛教世界的四大部洲，即南瞻部洲、东胜神洲、西牛贺洲、北俱芦洲。原来的庙宇于1860年被英法联军焚毁，仅有一座五彩琉璃多宝塔得以幸免。现在所见的是后来按原来的模式重新修建的。

苏州街位于后湖两岸，是仿苏州水乡以水当街、以岸作市的买卖街。苏州街全长约300米，原有各式店铺数十家，皇帝游幸时开始“营业”，店员均由太监、宫女扮装。这处买卖街后被侵略军焚毁。1987年，为适应旅游需要，仿照苏州街原样进行了重建。

谐趣园位于万寿山东麓，始建于乾隆十六年（1751年），原名惠山园，是模仿无锡惠山寄畅园而建成的一座园中之园。此园小巧玲珑，结构精致，四季有景，妙趣横生。1811年重建，嘉庆皇帝取“以物外之静趣，谐寸田之中和”之意改名为谐趣园。全园以水面为中心，以水景为主体，水上有不同形式的桥8座，长的10米多，短的不足2米，其中最引人入胜的是“知鱼桥”。环池布置清朴雅洁的厅、堂、楼、榭、亭、轩等建筑，曲廊连接，间植垂柳修竹。池北岸叠石为假山，从后湖引来活水经玉琴峡沿山石叠落而下注于池中。流水叮咚，以声入景。此园有各种书法、碑刻，有妙趣横生的对联，有数百幅手法洗练的苏式彩画，更增加这座小园林的诗情画意。

颐和园集中了中国古典建筑的精华，容纳了不同地区的园林风格，堪称园林建筑博物馆。联合国教科文组织于1998年批准将其作为人类文化遗产列入《世界遗产目录》。

二、江南私家园林

江南自宋、元、明以来，一直都是经济繁荣、人文荟萃的地区，私家园林建设继承上代势头，普遍兴旺发达，除极少数的明代遗构被保存下来之外，绝大多数都是在明代的旧园基础上改建或者完全新建的。其数量之多、质量之高均为全国之冠，一直保持着在中国后期古典园林发展史上与北方皇家园林并峙的高峰地位。它们分布在长江下游的广大地域，但造园活动的主流仍然像明代和清初一样，集中于扬州和苏州两地。大体说来，乾隆、嘉庆年间的中心在扬州，稍后的同治、光绪年间则逐渐转移到苏州。因而两地的园林，可视为江南园林的代表。

（一）个园

个园在扬州新城的东关街，清嘉庆二十三年（1818 年）大盐商黄应泰利用废园“寿芝圃”的旧址建成。另有一种说法，个园最早的前身是“藤花庵”，后为“寿芝圃”，再后为马氏“街南书屋”、陈氏“小玲珑山馆”，最后归黄氏所有。黄应泰本人别号个园，一说园内多种竹子，故取竹字的一半而命园之名为“个园”。

这座宅园占地大约 0.6 公顷，紧接于邸宅的后面。从宅旁的“火巷”进入，迎面一株老紫藤树，夏日浓荫匝地，倍觉清心。往前向左转经两层复廊便是园门。门前左右两旁的花坛满种修竹，竹间散置参差的石笋，象征着“雨后春笋”的意思。

进门绕过小型假山叠石的屏障，即达园的正厅“宜雨轩”，俗称“桂花厅”。厅之南丛植桂花，厅之北为水池，水池驳岸为湖石孔穴的做法。水池的北面，沿着园的北墙建楼房一幢，共七开间，名“抱山楼”。两端各以游廊连接于楼两侧的大假山，登楼可俯瞰全园之景。

抱山楼之西侧为太湖石大假山，它的支脉往楼前延伸少许，把楼房的庞大体量适当加以障隔。大假山全部用太湖石堆叠，高约 6 米。山上秀木繁荫，有松如盖，山下池水蜿蜒流入洞屋。渡过石板曲桥进入洞屋，宽敞而曲折幽邃。洞口上部的山石外挑，桥面石板之下为清澈的流水，夏日更觉凉爽。假山的正面向阳，皴皱繁密、呈灰白色的太湖石表层在日光照射下所起的阴影变化多样，有如夏天的行云，又仿佛人们常见的夏天的山岳多姿景象，这便是“夏山”的缩影。山南的空地上原来种植大片的竹林，如今竹林不存，显得有些空旷。循假山的蹬道可登山顶，再经游廊转至抱山楼的上层。

楼东侧为黄石堆叠的大假山，高约 7 米，主峰居中，两侧峰拱列成朝揖之势。通体有峰、岭、峦、悬岩、岫、涧、峪、洞府等形象，宾主分明。其掩映烘托的构图完全按照画理的章法，据说是仿石涛画黄山的技法为之。山的正面朝西，黄石纹理刚健，色泽微黄。每当夕阳西下，一抹霞光映照在泛黄而峻峭的山体上，呈现醒目的金秋色彩。山间古柏出石隙中，它的挺拔姿态与山形的峻峭刚健十分协调，无异于一幅秋山画卷，也是秋日登高的理想地方。山顶建四方小亭，周以石栏板，人坐亭中近可俯观脚下群峰，往北远眺则瘦西湖、平山堂、绿杨城郭均作为借景而收摄入园。在亭的西北沿、一峰耸然穿越楼檐几欲与云霄相接。亭南则山势起伏、怪石嶙峋，又有松柏穿插其间，玉兰花树荫盖于前。

黄石大假山的顶部，有三条蹬道盘旋而下，全长约 15 米，所经过的山口、山峪、峭壁、山涧、深潭均气势逼真。山腹有洞穴盘曲，与蹬道构成立体交叉，山中还穿插着幽静的小院、石桥、石室等。石室在山腹之内，傍岩而筑，设窗洞、户穴、石凳、石桌，可容十数人立坐。石室之外为洞天一方，四周皆山，谷地中央又有小石兀立，其旁植桃树一株，赋予幽奥洞天以一派生机。这座大假山为扬州叠山中的优秀作品，如此精心别致的设计构思在其他园林中是很少见到的。

个园的东南隅建置三开间的“透风漏月”厅，厅侧有高大的广玉兰一株，东偏为芍药台。厅前为半封闭的小庭院，院内沿南墙堆叠雪石假山。透风漏月厅是冬天围炉赏雪的地方，为了象征雪景而把庭前假山叠筑在南墙背阴的地方，雪石上的白色晶粒看上去仿佛积雪未消，这便是“冬山”的立意。南墙上开一系列的小圆孔，每当微风掠过发出声音，又让人联想到冬季北风呼啸，更渲染出隆冬的意境。另在庭院西墙上开大圆洞，隐约窥见园门外的修竹石笋的春景。丛书楼在透风漏月厅之东少许。楼前一小院，种一二株树，十分幽静，是园内的藏书之所。

园中的水池并不大，但形状颇多曲折变化。石矶、小岛、驳岸、曲桥穿插罗布，益显水面层次之丰富，尤其是引水成小溪导入夏山腹内，水景与洞景结合起来，设计多有巧妙独到之处。水池的驳岸多用小块太湖石架空叠筑为小孔穴，则是与小盘谷相类似的扬州园林理水常用之手法。

个园以假山堆叠之精巧而名噪一时，《扬州画舫录》所谓“扬州以园亭胜，园亭以叠石胜”，个园的假山即是例证。个园叠山的立意颇为不凡，它采取分峰用石的办法，创造了象征四季景色的“四季假山”，这在中国古典园林中实为独一无二的例子。分峰用石又结合不同的植物配置：春景为石笋与竹子，夏景为太湖石山与松树，秋景为黄石山与柏树，冬景的雪石山不用植物以象征荒漠疏寒，则四季的景观特色更为突出。它们以三度空间的形象表现了山水画论中所概括的“春山淡冶而如笑，夏山苍翠而如滴，秋山明净而如妆，冬山惨淡而如睡”，以及“春山宜游，夏山宜看，秋山宜登，冬山宜居”的画理。这四组假山环绕于园林的四周，从冬山透过墙垣上的圆孔又可以看到春日之景，寓意一年四季、周而复始，隆冬虽届，春天在即，从而为园林创造了一种别开生面、耐人玩味的意境。不过，四季假山的说法并无文献可征。时人刘凤浩所写的《个园记》中并未提到此种情况，也许是后人的附会之谈。但从园林的布局以及分峰用石的手法来加以考查，又确实存在此种立意。

总体来看，个园的建筑物体量有过大之嫌，尤其是北面的七开间楼房“抱山楼”似乎压过了园林的山水环境。造成这种情况的原因，主要在于作为大商人的园主人需要在园林里面进行广泛的社交活动，同时也要利用大体量的建筑物来显示排场，满足其争奇斗富的心理。虽然园内颇有竹树山池之美，但附庸风雅的“书卷气”始终脱不开“市井气”。这是后期的扬州园林普遍存在的现象，个园便是一例。

（二）拙政园

拙政园位于苏州市东北街，是著名的苏州四大名园之一。1961 年定为全国重点文物保护单位，1997 年定为世界文化遗产。

嘉靖时（1522—1566 年）御史王献臣被贬后在大宏寺的部分废址上建成了别墅，这便是此园的开端。以后迭经易主，现在见到的大体是清末的规模。“拙政”一词来源于晋代潘岳《闲居赋》中“筑室种树，灌田鬻蔬，是亦拙者之为政也”之句，表示了园主对官场的厌恶与清高自赏的情怀。全园面积约 4.2 公顷，可分为东区（原归田园居）、中区（原出政园）和西区（原补园）三部分。

拙政园中区是全园的重点景区，面积约 1.2 公顷，其中水面占约 1/3。有分有聚的水面是本区景色布局的中心，绝大部分的楼馆堂榭等建筑物临水而建。文徵明在《王氏拙政园记》中说：“郡城东北界娄齐门之间，居多隙地，有积水亘其中，稍加浚治，环以林木。”由此可知，当初园主设计建园时巧妙地利用了地形地势。位于园中部的远香堂是园中的主体建筑物，该堂是单檐歇山面阔三间的四面厅，四面长窗通透，环览周围景色犹如欣赏长幅画卷。

远香堂南面与园门相对的黄石假山，是为游人入园前障景所设，形体不大，但叠石自然有致，是黄石山中较好的作品之一。山上的林木配置错落有致，与堂前的广玉兰扶疏相间，有一泓池水相衬托，使厅前园景丰富多样。

远香堂北，临水建有宽敞的平台。池水清澈、广阔，池中以土石构成东西两座岛山，两山间有溪流相隔，但有平桥相连。西岛上建长方形的雪香云蔚亭，东岛则设六角形的待霜亭(又称北山亭)，使两者有所变化。两岛山体结构以土为主，石为辅。向阳一面黄石池岸起伏错落，背面则主要是土坡苇丛。漫山遍植树木，种类以落叶树为主，间植常绿树，四季景色应时而异。山间曲径两侧丛竹乔木相掩，浓荫蔽日，颇显江南山林气氛。岸边散植藤蔓灌木，低枝拂水，更增水乡情趣。在西岛的西南部另有荷风四面亭，可欣赏满池荷花。这里西、南两面架桥，西桥通“柳荫路曲”，转北至见山楼，南桥与倚玉轩衔接。

远香堂西接倚玉轩。北部池水自倚玉轩分出一支向南延展，直至墙边。这一带水面以幽曲取胜。廊桥“小飞虹”与水阁“小沧浪”皆东西横跨水上。两侧亭廊棋布，围成水院，环境恬静。其北则有旱船“香洲”与桂丛一区。从小沧浪凭栏北眺，透过小飞虹，遥见荷风四面亭，以见山楼作远处背景，空间层次深远。香洲与倚玉轩隔水相对，旱船内有大镜一面，可折射对岸倚玉轩一带景物，是一种增加景深的方法。

远香堂东面另有土山一座，叠以黄石，山上建绣绮亭。山南即枇杷园。此山与远香堂处的假山以石壁和石坡相互穿插，并利用枇杷园的云墙使两山在构图上组成有机整体。山南侧的枇杷园区，院内建筑物不多，布置简洁。山东侧的“海棠春坞”庭院中，有海棠数棵，榆一株，竹一丛。重点突出，配置得体。建筑物之间有曲廊相接，不大的面积内分隔成几个空间，通过漏窗、洞门又相互联系一起。枇杷园北侧云墙上的圆洞门名“晚翠”，自此门南望，以嘉实亭为主体构成一景。若从枇杷园内透过此门北望，以掩映于林木中的雪香云蔚亭为主体又构成一景，是园中对景的佳例。

中区的拙政园是典型的多景区、多空间复合的大型宅园，园林空间丰富多变，大小各异。有以山水为主的开敞空间，有山水与建筑相间的半开敞空间，也有建筑物围合的封闭空间。各个空间既有分隔也有联系，相互承转、过渡有序、自然，游人置身其中往往产生变幻无尽与小中见大之感。

“柳荫路曲”的南端有半亭“别有洞天”，由此西行便进入了园的西区。其总体布局也是以水池为中心。水池呈曲尺状，西南角有一分支向南延伸。池北为假山，山上及傍水处建有亭阁。池西北小岛的东南临水处，有扇面状小亭“与谁同坐轩”，该名取自宋代文人苏轼“与谁同坐？明月、清风，我”的名句。此亭形象别致，具有很好的点景作用。同时也是很好的观景点，凭栏可眺望三面之景，并与西北山顶上的浮翠阁构成对景。南岸的三十六鸳鸯馆为主体建筑，由住宅经曲廊可到达馆内。馆的平面为方形，采用的鸳鸯馆形式，馆内空间用隔扇分作南北两半，北半厅称三十六鸳鸯馆，南半厅称十八曼陀罗花馆。厅的四隅各建耳室一间，为侍人等候之用。馆南有小院，墙下植有 18 株山茶(又称曼陀罗花)，现存15株。由于鸳鸯馆形体硕大，北墙向北挑出水上，使得池面有被挤之感，影响了水面的辽阔之势。馆西部的溪流旁有塔影亭，其北还有留听阁，昔日此处水面遍植荷花，借唐代诗人“留得残荷听雨声”诗意而得名。馆东叠石为山，山上有亭，自亭中既可俯瞰西区景物，又可借观中区景色，故取名为宜两亭。自此亭往北，沿池有水廊与东北隅的倒影楼相接。水廊曲折起伏，凌水若波，构筑别致。倒影楼与宜两亭隔水互为对景，绮丽的倒影映照在清透的水面上，是西部景色最佳之处。

拙政园的东区为原“归田园居”旧址，旧有景观已荡然无存。现在景物是根据旅游需要新建的，这里从略。

（三）留园

留园位于苏州市阊门外留园路，是苏州四大名园之一。1961年被定为全国重点文物保护单位，1997年与拙政园、网师园及环秀山庄一起被联合国教科文组织列为世界文化遗产。这里是明中叶太仆寺卿徐泰时的“东园”，清嘉庆年间为刘恕所重建，因园内多白皮松，故名“寒碧山庄”，俗称“刘园”。光绪初年归盛康所有，又加以扩建，并改名“留园”。全园面积约2公顷，可分为中、东、西、北四区。其中，中区和东区是园中精华之处。

留园的入口处是一座古朴典雅的大门，入门后经过曲折的长廊和两重小院，到达“古木交柯”，透过北墙上形状各异的一排漏窗，园中的山池亭阁隐约可见。往西行至绿荫轩，满园景色豁然开朗，便步入了留园的中区。

中区的总体布局，以水池为中心，西、北面为山体，东、南面主要是建筑组群。这种“前厅后山，隔池相望”的布置，为苏州大型古典园林中所多见。园内有银杏、枫杨、柏、榆等高大乔木，有的树龄已达百年以上。曲溪楼前的枫杨、绿荫轩处的青杨，婀娜多姿，使园林中增添了幽深、自然的气氛。临水的山体是用太湖石间以黄石堆筑的土石山。西北向有一条溪涧破山腹而出，使人觉得池水有源。涧上有石板桥连通山径，从山后透过涧壁隐约可窥见池东岸的建筑物，从而构成一景。假山上草木丛生，山石嶙峋，山径蜿蜒起伏，令人至此犹如置身山野之中。西山多植桂树，有爬山廊通至山巅的闻木樨香轩，驻足俯视，园中景色尽收眼底。北山上有六角形小亭“可亭”作山景的点缀，同时也是居高临下的观景处所。

水池的东、南面为高低错落、连续不断的建筑物所环绕。南岸建筑群的主体是明瑟楼和涵碧山房，它们与北山上的可亭隔水呼应，结成对景。涵碧山房前临池为宽敞的月台，房后的小庭院中，植有牡丹、绣球等花木。从这里进爬山游廊，顺空廊沿西墙逶迤北上，再折而向东，直到中区东北隅的远翠阁，又往东与东区的游廊相接。这是留园外围一条最长的游览线。池东岸的主要建筑有清风池馆、曲溪楼等，高低错落，虚实相间，造型优美，色彩素雅明快，再配上散落点缀的花木奇石，有如一幅美丽的画面。

园的东区以建筑与庭院为主，是当时园主进行各种园居活动的场所。其中，“五峰仙馆”与“林泉耆硕之馆”为两处重点建筑群。五峰仙馆是一座面阔五间的大型厅堂。厅内装潢考究，梁柱构件皆使用名贵的楠木为材料，故又称为楠木厅。其前后都有庭院，且均叠以山石、点缀花木。前院的大假山上有五峰突起，意在模拟庐山五老峰，颇具山野之趣，馆也因之得名。五峰仙馆之西邻有“汲古得绠处”小屋一间。其名系出自唐代诗人韩愈“汲古得修绠”诗句，表明这里是读书治学的地方。五峰仙馆之东邻有“还我读书处”与揖峰轩两个小院。院落之间绕以回廊，间以砖框。院中散置佳木修竹，萱草片石，均精巧得体，富有生机。由揖峰轩再东即为“林泉耆硕之馆”，面阔也是五间，鸳鸯厅形式，有前后二厅。庭北为水池“浣云沼”。再北就是此区的主景——冠云峰，该石峰高 5.6 米，是苏州诸园中最高的湖石峰，相传为宋代花石纲遗物，外形有瘦、透、皱、漏的特点。其左右又有“岫云”“瑞云”二峰相衬，使其更增风韵。冠云峰北有冠云亭、冠云楼。冠云楼高二层，登楼可一览园内外景色。

园的西区有南北向的土山，全园的最高处即在这里。山上建有小亭两座，可遥望虎丘、天平、上方等山。山坡之上枫树成林，晚秋时节，红叶一片，美丽喜人。

北区原有建筑已全毁，现植有竹、李、杏树等，并辟有盆景园。

留园的景观有两个突出的特点：一是丰富的石景，山势自然，峰石奇秀；二是变化多样的空间处理艺术，空间的高低、虚实、明暗、收放等手段的运用恰到好处，令人回味无穷。

(四)网师园

网师园在苏州城东南阔家头巷，始建于南宋淳熙年间，当时的园主人为吏部侍郎史正志，园名“渔隐”。后来几经兴废，到清代乾隆年间归宋宗元所有，改名“网师园”。网师即渔翁，仍含渔隐的本意，标榜隐逸清高。乾隆末年，园归瞿远村，增建亭宇轩馆八处，俗称瞿园。同治年间，园主人李鸿裔又增建撷秀楼。今日之网师园，大体上就是当年瞿园的规模和格局。

网师园占地 0.4 公顷，是一座紧邻于邸宅西侧的中型宅园。邸宅共有四进院落，第一进轿厅和第二进大客厅为外宅，第三进撷秀楼和第四进五峰书屋为内宅。园门设在第一进的轿厅之后，门额上砖刻“网师小筑”四字，外客由此门入园。另一园门设在内宅西侧，供园主人和内眷出入。园林的平面略成丁字形，它的主体部分(也就是主景区)居中，以一个水池为中心，建筑物和游览路线沿着水池四周安排。从外宅的园门入园，循一小段游廊直通“小山丛桂轩”，这是园林南半部的主要厅堂，取庾信《枯树赋》中“小山则丛桂留人”的诗句而题名，以喻迎接、款留宾客之意。轩之南是一个狭长形的小院落，沿南墙堆叠低平的太湖石若干组、种植桂树几株，环境清幽有若置身岩壑间。透过南墙上的漏窗可隐约看到隔院之景，因而院落虽狭小但并不显封闭。轩之北，临水堆叠体量较大的黄石假山“云岗”，有蹬道洞穴，颇具雄险气势。它形成主景区与小山丛桂轩之间的一道屏障，把后者部分地隐蔽起来。

轩之西为园主人宴居的蹈和馆和琴室，西北为临水的濯缨水阁，取屈原《渔父》“沧浪之水清兮，可以濯吾缨”之意，这是主景区的水池南岸风景画面上的构图中心。自水阁之西折而北行，曲折的随墙游廊顺着水池西岸山石堆叠之高下而起伏，当中建八方亭“月到风来亭”突出于池水之上。此亭作为游人驻足稍事休息之处，可以凭栏隔水观赏环池三面之景，同时也是池西的风景画面上的构图中心。亭之北，往东跨过池西北角水口上的三折

平桥达池之北岸，往西经洞门则通向另一个庭院“殿春簃”。

水池北岸是主景区内建筑物集中的地方，看松读画轩与南岸的濯缨水阁遥相呼应构成对景。轩的位置稍往后退，留出轩前的空间类似三合小庭院。庭院内叠筑太湖石树坛，树坛内栽植姿态苍古、枝干道劲的罗汉松、白皮松、圆柏三株，增加了池北岸的层次和景深，同时也构成了自轩内南望的一幅以古树为主景的天然图画，故以“看松读画”命轩之名。轩之西为临水的廊屋“竹外一枝轩”，它在后面的楼房“集虚斋”的衬托下益发显得体态低平、尺度近人。倚坐在这个廊屋临池一面的美人靠坐凳上，南望可观赏环池之景有如长卷之舒展，北望则透过月洞门看到“集虚斋”前庭的修竹山石，楚楚动人宛似册页小品。

竹外一枝轩的东南为小水榭“射鸭廊”，它既是水池东岸的点景建筑，又是凭栏观赏园景的场所，同时还是通往内宅的园门。三者合而为一，入园即可一览全园之胜，设计手法全然不同于外宅的园门。射鸭廊之南，以黄石堆叠为一座玲珑剔透的小型假山，它与前者恰成人工与天然之对比，两者衬托于白粉墙垣之背景则又构成一幅完整的画面。假山沿岸边堆叠，形成水池与高大的白粉墙垣之间的一道屏障，在视觉上仿佛拉开了两者的距离从而加大了景深，避免了大片墙垣直接临水的那种局促感。这座假山与池南岸的“云岗”虽非一体，但在气脉上是彼此连贯的。水池在两山之间往东南延伸成为溪谷形状的水尾，上建小石拱桥一座作为两岸之间的通道。此桥的尺度极小，颇能协调局部的山水环境。

水池的面积并不大，仅 400 平方米左右。池岸略近方形但曲折有致，驳岸用黄石挑砌或叠为石矶，其上间植灌木和攀缘植物，斜出松枝若干，表现了天然水景的一派野趣。在西北角和东南角分别做出水口和水尾，并架桥跨越，把一泓死水幻化为“源流脉脉，疏水若为无尽”之意。水池的宽度约 20 米，这个视距正好在人的正常水平视角和垂直视角的范围内，得以收纳对岸画面构图之全景。水池四周之景无异于四幅完整的画面，内容各不相同却都有主题和陪衬，与池中摇曳的倒影上下辉映成趣，益增园林的活泼气氛。在每一个画面上都有一处点景的建筑物，同时也是驻足观景的场所：濯缨水阁、月到风来亭、竹外一枝轩、射鸭廊。沿水池一周的回游路线又是绝好的游动观赏线，把全部风景画面串缀为连续展开的长卷。网师园的这个主景区确是定观与动观相结合的组景设计的佳例，尽管范围不大，却仿佛观之不尽，十分引人流连。

整个园林的空间安排采取主、辅对比的手法，主景区是全园的主体空间，在它的周围安排若干较小的辅助空间，形成众星拱月的格局。西面的殿春簃与主景区之间仅一墙之隔，是辅助空间中的最大者。正厅为书斋殿春簃，位于长方形庭院之北，院南有清泉“涵碧”及半亭“冷泉”。院内当年辟作药栏，遍植芍药，每逢暮春时节，唯有这里“尚留芍药殿春风”，因此而命名景题。园南部的小山丛桂轩和琴室均为幽奥的小庭院。小山丛桂轩之南是曲折状的太湖石山坡，其南倚较高的园墙而成阴坡，山坡上丛植桂树，更杂以蜡梅、海棠、梅、天竺、慈孝竹等。琴室的入口从主景区几经曲折方能到达，一厅一亭几乎占去小院的一半，余下的空间但见白粉墙垣及其前的少许山石和花木点缀，其幽邃安静的气氛与操琴的功能十分协调。园林北角上的集虚斋前庭是另一处幽奥小院，院内修竹数竿，透过月洞门和竹外一枝轩可窥见主景区水池的一角之景，是运用透景的手法而求得奥中有旷，设计处理上与琴室又有所不同。此外，尚有小院、天井多处。正由于这一系列大大小小的幽奥的或者半幽奥的空间，在一定程度上烘托出主景区之开朗。因此，网师园虽“地只数亩，而有迂回不尽之致……如旷如奥，殆兼得之矣”。

网师园的规划设计在尺度处理上也颇有独到之处。如水池东南水尾上的小拱桥，故意缩小尺寸以反衬两旁假山的气势；水池东岸堆叠小巧玲珑的黄石假山，意在适当减弱其后过于高大的白粉墙垣所造成的尺度失调。类似情况也存在于园的东北角，这里耸立着邸宅的后楼和集虚斋、五峰书屋等体量高大的楼房，与园中水池相比，尺度不尽完美，而又非堆叠假山所能掩饰。匠师们乃采取另外的办法，在这些楼房前面建置一组单层小体量、玲珑通透的廊、榭，使之与楼房相结合而构成一组高低参差、错落有致的建筑群。前面的单层建筑不但造型轻快活泼、尺度亲切近人，而且形成中景，增加了景物的层次，让人感到仿佛楼房后退了许多，从而解决了尺度失调的问题。不过，池西岸的月到风来亭体量过大，屋顶超出池面过高，多少造成与池面尺度不够协调的现象，虽然美中不足，但瑕不掩瑜。

建筑过多是清乾隆以后尤其是同治、光绪年间的园林中普遍存在的现象，网师园的建筑密度高达30%。人工的建筑过多势必影响园林的自然天成之趣，但网师园却能够把这一影响减小到最低限度。置身主景区内，并无困于建筑空间之感，反之，却能体会到一派大自然水景的盎然生机。足见此园在规划设计方面确乎是匠心独运，具有很高的水平，无愧为现存苏州古典园林中的上品之作。

（五）狮子林

狮子林位于苏州城内的园林路，原址在宋代时为有钱人家的别业。元代至正二年（1342年），天如禅师维则的弟子为供奉其师，相率出资，在吴中买地结屋，遂成园林。这就是狮子林的最初来历。初名“狮林寺”，后改名为“菩提正宗寺”，后又名“狮子林”。

明洪武五年（1372年），此园归并承天能忍寺。第二年，著名画家倪瓒经过狮子林，应寺中方丈释如海之邀作《狮子林图》，此图中狮子林小径幽深，山石峥嵘，亭台楼阁，宛如仙境。次年，释如海又邀蜀山画家徐贲绘《狮林十二景图》。从此，狮子林闻名遐迩，一时成为吴中文人赋诗作画胜地。

嘉靖年间，寺僧散去，园被当地豪门所占，并随着主人的没落而逐渐荒芜。

万历十七年（1589年），知县江盈科访求故地，重修该园，又有高僧明性持钵化缘，重建佛殿、经阁、山门，复为“圣恩寺”。这期间，园内有卧云室，立雪堂、问梅阁、指柏轩、禅窝、竹谷诸景。

清康熙四十二年（1703年），康熙南巡，曾亲临狮子林，并赐题“狮子林”匾额。乾隆初年，寺园分隔，其园林部分属川东道黄轩。黄氏精修府第，重整园林，取名“涉园”，又因园中有合抱古松五株，亦名“五松园”。咸丰以后，园渐衰落。

1917年，富商贝润生购得此园，大举修缮，建筑几近重建。因增置颇多，又参以西洋手法，贝氏之园比之倪瓒所绘图的旧貌已相差很远，但是楼台之宏丽，陈设之精美，仍被誉为民国时苏州各园之冠。

综观狮子林的整体布局，大体上是以水池为中心，有堤将池一分为二，池中有玉壶峰

一座。园中的山体和古建筑则绕大水池而设，湖石假山主要集中在东南面，而园内的主要建筑物多在西北面，西南两面建有长廊，布局十分紧凑。

狮子林既有亭、台、楼、阁、厅、堂、轩、廊之古建筑之美，更以湖山奇石、洞壑深邃而盛名于世，其假山的布置更是园林一绝，素有“假山王国”之美誉。元代流传至今的狮子林假山，群峰起伏，气势雄浑，奇峰怪石，玲珑剔透。假山群的设计极尽心思，有巧夺天工之妙。假山群共有九条路线，21 个洞口，横向极尽迂回曲折，竖向力求回环起伏，登降不遑，迷似回文。游人穿洞，左右盘旋，时而登峰巅，时而沉落谷底，仰观满目叠嶂，俯视四面坡差，或平缓、或险隘，给游人带来一种恍惚迷离的神秘趣味。古人有诗赞曰：“对面石势阴，回头路忽通。如穿九曲珠，旋绕势嵌空。如逢八阵图，变化形无穷。故路忘出入，新术迷西东。同游偶分散，音闻人不逢。变幻开地脉，神妙夺天工。”

狮子林的大门设置在原祠堂南部，两扇厚厚的黑漆大门庄重威严，门两旁设有狮子滚绣球盘砣石，大门正面有一座高大的八字照墙，显得十分古朴。进入大门，穿过一条狭窄的巷道，就可以看到立雪堂与燕誉堂。燕誉堂的北面有一小方厅，小方厅后面有一庭院，矮墙上筑一花坛，其中有一太湖石垒成的一座石峰，形体俯仰多变，似有九只小狮子，故称为“九狮峰”。此院西部有一海棠形的洞门，门楣有砖刻“涉趣”“探幽”四字，穿过洞门就进入了花园。

进入花园，首先映入眼帘的是池水碧波，堤上湖心亭、池中玉壶峰两相映衬，使人意趣顿生。池南面的假山奇峰峻峭，突兀嵌空；石笋林立，古柏苍苍。北部的主体建筑是指柏轩。指柏轩共两层，高大宽敞，四周设落地漏窗，在轩内观赏园景有如挂画。轩前宽敞的平地上植玉兰，轩西植竹数枝，绿影摇曳，清风自引。

狮子林的假山大多集中在园的东南面，分东西两个部分，各自形成一个大环形，山上布满着奇峰怪石，石缝中还生长着不少粗大的古树，枝干交错，绿叶扶疏，树岩交融，使顽石有了自然的活力。屹立在南部变幻无穷、千姿百态的假山群中的狮子峰，是假山中最大的一块。它位于卧云室的东南面，具有石中之王的气派。卧云室旁边的假山群，怪石峥嵘，前后左右把整个建筑都包围了，宛如石林一样。大大小小，各显姿态，有挺立着的，有蹲伏着的，都像狮子，有的似大狮，有的似小狮，有的似舞狮，有的似吼狮，有的似在搏球，有的似在相斗，足有 500 余种不同形象。

从真趣亭再往西，就是用土垒成的山峰，山上建有飞瀑亭、问梅阁、双香仙馆等建筑。问梅阁为此处的主建筑与观赏主景。阁内花窗雕成梅花形，室内的桌凳也是仿梅花形，室外有梅数株，梅花盛开时可倚窗赏梅。

三、园林特征

从乾隆到清末的不到二百年的时间，是中国历史一个急剧变化的时期，也是中国古典园林发展史的一个终结时期。这个时期的园林继承了上代的传统，取得了辉煌的成就，同时也暴露出封建文化的末世衰颓的迹象。这个时期的园林实物大量完整地保留下来，大多数都经过修整开放作为公众观光游览的场所。因此，一般人们所了解的“中国古典园林”，其实就是成熟后期的中国园林。这个时期的造园活动可大致概括为六个方面。

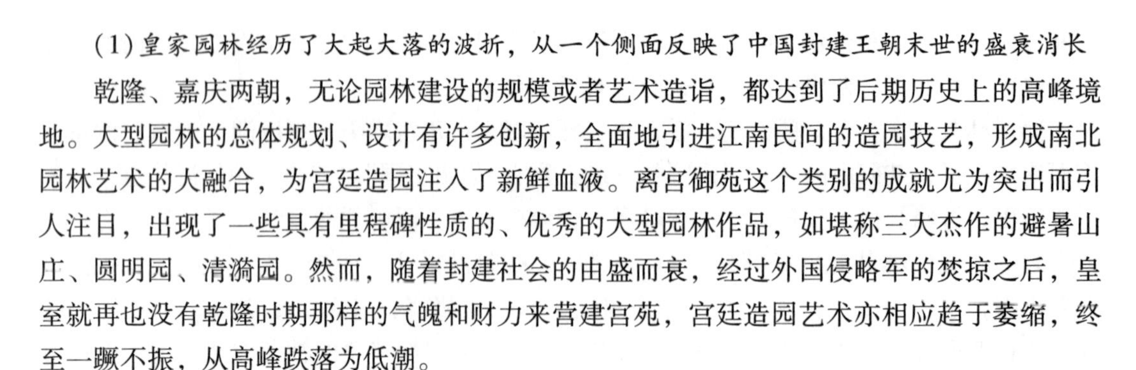

(1)皇家园林经历了大起大落的波折，从一个侧面反映了中国封建王朝末世的盛衰消长

乾隆、嘉庆两朝，无论园林建设的规模或者艺术造诣，都达到了后期历史上的高峰境地。大型园林的总体规划、设计有许多创新，全面地引进江南民间的造园技艺，形成南北园林艺术的大融合，为宫廷造园注入了新鲜血液。离宫御苑这个类别的成就尤为突出而引人注目，出现了一些具有里程碑性质的、优秀的大型园林作品，如堪称三大杰作的避暑山庄、圆明园、清漪园。然而，随着封建社会的由盛而衰，经过外国侵略军的焚掠之后，皇室就再也没有乾隆时期那样的气魄和财力来营建宫苑，宫廷造园艺术亦相应趋于萎缩，终至一蹶不振，从高峰跌落为低潮。

(2)民间私家园林一直承袭上代的发展水平，形成江南、北方、岭南三大地方风格鼎峙的局面，其他地区的园林受到三大风格的影响，又出现各种亚风格

私家园林的乡土化意味着造园活动的普及化，也反映了造园艺术向广阔领域的大开拓。在三大地方风格之中，北方私家园林布局上轴线结构和对称手法明显，运用了较多中轴线和对景线，整体感强；岭南园林总体布局以住宅、祠堂、园林三者浑然一体，追求雅淡自然，如诗如画的田园风韵，文人文化生活追求表现得淋漓尽致；江南园林强调在有限的空间里运用造景手段丰富层次，在自然式山水骨架的基础上创造多变的空间，小中见大，不拘一格，其因精湛的造园技艺和保存下来的为数甚多的优秀作品，而居于首席地位。这个时期，私家造园技艺的精华差不多都荟萃于宅园，宅园这个类别无论在数量或质量上均足以成为私家园林的代表；相对而言，别墅园林却失去了上代那样兴旺发达的势头。这种情况表明了市民文化的勃兴影响及于士人，把目光更多地投向城市中的壶中天地、咫尺山林，同时也反映出私家造园由早先的“自然化”为主逐渐演变为“人工化”为主的倾向。在汉民族和受汉文化影响的地区，文人园林风格虽然更广泛地涵盖私家造园活动，但它的特点却逐渐消融于流俗之中。私家园林作为艺术创造，尽管具有高超的技巧，大多数却已不再呈现宋、明时期的生命活力了。

(3)宫廷和民间的园居活动频繁，“娱于园”的倾向显著

园林已由赏心悦目、陶冶性情为主的游憩场所，转化为多功能的活动中心，同时又受到封建末世的过分追求形式美和技巧性的艺术思想的影响。园林里面的建筑密度较大，山石用量较多，大量运用建筑物来围合、分隔园林空间，或者在建筑围合的空间内经营山池花木。这种情况，一方面固然得以充分发挥建筑的造景作用，促进了叠山技法的多样化，有助于各式园林空间的创设；另一方面则难免或多或少地削弱园林的自然天成的气氛，增加了人工的意味，助长了园林创作的形式主义倾向，有悖于风景式园林的主旨。

(4)公共园林在明朝的基础上，又有长足发展

公共园林不同于其他园林类型的独特特征也比较突出，譬如，完全开放性的布局，依托于天然水面而略加点染，利用古迹、名胜和桥梁、水闸等工程设施，略加艺术化的处理，造景不做叠石堆山、小桥流水而重在平面上的简洁、明快的铺陈，等等。这都是沿袭并发展了唐宋以来的传统而形成。又由于这一时期市民文化的勃兴，适应于市民阶层的实际需要和生活习俗，把商业、服务业与公共园林在一定程度上结合起来，形成城市里面的开放性的公共

绿化空间，已经有几分接近现代的城市园林了。然而，封建社会里面的封建文化毕竟尚居于主导地位。公共园林虽然已有较普遍的开发，但多半还是出于自发的状态，其规划设计也没有得到社会上的关注，始终处在较低级的层面上，远未达到成熟的境地。

(5)造园的理论探索停滞不前，再没有出现像明末清初那样的有关园林和园艺的略具雏形的理论著作，更无进一步科学化的发展

许多精湛的造园技艺始终停留在匠师们口授心传的原始水平上，未能得到系统总结、提高而升华为科学理论。明末清初涌现出来的一大批造园家所呈现的群星灿烂的局面，也仿佛仅仅昙花一现；而唐宋以来的文人造园热情，似乎已消失殆尽，文人涉足园林亦不像早先那样能够结合于实践。诗文中论及园林艺术的多数只是一鳞半爪，偏于描述性的心领神会，因而难免浮泛空洞、无补于实，失却了早先文人参与造园的进取、积极的富于开创性的精神。

(6)随着国际、国内形势变化，西方的园林文化开始进入中国

乾隆年间任命供职内廷如意馆的欧洲籍传教士主持修造圆明园内的西洋楼，西方的造园艺术首次引进中国宫苑。但修造西洋楼仅仅出于乾隆皇帝的猎奇心理，从建筑和园林的角度看来也不是一件成功的作品。乾隆本人对它的兴趣似乎并不太大，它对圆明园总体的造园艺术亦未产生多大影响。沿海的一些对外贸易比较发达的商业城市，华洋杂处，私家园林出于园主人的追求时尚和猎奇心理，而多有模拟西方的。东南沿海地区，大量华侨到海外谋生，致富后在家乡修造邸宅、园林，其中便掺杂不少西洋的因素。但这些多半限于局部和细部，并未引起园林总体上的变化，也远未形成中、西两个园林体系的复合、变异。所以说，中国古典园林即使处在末世衰落的情况下，在技艺方面仍然有所成就，仍然保持着其完整的体系。

到了清末，造园理论探索停滞不前，加之外国的侵略，西方文化的冲击，国民经济的崩溃等原因，园林创作由鼎盛逐渐衰落。特别是在近代，社会动荡不安，国家内忧外患。中国古典园林文化受到前所未有的冲击，许多古典园林年久失修，逐渐失去了往日的艺术形象，导致中国园林西化现象明显，对中国传统园林文化造成的影响深远。但在此时，我国传统园林文化依然表现出强大生命力，兼容并蓄，将中国传统园林文化继续推进和发展，显露出独特的园林特点。出现由民国政府、军阀和部分社会文人、商人、洋人等建造园林的集中阶段。造园手法受西风东渐的影响，与西方“公园”概念相对应，出现了中西合璧风格的殖民政治租界公园，如爱国人士自筹自建的无锡公花园，官方建设具有农耕文化特征的北京农事实验场，大学教授专家参与建成的成都少城公园，文人建设的西泠印社。这个时期的园林体现了中西方文化的交流与碰撞。近代中国园林建设与发展，虽然我国社会、经济、政治各方面的发展都受到前所未有的挑战与打压，但中国古典园林艺术一直传承与发展，其造园手法已被西方国家所推崇和模仿，在西方国家掀起了一股“中国园林热”。中国园林艺术从东方传到西方，成为被全世界所公认的园林艺术之奇观，因而，被称为“世界园林之母”。

下篇 外国园林史

第九章　古代及中世纪园林

◇学习目标

知识目标

(1)了解古埃及、古巴比伦、古希腊、古罗马、中世纪西欧园林产生的背景;

(2)掌握古埃及、古巴比伦、古希腊、古罗马、中世纪西欧园林的类型及特征;

(3)了解古埃及、古巴比伦、古希腊、古罗马、中世纪西欧园林的代表园林作品。

技能目标

(1)能够理解中世纪以前的西方、中亚园林的特点;

(2)能够认识西方、中亚园林的园林艺术。

素质目标

(1)认识古埃及、古巴比伦、古希腊、古罗马、中世纪西欧园林的思想，培养对生活的热爱、对人性的关怀;

(2)了解古埃及、古巴比伦、古希腊、古罗马、中世纪西欧园林的自然、地理环境对台地园产生的影响，养成环境分析的工作习惯、因地制宜的设计思想。

古埃及、古希腊和两河流域的古巴比伦以及地中海东部沿岸地区是西方文明发展的摇篮。

古埃及和美索不达米亚地区是古代园林发展最早的国家和地区，公元前538年波斯灭新巴比伦，公元前525年征服埃及，发展了波斯园林。公元前5世纪，希腊在希波战争中获胜，快速发展了希腊园林。后来，罗马帝国占据主要地位，汲取了以上国家地区的园林成果，发展了罗马帝国的园林。公元前500年至15世纪文艺复兴之前，阿拉伯人在吸收古埃及和近东地区文明及园林艺术的基础上，形成了以水池或水渠为中心的阿拉伯园林，建筑物大半通透开敞，园林景观具有一定幽静气氛的独特风格。14世纪是伊斯兰园林的鼎盛时期，并逐渐演变为印度的莫卧儿园林。15世纪，欧洲西南端的伊比利亚半岛由于地理环境和长期的安定局面，园林艺术得以持续地发展伊斯兰传统，并吸收罗马园林的若干特点，将其融冶于一炉，建筑物随处可见大型券洞，加上穿插引流的水渠和水池，充满了“绿洲”的情调。

第一节　古埃及园林

一、古埃及园林发展概况

古埃及位于非洲大陆的东北角，东临红海，南邻努比亚，北临地中海，横跨亚非两

洲。尼罗河从南到北纵穿其境内，构成狭长的河谷地带，每到雨季，尼罗河河水泛滥，滋润着两岸干旱的土地，从上游带来大量肥沃的淤泥使得两岸河谷及下游三角洲成为著名的粮仓。埃及气候干旱少雨，夏季酷热，冬季温暖，日照强烈，森林资源少而沙石资源较丰富，这些因素显著影响着埃及园林风格的形成和特色。

古埃及是一个具有古老文明和历史悠久的国度，是世界四大文明古国之一。古埃及文明最早起源于上埃及，距今大约 2 万年。大约在公元前 3100 年，南方的美尼斯统一了上、下埃及，开创了法老专制政体，到公元前 332 年马其顿的亚历山大大帝征服埃及为止，整个法老时期共经历了 8 个时期 31 个王朝：前王朝时代（约前 3100—前 2686 年），埃及发明了象形文字，已经有了关于花园和园艺技术的记录；古王国时代（约前 2685—前 2034 年），埃及出现了供奉太阳神的神庙和墓园金字塔，并且出现了以种植蔬菜和果木为主的实用园，标志着古代埃及园林的形成；中王国时代（约前 2033—前 1568 年），埃及这个时期的统治者非常注重灌溉农业，兴建了许多宫殿、神庙和陵寝园林；新王国时代（约前 1567—前 1085 年），这个时期埃及国力强盛，园林也进入了一个发展鼎盛期。

二、古埃及园林类型

古埃及园林类型主要有宅园、墓园、圣苑、神苑、圣林等。

1. 宅园

宅园是古埃及法老及贵族为了满足其奢侈的生活享受而修建的私园，在公元前 16 世纪出现了宅园。根据埃及古墓中发掘出的石刻所绘制的宅园图（图 9-1），可以看出当时的宅园布局采用整形对称的规则式。

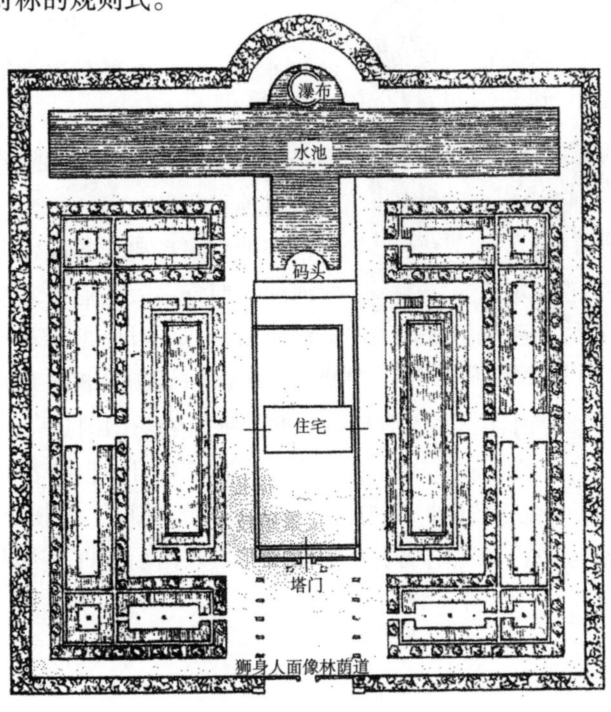

图 9-1　法老宅园

园址呈正方形，地形平展。四周围绕着厚重的围墙，入口处矗立着埃及特有的塔门，有的宅园有多重塔门，塔门前有狮身人面像及林荫道，塔门和住宅之间笔直的甬道形成明显的中轴线。宅园内有大面积的水池和绿植，显得非常凉爽舒适。有些大型的私园呈现了园中有园的布局，园内以树木和低矮的围墙分割空间，各自独立又相互联系，这类私园一般都修建有大型水池和瀑布，甚至可以泛舟嬉水。

2. 墓园

墓园即陵寝园林。古埃及人认为人的死亡是肉体和灵魂的暂时分离，只是从一个世界转化到另一个世界，古埃及人的生死观造成古埃及盛行庭院葬礼风俗，法老特别热衷于在世时建造自己灵魂的安息之所。早期的墓地深入地下，地面上没有建筑和园林，在古王国时代出现了以金字塔建筑为主体的陵墓，金字塔是一种锥形建筑物，因外形酷似中国汉字“金”，故名。其中，最高的金字塔是胡夫金字塔，高 146.5 米，底边长 230 米，一共用了 230 万块巨大的石料，最大石块重达 2.5 吨，每年用工 10 万名奴隶，共用了 30 年时间建成。金字塔体形硕大、异常坚固却又设计精密、严丝合缝，集中体现了古埃及高超的工程技术水平，被誉为古世界七大奇迹之一。在巨大的陵墓周围有墓园，一般规模较小，内有笔直的圣道，水池和植物均衡对称地分布在圣道两侧。在陵寝园林地下墓室的墙壁和屋顶上装饰着大量的壁画和雕刻，内容记述的是古埃及人的日常生活，为我们了解古埃及提供了宝贵的资料。

图 9-2　德尔·埃尔·巴哈里神庙复原图

3. 圣苑

古埃及法老信奉太阳神，圣苑是法老为了参拜天神而修建的神庙及其附属的园林。宗教是埃及政治生活的重心，从某种程度讲圣苑比墓园更为重要。埃及从古王国时代开始就建造了大量的太阳神庙，神庙一般都以中轴线为中心，呈南北方向延伸。最著名的神庙是公元前 15 世纪哈特舍普苏特女王建造的祭祀阿蒙神的德尔·埃尔·巴哈里神庙(图 9-2)。

该神庙建在狭长的坡地上，巧妙地避开了尼罗河的定期泛滥。人们将该坡地改造成三层平台来修建露坛。入口处排列着长长的两排狮身人面像，进入塔门后，沿着笔直的坡道缓缓而上，第二、三层平台均有大型的列柱廊嵌入露坛的后壁。神庙的塔门附近、道路两旁行列式种植着洋槐林荫树，露坛上种植了从蓬多引进的香木，神庙的四周包围着高大的乔木。因为古埃及将树木视为圣品，所以会在神庙的四周围合大片的林地，烘托出神庙肃穆神秘的氛围，形成附属神庙的“圣苑”。在圣苑中种植棕榈、埃及榕、洋槐、香木，并修建圣湖，在圣湖中种植荷花和纸莎草，放养圣物——鳄鱼。

三、古埃及园林特征

古埃及园林的类型及其特征，是古埃及自然地理条件、社会生产发展状况、宗教风俗

信仰和人们生活习俗的综合反映。

从造园思想上看，古埃及浓厚的宗教思想和永恒不灭的生命观，是古埃及墓园和圣苑这两种园林类型出现的直接原因。园林内动植物和园林小品的使用都具有浓重的宗教思想。古埃及人将树木视为奉献给神灵的祭品，在神庙的四周会围合大片的林地表达对神灵的崇拜，在圣湖中种植荷花和纸莎草，放养圣物鳄鱼，体现出宗教的神圣、庄严和崇高。在墓园的周围规则整齐地栽植树木，营造出静谧的氛围。在许多庭院里出现的方尖碑，其外形类似于金字塔，碑身四周刻有象形文字，塔尖用金、铜或者金银合金包裹，当太阳照到碑尖时，会闪闪发光，在庭院中矗立着方尖碑，也是表达出强烈的宗教信仰。

从园林要素来看，水体和树木是古埃及园林中使用最多的要素，棚架和凉亭等建筑小品也多见。古埃及自然环境恶劣，在干旱炎热的气候条件下，营造阴凉湿润的小气候成为园林最重要的功能。水能滋润灌溉土地，水体能增加空气湿度，同时水又是娱乐享受的奢侈品。古埃及的园林充分体现出亲水性的特征，园林大多选择建在靠近水源的平地上，如著名的金字塔墓园大部分都建在尼罗河下游的西岸。园林中的水池采用“下沉式”，略低于地面，池岸的阶梯一直延伸到水面，类似于亲水平台，方便人们戏水玩耍。水池内种植着水生植物，养殖着水鸟和鱼类，为园林增添了许多自然的气息。古埃及园林中的植物主要以遮阴树为主，除了埃及榕、棕榈、枣椰子等乡土树种，也注重引进外来树种，石榴、葡萄、无花果和槐树等具有实用价值的树木也很多见。早期花卉品种少，颜色淡雅居多，后期品种逐渐增多，有迎春、月季、睡莲、蔷薇、矢车菊、罂粟等。植物的种植方式多样，花卉种植在花坛和木箱中，甬道上面搭设着葡萄棚架，桶栽植物整齐地摆放在道路的两边。

从构园方式上看，古埃及的园林布局规整对称，人工气息浓厚，是世界上规则式园林的发源地。园址大多呈方形或矩形，四周有厚重的围墙，布局采用中轴对称的规则式，严谨有序，给人以均衡稳定的感受。几何形的水池造型，树木行列式的种植方式，方直的园林规划，具有强烈的人工气息，这与古埃及当时几何学和测量学的发展水平有关，更是与古埃及人在恶劣的自然环境中力求改造自然的智慧和勇气有关。

第二节　古巴比伦园林

一、古巴比伦园林发展概况

古巴比伦王国位于底格里斯河和幼发拉底河之间的美索不达米亚平原，古巴比伦文明是世界最早的文明发源地，与中国、古埃及、古印度并称为世界四大文明古国。据说《圣经》中描绘的伊甸园就在这里。古巴比伦的地理环境和气候条件非常好，这里气候温暖湿润，土地肥沃美丽，盛产石油，缺乏石料，沟渠纵横，河网密布，偶尔雨量大时也会泛滥成灾。

公元前4000年，最早生活在这里东南部的苏美尔人和西北部的阿卡德人建立奴隶制国家，出现了楔形文字；公元前3500年，出现了城市，修建了形式多样的园林；公元前

1900年，建立了国力强盛的巴比伦王国，建造了华丽的宫殿、庙宇及城墙；公元前604年，巴比伦王国几经战乱后再度兴盛，国王尼布甲尼撒二世大兴土木，修建宫苑，其中最著名的就是“空中花园”。

二、古巴比伦园林类型

古巴比伦的园林类型大致有城市花园、猎苑、神苑和宫苑。

1. 城市花园

在古代幼发拉底河的下游地区，苏美尔人建立了最古老的城市——乌尔城，公元前2000年苏美尔诗人曾这样描绘这座美丽的城市：三分之一是城市，三分之一是花园，三分之一是神的辖区。花园里处处栽种着果树和草本植物，柳树和黄杨组成了郁郁葱葱的小树林，山坡上绿树成荫，绵延数里，姑娘们头戴着雏菊和枝条缠绕而成的头饰，在花园内玩耍嬉戏。乌尔城里建有雄伟的亚述古庙塔，或称“大庙塔”，是座大型的宗教建筑，三层塔身的平台上层层叠叠种着植物和鲜花，1500年之后出现的“空中花园”即发源于此。

2. 猎苑

两河流域雨量丰富，气候温和，有着茂密的森林。在进入到农业文明之后，人们依旧执迷于过去的渔猎生活，所以在古巴比伦出现了以天然森林为主体，以狩猎为娱乐目的，以自然风格取胜的猎苑(图9-3)。

图9-3　科尔撒巴德猎苑

3. 神苑

古巴比伦王国的宗教表现为多神崇拜和树木崇拜，神庙数不胜数。在神庙的周围行列式地种植树木形成神苑，与古埃及的圣苑颇为类似。据记载，亚述国王萨尔贡二世曾在裸露的岩石上建造神庙，祭祀亚述历代守护神。从发掘的遗址中看，该遗址占地面积约1.6万平方米。在建筑物的前面有大片的沟渠和成行排列的种植穴，这些在岩石上的圆形种植穴有1.5米深，由此可以想象出林木幽邃、绿树成荫的神庙是多么神圣肃穆。

4. 宫苑

古巴比伦的宫苑园林是被称为古代世界七大奇迹之一的“空中花园”，又称“悬园”“架

图 9-4　空中花园复原图

空园”。“空中花园”实际上并不是悬在半空中，而是建在梯形高台上宜居宜游的人工花园，由于花园比宫苑的围墙还要高，所以远远看去就像是悬在半空中(图 9-4)。

“空中花园”由新巴比伦国王尼布甲尼撒二世在公元前 7 世纪建成。千百年来，关于“空中花园”的形成还有一个美丽动人的爱情传说。新国王尼布甲尼撒二世娶了伊朗山区米底王国的公主米蒂斯。公主温柔多情，深得国王的宠爱。但是时间不长，公主愁容渐生，郁郁寡欢。原来公主思乡情切，想念家乡巍峨的高山和蜿蜒的山中小道。为了慰藉公主的思乡之苦，国王找来全国的工匠按照米底的景色，在他宫殿的广场上建造了层层叠叠的梯形花园，在花园里种植奇花异草，修建盘山小道，园内啾啾鸟鸣、潺潺流水，巧夺天工的园林景色终于博得了公主的欢心。“空中花园”奇丽壮美的景色通过在巴比伦城朝拜、经商或旅游的人们口口相传，从此闻名遐迩。

空中花园设计巧妙，构思奇特令人叹为观止。它建在一个面积 5 万平方米的高台之上，整体呈金字塔状。由数层阶梯状平台组成，每层平台外部边缘由高大粗重的拱顶石柱支撑，内有浴室、房间和洞府等。台层上覆盖有肥沃的土壤，各台层之间有阶梯联系。空中花园的引水灌溉技术和防水技术较先进。据考证，当时的供水系统设计采用了一种螺旋叶片的装置，人工摇动螺旋叶片的把手，水便会从河里被螺旋状的叶片汲起，经过预先设置的管道输送到顶端的储水池内，再经过人工逐层浇灌植物，同时形成活泼的水帘和动人的跌水景观。由于常年受到水流的侵蚀，空中花园的平台防水是需要解决的难题，有研究人员指出，空中花园建筑材料中使用的砖块可能添加了芦苇、沥青和瓦片，为了稳固地基，在两层砖块之间浇注一层铅，防止渗水。

三、古巴比伦园林特征

古巴比伦园林的类型和风格特征，与当地自然条件、宗教思想、工程技术发展水平有关。

从园林类型上看，有受自然条件及生活习俗影响而产生的猎苑，有受宗教思想影响而产生的神苑，有受当地自然条件和工程技术发展影响而产生的“空中花园”，特别是“空中花园”标志着古巴比伦在建筑承重、防水技术和园林花艺方面走在世界的前列。

从园林要素上看，古巴比伦建筑最大的突破就是从平面发展为立面，建筑采用两河流域流行的拱券结构，出现了以“空中花园”为代表的宫苑和宅园。在炎热的气候下，“空中花园”的设计能避免阳光直射屋顶，同时在屋前建造开阔的通道，起到遮阳和通风的作用，改善居住环境的小气候。受地形和宗教崇拜的影响，当地人喜爱高台建筑，把建筑物建在土山和台地的顶端，既能突出主景，开拓视野，又能避免遭受洪水和暴雨的袭击。古巴比伦人在与洪水长期斗争的过程中积累丰富的治水经验，引水到猎苑、“空中花园”形成贮水池，既满足动物饮水和植物灌溉的需要，又能营造水景。古巴比伦与古埃及一样对植物有灵性崇拜，在早期的巴比伦宣言中说道：“我为上帝种了果树，并且每日向他敬献。”植物被认为是国家的财产和圣物，具有象征意义的圣树规则地种植在神庙的周围和国王的花园里。植物的种植形式除了规则式，还有自然式，早期的植物配置主要集中在建筑物的入口处，花床位于中庭的中央或者布局在四周。在猎苑中增加许多人工种植的树木，主要有香木、意大利柏木、石榴、葡萄，同时还豢养许多的动物。古巴比伦人非常注重对外文化的交流，盛行到世界各地去收集植物。植物的种类较多，包括一些稀有果树。花园里的花卉既有野生驯化的，也有引种培育的，根据史料记载，可能有百合、蔷薇、雏菊、茉莉、郁金香、锦葵和罂粟等。

第三节　古希腊园林

一、古希腊园林发展概况

古希腊位于欧洲东南部的希腊半岛，包括地中海东部的爱琴海诸岛及小亚细亚西部的沿海地区。属于地中海气候，夏季阳光充足，冬季温和宜人。古希腊三面临海，海岸线曲折，航海事业发达。境内多山，土地贫瘠，仅限于种植葡萄和橄榄，粮食不能自给，只能依靠海外贸易，用葡萄酒和橄榄油交换粮食，所以对外交流频繁。

古希腊是由众多城邦组成的地区，却创造了统一的希腊文化，希腊文化源于爱琴海文化，先后经历了克里特文明（前 3000—前 1450 年）和迈锡尼文明（前 1600—前 1100 年），均出现过规模宏大的国王宫殿，人们酷爱植物，也出现过小规模的中庭。希腊最终在多利安人的野蛮摧残中逐渐衰落。但是希腊文化对罗马及整个欧洲文化都产生了深远的影响。

西方有记载的科技、文化、艺术都源于古希腊，光辉灿烂的古希腊文化是欧洲文化的摇篮。希腊政治上实行民主制，男性公民享有充分的政治权利。由于战争和航海的需要，

古希腊竞技体育高度发达，喜欢在户外进行体育锻炼，公共集体和民众集会活动较多，大量的公共娱乐建筑设施应运而生。古希腊的建筑、雕塑达到了很高的水平，建筑和谐庄重，注重雕刻装饰。古希腊盛产大理石，为建筑和雕刻提供了源源不断的材料。

古希腊崇尚多神崇拜，创造了丰富多彩的神话系统，希腊神话是世界神话之最。希腊的神话故事和神话人物形象频繁地成为音乐、文学、雕塑作品的主题。古希腊有个祭祀植物神阿多尼斯的节日。传说中阿多尼斯长得风度翩翩、英俊潇洒，爱与美之神阿佛洛狄忒对他一见倾心，十分爱慕。不幸的是阿多尼斯在清晨的一次打猎中被野猪咬死了，阿佛洛狄忒得知后非常悲痛，多次恳求冥神让阿多尼斯活过来。冥神被阿佛洛狄忒的痴情打动，决定每年的四月到九月让阿多尼斯复活。在古希腊阿多尼斯是一个受妇女崇拜的神，每年的四月她们都会自发举行迎接阿多尼斯复活的节日。她们在自家屋顶上竖起阿多尼斯雕像，在雕像四周环以土钵，土钵内种植着发了芽的小麦、大麦、莴苣、茴香等，这种屋顶花园就被称为阿多尼斯花园。后来欧洲将花环围绕着雕像的做法固定下来，对欧洲园林花坛艺术的发展起到重要的影响。

二、古希腊园林类型

古希腊园林类型主要有宫廷庭院、圣林、宅园、文人园和公共园林。

1. 宫廷庭院

古希腊由 200 多个大小城邦国家组成，国王和贵族手中的政治权利和财富较少，所以贵族们把目光更多地投入搜寻海外的黄金和奇珍异宝上，对本国的政治不是很感兴趣，宫苑园林的数目不多，规模都不大。《荷马史诗》中对阿尔卡诺俄斯王宫做了详细的描绘：“宫殿所有的围墙用整块的青铜铸成，上边有天蓝的挑檐，柱子饰以白银，墙壁、门为青铜，而门环是金的。门两旁还有几只巨大的狗，其中一只是金的，其余是银的……大厅两侧摆放着木座椅，地上铺着当地妇女织的精美的地毯……”“从院落中进入到一个很大的花园，周围绿篱环绕，下方是管理很好的菜圃。园内有两座喷泉，一座落下的水流入水渠，用以灌溉；另一座喷出的水，流出宫殿，形成水池，供市民饮用。”由此可知，当时的宫苑豪华，园林精致。花园、庭园主要以实用为目的，生产色彩浓厚。绿篱植物起到隔离作用。此外，历史上首次出现了喷泉的记载，这说明古希腊的早期园林也具有一定程度的装饰性、观赏性和娱乐性。古希腊最豪华气派的宫苑是位于克里特岛的克诺索斯宫苑，该园建于公元前 16 世纪，坐落在缓坡上，冬季能挡住寒风，夏季能迎来凉风，冬暖夏凉，选址非常好。宫苑内遍植林木，古树参天。通过一个 1400 多平方米的长方形露天中央庭院把东宫和西宫联系在一起，在宫苑墙壁上绘有大量精美的花草壁画，为的是在万木凋零的冬季在室内也能欣赏到花草和树木。整个宫苑面积巨大，结构复杂，过道楼梯迂回曲折，楼上楼下高低错落，据说没有向导指引很少有人能独自走出来，是一个眼花缭乱的迷宫，也是历史上最早有迷宫记载的宫苑。

2. 圣林

古希腊圣林和古埃及、古巴比伦的圣林相类似，是神庙周围园林化的环境。古希腊庙宇林立，神庙是祭祀众神和英雄的场所，人们不仅在神庙里举行祭祀仪式，而且还进行各

种娱乐活动，希腊人的各种活动往往都和祭祀联系在一起，所以各种类型的园林中都设有神庙和祭堂。古希腊崇拜树神，把树木作为礼拜的对象。在神庙四周规则种植着大面积的遮阴树和果树，起到围墙的作用。在奥林匹亚祭祀场的阿波罗神殿周围有 60~100 米宽的空地，即当年圣林的遗址。在林中设置雕塑、瓶饰和座椅等，一方面营造出肃穆神圣的祭祀氛围；另一方面方便人们休息和进行娱乐活动。

3. 宅园

宅园又称柱廊园、柱廊式中庭。古希腊的建筑以讲究比例和柱式结构著称。希腊的柱式由柱基、柱身和柱头等几部分组成，柱子和柱廊是希腊建筑组成的重要部分。希腊柱共有三种柱式，分别为陶立克式(男人柱)、爱奥尼克式(女人柱)和科林斯式(少女柱)。后期古罗马在希腊三种柱式的基础上发展成五种柱式并形成拱券的建筑形式。柱廊园类似于四合院式的布局方式，一面为厅，两边为住宅，厅前及另一侧是排列整齐的列柱廊，后逐渐发展成为四周都有列柱廊围绕的中庭，早期中庭的地面是硬质铺装，装饰着雕塑、瓶饰和大理石喷泉，以实用性为主，后期人们开始在中庭里种植花草和树木，形成美丽的柱廊园，水池设在花丛中，具有娱乐性和观赏性。后世的罗马中庭式庭园和欧洲中世纪寺庙园林是对希腊柱廊园的继承和发展。

4. 文人园

希腊涌现出许多杰出的哲学家、教育家和数理学家，他们喜欢在风景优美的公共场所露天讲学授徒。后来为了讲学方便，他们建造了自己的学术园林。公元前 387 年，柏拉图在雅典城内的阿卡德摩建立了自己的学园，这是西方首个学园，也是中世纪西方大学的前身。演说家李库尔格、哲学家亚里士多德在阿波罗神庙周围的园地另辟自己的学园。哲学家伊壁鸠鲁的学园占地面积很大，充满田园情趣，他被认为是第一个把田园风光带到城市中的人。哲学家提奥弗拉斯特也曾建立了一所建筑与庭园合为一体的学园，园内有树木花草及亭、廊等。文人园的布局比较雷同，园内有供散步的林荫道，种有悬铃木、齐墩果、榆树等，还有覆满攀缘植物的凉亭。学园中也设有神殿、祭坛、座椅和纪念英雄的纪念碑等。

5. 公共园林

公共园林是所有社会成员共享的园林类型。古希腊民主思想发达，有众多的集体活动和公共集会，所以产生了公共园林。当时的公共园林包括体育场、竞技场、剧场等，供人们锻炼休闲、辩论演讲、文娱活动和祭祀。公元前 776 年，在希腊的奥林匹亚举行了第一次运动竞技会，以后每四年举行一次，希腊的体育事业蓬勃发展起来，出现了大量的训练场和体育场。一开始人们在裸露的地面上进行体育锻炼，后来在体育场地种植大量的遮阴树和果树，林中安置着雕塑、瓶饰、凉亭、座椅、柱廊等小品。希腊哲学家柏拉图曾建造祭祀英雄的阿卡德米体育场，场内种植三球悬铃木和灌木，有大理石镶边的椭圆形的跑道。其中最大的体育场是建在帕加蒙城的吉纳西姬体育场(图 9-5)。

该体育场建于坡地上，地形落差约 40 米，该坡地被开辟成三层平台，上层平台有柱廊式庭院，为生活区，中层平台为庭院，下层平台为游泳池。周围围绕着大片的森林，林中放置着瓶饰、雕塑等。

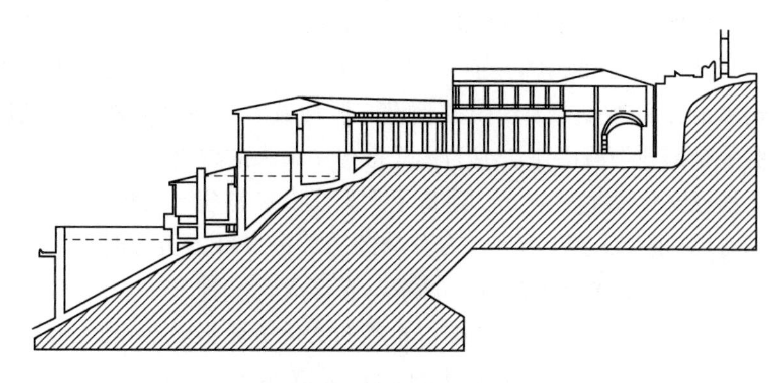

图 9-5　帕加蒙城的吉纳西姬体育场(剖面图)

三、古希腊园林特征

古希腊园林形式和特点受到特殊地理气候条件和人文因素的影响。

古希腊园林奠定了欧洲规则式园林发展的基础。受古希腊人生活习惯的影响，园林被看成是建筑的一部分，园林的规划设计和建筑设计保持统一。古希腊建筑受美学、哲学思想的影响，讲究比例和对称，所以园林的布局从一开始也就朝着理性、规律、规则的方向发展。古希腊园林中首次出现了喷泉的理水手法；首次出现了谜园的设计；首次出现了柱式建筑结构；首次出现了以悬铃木为行道树；首次出现了大规模的公共园林，标志着园林的社会属性具有了历史性的进步。古希腊的体育场、文人园、柱廊园等园林类型，成为欧洲近代体育公园、校园、寺庙园林的雏形。古希腊园林在欧洲园林发展史中占据着无可比拟的地位。

古希腊园林最初的形式是实用性的果树园，根据荷马史诗的记载，古希腊的庭院中规则种植着种类繁多的果树：有苹果、葡萄、梨、栗子、无花果、石榴、橄榄等；后期庭院内植物运用丰富起来，庭院内整齐地栽种着柳、榆、柏、夹竹桃以及色彩艳丽的花卉。在提奥弗拉斯的《植物研究》中，曾记载的植物种类达到500多种，园林中常见的植物有桃金娘、山茶、百合、紫罗兰、三色堇、石竹、勿忘我、罂粟、风信子、飞燕草、芍药、鸢尾、金鱼草、水仙、向日葵等。亚里士多德的著作中记载，当时已用芽接法繁殖蔷薇，蔷薇是当时最受欢迎的花卉，被大量用于装饰庙宇、殿堂和祭品，虽然品种不是很多，但是也培育出重瓣品种。

第四节　古罗马园林

一、古罗马园林发展概况

古罗马坐落在意大利半岛中部的第伯河谷，是通达欧、亚、非三洲的要冲之地，优越的地理位置为罗马文明的崛起和后来的扩张提供了十分有利的条件。古罗马三面临海，境内多山地丘陵，充沛的日照和干燥的夏季有利于橄榄、无花果和葡萄等的生长，这里雨水丰富、河流纵横、土地肥沃，农耕和畜牧业较发达。

古罗马的历史大致可以划分为三个时代：一是王政时代(前753—前509年)，先筑城墙后建城市。二是共和时代(前509—前27年)，成立罗马共和国，建立罗马城，在公路、桥梁、道路与输水道方面进行了大规模的建设，罗马城的规划气势恢宏。其后国力渐盛，罗马人几乎征服了全部地中海沿岸，成为古代世界中最大的奴隶制国家。古罗马承袭了大量的希腊和小亚细亚文化和生活方式，建造了大型庄园和神庙、广场、街坊、剧院等公共建筑。三是帝国时代(前27—476年)，古罗马经历了最巅峰的黄金时期后逐渐衰败，395年正式分裂为东、西罗马，直到476年，西罗马帝国灭亡。

古罗马靠武力征服古希腊，但是却被古希腊的文化所征服。古希腊的建筑、雕塑和园林对古罗马产生了重大的影响，同时古罗马积极吸取埃及、亚述、波斯在园林中运用水池、棚架、植树遮阴等手法，形成了自己独特的文化和成就，其中最突出的就是在城市规划、园林建筑和雕刻艺术方面。

二、古罗马园林类型

古罗马的园林类型有宫苑园林、别墅庄园园林、中庭式庭院和公共园林。

1. 宫苑园林

古罗马由于气候条件和地势的特点，庄园多建在城市郊外依山临海的坡地上。在罗马共和时代后期，许多皇帝和执政官都有自己的宫苑，恺撒大帝、执政长官马略、大将庞培之子马格努斯·庞培以及尼禄皇帝等都拥有自己的宫苑园林。其中尼禄皇帝的金屋园规模很大，内有人工湖、耕地、牧场、森林、葡萄园等，颇具田园风光。最有影响的宫苑园林是位于罗马城附近梯沃里的哈德良宫苑。哈德良宫苑是一座规模宏大、风格多样的避暑行宫，它可以称得上是罗马的“万园之园”了。该宫苑建于118年，历时近20年时间，哈德良皇帝在多次巡游的过程中将看到最难忘的景物都仿建在此宫苑中，它汇集了古埃及、古希腊和古罗马的建筑形式和风格。根据哈德良宫苑的遗址，大致可以推断出此宫苑面积非常大，建筑内容繁多，除了皇宫、住所、浴室、神庙、图书馆、学术院、战车竞赛场、角斗场和运动场外，还有花园、柱廊园和庭院。每个园子都有不同的主题和功能，往往以水池为中心，点缀着大量的雕塑和柱式等装饰之物。集景式园林是罗马帝国的繁荣与品位在建筑和园林上的集中体现，但是由于没有统一的规划所以稍显凌乱。

2. 别墅庄园园林

由于受到古希腊人生活方式的影响和追求奢侈生活的需求，罗马的富豪大力发展了别墅庄园园林。作家普林尼曾这样描绘风景优美的别墅庄园：“别墅园林之所以怡人心神，在于那些爬满常春藤的柱廊和人工栽植的树丛；晶莹的水渠两岸缀以花坛，上下交相辉映。确实美不胜收。还有柔媚的林荫道、敞露在阳光下的洁池、华丽的客厅、精制的餐室和卧室……这些都为人们在中午和晚上提供了愉快安谧的场所。”从以上描写中可以看出，这个时期的罗马园林已经摆脱了早期的实用性，向观赏性、装饰性、娱乐性方向发展。古罗马的别墅大都建造在郊外或城内的丘陵地带，将坡地辟成不同高度的台地，各层台地分别布置建筑、雕塑、喷泉、水池和树木。用栏杆、台阶、挡土墙把各层台地连接起来，使建筑同园林、雕塑、建筑小品融为一体。当时著名的将军卢库鲁斯被称为贵族庄园的创始人。卢库鲁斯是古罗马的统帅，在多年的征战中，他掠夺了大量的财富，过着奢侈豪华的生活。他修建了许多富丽堂皇的宫殿和别墅，为不少政治家、军事家和艺术家所模仿。古罗马的政治家和演说家西塞罗曾鼓吹一个人应该有两个住所，一个是日常生活的家，一个是庄园，他也成为推动别墅庄园建设的重要人物。作家小普林尼曾记载过自己的两座庄园，即洛朗丹别墅和托斯卡那庄园。洛朗丹别墅建在离罗马 17 英里*的拉锡奥姆的山坡上，是一个环境优美静谧的海景别墅，是小普林尼休养度假、冥想娱乐的场所(图 9-6)。别墅背山面海，选址布局充分利用了自然美景，将景色引入建筑之中。建筑的朝向与自然相结合，有利于冬暖夏凉，整个别墅内有三个中庭，布置着水池和花坛，伸展的露台上布置着规则的花坛，可以在此观赏海景。植物的配置合理，种植着香木，随着海风送来阵阵香气，沁人心脾，凉亭、花架、雕塑等人工建筑和自然环境相互掩映，显得生机勃勃。因地制宜，与自然景色结合，与周围环境协调，并且能够提供合理和有效的使用空间，是洛朗丹别墅最大的优点。

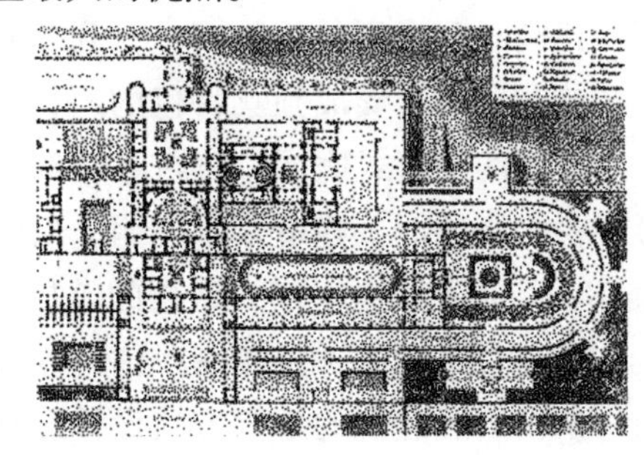
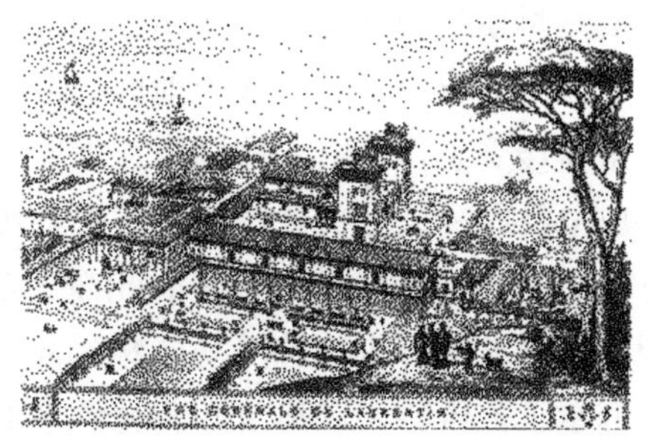

图 9-6　洛朗丹别墅复原图

3. 中庭式庭院

古罗马的中庭式庭院是对古希腊柱廊园的继承和发展。公元前 7 世纪的庞贝城，每家都有庭院，有的家庭后院还有果蔬园。这些庭院的布局通常由三进院落组成：第一进是带有屋顶的前庭，用来迎客；第二进是列柱廊围绕的中庭，是家人活动的中心；第三进是露坛式花园。根据庞贝城遗址的发掘，当时最大的宅园是洛瑞阿斯·蒂伯廷那斯住宅。该宅园是前宅后园的规则式布局，以建筑为中心，入口处是水池中庭，水池中庭的前面和侧面各有一个列柱围廊式庭院，柱廊内墙绘制着全景缩微风景画。利用后花园的一条长水渠作为该园的中轴线，全园的核心景观也多集中在水渠周围，对称布置着纪念性的大喷泉、雕塑，种植着葡萄和高大的乔木。

4. 公共园林

古罗马公共园林指的是竞技场、浴场和剧场等公共建筑前布置的广场、绿地，以供人们进行社交及文娱活动。古罗马人不像古希腊人爱体育运动，所以他们把从希腊掠夺过来的体育训练场进行了改造，极少数改造成角斗场，大部分都改造成供人们休息散步的公园：在椭圆形或者半圆形的场地中央种植草坪，边缘为宽阔的散步马路，两边种植悬铃木，形成浓密的绿荫，铺设园路，开辟蔷薇专类园，布置水池和几何形的花坛。据记载，

* 1 英里≈1.61 千米。

罗马人酷爱沐浴，当时城内大大小小的浴室多达几百所。这些浴室规模庞大，功能丰富，装修豪华。浴室不仅是沐浴的场所，也是人们社交的场所。内设音乐厅、图书馆、体育场，室外有花园。当时卡拉卡拉浴场属于大型浴场，中央是可供 1600 人同时沐浴的主体建筑，周围布置着花园，最外一圈有商店、运动场、演讲厅以及与输水道相连的高水槽等。古罗马有露天的剧院，多呈半圆形，利用地形落差形成观众席，剧场周围有供观众休憩的绿地，点缀着喷泉、水池、雕塑和座椅等。

三、古罗马园林特征

古罗马园林特征与其特殊的地理环境、文化背景、生活方式和技术发展水平等因素有关。

1. 继承性和创新性完美结合

从园林类型方面分析，古罗马园林类型多样，大部分都保留有古埃及、古希腊园林的痕迹。古罗马早期的园林类型为实用性的果园、菜园和芳香型的植物园，直到公元前 2 世纪，古罗马广泛吸取多个时代多个地区的造园技艺和风格，形成独具特色的园林类型。古罗马几乎全盘接受了古希腊的柱廊园，发展成三进式的中庭式庭园；将古希腊的体育场掠夺后改造成公共园林；受古希腊的神庙选址影响喜欢在坡地上建造别墅庄园；出现过类似古巴比伦“空中花园”和猎苑的园林；出现过美索不达米亚的金字塔式台层的园林形式。

从园林布局方面分析，古罗马园林的布局方式深受古埃及和古希腊园林布局的影响。古罗马人继承了古希腊人对建筑和园林关系的认识，按照建筑的规划方式设计园林，呈规则式园林形式，强调正面中轴效果，讲究均衡对称的构图，园林内布置着直线和放射形园路，几何形的水池和花坛，行列式的植物种植，体现出鲜明的人工气息。但是古罗马的园林在远离建筑物的地方特意保留着自然的气息，采用递减原则，植物不再修剪成型，体现出自然美的情趣。一方面体现出古罗马人适应自然、注重建筑与自然的关系；另一方面起到开阔视线和借景的作用。

从园林要素方面分析，建筑上，古罗马将古希腊的三种柱式发展为五种柱式，并且将柱式和拱券相结合，出现了大量以弧线组成的平面，采用拱券结构的集中式建筑物。在植物空间营造上，继承了古埃及宫苑园林中对绿篱的应用，用修剪成型的绿篱来划分空间。古罗马人早期喜欢用绿篱围合成花畦，后期重视植物造型的运用，由专门的园丁将常绿植物如黄杨、紫杉、柏树等修剪成几何形、文字图案、动物和人的形象，造型丰富，这种植物造型被称为植物雕塑或者绿色雕塑，在后期欧洲园林中很流行，成为一种很受欢迎的园林装饰。在园林小品要素中，古罗马园林受到古埃及的影响，喜欢用棚架、藤架起到遮阴的作用。古罗马在花园中普遍使用雕塑，是在继承古希腊雕刻艺术的基础上发展起来的，但是在雕刻的主题和形式上有独特的贡献。古希腊的雕塑以人体为主，比较浪漫优美，古罗马的雕塑以肖像为主，追求务实个性。古罗马园林中雕塑的集中使用促使了欧洲雕塑公园的形成。

古罗马人博采众家之长，在不断的模仿和借鉴中结合自己本国的文化背景，不断探索和发展园林技艺和造园理念，形成了创新、实用、奢华的古罗马园林文化，对欧洲乃至世界园林的发展都起到了巨大的影响作用。

2. 相地选址具有科学性

古罗马人务实理性，会科学客观分析园林选址和周围环境的关系。古罗马知名的工程师和建筑学家维特鲁威在《建筑十书》中详细介绍了选址的原则和方法，对古罗马建筑和城市规划建设起到了积极的指导和规范作用。古罗马地形多为山地丘陵，夏季的坡地凉爽宜人、视野开阔，所以古罗马的园林大多选择建在遮阴凉爽的半山腰，依山就势，将坡地辟为数层平台，利用地形的落差建造露台和看台，用栏杆、挡土墙和台阶连接来维护和联系各台地，注重引水到园中形成活泼的水景，水景和雕塑相结合，奠定了文艺复兴时期意大利台地园发展的基础。

3. 古罗马园林中的植物运用具有多样性

根据老普林尼的《博物志》记载，当时本地的或异地的、野生的或种植的品种已经达到1000多种。其中有许多植物品种是从战败国带回来的。从古罗马开始，园林植物的功能开始逐渐向装饰功能转化，树木主要考虑观赏性要求。据记载，当时已经出现了芽接和劈接技术来培育植物。园林中常见的植物有悬铃木、白杨、山毛榉、梧桐、丝杉、柏、桃金娘、夹竹桃等，果树的种植方式有五点式、梅花形和“V”形种植。受古希腊人的影响，古罗马人喜爱种植花卉，花卉种类繁多，色彩丰富，在园林中应用十分普遍。花卉种植形式除了采用露地栽植、盆栽、花台、花坛、花池等，还出现了蔷薇、杜鹃花、牡丹、鸢尾等专类园，也出现了利用绿篱围合成圆形、方形、六角形或八角形等几何形空间，图案复杂，就像走入迷宫一般，增加了园林的娱乐性和趣味性的“迷园”。专类园和迷园在以后的欧洲园林中都曾十分流行。古罗马还首次出现了温室，把南方运来的花卉种植在温室内，体现了较高的园艺水平。

第五节　中世纪西欧园林

一、中世纪西欧园林发展概况

中世纪指的是从罗马帝国灭亡的5世纪到文艺复兴运动开始前的14世纪期间，大约经历了将近1000年的时间。这个时期西欧政治内部矛盾频发，生产力停滞不前，文化上万马齐喑，宗教蒙昧主义盛行，是欧洲发展史中一个动荡不安、黑暗、倒退的时代。中世纪欧洲封建社会的政治是二元政治，一个是以国王为首的王权，统治世俗；一个是以罗马教廷为中心的教权，统治精神，而且明显呈现出教权高于王权的政治特点。教会组织权势熏天，设置了教规、教义、教会法庭和教会学校等维护统治的工具，掌握着大部分的财富和地位，在这个封建割据、战争频繁以及疾病暴发的苦难岁月中，人们或是为了安身立命，或是为了精神寄托，纷纷皈依基督教，欧洲陷入了全民信教的狂热之中。所以中世纪的文明就是基督教文明，中世纪的园林也不可避免地打上了基督教的烙印。

中世纪西欧前期的园林以寺院园林为主，以意大利寺院园林为代表。受基督教禁欲主义的影响，这个时期的园林以实用性为主；中后期以城堡园林为主，以法国城堡园林为代表。随着战争的平息，逐渐开始追求美观和舒适，园林中的装饰性和娱乐性增强。

二、中世纪西欧园林类型

中世纪西欧园林类型比较单一，没有出现大型的宫苑园林、私家宅园和公共园林，主要是寺院园林和城堡园林，后期增加了猎苑、迷园。

1. 寺院园林

寺院园林是中世纪最主要的园林类型。早期的寺院园林大多建在人迹罕至的山区，设施简陋，条件艰苦。为了生存的需要，会开辟一些药圃、菜圃和果园、鱼池。随着教会势力的增大，寺院园林开始向城市扩张。早期基督教徒利用古罗马时期的一些公共建筑，如法院、剧院、广场等作为教会活动的场所。随着宗教功能的增加，教会势力范围的扩大，为了更好地进行礼拜布道等宗教活动，基督教徒们开始沿用古罗马巴西里卡的建筑布局来建造教堂，称为巴西里卡寺院。巴西利卡是古罗马的一种公共建筑形式，其特点是平面呈长方形，外侧有一圈柱廊，主入口在长边，短边有耳室，采用条形拱券作屋顶。巴西利卡寺院把主入口改在了短边，建筑前有连拱廊围绕的露天庭院，称为“前庭”，布置简单，中央有喷泉或水井，供人们在进入教堂前净身，象征洗涤有罪的灵魂。在硬质铺装的地面上放盆花或者瓶饰。教堂内部总体规划功能分区明显，显得井然有序。由教堂及附属建筑围绕的柱廊式中庭，与古希腊、古罗马的中庭式柱廊园类似(图 9-7)。

不同的是寺院园林的中庭柱廊是拱券式的，柱子设在矮墙上，柱子与柱子之间有矮墙连接，不可与中庭相通，只有在中庭的四角和正中间留出通道，这样设计的目的是保护柱廊后面的壁画不被破坏。中庭的布局几乎都是由十字形或交叉的道路将中庭分成规则的四块，正中布置着几何形的喷泉或者水池，绿篱围合的四块园地都铺设着草坪，种植着小型的灌木和花卉，点缀着果树，有些中庭内的灌木修剪成型(图 9-8)。

图 9-7　寺院中由柱廊环绕的中庭

图 9-8　圣・保罗教堂以柱廊环绕的中庭

除中庭外，有的高级僧侣有单独的小庭院，这里既是他们个人生活的小天地，又是他们管理花草树木的劳动场所。巴维亚修道院以及佛罗伦萨附近的瓦尔埃玛修道院都有类似的小庭院。中庭简单而朴素的风格与修道士们孤独清苦沉默的生活相得益彰。

到了 12 世纪后，寺院园林的建筑进一步发展为哥特式风格，以法国教堂为代表。哥特式的建筑主要由石头的骨架券和飞扶壁组成，最大的特点是尖塔高耸、尖形拱门、大窗户及绘有圣经故事的花窗玻璃，营造出轻盈修长的飞天感，具有升腾天国的象征意义。

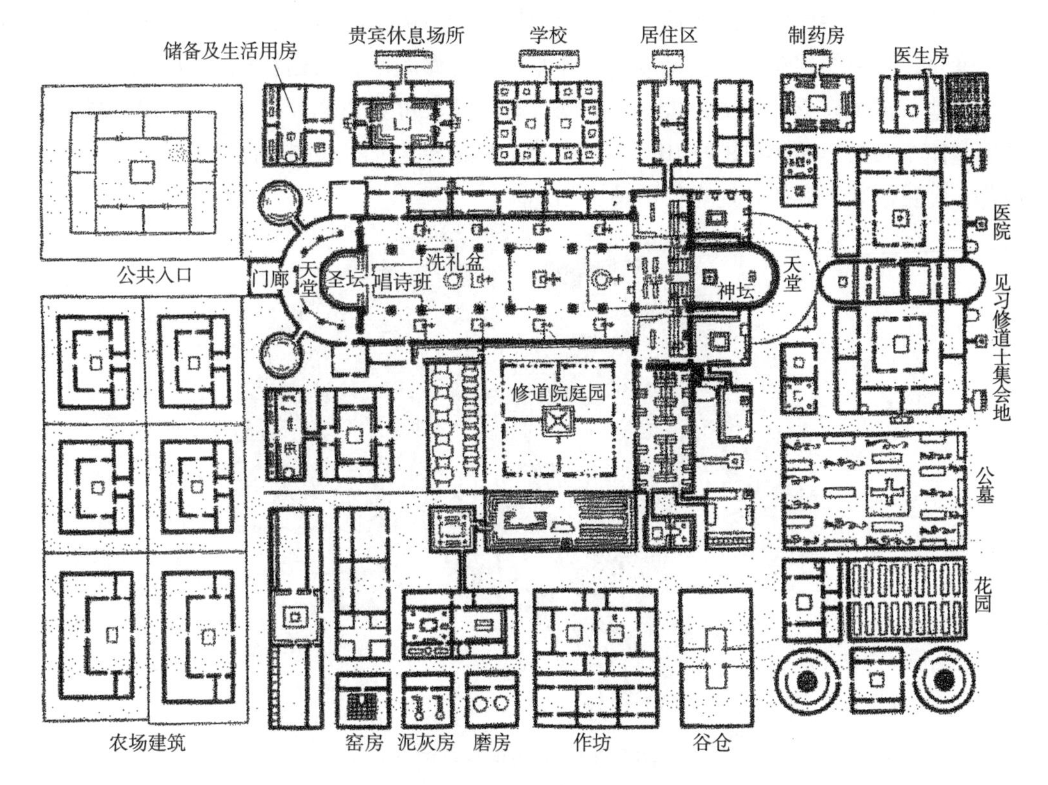

图 9-9　圣 · 高尔教堂

位于瑞士康斯坦斯湖畔的圣 · 高尔教堂属于典型的中世纪寺院建筑(图 9-9)。

该教堂建于 9 世纪初，外观呈长方形，线条简单，四周有厚重围墙围绕。教堂内部布局合理，功能齐全，中央是教堂及庭院，庭院四周围绕着拱券式柱廊，方正的中庭由十字形园路分成规则的四块绿地，每块绿地的布局一致，园路交叉的中心是水池。教堂北部是学校和居住区，南部和西部是厨房和手工艺制作区，东部是医疗区和小花园，种植着果树和药草，另外教堂围墙内还有农业用地，确保在战乱时期能够自给自足，同时也反映出当时教会主宰着教育、医疗、文化大权。

2. 城堡园林

在战争频发的中世纪，欧洲各地城堡林立。城堡是王公贵族们为了保护领地和人身财产安全而诞生的防御性建筑。从 9 世纪开始一直到 15 世纪末，城堡园林的发展大致经历了三个阶段：11 世纪之前的城堡主要是以军事防御功能为主，多建在山顶上，外观粗糙敦实，有壕沟湖泊和土石墙围绕，中央是高耸的、带有枪眼的碉堡式住宅，以狭小的窗户、半圆形的拱门、低矮的圆屋顶、逐层挑出的门框来做装饰。为了应对消耗战的需要，在封闭的城堡空地上布置有庭院，铺设草坪，种植果树、蔬菜和药草，点缀着凉棚，园艺水平不高，以实用性为主；11~13 世纪期间，十字军的东征为欧洲的大小贵族带来奢靡的东方享乐主义文化，强烈地激起了贵族和骑士们对美好生活的向往，体现在城堡的建设上，有的统治者拿城堡当作享乐的行宫，城堡逐渐变得精美而艺术化，从实用主义向艺术主义过渡，在城堡中增加雕塑、喷泉。植物的种类愈加丰富，开始出现了花坛和芳香类植物；13 世纪之后，随着战乱的

平息和生产力的发展，城堡的防御功能逐渐消失，生活功能成为发展目标，城堡的结构发生了质的变化，从封闭式逐渐走向开放式，开始在城外做庭院，用栅栏式短墙来围护，有草皮坐凳、泉池，树木修成几何形，大一点的则设有水池，可养鱼和天鹅。比较典型的蒙塔尔吉斯城堡整体布局为圆弧形(图 9-10)，花园围绕在城堡建筑的外围，面积较大，有畦式种植的花草，园路覆盖着棚架，还有修剪整齐的迷园。

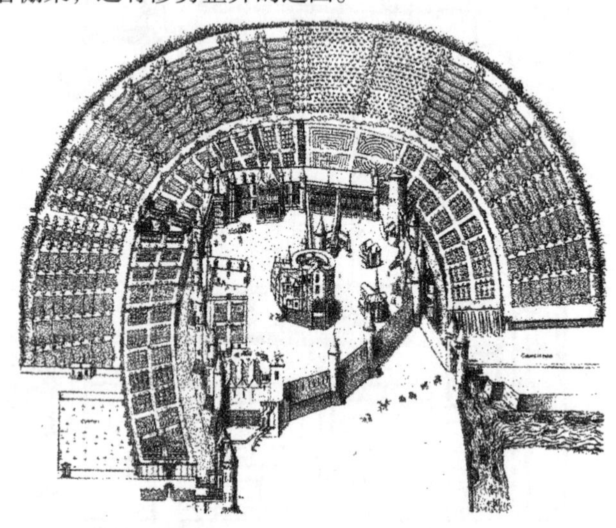

图 9-10　蒙塔尔吉斯城堡

图 9-11　《玫瑰传奇》中的庭院

13 世纪法国作家吉姆·德·洛里斯写的寓言长诗《玫瑰传奇》中有插图生动地描绘出当时城堡园林的景象：高墙紧围，在庭院中，木格子墙将庭院分成几个部分，高大的乔木种植在围墙的四周，修剪成球形的果树硕果累累，倚墙而建的花坛上种植着鲜花，地面覆盖着美丽的草坪，在草坪中央有巨大的铜质狮头喷泉，潺潺的水流从喷嘴里流出，落到圆形的水池内，顺着沟渠流向庭院的墙外。庭院内的青年男女坐在草地上，有的背靠大树，弹奏着乐器；有的聆听着美妙的音乐和享受着闲暇的时光，整个庭院洋溢着世俗的欢愉氛围(图 9-11)。

3. 猎苑

在中世纪后期，出现了供王公贵族们狩猎娱乐使用的猎苑，围合大片的林地，种植树木，引入水源，放养小型的动物。猎苑内有专人看管猎物，狩猎是中世纪欧洲贵族最看重的活动，具有重要的社会功能和政治意义。

4. 迷园

迷园在中世纪真正开始流行起来，用大理石或者草皮铺路，以修剪的绿篱围在道路的两侧，形成图案复杂的通道。迷园的中心部分会种植大型的树木或者放置高耸的纪念柱。

英王亨利二世曾在牛津附近建了一个迷园，中心部分是用蔷薇覆被着的凉亭。在许多的城堡园林中也布置有迷园。

三、中世纪西欧园林特征

中世纪的政治、经济、文化、宗教及美学思想对这一时期的园林有非常明显的影响。

中世纪西欧的园林发展具有明显的阶段性，前期受宗教禁欲主义和战争的影响，园林以实用性为主，建筑沿用罗马式，园林布局封闭简单，主要是果园、菜园和药圃等，种植蔬菜的畦内种植小面积的花卉，花卉的种植密度不高，主要用于装饰教堂。后期随着局势的稳定和受到东方园林的影响，逐渐增加了园林的观赏性和娱乐性，出现了哥特式的建筑风格和装饰性的围墙，果园内增加了观赏性的树种，大面积铺设草地，出现了用木条和砖瓦等砌成的花坛，花坛高出地面，设在墙边或者广场上，种植密度很大。花卉品种增加，根据 14 世纪加德纳的 *The Fate of Gardening* 记载，已经有 97 种野生花卉被用于庭院的栽培中，芳香型花卉如玫瑰、百合、蔷薇、紫花地丁、丁香、长春花等在园林中使用广泛。庭院内点缀着凉亭和喷泉、水池等，水池内有鱼，在贵族的城堡中，天鹅以优雅的身姿和高贵的气质被宠爱，放养在池塘内。

中世纪西欧园林受古罗马园林风格的影响，属于规则式，布局讲究均衡对称，人工气息浓厚。非常注重植物造景，将植物修剪成球形或者半球形。有低矮的绿篱编织成图案的花坛，图案呈规则几何形、动物形状或者是城堡主人姓名字母的缩写。在花坛图案的空隙处填充彩色的砂石等，形成开放型结园，有的在空隙处种植色彩鲜艳的花卉，形成封闭型结园。对法国 16 世纪开始流行的刺绣式花坛有很大的启发意义。

在园林小品方面，出现了供休息的座椅和一种三面开敞的龛座(图 9-12)。

图 9-12　中世纪城堡中常见的龛座

使用花架式亭廊是中世纪园林的典型特征，爬满攀缘植物的亭廊内设置座椅，将实用性和观赏性、装饰性完美结合，同时也说明当时的园艺水平发展到一定阶段。

中世纪西欧园林受宗教影响很大，哥特式建筑象征着升腾天国的理想，中庭的墙壁上绘有圣经故事和圣者的生活写照，水在园林中被广泛运用，也具有特殊的象征意义。

第十章 日本园林

◇学习目标

知识目标

(1)了解日本古典园林发展的自然背景和人文背景;

(2)清楚日本典园林的起源和发展历史;

(3)清楚日本古典园林的分类及各类园林的特点。

技能目标

(1)能理清日本古典园林的发展阶段;

(2)能辨别日本不同类型的园林形式;

(3)能描述枯山水、茶庭的一般特征;

(4)能辨别中日园林的异同之处。

素质目标

(1)认识中日园林的源流关系,体悟日本园林精妙之处的同时培养文化自信;

(2)体会日本园林中自然景物的处理方式,培养热爱自然、尊重自然的情感;

(3)感受日本园林的精妙构思与精耕细作,有意识地培养工匠精神。

第一节 园林发展概况

一、发展概况

日本历史分成古代、中世、近世和现代四个时代,每个时代又包含若干朝代。古代包括大和时代、飞鸟时代、奈良时代和平安时代;中世包括镰仓时代、室町时代和商北朝;近世包括桃山时代和江户时代;现代指明治时代以后,包括明治时代、大正时代、昭和时代、平成时代、令和时代等。

总体而言,日本园林受中国古典园林影响较大。汉朝末年起,日本派遣使者学习中国文化,至平安时期从未间断。平安后期,停止向中国派遣使者,之后虽有恢复但大不如前。日本人开始把中国习得的文化向本土化方向发展(也称和化)。航海事业大发展,中国学者和匠人东渡,再次促进日本园林技艺提升。进入现代,日本各类型园林齐头并进,传统精神与现代精神各有体现,出现了新造园技艺和园林类型。

日本古典园林发展大致分为7个阶段:大和时代园林,飞鸟时代、奈良时代园林,平

安时代园林，镰仓时代、南北朝时代、室町时代园林，桃山时代园林，江户时代园林，近现代园林。

（一）大和时代园林（300—592 年）

6 世纪中叶之前，日本经历了从远古时代（约 1 世纪）到大和时代（300—592 年）的历程。57 年，日本派使者向东汉王朝称臣。5 世纪，从众民族脱颖而出的大和民族一统日本，建立大和国。大和国亦不断派出使者，学习中国文化，其中一项就是园林艺术。712 年成书的日本最早史书《古事记》与 720 年成书的《日本书记》都提到皇家园林建设情况，细节尚不清晰，但可觅得些许踪迹，如泊濑列城宫、掖上池心宫等。这些案例反映出园林作为品尝、体悟大自然本质精神的"精神圣地"在日本生活中的重要影响，这种表现延续了几个世纪。

（二）飞鸟时代、奈良时代园林（593—794 年）

7 世纪，处于飞鸟时代（593—710 年）的日本，派遣使者和留学生来中国学习佛教。佛教传入日本，深刻地影响了社会生活的方方面面，当然也包括园林。园林显现出池泉园特征，须弥山在宫苑中营造起来。

此时，日本的宫苑庭园全方位沿袭了中国汉晋以来的宫苑风格，加上日本本土气候温湿、山明水秀的自然环境以及日本民族亲近自然、乐于户外活动的传统，中国源于神仙思想的园林做法"一池三山"，在日本皇家宫苑和私家庭园中迅速普及。以池为构图中心，常设岛屿、桥梁、建筑，滨楼环池而建用以借景，也是池泉园重要的标志之一。

此外，传自中国的曲水流觞的做法亦出现于园林中，橘子和灵龟作为吉祥和长寿的象征而登堂入室。奈良时代（711—794 年）的平城宫南苑、西池宫、松林苑、鸟池塘和城北苑等许多宫苑可以佐证以上特点。另外，日本著作《古事记》和《日本书记》也记述一些关于宫苑园林的情况。

（三）平安时代园林（794—1185 年）

8 世纪末，日本到了平安时代（794—1185 年），前期全面吸收中国文化（称为唐风文化），后期提炼唐风文化形成具有日本民族特色的国风文化。日本把"一池三山"的格局进一步发展成为具有自己特点的"水石庭"，并形成了池和岛的基本布局形式。这一时期，在池泉式宫苑的基础上发展形成了寝殿造园林和净土园林形式。总结前代造园经验写出世界上第一部造园书籍《作庭记》，将造园经验写成造园宝典，对后世产生巨大影响。平安初唐风时期，中轴、对称、中池、中岛的唐代皇家园林特征明显；平安中后国风时期，轴线渐弱，尽量表现自然，不对称地布局建筑，建筑之间相互联系，寝殿前都有自由水面的南池，殿池设有礼拜广庭，池中设数岛，庭前近水处架设石桥或平桥。

（四）镰仓时代、南北朝时代、室町时代园林（1185—1573 年）

12 世纪以后，日本经历了从武士政权、幕府政权到群落割据数百年历史变迁。此间中国文化又一次对日本产生了巨大的影响。最重要的表现是禅宗的兴起和中国宋朝、元朝山水画的影响。日本以极其隆重、顶礼膜拜的方式接受了佛教和寺庙园林。佛教势力在日本突然形成和壮大，其影响已遍及社会生活的每一个角落，使日本园林从此走向宗教园林。由此便产

生了一种新的庭院类型“枯山水庭园”。枯山水园用象征的手法来构筑“残山剩水”，是在原有自然景色的基础上“组织进了大自然原有的精神的自然观照”，使园林的“自然原生”升华为“自然观照”，再升华为“佛教（禅宗）观照”。枯山水庭园的发展分为 5 个阶段：第一阶段，史前阶段，神道信徒崇拜巨大的岩石，他们相信这些是神灵的家园；第二阶段，平安时期，该词第一次出现于《作庭记》（写于 11 世纪），当时置石在池岛庭院中偶有出现，且只作为有机的一个小的组成部分，而不具任何独立的自身意义；第三阶段，镰仓时代（1185—1333 年），国师梦窗疏石通过枯山水表达感情真谛，表明枯山水的思想已经产生，而真正的园林实践尚未找到印证，可能只有零星的试验而未流行；第四阶段，南北朝时代（1333—1392 年），枯山水开始实践，但枯山水与真山水同时共存于同一园林中，真山水是主体，枯山水是点缀；第五阶段，室町时代（1393—1573 年），枯山水成为一种独立的庭园类型，一些庭院几乎完全按着它的风格规划设计。随着日本造园艺术的发展，造法越来越多，终至每一石组都有一定规律可循，有一定条例可依，沿池一周的每一曲折、延伸都由一个程式化的构图原则束缚着。经历了禅宗文化的冲击后，日本民族又赋予旁观自然的态度以更深一层的意义：通过心灵与自然沟通而进入个人的反省。因而有人说，中国人用人为的力量再现了自然的美，而日本人则通过对自然美的塑造发现了人自己。

（五）桃山时代园林（1573—1603 年）

室町末期至桃山初期，造园仍以蓬莱山水或枯山水为主流，但以凸出半岛和多岩石的水湾使得池岸曲折、蜿蜒。岩石已经成为力量和个性的象征。早在中国宋代禅宗传入日本的同时，饮茶风气也在日本流传开来，并在日本形成茶道，认为茶道能够规范日常行为，从而提高人们自身的觉悟。

在室町末产生的茶庭在桃山时代（1573—1603 年）得到发展，涌现了茶道六宗匠：村田珠光、武野绍鸥、千利休、古田织部、小堀远州、片桐石州。千利休成为桃山时代最伟大的茶道宗匠，创立了草庵风茶室，应用于茶庭（茶庭也称露地），提倡枯寂精神本位。茶庭逐渐定型，以茶室为茶庭主体建筑，置于茶庭最后部，到达茶室须经过朴素的露地门，主人与客人在腰挂处等待见面，显示主人诚意，而客人须经厕所净身、蹲踞式洗手钵净手，经曲折铺满松针的点石道路到达茶室，在室外脱鞋、挂刀折，腰躬身方能入茶室饮茶。茶庭在江户时（1603—1867 年）进一步发展，得以淋漓尽致地表现，如千家露地、武者小路露地、堀内家露地、薮内家露地等。

茶庭一般是在进入茶室前的一段空间里，布置各种景观。步石道路按一定路线，经厕所、洗手钵最后到达目的地。园林的气氛是以裸露的步石象征崎岖的山间石径，以地上的松叶暗示森林茂盛，以蹲踞式的洗手钵象征圣洁的泉水，以寺社的围墙、石灯笼模仿古刹神社的肃穆清静。这一切都是为了追求茶道所讲究的“和、寂、清、静”和日本茶道、歌道美学中所追求的“侘”美和“寂”美。茶庭依复杂程度分成一重露地、二重露地和三重露地。茶庭的构成有垣、露地门、腰挂、待合、蹲踞、雪隐、洗手体、步石、石灯笼、水井、尘穴、躏口和植栽等。淡雅的色彩、大量苔藓、潮湿路和步石表现出一种与世隔绝般的清幽和宁静，一种有如禅宗净土中的绝尘妙境。

（六）江户时代园林（1603—1868 年）

江户时代是一个封闭、稳定且繁荣昌盛的时代。此时期许多庭院都是对早期池岛庭院和枯山水庭院的模仿，同时借景在造园中得到了广泛的应用。茶庭在该时代进一步发展，得以淋漓尽致地表现，如千家露地、武者小路露地、堀内家露地、薮内家露地等。

江户时代产生了一种具有民族特征的庭园类型——回游式庭园。尽管它不是一种全新的形式，但却是以一种全新的方式对水池、岛、弯弯曲曲的溪流、瀑布和岩石等造园要素加以处理。这类庭院通常以蜿蜒回游式作为游览路线，并在全园设计出许多景点，使游人在游览中达到步移景异的效果。从游览方式上看，随着枯山水和茶庭的大量建造，坐观式庭园出现，虽有池泉但观者不动，但因茶庭在后期游览性的加强，以及武家池泉园规模扩大和内容丰富等诸多原因，回游式在武家园林中却一直未衰，只是增添坐观式茶室或枯山水而已。

江户时期另一种独具特色的庭院即离宫书院庭园。它是把池泉园、枯山水、茶庭、借景庭院等园林形式进一步地融合在一起形成的大型庭园，其代表作是桂离宫和修学院离宫。

（七）近现代园林

明治时代（1868—1912 年），明治天皇推行一系列新政，史称明治维新。日本开始接受西洋文明和开化政策，完全彻底的古典园林走向末路，造园开始转向接受西式思想的新阶段。许多古典园林在改造时既体现传统精神又具有现代精神，有的开放为公园，最后回归于大自然。20 世纪 80 年代，日本迪士尼乐园开业，真正意义的主题公园诞生，20 世纪 90 年代主题公园进入科技时代。

第二节　园林实例

一、龙安寺石庭

龙安寺（图 10-1、图 10-2）属于临济宗的妙心寺派，是在宝德二年（1450 年）细川胜元将德大寺家的北山山庄从藤原实能处购得，由义天和尚开基立寺。但是，寺院在 1467—1477 年的应仁之乱中被毁。细川之子细川政元又于长享二年（1488 年）再度建寺。现在之石庭是于明应八年（1499 年）建造。虽然建筑物于宽政九年（1797 年）曾毁于火灾，但是石庭仍存。

图 10-1　龙安寺院门

图 10-2　龙安寺石庭

龙安寺石庭是日本枯山水最杰出的代表之一。在砂池的西、南两面是只有 80 厘米高的瓦顶围墙。可在北面专门设置的被日本称为广缘的木地板上进行观赏。东临门廊，北为方丈。砂池周边的处理不尽相同。东、北两侧是花岗石砌成的内部填充石子的雨水沟，其余两侧是小块石成线状排列。

在东西长 25 米，南北宽 11 米的砂池之中，没有一草一木，只是一片每天被耙出各式各样波纹的砂和砂坪之中的 15 块石头。15 块石头被分成自东而西的五、二、二、二、三共五组。这五组石头共同围合一个聚合的空间。在这个空间之内只有白砂翻起的“白浪”。

对于这个日本最著名的枯山水庭园中群置点石的渊源。一是典出《后汉书・刘瑶传》的“虎渡子”之说，它是流传最广泛、最美丽的一个传说。刘琨为弘农太守，当时崤黾驿道上多虎灾，以致行旅不通。刘琨为政三年、仁化之风大行，有人见老虎背着小虎渡河而去。光武帝听后深感奇异，亲自询问刘琨：“行何德政，以致弘农老虎都渡河北去?”刘琨回答：“不过是一次偶然事件罢了。”其余的有十六罗汉游行说、心字说、五大部洲说、中国五岳说、五山十刹说、“七五三”吉祥说等。但是，作为枯山水的一个代表，它在本质上还是日本国土的山水模拟，即它是日本岛国与周围海洋的象征。

从美学、哲学和佛学意义上看，五个石组与砂坪之间构成了一个相对的概念。浩渺的海洋与小的岛屿也是人生之中所面对的得与失、成与败、个人与社会等相对概念的佛意禅释。故入此园必须静坐，方能领会到其中的奥妙。

二、桂离宫

桂离宫(图 10-3、图 10-4)以京都郊外的桂川(名为“桂”的小河)为名，是日本皇室的一座离宫。桂离宫始建于 17 世纪，由智仁亲王下令建造，后经多次改建，于 19 世纪正式成为日本皇室的行宫，改称桂离宫。这座皇室离宫是日本素简审美意识的代表，它的风格对后来日本传统庭园设计产生了深远的影响。

图 10-3　桂离宫水景

图 10-4　桂离宫建筑

桂垣即名为“桂”的垣根，其建筑素材是天然的竹木。翠绿的竹竿弯垂，纷纷竹叶搭落在篱笆上，形成一道绿色的屏障。小径被映衬得静谧、素然。

御幸道指的是从庭园大门通向庭园深处的参拜道路。虽贵为皇家行宫，桂离宫的御幸道却并非由宽大整齐的巨石铺设而成，而是由细碎的石子铺就。零落的小石头像是不经意间洒落。御幸道的中间设有一座朴拙的土桥，桥两旁种植各种树木，春夏时节绿荫成片，深秋时分红叶满目，四季轮回尽显色彩变化，自然之美让人感念珍惜、肃然起敬。庭院中每一棵树、每一枝花都经过巧妙修饰，却看不出人工痕迹。独具匠心又不刻意彰显，这便是日本审美意识的一种体现。

洲滨是水域边上的一小块滩涂。站在洲滨放眼望去，眼前的景色似乎不是庭园，而是千里江山、万里湖海。借细微的事物比喻宏大浩瀚的世界、宇宙，是日本庭园的典型手法。宽大的池塘寓意海洋，具有典型江户时代风格的石岛喻示着名岳大山。

绿树的倒影静静地铺在水中，一座简洁的天桥立石桥连接两处石岛。一旁的石灯笼不仅是装饰，也可供夜间照明使用。在没有电力的时代，人们夜游庭园，在微弱的烛光下看到一片朦胧幽静的景色，景致披上一层神秘的色彩，其情境令人神往。

远处简陋的茅屋是松琴亭，它是现存最高水准的日本茶室建筑，表达了日本的茶道精神：和、敬、清、寂。千利休提出的这一茶道思想充满了禅宗哲学：摒弃以自我为中心的骄傲，屈身进入狭窄、简陋、无甚装饰的茶室之中，安静地体会，以观摩内心、陶冶性情。这也是日本审美、哲学和文化的典型。

“笑意轩”是主人读书、待客的地方。日本庭园建筑规划通常给人的印象是不规则的，而这里采用的是规则造型，体现出此处的庄重，是主人对客人和知识的尊重。建筑在树丛中若隐若现，非常独特。

书院群是桂离宫的中心，它由古书院、中书院、新御殿三栋建筑组成。各建筑斜向排列，如大雁飞翔的队形，意境深远。建筑四周的地面被细密的青苔所覆盖，仅几块石头将建筑和路径相连接，并减少植物搭配。空旷的外部空间，视点聚集在建筑上，使人走在其中便能感觉到开阔与威严，凸显皇家的尊贵。这种简洁风格正体现了日本自古以来的审美倾向：简洁无华，深入本质。

住吉松又被称为屏风松，它是桂离宫之美的缩影。这是一棵并不大的松树，两边都是浓密的绿植，植物的遮挡会让人误以为前面并没有路，透过植物的缝隙眺望松琴亭和池水，如同透过有镂空花纹的窗框看景，清新别致，那是一种犹抱琵琶半遮面的美。

站在书院门前的人一定会被青苔地面上的踏脚石所吸引，它看似简单随性，但每一块碎石都只能摆在特定的位置，不可多一块，也不可少一方，其巧妙的构思，令人惊叹。古朴而别致的韵味，对之后日本的美学和设计学有极大影响。

第三节　日本园林特征

中国园林与日本园林皆属东方园林系列，他们同祖同宗，但在发展过程中分道扬镳，各有千秋，成为东方园林富有特色的文化艺术。

(一) 源于自然，匠心独运

日本园林充分利用造园者的想象，从自然中获得灵感创造出一个对立统一的景观。注重选材的朴素、自然，以体现材料本身的纹理、质感为美。造园者把粗犷朴实的石料和木材，竹、藤砂、苔藓等植被以自然界的法则加以精心布置，使自然之美浓缩于石木之间，使人仿佛置身于一种简朴、谦虚的至美境界。

（二）讲究写意，意味深长

日本园林常以写意象征手法表现自然，构图简洁、意蕴丰富。其典型表现便是多见于小巧、静谧、深邃的禅宗寺院的“枯山水”园林。在其特有的环境气氛中，细细耙制的白砂石铺地、叠放有致的几尊石组，便能表现大江大海、岛屿、山川。不用滴水却能表现恣意汪洋，不筑一山却能体现高山峻岭，悬崖峭壁。它同音乐、绘画、文学一样，可表达深沉的哲理，体现出大自然的风貌特征和含蓄隽永的审美情趣。

（三）追求细节，构筑完美

对于细节的刻画是日本园林中的点睛之笔，他们对微小的东西如一根枝条、一块石头所作出的感性表现，显得极其关心并看得非常重要，这些在飞石、石灯笼、门、洗手钵、墙垣等的细节处理上都有充分的体现。

（四）清幽恬静，凝练素雅

日本的自然山水园，具有清幽恬静、凝练素雅的整体风格，尤其是日本的“茶庭”，飞石随步幅而点，茶室居于荒原深处。松风笑看落叶无数，茶客求道寻觅未知。蹲踞以洗心，守关以坐忘。禅茶同趣，天人合一。小巧精致，清雅素洁，不用花卉点缀，不用浓艳色彩，一概运用统一的绿色系。为了体现茶道中所讲究的“和、寂、清、静”和日本茶道歌道美学中所追求的“佗”美和“寂”美，在相当有限的空间内，表现出深山幽谷之境给人以寂静空灵之感，会在空间上对园内的植物进行复杂多样的修整，使植物自然生动，枝叶舒展，体现出天然本性。

（五）谈佛论法，体现禅意

宗教在日本一直处于重要地位，而寺院、神社则是日本文化中重要的象征物。日本园林的造园思想受到极其浓厚的宗教思想的影响，追求一种远离尘世，超凡脱俗的境界。特别是后期的枯山水，竭尽其简洁、竭尽其纯洁，无树无花，只用几尊石组，一块白砂，凝缠成一方净土。

第十一章　意大利园林

◇学习目标

知识目标

(1)了解和熟悉文艺复兴对意大利园林形成的重要性;

(2)掌握意大利台地园的特点和造园手法。

技能目标

(1)能够理解意大利园林的特点;

(2)能够把握文艺复兴对意大利园林艺术的影响。

素质目标

(1)认识文艺复兴时期人文主义思想,培养对生活的热爱、对人性的关怀;

(2)了解意大利自然、地理环境对台地园产生的影响,养成环境分析的工作习惯、因地制宜的设计思想。

第一节　园林发展概况

在西方古典园林中,意大利园林通常指以15世纪中叶到17世纪中叶的园林,继承了古罗马园林的特点,反映的是意大利人摆脱宗教呆板的束缚,体现人文主义,人是社会的中心的思想,以求创造出情感丰富的具有艺术形象的台地园。但意大利园林塑造了丰富多变的园林空间,精心巧妙的细部展现,具有独特的艺术价值和典型特征。意大利园林主要以文艺复兴园林和巴洛克园林为代表,其中意大利文艺复兴时期的园林在世界园林史上的影响更为深远,对西方古典园林风格的形成起到重要的作用。在现在的许多欧洲园林中,依旧可以找到意大利古典园林的痕迹。

意大利是欧洲南部的历史古国,属亚热带地中海型气候。意大利自然资源较为贫乏,在东、南、西三面分别濒临地中海的属海亚德里亚海、爱奥尼亚海和第勒尼安海,境内不仅有众多山地、丘陵、火山,还有阿尔卑斯山脉冰雪融化汇成的波河和河流四周冲击的肥沃平原。全国分为南部半岛和岛屿区、马丹平原区和阿尔卑斯山区三个气候区。主要种植橄榄、葡萄、柑橘等植物。

从公元前900年,古意大利人创造了伊特鲁里亚文明开始,到中世纪文艺复兴,经历了漫长的复杂发展过程。建造了著名的古城,如罗马、米兰等城市。意大利首都罗马,几个世纪一直都是西方文明的中心。476年,西罗马帝国灭亡,西欧进入封建社会以后,天主教会

垄断社会知识教育，用封建神学统治人们思想，欧洲所有文化几乎被完全毁灭，文化进入低潮，甚至倒退的黑暗时期。然而随着资本主义在欧洲封建社会内部萌发，新兴的资产阶级醒悟，并开始反对教会宣扬的精神统治和封建神学的束缚，有些教派也开始要求宗教适应人的生活本性，同时期，天文、地理等科学迎来大发展，新的发现层出不穷，使教会推行的愚民政策开始破产。14~16 世纪，在资本主义最早萌芽的意大利首先开启了一场新兴的文化运动——文艺复兴运动。文艺复兴运动是指从 14 世纪意大利开始，历经 300 多年遍及西欧的具有资产阶级思想文化领域的反封建、反宗教神学运动，是新兴资产阶级为了自身利益而发起的一场复兴古希腊、古罗马文化的思想运动。即借助古代希腊、古罗马的古典文学、哲学、艺术等，利用其对人生的肯定，来反对神学，强调个性的发展，发展资本主义思想。主要表现为科学、文艺和艺术的蓬勃发展。

意大利文艺复兴园林可划分为三个主要阶段，即 15 世纪中期至 16 世纪初的早期文艺复兴时期的发展期人文主义园林、16 世纪初至 16 世纪末文艺复兴中期的鼎盛期风格主义园林和 16 世纪末至 18 世纪末文艺复兴末期的衰退期巴洛克园林三个阶段。

一、文艺复兴初期

13 世纪末，克累森兹在其所著 *Opus Ruralium Commodorum* 中将庭园分为上、中、下三等，并就这三等庭园提出了各种设计方案，其中，王公贵族等上层阶级更是其论述的重点。他指出这类庭园的面积以 20 英亩为宜，四周围墙，这样既可形成绿树浓荫，又可使庭园免受暴风的袭击。在当时，庭园类的设计书籍很少，而该书在向人们灌输田园情趣方面具有不可低估的作用。

14 世纪初，以佛罗伦萨为中心的托斯卡纳地区富豪云集，他们热衷于乡村别墅和花园，而佛罗伦萨郊外富有田园生活情趣，富商们趋之若鹜来此兴建别墅，同时极大地促进了园林的发展。

文艺复兴初期的思想推崇古人，尊重人性，渴望先贤的完美人格，希望从神权中解放出来，推崇多姿多彩的大自然和田园情趣等。当时的别墅建设掀起了一个高潮，对园艺知识的爱好与学习十分盛行，所以在当时，有很多关于园艺的思想得到迸发，许多的园艺书籍问世。

提及意大利早期文艺复兴园林，不得不提到阿尔伯蒂，欧洲园林史上一个举足轻重的人物，他确立了造园的基本原则。阿尔伯蒂对欧洲园林有不可磨灭的贡献，他主张把庭园与建筑结合成密切相关的一个整体。他还一反古人偏爱的厚重感，除了背景外，他很少在庭院中采用灰暗的浓荫，从而使园林获得了一种明快感。

阿尔伯蒂描述造园艺术时，借鉴了小普林尼的园林想法。他提出，园林设计者必须尊重比例关系和规则性的构图。其造园的主要要点是追求和谐的比例关系，营造建筑环境要体现出庄园主人的个性，建筑物位于最高处从而获得更好的远景，以及园林入口被设计成舒适地缓坡。关于造园装饰物阿尔伯蒂也有比较详尽的描述，诸如：

①在一个正方形庭园中，以直线将其分为几个部分，并将这些小区造成草坪地，用长方形密生团状的造型黄杨、夹竹桃及月桂等围植在它们的边缘。

②树木不论是一行还是三行均须种成直线形。

③在园路的尽端，将月桂、西洋杉、杜松编织成古雅的凉亭。

④沿园路而造的平顶绿廊支撑在爬满藤蔓的圆石柱上，为园路造成一片绿荫。

⑤在园路上点缀石或者陶制的花瓶。

⑥用黄杨拼出主人的名字。

⑦每隔一定距离就将树篱修剪成壁龛形式，其内安放雕塑品，下设大理石坐凳。

⑧在中央园路的相交处建造造型像月桂的祈祷堂。

⑨祈祷堂附近设迷园，旁边建造缠绕着大马士革草、玫瑰藤蔓的拱形绿廊。

⑩在水流潺潺的山腰筑造凝灰岩的洞窟，并在其对面设置鱼池、草地、果园、菜园等。

上述这些造园原则确切地说是介于中世纪和古典主义之间的混合体，同时也显现出早期文艺复兴园林的迹象。文艺复兴园林最根本的特征是园林作为构成建筑基本要素与建筑同时规划，以及表达创造者的精神生活和精神态度。所以说，早期文艺复兴园林是基于人类想象和思考层面上的创造成果。

二、文艺复兴中期

15 世纪末，洛伦佐去世，美第奇家族势力衰退逐渐没落，法兰西国王查理八世入侵佛罗伦萨，正逢英国新兴毛纺织业兴起，佛罗伦萨遭到挑战，迫不得已将海外贸易转向大西洋，因此，佛罗伦萨失去以往商业中心的地理优势，文化基础受到严重影响，人文主义者逃离佛罗伦萨，罗马便成为文艺复兴的中心。

此时处于第二阶段的意大利文艺复兴园林更倾向于建筑、构筑物在园林中的设计，规划者被要求解决构筑物功能性的问题。其中代表性人物当属文艺复兴建筑师伯拉孟特，在贝尔维德庭院设计中，其设计的组合楼梯解决了陡峭斜坡的技术性问题。

由于意大利境内多丘陵，花园别墅多建造在斜坡上，花园顺着地形分成几层台地。在这阶段意大利园林特点是：台地园成为意大利园林最典型的园林；园林被公众视为卓越的艺术品，有时作为博物馆使用；雕像也成为园林中不可或缺的元素，成为别墅、树木、树篱的连接点或者起到活跃线条及平面构图的作用，水景在不断跌落中形成空间感和丰富的层次感。

这个时期的园林代表是埃斯特庄园，庄园坐落在自然形成的丘陵上。比起兰特庄园，埃斯特庄园尺寸过大，其外廊呈现格状结构，在十字交错的地方会布置一个凉亭，水的流动与静寂的格状结构的林荫大道形成较明显的对照。

三、文艺复兴末期

16 世纪末至 18 世纪，意大利社会经历了深层次的变化，建筑艺术发展到巴洛克式，园林也出现了一种新的艺术风格，即巴洛克园林艺术。这个时期的园林特点是：

①巴洛克园林艺术更加重视人对自然的改造，整座园林全都统一在单幅构图里，树木、水池、台阶、植坛和道路等的形状、大小、位置和关系，都推敲得很精致，连道路节点上的喷泉、水池和被它们切断的道路段落的长短宽窄都讲究很好的比例。

②将形体等一些特定的元素故意地处理成夸张的曲线以及奇形怪状的边缘，使用悬臂和滴水嘴兽等喷水小品等，追求新奇、夸张和大量的装饰。并引入洞窟，建造新颖别致的水景，造园构图线条复杂化等。

③庭园洞窟是巴洛克式宫殿的一种壁龛形式，形成充满幻想的外观，后被引入庭园。庭园洞窟采用天然岩石的风格进行处理。这种处理方法与英国风景园的模仿自然手法不同，前者在于标新立异，后者是真正来自酷爱大自然的观念，是发自内心的欣赏大自然之美的产物。

④水景设施是营造成水剧场，用水力形成各种戏剧效果的一种设施，可以表演新颖别致的水魔术。

⑤利用整形树木做成的迷园，也是当时流行的繁杂无益的游戏之物。

⑥花园线条复杂，形状从正方形变为矩形，并在四角加上了各种形式的图案。花坛、水渠、喷泉及细部的线条少用直线多用曲线，图案中线条复杂化。

兰特庄园则是这一时期建筑物式园林过渡到巴洛克时期的雕像式园林的欧洲园林典型代表，特点是风格流畅自然，主要表现为园林与森林的关系上。庄园平面分成两个部分，一部分是有森林覆盖的公园，另一部分是带有水系的园林。园林呈现出部分改造的痕迹较大，但又将自己处于较为原始、未开发的状态。

第二节　园林实例

一、文艺复兴时期园林实例

（一）菲耶索勒美第奇庄园

佛罗伦萨在15~16世纪时是欧洲最著名的艺术中心，欧洲文艺复兴运动的发祥地。菲耶索勒美第奇庄园（图11-1）就坐落在这个城市。庄园距离意大利中部城市佛罗伦萨老城市中心约5千米，是由米开罗佐为柯西莫的儿子、教皇列奥十世乔万尼·德·美第奇设计的，始建于1458年，历时4年建成。

庄园选址经过认真考究，最终选择在海拔250米的阿尔诺山腰的一处视线开阔、景色优美的天然陡坡上。府邸建筑选在冬季能利用山体阻隔寒冷的东北风，夏季能享受自西而来清凉海风的陡坡西侧拐角处，依山而建，浑然一体。庄园内部四季如春。

庄园是典型的台地园，根据地势构成三级台地，由于庄园是狭长地形，导致各台地均呈窄长条状，上、下两层稍宽，中间更加狭窄。在三层中，上层开辟的台地面积大，视野开阔，地势较高，适合远眺，能将美景尽收眼底。上层台地东端设置入口，入口处有一大门，进门后有集散小广场，西侧是半扇八角形水池，采用树木和绿篱组成的植坛做背景。台地周围布置围墙和树团形成一个导向性明确、相对闭合的空间，将小广场营造成完整空间。府邸建筑前庭，地块平整，运用草地植坛构成开敞的空间，并点缀大型盆栽柑橘，满足户外就餐、活动需要。庄园园路分设两侧，通过园路分割园地。

上层台地为长约 80 米、宽不足 20 米的狭长地带，通过半扇八角形水池、植坛、前庭开敞草坪这三个空间的巧妙布置，利用虚实、明暗等对比手法，形成既相对独立又富有变化的台地。府邸建筑的西面还有独立而隐蔽的秘密后花园，当中有椭圆形水池，水池围着四块植坛，点缀着盆栽植物。建筑、台地与花园相间布置，削弱了台地的狭长感，使四周景色富有变化。

中层台地用地狭长而又局促，建造 4 米宽联系上、下台层的台阶。再以攀缘植物覆盖的廊架，构成上下起伏的绿廊。下层台地较上层台地更小，比中层台地更大。台地中心设有圆形泉池，池内装饰精美的雕塑及水盘，周围饰以四块长方形规则式图案式植坛，东西两侧又有树木植坛，且图案各异。

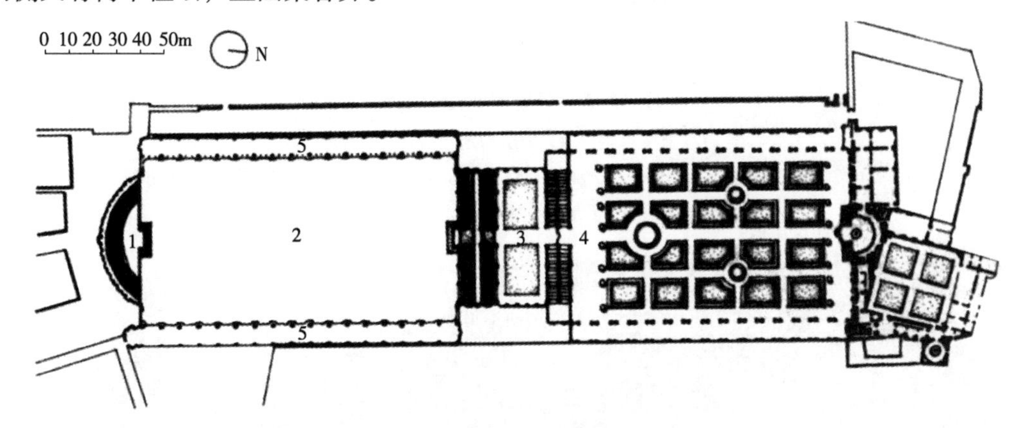

图 11-1 菲耶索勒美第奇庄园平面图

1. 半圆形观众席 2. 底层露台地 3. 中层露台 4. 花园 5. 柱廊

（二）望景楼花园（Belvedere Garden）

望景楼花园在意大利首都罗马的贝尔威德尼山岗上，是文艺复兴中期的典型台地花园（图 11-2、图 11-3）。花园由从事古建筑艺术的著名建筑师布拉曼特为教皇尤利乌斯二世设计，依托原有地势，设计两座外侧为墙，内侧为柱的柱廊跨越山谷，构成围合封闭的空间。

望景楼花园长 306 米，宽 65 米，面积不足 2 公顷。根据地形地势，在山坡上开辟出三层台地。望景楼的顶层台地方便凭栏眺望远处美景，中心设置喷泉，采用十字形园路将台地分成四块，四块植坛布置成装饰性花园。两侧的柱廊在中轴线上形成高大的半圆形壁龛状柱廊，构成顶层台地完整空间。底层台地和在中轴上是半圆形的观众席构成竞技场，在构图上与顶层台地的壁龛相呼应。底层与中层台地之间也可作为观众席宽阔的台阶。

由于设计师布拉曼特因病去世，仅完成望景楼花园东侧柱廊的建造。西侧的柱廊是半个世纪之后，在庇护四世时，由建筑师利戈里奥接手完成了望景楼花园西侧的建造。

庇护五世勤操苦行、厌恶奢侈，便开始改造竞技场，中庭里的河神群像、拉奥孔群像、阿波罗神像等被视为异教雕塑被转移到佛罗伦萨。16 世纪末，梵蒂冈图书馆建在了中层台地上。17 世纪，教皇保禄五世在顶层台地的壁龛前建造了一座 3 米多高青铜松果状喷泉。此后，望景楼花园又经过不断改变，面目全非，最终使昔日的花园风貌荡然无存。

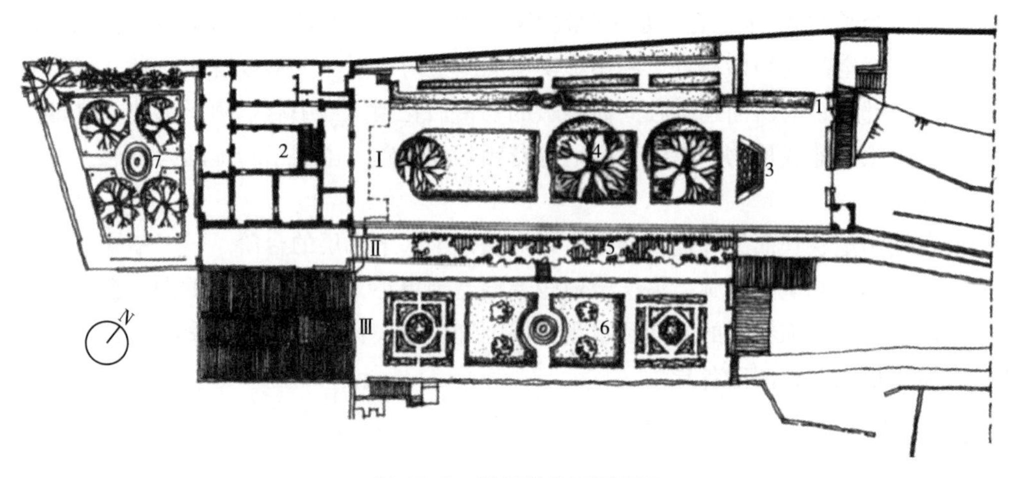

图 11-2 望景楼花园平面图

Ⅰ. 上层台地 Ⅱ. 中层台地 Ⅲ. 下层台地

1. 入口 2. 府邸建筑 3. 水池 4. 树畦 5. 廊架 6. 绿丛植坛 7. 府邸建筑后的秘园

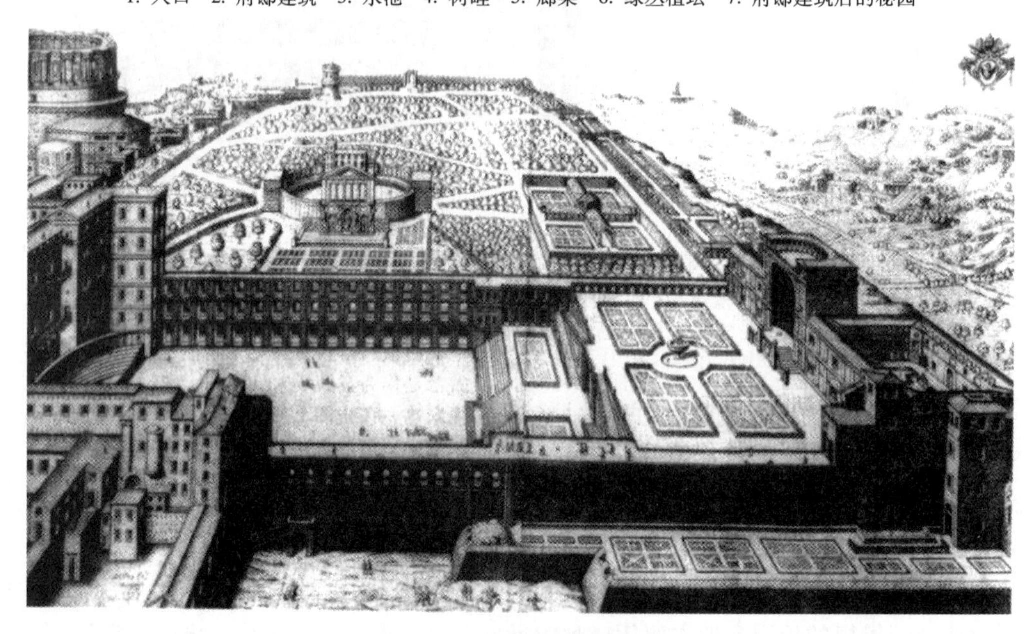

图 11-3 望景楼花园透视图

(三)埃斯特庄园(Villa D'Este)

埃斯特庄园位于罗马东郊特沃里乡村小镇上，距离罗马 40 千米，坐落在朝向西北的陡峭山坡上，整个庄园呈方形(图 11-4、图 11-5)，面积大约 45 公顷，是意大利文艺复兴中期的名园，是台地园的典范。

1549 年，保罗三世任命伊波利托·埃斯特(Ippolito Este)为替沃里的守城官。1550 年，埃斯特委托维尼奥拉的弟子，著名的建筑师、画家和园艺师利戈里奥，建筑师波尔塔，水工技师奥利维埃里为他建造府邸。利戈里奥吸收了布拉曼特、拉斐尔等人的经验，从建筑学的角度运用几何学与透视学原理，根据地形展开层级分明、井然有序改造，将庄园设计

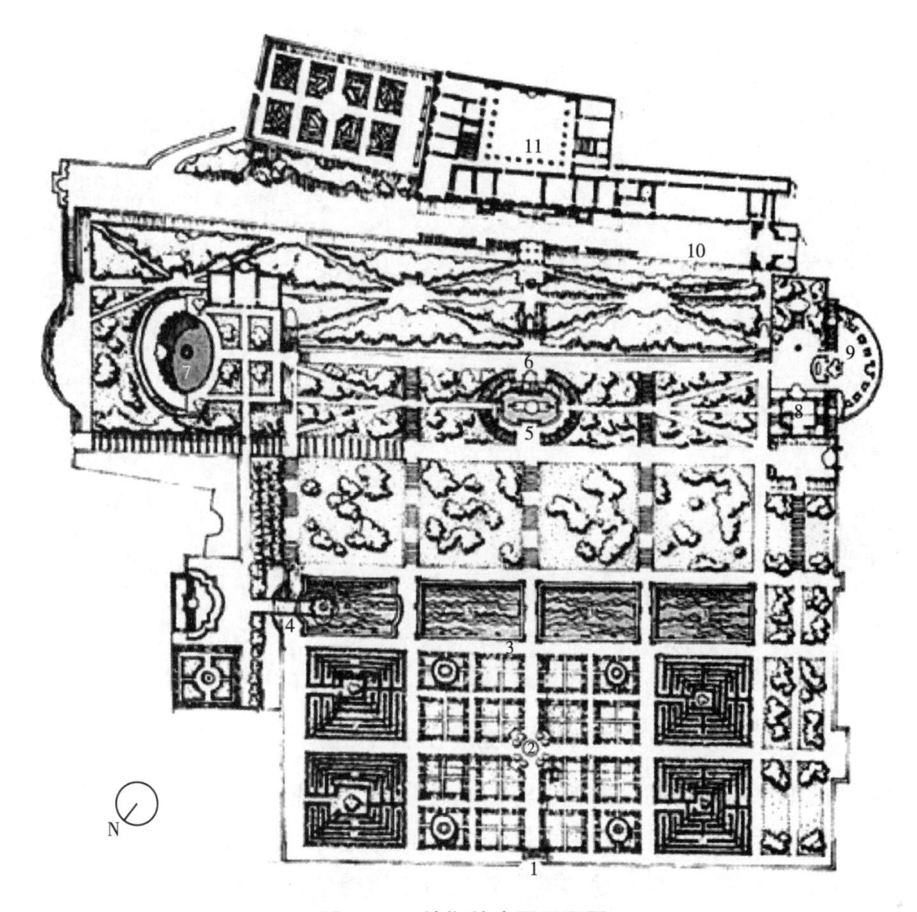

图 11-4　埃斯特庄园平面图

1. 主入口　2. 底层台地上的圆形喷泉　3. 矩形水池（鱼池）　4. 水风琴　5. 龙喷泉　6. 百泉台　7. 水剧场　8. 洞窟　9. 馆舍　10. 顶层台地　11. 府邸建筑

成一个建筑般的整体，并追求均衡与稳定的空间格局。花园只是作为建筑的延伸与补充，花园分为上中下三个段落，即相对平坦的底层台地、系列台层组成的中层台地和顶层台地。庄园四周景色优美，在庄园中的中轴线上的景色并不是全园的重点，而是平分秋色，导致园中几条轴线或垂直相交，或平行并列，有的还呈放射状排列。园中构园要素如建筑、草坪、树木均按照规则式构图法则整齐排列，使空间或构图构成正方形或长方形。园中布置了有雕塑的喷泉水池，修剪成几何形的绿篱，大片开阔平坦的草坪，成行列栽植的树木。

埃斯特庄园夏季气候炎热，花园朝北布局可以营造相对适宜的小气候。为此，利戈里奥等营造师将西边的地形垫高，并兴建了高大的挡土墙，使庄园在整体上向北面倾斜，以便更好建造台地园。庄园充分利用台地优势，将园分成六个台层，并以轴线加以控制，将上下高差近 50 米的园形成一个整体。在每条轴线的端点与轴线的节点上，均衡地分布着亭台、游廊、雕塑、喷泉等各式景观，景观非常丰富。

庄园入口设在底层台地上。底层台地以三纵一横的园路将宽 180 米、纵深 90 米的矩形园地划分出八个方块。两侧有四块阔叶树丛林，中间四块是绿丛植坛，中央设有圆形喷

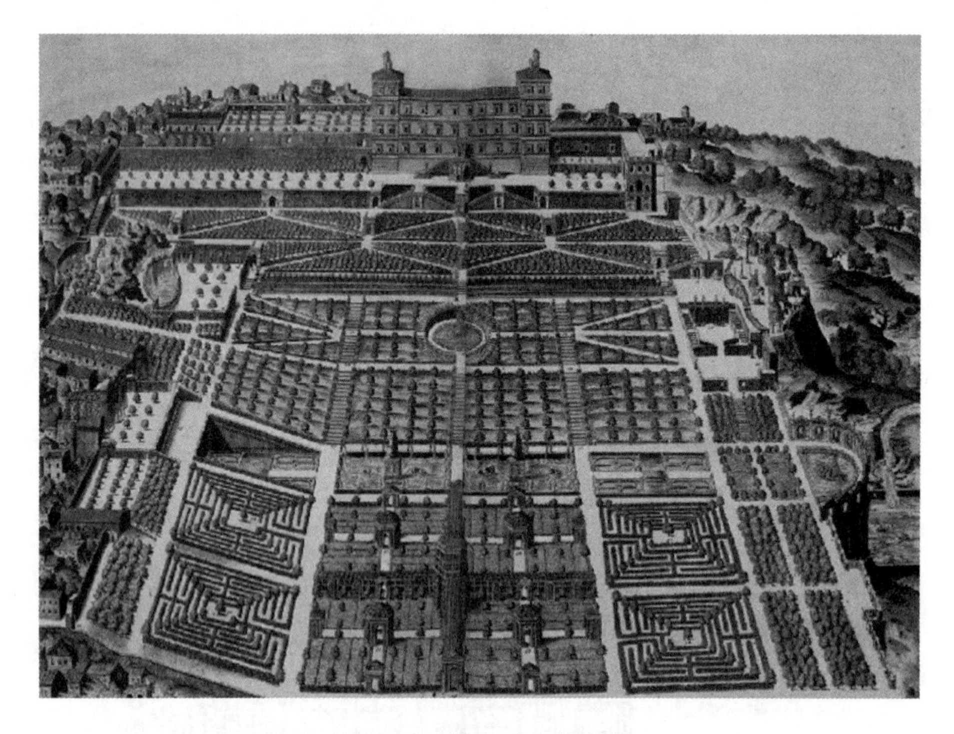
图 11-5　埃斯特庄园鸟瞰图

泉，环绕泉池的细水柱，以高大的地中海柏木做背景，构成底层花园的第一个主景。透过喷泉，地中海柏木形成的框景中，沿中轴形成了的透视线，聚焦远处高台的“龙贵泉”，形成中轴线上的第二个主景。在台地顶端上耸立着水雾缭绕的别墅，别墅前有约 12 米宽的天台，可俯瞰全园景观，远处丘陵上成片的橄榄树林和连绵的群山尽收眼底。在文艺复兴盛期，别墅往往建在庄园的最高处，以控制庄园的中轴线，表达主教们大权在握、高高在上的内涵。然而庄园中有大量树丛和喷泉，让严格的几何形构图并不显得过分严肃、呆板，而是有几分情趣。庄园还注意了人工的树丛植坛、周边阔叶丛林向园外的茂密山林自然过渡，最终与自然融合。

在底层花园的东南面，原设计四个鱼池，但只建成三个一排矩形水池，池水做镜面水艺术处理，可以倒映出斜坡上树丛。西侧的山谷边设计了半圆形观景台，强调与鱼池构成的第一条横轴。东北端构图呈半圆形，上方有著名的水风琴，造型类似的管风琴利用流水挤压空气从管道中排出而发出声音，同时还伴随着机械控制的活动小雕像。水风琴的轰鸣声与音乐、鸟雀啼鸣都融入喷泉组合中，使庄园气氛更加热烈，别有一番情趣。水风琴的运用，反映出意大利文艺复兴盛期的造园家更加注重水的音响效果，以及精湛的水工技艺和猎奇的设计心理。

鱼池之后是三段平行的台阶，边缘用小水渠修饰，第一层台地为树木植坛；第二层台地为全园的中心，以两段弧形台阶环抱椭圆形的“龙喷泉”；第三层台地上是约 150 米长、数米宽的百泉台，百泉台沿山坡平行辟有三层小水渠，上方洞府内的水以瀑布形式直泻而下，落入到第一层小水渠中，每隔几米有方尖碑、小鹰、小船或百合花等造型各异的小喷

泉，优雅地落入小水渠中，再通过狮头或银鲛头等造型将水溢出，落到下层小水渠中，整体上形成无数的小喷泉，中轴上有喷泉称为“椭圆形喷泉”，边缘有岩洞及塑像，还有模仿古罗马小镇“罗梅塔”兴建的一组喷泉。浓荫下的大量喷泉和雕塑将百泉台装扮得绚丽多彩，令人目不暇接。

鱼池构成的第一条横轴与百泉台构成的第二条横轴产生强烈的动与静、开与闭的对比。因百泉台的东北端地势较高，因地制宜地造了梦幻的“水剧场”，水流从柱廊上方倾泻而下形成瀑布，奥勒托莎雕像放置在高大的壁龛中，中央是以“山林水泽仙女”像为中心的半圆形水池及间有壁龛的柱廊。百泉台的另一端也为半圆形水池，其后有柱廊环绕，柱廊前布置了寺院、剧场等各种建筑模型组成的古代罗马市镇的缩影，可惜现已荒废。

埃斯特庄园以建筑的设计思想作为一个整体，在全园中突出中轴线，加强全园统一。每一条园路往返在视线的焦点上都有重点景点。庄园里水的处理除了有宁静的水池，产生共鸣的水风琴，奔腾而下的瀑布，高耸的喷泉，也有活泼的小喷泉、溢流，缕缕水丝，还创造了丰富多彩的水景和音响效果。庄园内植物为各种水景和精美的雕像创造良好的背景，以深浅不同的绿色植物为主，没有鲜艳的色彩。

伊波利托去世后，由埃斯特家族的鲁依基传至亚历山德罗继承，直至家族的最后一位继承人埃尔科勒三世，之后由女儿玛丽娅和她的奥地利籍丈夫费尔南德公爵继承。著名音乐家弗朗茨·李斯特（Franz Liszt，1811—1886 年）曾在别墅中居住，增添了几分音乐艺术色彩。第一次世界大战时，埃斯特庄园被意大利政府没收，此后成为国家财产。

二、巴洛克时期园林实例

（一）阿尔多布兰迪尼庄园

阿尔多布兰迪尼庄园（图 11-6）是克蕾芒八世的侄子、枢密官阿尔多布兰迪尼的夏季别墅。1598 年开始由建筑师波尔塔建造，直到 1603 年由建筑师多米尼基诺完成。水景工程由封塔纳和奥利维埃里负责。

庄园位于亚平宁山半山腰的弗拉斯卡蒂小镇上，距离罗马约 20 千米。府邸建造在山林和乡村环境中的山坡上，具有明显标识性。府邸是面宽达 100 米的四层建筑，位于中层台地，建筑下部有台阶与底层台地相接。府邸前庭视野开阔，两侧平台上是布局十分精致而巧妙的迷人小花园，装饰性小塔楼是移至平台两侧的厨房烟道。园中设有一条主轴线，控制全园，庄园入口设在西北方的皮亚扎广场，曾经有与下部相连的三条放射性的游步道经过果园，如今已变成一条起主轴线作用的林荫大道，道路两边均点缀盆栽柑橘和柠檬，在绿地中种植柏树、悬铃木、绿篱花圃，将栎树修剪成绿篱。沿林荫道往前游览到达第一层台地，再经过对称的弧形坡道到达府邸建筑，建筑完全将背后景物遮挡住，建筑两侧是植树花坛，其中一处种植悬铃木。通过建筑两侧台阶进入第二层台地，两层坡道之间围合成了府邸前椭圆形广场，广场上铺装、栏杆精美而富有艺术性，挡土墙上有大型壁龛和雕像。第二层台地上，即在府邸建筑后面便是全园的精华之处——水剧场，中央部分为半圆形，半圆周长约有 60 米，与主建筑相呼应。水剧场为了与椭圆形广场相平衡设计了下沉

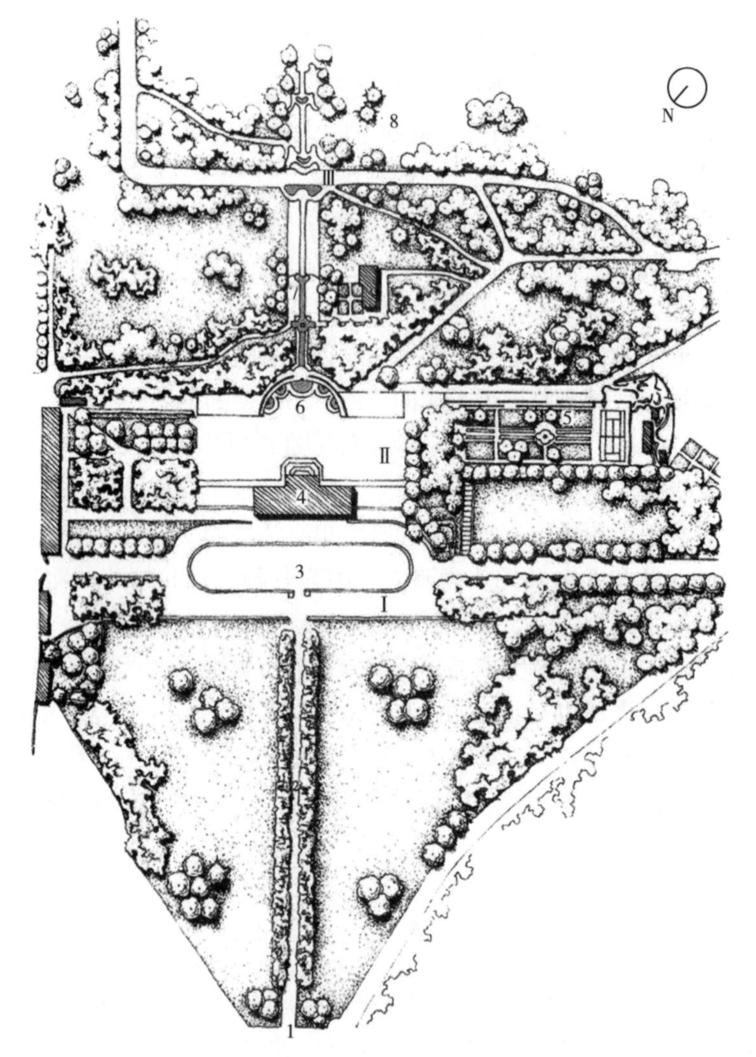

图 11-6　阿尔多布兰迪尼庄园

Ⅰ. 第一层台地　Ⅱ. 第二层台地　Ⅲ. 顶层台地

1. 入口　2. 中央林荫广场　3. 椭圆形广场　4. 府邸建筑　5. 花坛群　6. 水剧场　7. 水台阶　8. 自然山林部分

式半圆形广场，水剧场横面很宽，雕饰精美，是典型的巴洛克风格，核心是五个壁龛与雕塑喷泉，中央壁龛是双肩掮天巨神“阿特拉斯”像，引水储于蓄水池中形成瀑布落入剧场中，发出震耳的声响。

水剧场之后是跌水，两侧是高大栎树林夹道，形成近宽远窄的空间增强了透视效果。跌水顶端有两根柱身有马赛克纹饰圆柱，圆柱的柱身盘旋着螺旋形水槽，水流带着水花旋转而下，像缠绕立柱的水花环。在跌水的台阶上跌落出一系列小瀑布，带着轰鸣的吼声，从半圆形水剧场中倾泻而下。跌水之后是上层露台，露台上有展示田园牧歌场景的“帕斯托利”泉池，池边有两个农夫像与之相对应。顶层台地采用自然式设计手法，将台地与山林环抱的四周巧妙过渡融为一体，中央有模仿自然“乡村野趣”泉池，水中有凝灰岩饰面的洞府。顶层台地的用水是从 8 千米之外阿尔吉特山引来的山泉，应用并存储于顶部水池中，以便为全园水景供水。

(二)伊索拉·贝拉庄园

伊索拉·贝拉庄园建造在马吉奥湖中波罗米安群岛的离岸边约600米的第二大岛屿上的庄园，是意大利唯一的湖上庄园(图11-7)，在建庄园之前是风景优美的岩石荒岛。1632年，庄园由卡尔洛伯爵三世博罗梅奥开始建造，园名源自其母亲伊索拉·伊莎贝拉的姓名缩写，直到1671年庄园才建成。

小岛东西最宽处约175米，南北长约400米。从小岛西北角布置了府邸，作为夏季避暑别墅，府邸主要建筑面朝东北方湖面，府邸向南延伸为客房和收藏艺术品的长廊。南端

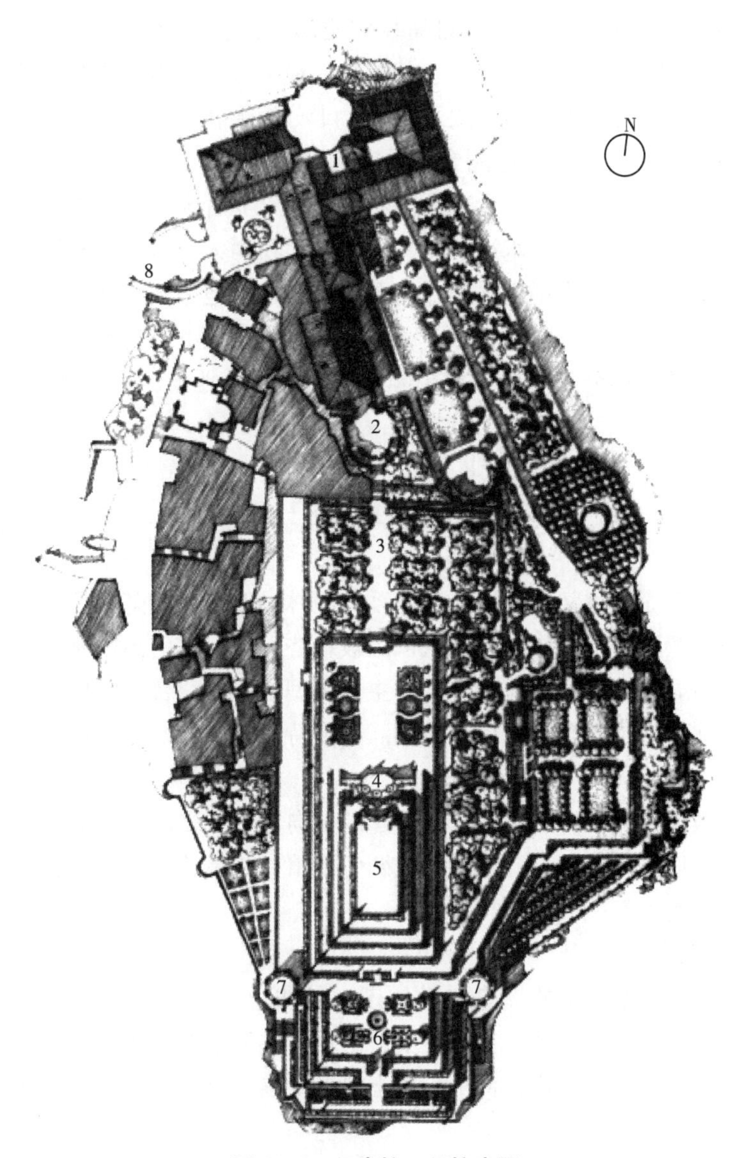

图11-7　伊索拉·贝拉庄园

1. 府邸建筑　2. 狄安娜前庭　3. 树丛植坛　4. 巴洛克水剧场
5. 顶层观景平台　6. 水池花坛　7. 八角形塔楼　8. 码头

是下沉式椭圆形庭院，称作“狄安娜前庭”。从圆形码头拾级而上，可到达府邸的前庭。府邸的东北侧建有两层台地的花园。上层台地呈长条形，长约150米，主要是在高大乔木覆盖的草坪上点缀着瓶饰和雕塑，南端以赫拉克勒斯剧场作为结束。剧场是高大的半圆形挡土墙，正中是赫拉克勒斯力士像，两侧壁龛中放置了许多希腊神话中的神像。下层台地是丛林。丛林和狄安娜前庭中都有台阶通向台地花园。

庄园中有一条中轴线，狄安娜前庭是台地花园中轴线一端的焦点，另一端是水池花坛。狄安娜前庭的南面有两层台阶，上层是树丛植坛，上方的台地上顺轴线布置两块花坛，两侧各有六棵高大的柏木作为背景。再向南是连续的三层台地，其中一层北端有著名的巴洛克水剧场，剧场前是开阔平整的铺装和花坛，剧场的立面上装饰着大量洞窟、贝壳、石栏杆、角柱，角柱上还有形形色色的雕塑，最上方矗立着骑士像，两侧是横卧河神像，水剧场以石雕金字塔和镀金铸铁尖顶结束，十分辉煌壮丽。水剧场两侧有台阶通向花岗岩铺地的顶层花园台地，顶层花园台地是中轴线的另一端的焦点，台地开阔，视野较好，适合观赏四周的湖光山色，平台四周的石栏杆上耸立着大量的雕像。顶台花园南端以连续的往下九层台地一直下到湖水边，第六层台地面积稍大，有四块精美的水池花坛，与花坛东西两端各有一座八角形小塔楼，作为泵房。其余台地呈狭长形，以攀缘植物和盆栽柑橘点缀。底层台地中有较大水池，作为蓄水池，底层台地下方有贴近湖面的平台可作小码头。花园东南角还有一个三角形小柑橘园，在沿湖的台地上，采用精美的铁栏杆筑成，可凭栏眺望远处景色。

第三节　意大利园林特征

意大利半岛因三面濒海又多山地、多水系，园林一般附属于郊外庄园，与庄园别墅一起统一布局，但别墅不起统率作用，建筑依山坡地势而建，并引出中轴线开辟出一层层台地，形成了特点明显的意大利台地园。园林主要类型是庄园。台地园的总构图采用规则式手法，明晰、匀称，造园要素之间比例协调。主要特征是：

1. 借势造园

在高耸植物做背景下，自上而下，借势建园，向下形成多层台地和挡土墙，每层分别配以平台、水池、喷泉、雕像等；在中轴线两旁栽植一些高耸植物如黄杨、柏树等，与周围的自然环境相协调。

2. 明显的中轴线

园的平面一般是严整对称的，建筑常位于中轴线上或横轴上，建在台地的顶部或中部，庭园轴线有时只有一条轴线，有时分主、次轴，甚至还有几条轴线，或直角相交、或平行、或呈放射状。水景、雕塑、台阶、挡土墙、壁龛、宝坎等装饰皆在轴线上。

3. 构图具有美学原则

地形、建筑、植物、水体及小品等组成一个协调的、建筑式的整体，各局部、各景点融合于统一的构图之中。采用中轴对称、均衡稳定、主次分明、变化统一、比例协调、尺度适宜的美学构图法则构图。

4. 理水的手法丰富

借地形修渠道，将高处顺流而下的水源汇聚成几何形水池，然后顺坡势往下引注成为水瀑、平流水或流水梯，在下层台地则利用水落差的压力做出各式喷泉，最低一层平台地上又汇聚为水池。有时完全以不同形式的水景组成贯穿全园的轴线。水景的形式有喷泉、水渠、跌水、水池等。

5. 园林小品多样

运用新奇夸张的手法设计小品，细部装饰也十分烦琐，采用古典神话为题材的大理石雕像，雕镂精致的石栏杆、石坛罐、碑铭等，反对古典教条，追求自由风格和装饰性效果。

6. 植物修剪造型

绿篱修建技术发达，绿篱形状也十分有装饰效果。树木以常绿树为主，修剪成剪树植坛，形成绿墙、绿廊等，用黄杨或柏树组成花纹图案，很少运用花卉组成图案。

意大利古典园林不断发展，园林选址以安全为主要因素转变为强调远景的可观性；园林从作为建筑的一部分到把园林作为建筑规划中基本的组成部分。意大利文艺复兴时期园林无论从造园手法上，还是人类精神层面上都对欧洲园林史，尤其是英国和法国园林有着重要影响。

第十二章　法国园林

◇学习目标

知识目标

(1)了解法国园林发展的历史阶段；

(2)掌握法国古典主义园林阶段园林的主要特征；

(3)熟悉沃勒维贡特府邸花园、凡尔赛宫苑等典型案例。

技能目标

(1)能够理解法国园林布局的特点；

(2)能够叙述法国园林的特征。

素质目标

(1)了解法国著名的造园师安德烈·勒诺特尔，培养精益求精、追求卓越的职业素养；

(2)感受法国古典主义园林对世界园林的积极影响。

第一节　园林发展概况

法国位于欧洲西部，濒临北海、英吉利海峡、大西洋和地中海四大海域。法国全境分为三大地质区：即海西地块带、北部与西部平原、南部和东南部山地，以及临近索恩和罗纳河的狭长平原。高度在300米以下的低海拔地区，约占国土面积的2/3。受大西洋气候、地中海气候和大陆性气候的影响，气候温和。除山区和东北部的阿尔萨斯外，冬季一般温暖。法国约60%的土地适于耕种，有着世界上最好的谷物种植区，全国可耕地的一半用于种植谷物，主要为小麦和玉米。

开阔的平原、众多的河流和大片的森林不仅是法国国土景观的特色，也对其园林风格的形成具有很大的影响。

法国园林的发展历史，大致可分为3个阶段：文艺复兴园林阶段、古典主义园林阶段、风景式园林阶段。

一、文艺复兴园林阶段

15世纪末，法国开始了与意大利之间的交战，历时半个世纪，最后失败而归。虽然在军事上无所建树，而在文化方面却硕果累累，法国人由此接触到意大利的文艺复兴运动。15世纪后期，路易十一建立了比较稳定的军防，王权有所加强。一时之间，国王宫廷辉煌灿烂，

群贤毕至，使法国进入文艺复兴盛期，法国园林由此进入了文艺复兴园林阶段。

15 世纪末，当法国园林还在谨小慎微的摸索中发展之时，意大利文艺复兴园林经过近一个世纪的发展，已经欣欣向荣，有着较高的艺术成就。随着文艺复兴运动逐渐遍及整个欧洲，意大利园林也渐渐对欧洲各国包括法国产生潜移默化的影响。

16 世纪初期的法国文艺复兴式花园，虽然出自意大利造园师之手，可是在整体构图上逊色于意大利花园。此时，法国人对意大利文艺复兴运动的热情不断高涨。许多意大利造园师到法国从事造园活动，同时有更多的法国人去意大利学习。然而，崇尚独创精神的法国人并未全盘接受意大利花园，意大利的影响主要表现在造园要素和手法上。首先，园中建筑元素的装饰作用受到重视，由建筑师设计的石作，如凉亭、长廊、栏杆、棚架等，代替了过去由园丁制作的简陋木格子小品，偶尔也用雕塑作装点；其次，园中出现了模纹花坛，但图案比较简洁；最后，意大利园林中常见的洞府、壁龛也传入法国，大多是因借地形，从挡土墙挖进去。

16 世纪中叶，随着专制王权得到进一步加强，在艺术上要求有与中央集权的君主政体相适应的审美观点。此时，意大利园林已发展成熟，许多著名的庄园业已建成，对法国园林的演进起到更强的示范作用。不仅体现在花园的局部处理及造园要素上，而且在庄园的布局上，要求将花园与府邸作为一个整体来设计，如主次分明、中轴对称、采用柱式，建筑风格趋于庄重，花园的中轴线与府邸的中轴线重合，采用对称式布局。

16 世纪下半叶，法国造园理论家和设计师纷纷著书立说，在借鉴中世纪和意大利文艺复兴园林的同时，努力探索真正的法国式园林，为法国式花坛的出现奠定了基础。在法国设计师的积极努力下，法国的文艺复兴园林取得了长足的进步，不仅对意大利的造园手法运用得更加娴熟，而且尝试根据法国的本土特点进行创新。这一时期代表性的园林有谢农索庄园、枫丹白露宫苑、维兰德里庄园。

二、古典主义园林阶段

17 世纪中期，路易十四开始执政，法国专制王权进入极盛时期。通过对内加强王权，对外显示军力，路易十四奠定了法国君主集权与王国相统一的政治格局，从此法国左右了欧洲政治走向和势力均衡。在他的支持和资助下，古典主义的戏剧、美学、绘画、雕塑和建筑园林艺术等都获得了空前辉煌的成就，法国园林开始进入古典主义园林时期，达到了规则式园林发展的最高峰。

花坛是法国花园中最重要的构成要素之一。从把花园简单地划分成方格形花坛，到把花园当作整幅构图，按图案来布置刺绣花坛，形成与宏伟的宫殿相匹配的气魄，是法国园林艺术上的一个重大进步。

17 世纪上半叶，随着几何学和透视学的发展，出现在花园中追求空间深远感的倾向，导致花园的中轴线越伸越远。花园被视作建筑与自然之间的过渡部分，随着中轴线延伸，合理安排地形、布局和植物的多样性以及形式与色彩的丰富性，寻求视线上景物之间比例的和谐。古典主义艺术家非常强调各种景物之间比例关系的重要性，并试图以数量关系加以确定。这就是古典主义美学的核心，即人工美高于自然美，而人工美的基本原则就是变化的统一。在造园要素的作用与做法方面，更加强调植物和水体的运用，注重将植物材料作为建筑材料来使用，通过修剪，形成各种绿篱、绿墙、绿色建筑物等造型。表明古典主义造园家把花园作为建筑空间来看待，以期花园与建筑的统一。

17 世纪下半叶，世界的艺术中心也从意大利转移到法国。这些为法国园林艺术提供了最适宜的成长环境。正是在这种历史条件下，安德烈·勒诺特尔这位天才得以脱颖而出，他被誉为“王之造园师与造园师之王”，其一生设计并改造了大量的府邸花园，充分表现出高超的艺术才能，并形成了风靡欧洲长达一个世纪之久的勒诺特尔样式。这标志着法国园林艺术的真正成熟和古典主义造园时代的到来，其取代了意大利文艺复兴式花园，成为风靡整个欧洲造园界的一大样式。他的主要作品有著名的凡尔赛宫苑、沃勒维贡特府邸花园等。勒诺特尔的才能和巨大成就，为他赢得了极高的荣誉和地位。

三、风景式园林阶段

18 世纪初，在路易十四统治的末期，法国绝对君权统治的鼎盛时代一去不复返。在文化艺术方面，古典主义思想的禁锢作用渐渐消失，自然主义思想的影响开始出现。甚至路易十四本人也提出要“模仿自然”，让富有变化的树种在园中自由地生长。法国封建王朝趋于衰弱，资产阶级革命趋向高潮。路易十五带领贵族阶层进行了一场轰轰烈烈的浪漫主义运动，使法国上层社会在艺术欣赏和生活方式方面，从推崇古希腊、古罗马古典主义转变为追求带有东方情调的浪漫主义。

正是这一时期，法国产生了对后世影响极大的浪漫主义的“洛可可”风格。洛可可风格对造园的影响，最初只停留在园林装饰风格的变化上。总体布局依然采用勒诺特尔式样，但由各色花草组成的花坛图案更加精美，显得生动活泼。花坛的色彩也更加鲜艳夺目，色调对比强烈，并在局部出现了不对称式构图。风景画中被画家们称作“构筑物”的点缀性小建筑开始在花园中出现，并渐渐取代规则式园林中常见的雕像。

18 世纪上半叶，法国的造园风格，依旧在整体上延续勒诺特尔的手法，但已无力营造规模宏大的庄园了。随着园林规模和景物尺度的缩小，相对局促的园林空间更加人性化。同时装饰手法上的丰富与细腻，也使园林看上去更加富有人情味。洛可可风格的轻柔飘逸，渐渐代替了古典主义风格的庄重典雅。

18 世纪初期的造园风格产生于英国的启蒙运动，不久就在法国传播，英国风景式造园理论和作品通过各种形式介绍到法国。从 18 世纪中叶开始，勒诺特尔式园林的权威性地位开始动摇。哲学家卢梭为英国风景式造园理论在法国的传播做好了充分的准备，他发出了“回归大自然”的呐喊。启蒙主义思想家主张在造园艺术上进行彻底的改革。18 世纪 70 年代以后，法国又涌现出一批新的风景式造园艺术的倡导者，他们纷纷著书立说，致力于将风景式造园理论深入细致化。按照卢梭设想的克拉伦爱丽舍园，兴建了一座风景式园林。这个作品标志着法国浪漫主义风景式造园时代的真正到来。

18 世纪下半叶，法国紧随英国之后，渐渐走上了浪漫主义风景式造园之路。原始的

大自然和带有“小村庄”的田园风光，成为法国风景式造园的主要景色，自然要素与建筑要素在体现乡土风貌和历史文化的观点指引下，在园林中相互结合。

不仅是中国情趣的建筑，而且东方和欧洲古代的建筑，也与植物群落精心布置在一起。这些装饰性小建筑构成全园的视觉焦点，有些建筑物具有一定的实用功能，而大多是毫无功能的装饰之物。古代的建筑废墟也常常成为造园模仿的对象。为了达到唤起人们情感的目的，营造富有浪漫主义色彩的园林氛围，点缀着一些“令人惊奇的”景点，布置供人沉思的散步道，等等。园林的大布局通常比较简洁，景点有模仿自然形态的人工假山、叠石和岩洞等，代替了过去流行的洞府；园路和河流迂回曲折，穿行于山冈与丛林之间；湖泊采用不规则的形状，驳岸处理成土坡、草地并间置着天然石块，水中种有大量的水生植物。

1789 年，法国爆发了资产阶级大革命。随后又发生了拿破仑争夺欧洲霸权的战争，在法国引起了剧烈的社会变动，并带来了更强有力的新思潮。因此，到 18 世纪末，曾经盛行一时的风景式园林很快不再流行。

第二节　园林实例

一、沃勒维贡特府邸花园

沃勒维贡特府邸花园(图 12-1 至图 12-3)是勒诺特尔式园林最重要的作品之一，标志着法国古典主义园林艺术走向成熟。它使得设计者勒诺特尔一举成名，也使得园主——路易十四的财政大臣尼古拉·福凯成为阶下囚。

在巴黎南面约 50 千米处，有一个叫作“沃”的村庄。福凯从 25 岁起，就在此逐步购置地产。大约 1650 年，福凯请著名的建筑师勒沃为他建造一座府邸，担任室内外装饰及雕塑设计的是画家勒布仑。勒布仑是 17 世纪最重要的古典主义绘画大师，他早年与勒诺特尔交往甚密。因此，他向福凯推荐勒诺特尔做花园设计。至此，一位理智的有修养和想象力的庄园主和一流的艺术家汇聚在一起，共同开创出一部不朽之作。福凯得意的年代，是路易十四个人统治新时代的开端。但他没有估计到年轻的国王从小就有着一种唯我独尊的自我意志。这一不可饶恕的错误，最终导致了福凯的毁灭。尽管如此，从讲究排场上来说，福凯始终是路易十四效法的榜样。

1656 年，工程正式开始，园地面积达到 70 多公顷。为了园内用水，将安格河流改道，前后动用了 18 000 多名劳工，历时 5 年始成。不仅府邸本身富丽堂皇，而且花园的丰富与广袤也是前所未有的。府邸采用古典主义样式，严谨对称。府邸平台呈龛座形，四周环绕着水壕沟，周边环以石栏杆，是中世纪城堡手法的延续。入口在北面，从椭圆形广场中，放射出几条林荫大道。花园在主体建筑的南面，中轴线长达 1 千米，两侧是顺向布置的矩形花坛，宽约 200 米。花坛外侧是茂密的林园，以高大的暗绿色树林，衬托着平坦而开阔的中心部分。

图 12-1　沃勒维贡特府邸城堡

图 12-2　沃勒维贡特府邸花园

图 12-3　沃勒维贡特府邸鸟瞰

花园在中轴上采用三段式处理。第一段的中心是一对刺绣花坛，红色碎砖衬托着黄杨花纹，图案精致，对比强烈，角隅部分点缀着整齐的紫杉及各种瓶饰。刺绣花坛及府邸两侧，各有一组花坛台地。东侧台地略宽，当中配置了三座喷泉，其中尤以“王冠喷泉”独放异彩。东侧的地形原略低于西侧，勒诺特尔有意抬高了东台地的园路，使得中轴左右保持平衡。

第一段的端点是圆形水池，两侧为长条形水渠，形成有力量的横轴。

第二段花园的中轴路两侧，过去有小水渠，密布着无数的低矮喷泉，称为“水栅栏”，现已改成草坪种植带，其后是草坪围绕的椭圆形水池。沿中轴路向南，有方形水池，称为“水镜面”。于此向南望去，后面的岩洞台地似乎就在池边，其实两者相距 250 米。由南向北望去，府邸的立面倒映在水中。花园的两侧，各有一洞窟状的忏悔洞，站在顶上的平台，可以更好地观赏花园。走到第二段花园的边缘，低谷中的横向大运河忽现眼前。大运河将全园一分为二。在园中以运河作为全园的主要横轴。在北花园的挡土墙上，有几层水

盘式的喷泉、叠水，其间饰以雕塑，形成壮观的"飞瀑"。南岸倚山就势建有七开间的洞府，内有横卧的河神雕像，洞府前有一排水柱从水中喷出。

第三段花园坐落在运河南岸山坡上，坡脚处理成大台阶。中轴线上有一座紧贴地面的圆形水池，喷水造型十分美观。坡顶上是大型的绿荫剧场，中央耸立着海格力士的镀金雕像，构成花园中轴的端点。在此回头北望，整个府邸花园尽收眼底。半圆形的绿荫剧场与府邸的穹顶，遥相呼应。

花园三个主要段落，各具鲜明的特色，且富于变化。第一段濒临府邸，以绣花花坛为主，强调人工装饰性；第二段以水景为主，重点在喷泉和水镜面；第三段以树木草地为主，增加了自然情趣。三段之间的过渡，也是循序渐进，独具匠心。第一段以圆形的水池结束，下方有横向水渠与大运河相呼应。第二段以方形的水镜面结束，预示着大运河的到来。运河与飞瀑形成了强烈的动、静对比，岩洞中装饰的雕像和喷泉，进一步活跃了水景气氛。

在花园两边的林园中，笔直的园路以几何形构图与花园相协调。在空间上，封闭的林园与开放的花园又形成强烈对比。高大的树木形成花园的背景，构成向南延伸的空间，最后在花园的南端，围合成半圆形的绿荫剧场，透视深远。规则式的花园，从侧面观赏时景观更富有变化。因此，在林缘布置庇荫的园路，形成宜人的散步道。

沃勒维贡特花园的独到之处，便是处处显得宽阔，却又不是巨大无垠。各造园要素布置得合理有序，避免了互相冲突与干扰。刺绣花坛占地很大，配以富丽堂皇的喷泉，在花园的中轴上，具有突出的主导作用，地形处理精致，形成不易察觉的变化。水景起着联系与贯穿全园的作用，在中轴上依次展开。同样，环绕花园整体的绿墙，也布置得美观大方。序列、尺度、规则，这些伟大时代形成的特征，经过勒诺特尔的处理，达到不可逾越的高度。

二、凡尔赛宫苑

真正使勒诺特尔名垂青史的作品是凡尔赛宫苑（图 12-4 至图 12-7）。它规模宏大、风格突出、内容丰富、手法多变，完美地体现着古典主义的造园原则。

17 世纪下半叶，法国成为欧洲最强大的国家。路易十四是继古罗马皇帝之后，欧洲最强有力的君主。宰相高勒拜尔在给路易十四的信中说："陛下圣明，除去战争，只有大型工程才能更好地体现出伟大君王的精神与价值。"凡尔赛宫苑，就是强大的国家和强大的君主的纪念碑。

路易十四选择的凡尔赛，原是位于巴黎西南 22 千米处的一个小村落，周围是一片适宜狩猎的沼泽地。被形容为"无景、无水、无树，最荒凉的不毛之地"，并不适宜建造宫苑。然而，路易十四的决定不容更改。他在回忆录中还十分得意地认为："正是在这种十分困难的条件下，才能证明我们的能力。"很有一种"人定胜天"的气概。

路易十四将建造沃勒维贡特庄园的建筑师勒沃、画家勒布仑和造园家勒诺特尔召来，开始了凡尔赛宫苑的建造工程。在漫长的建设过程中，法国当时最杰出的建筑师、雕塑家、造园家、画家和水利工程师等都先后在此工作过。因此，凡尔赛宫苑代表着法国当时文化艺术和工程技术上的最高成就，路易十四本人也以极大的热情，关注着凡尔赛的建设。在 1668 年的法荷战争结束之后，更是全身心地投入到凡尔赛。这位征服者要在凡尔赛领略"征服自然的乐趣"。

图 12-4 凡尔赛宫苑平面图

1. 宫殿建筑 2. 水花坛 3. 南花坛 4. 拉托娜泉池及“拉托娜”花坛 5. 国王林荫道 6. 阿波罗泉池 7. 大运河 8. 皇家广场 9. 瑞士人湖 10. 柑橘园 11. 北花坛 12. 水光林荫道 13. 龙泉池 14. 尼普顿泉池 15. 迷宫丛林 16. 阿波罗浴场丛林 17. 柱廊丛林 18. 帝王岛丛林 19. 水镜丛林 20. 特里阿农区 21. 国王菜地

图 12-5　凡尔赛宫苑正门

图 12-6　凡尔赛宫苑中轴线景观

图 12-7　凡尔赛宫苑模纹花坛

凡尔赛宫苑占地面积巨大，规划面积 1600 公顷，其中仅花园部分面积就有 100 公顷。如果包括外围大林园，占地面积达到 6000 多公顷，围墙长 4 千米，设有 22 个入口。宫苑主要的东西向主轴长约 3 千米，如包括伸向外围及城市的部分，则有 14 千米之长。园林建造历时 26 年之久，其间边建边改，有些地方甚至反复多次，力求精益求精。

宫殿坐东朝西，建造在人工堆砌的台地上。它的中轴向东、西两边延伸，形成贯穿并统领全局的轴线。东面是三侧建筑围绕的前庭，正中有路易十四面向东方的骑马雕像。庭院东入口处有军队广场，从中放射出三条林荫大道穿越城市。园林布置在宫殿的西面，近有花园，远有林园。宫殿二楼正中，朝东布置了国王的起居室，由此可眺望穿越城市的林荫大道。朝西的二层中央，原设计为平台，后改为著名的"镜廊"，由此处眺望园林，视线深远，循轴线可达 8 千米之外的地平线。气势之恢宏，令人叹为观止。

宫殿凸起部分前面最早有刺绣花坛，后又改成水花坛。勒诺特尔打算以五彩缤纷的水流描绘出水花坛的景象，但最终未能实现。现在的水花坛是一对矩形抹角的大型水镜面。大理石池壁上装饰着爱神、山林水泽女神以及代表法国主要河神的青铜像，塑像都采用卧姿，与平展的水池相协调，从宫殿中看出去，水花坛中倒映着蓝天白云，与远处明亮的大运河交相辉映。

从水花坛西望，便是壮观的中轴线。两侧有茂密的林园，高大的树木修剪齐整，增强了中轴的立体感和空间变化。花园中轴的艺术主题完全是歌颂"太阳王"路易十四。起点是饰有雕像的环形坡道围着的拉托娜泉池，池中是四层大理石圆台，拉托娜耸立在顶端，手牵着幼年的阿波罗和阿尔忒弥斯遥望西方。下面有口中喷水的乌龟癞蛤蟆和跪着的村

民，水柱将拉托娜笼罩在云雾之中。这一设计取自罗马神话。拉托娜与天神朱庇特私通生了孪生兄妹太阳神阿波罗和月亮神阿尔忒弥斯，天神把那些曾经对她有所不恭、对她唾骂的村民变成乌龟、癞蛤蟆之类。

向西行，是长 330 米、宽 45 米的国王林荫道，法国大革命时改称"绿地毯"。中央为 25 米宽的草坪带，两侧各有 10 米宽的园路。其外侧，每隔 30 米立一尊白色大理石雕像或瓶饰，共 24 个。在高大七叶树和绿篱衬托下，显得典雅素净。林荫道的尽头，便是阿波罗泉池。阿波罗驾着巡天车，迎着朝阳破水而出。紧握缰绳的太阳神、欢跃奔腾的马匹塑造得栩栩如生。在喷水时，池中水花四溅，波涛汹涌，整个画面蒙上一层朦胧的云雾。在夕阳西下时，镀金的太阳神雕像在水面上放射出万道光芒，而天空的太阳则向西方渐渐隐没，显示出一幅壮丽的景象。

阿波罗泉池之后，是壮观的大运河，呈十字形，长 1650 米，宽 62 米，横臂长 1013 米。它既延长了花园中轴线，又解决了沼泽地的排水问题。运河的东西两端及纵横轴交汇处，拓宽成轮廓优美的水池。

在水花坛的南北两侧各有一花坛，一南一北，一开一合，表现出统一中求变化的手法。南花坛是建在柑橘园温室上的屋顶花园，由两块花坛组成，中心各有一喷泉。向南望去，低处是柑橘园花坛，远处是瑞士湖和林木繁茂的山岗，形成以湖光山色为主调的开放性空间。瑞士湖面积 13 公顷，因由瑞士籍雇佣军承担挖掘工程而得名。这里原是一片沼泽，地势低洼，排水困难，故就势挖湖。

路易十四偏爱柑橘树。勒沃最初在宫殿的南侧建了一处柑橘园，园内 1250 多盆柑橘来自福凯的花园。小芒萨尔在扩建宫殿的南翼时将勒沃的柑橘园拆毁，建造了现在所看到的新柑橘园，面积扩大了一倍。园内摆放着大量的盆栽柑橘、石榴、棕榈等，富有强烈的亚热带气氛。新柑橘园比南花坛低 13 米，借助高差在南花坛地面下建了一座温室，有 12 个拱门，可以容纳三千盆植物越冬。园的东西两侧各有 20 多米宽、100 级台阶的大阶梯联系上下。

与南花坛相对照，北花坛则处理成封闭性的内向空间。花坛及喷泉的四周围合着宫殿和林园，十分幽静。它的北面因水景的处理十分巧妙而著称，从金字塔泉池开始，经山林水泽仙女池，穿过水光林荫道，到达龙池，尽端为半圆形的海神尼普顿泉池，一系列喷泉引人入胜。尼普顿泉池与瑞士湖，在横轴两端遥相呼应，又富有强烈的动与静对比。

凡尔赛宫苑中的花园显得宏伟有余而丰富不足。然而，当你进入国王林荫道两侧的小林园中，才会发现隐藏在大片林地之中的另一个世界。小林园是凡尔赛宫苑中最独特、最可爱的部分，是真正的娱乐休憩场所。

小林园的设计和建造倾注了勒诺特尔的全部心血，由于国王不断产生新的要求，小林园的内容及形式也在不断变化。一共 14 个小林园，各有不同的题材，别开生面的构思形成鲜明的风格。路易十四非常喜欢邀请外国使节来凡尔赛宫，重点便是参观小林园。但是，路易十四死后，许多小林园都改变了原来的题材和风格。

迷宫林园是构思最巧妙的小林园之一，取材于伊索寓言。入口是伊索和厄洛斯的雕像，暗示受厄洛斯引诱而误入迷宫的人会在伊索的引导下走出迷宫。园路错综复杂，每一个转角处都有铅铸的着色动物雕像，各隐含着一个寓言故事，并以四行诗作注解，共有 40 多个。

沼泽林园也是十分精美的。园中有一座独特的喷泉，是在铜铸但十分逼真的树上，长满了锡制的叶片。其尖端布满了小喷头，向四周喷水。池边的芦苇叶、池壁上的天鹅都在喷水。不同方向的水柱纵横交错，使人眼花缭乱，目不暇接。沼泽林园后来被小芒萨尔改成阿波罗浴场，其中有仿自然山岩的大岩洞，到处是层层叠落的瀑布。洞口是巡天回来的阿波罗与众仙女的雕像。

水剧场林园也备受人们的赞赏。它是在椭圆形的园地上，流淌着三个小瀑布，还有200多眼喷水，可以做出十种不同的叠落组合，在绿色植物的衬托下跳跃升腾，恰似优美的舞台景象，观众席环绕舞台呈半圆形布置，并逐层向后升起，上面铺着柔软的草皮。

柱廊林园是树林环绕的大理石圆形柱廊，共32开间。粉红色大理石柱纤细轻巧，柱间有白色大理石盘式涌泉，水柱高达数米。当中为直径32米的露天演奏厅，中央的基座上原有雕塑家吉拉尔的杰作“普鲁东抢劫普洛赛宾娜”。柱廊林园是凡尔赛中最精美的园林建筑之一，是1684年由小芒萨尔建造的。

凡尔赛宫苑是作为绿色的宫殿和娱乐场来建造的，展示了高超的开创广阔空间的艺术手法。路易十四在建园之初就要求，园中能够举行盛大豪华的宫廷盛会，希望能同时容纳7000人活动。在工程开始不久的1664年，以及北园初步建成的1668年，国王举行过两次盛大的晚会。而最负盛名的是1674年夏天举行的名为“凡尔赛的消遣”晚会，一连持续了六个夜晚，极尽豪华奢侈之能事。

凡尔赛不仅在规划中体现了皇权至上的主题思想，也是当时最先进的科学技术的反映。凡尔赛的水源难以满足大运河和1400多座泉池的用水，为此建造了大量的水体工程及机械，堪称当时的工程奇迹。但供水问题始终未能圆满解决。为了使林园尽快成林，施工中还发明了移树机移植成熟大树。凡尔赛宫苑可谓是雕塑林立，其主题和艺术风格十分统一。除了有杰出的画家勒布仑统一规划外，还于1666年在罗马专门设立法兰西艺术学院，培养了一大批优秀的雕塑家，他们在勒布仑的统一指挥下完成了全园的雕塑创作。

凡尔赛的建成，对当时整个欧洲的园林艺术产生了深刻的影响，成为各国君主梦寐以求的人间天堂。德国、奥地利、荷兰、俄罗斯和英国都相继建造自己的“凡尔赛”，然而，无论在规模上还是在艺术水平上都未能超过凡尔赛。

1715年路易十四死后，凡尔赛宫苑几经沧桑，渐渐失去17世纪时的整体风貌。规划区域的面积从当时的1600多公顷，缩小到现在的800多公顷。虽然园林的主要部分还保留原样，却难以反映出鼎盛时期的全貌了。

第三节　法国园林特征

16世纪起，法国园林在意大利的影响下开始了“文艺复兴园林阶段”，从单纯模仿意大利园林的造园要素和布局形式，到在此基础上不断创新。17世纪中期，法国勒诺特尔式园林的出现，标志着法国园林进入“古典主义园林阶段”，将均衡稳定和庄重典雅的古典主义风格发挥到极致，造园艺术在这一时期发展到了巅峰。受英国启蒙运动的影响，18世纪下半叶，法国园林开启“风景式园林阶段”，造园风格转变为追求朴实、亲切的自然主义风格和具有东方情调浪漫主义风格。

三个阶段中，古典主义园林阶段造园风格是法国经典园林特征的集中体现。在近 200 年的发展历程中，留下了大量优秀的作品，并在相当长时间内引领欧洲造园艺术的发展。从 17 世纪下半叶开始成熟的法国古典主义园林，以均衡稳定的构图和庄重典雅的风格，迎合了当时建立以君主为中心的封建等级制度要求，成为绝对君权专制政体的象征。勒诺特尔在他的园林作品中体现出一种庄重典雅的风格，这种风格便是路易十四时代崇尚的“伟大风格”，同时也是古典主义的灵魂。法国古典主义园林有如下主要特征：

第一，成功地以园林艺术的形式，表现了“皇权至上”的主题思想。东西方统治者有着共同的追求，企图以华丽的宫苑，体现出皇权的尊贵。中国自秦汉以来，均以豪华、壮丽的宫苑表现皇帝至高无上的统治权力，法国的凡尔赛宫苑亦是如此，位于放射线林荫大道焦点上的宫殿，以及宫苑中延伸数千米的宏伟轴线，都强烈地表现出唯我独尊、皇权浩荡的主题思想。中国的君王以天子自谓，路易十四自喻为天神朱庇特之子——太阳神阿波罗。在贯穿凡尔赛宫苑的主轴线上，除了阿波罗，只有其母亲拉托娜的雕像；宫苑的中轴线采取东西布置，宫殿的主要起居室和驾着马车、从海上冉冉升起的阿波罗神像，均面对着太阳升起的东方；当夕阳西下时，逐渐沉没在大运河西边的尽头。它以日复一日的太阳运行轨迹，象征周而复始、永恒不变的君主统治。

第二，园林的总体布局上，府邸总是全园的中心，通常建造在地势的最高处，起着统率作用。府邸的前庭与城市的林荫大道相接，花园在府邸的后面展开，并且花园的规模、尺度和形式，都必须服从于府邸建筑。府邸前后的花园中，都不能有高大的树木，目的是在花园里处处可以看到壮观的府邸建筑。而且从府邸中望去，整个花园构图也尽收眼底。同时，从府邸到花园及林园，设计手法的人工性及装饰性都在逐渐减弱。林园既是花园的背景，又是花园的延续，形成人工花园向园外自然过渡。在花园的构图上，也体现出等级森严的专制政体特征。贯穿全园的中轴线，是全园的艺术中心。最美的刺绣花坛、雕像、泉池等都集中布置在中轴线上。横轴和一些次要轴线都对称布置在中轴两侧，小径和雨道的布置，也以均衡和适度为基本原则。整个园林编织在条理清晰、结构严谨、主从分明、秩序井然的几何网格之中。各个节点上的装饰物，进一步突出了几何形构图的节点，形成空间的节奏感。中央集权的政体得到合乎理性的体现。

第三，法国古典主义园林要着重表现的，是君主统治下严谨的社会秩序，是庄重典雅的贵族气势，是人定胜天的艺术风格。古典主义园林的这一特征，完全与路易十四时代文化艺术所推崇的“伟大风格”相吻合。体现在园林的规模与空间的尺度上，广袤无疑是法国古典主义园林最大的特点。艺术家极力追求视线深远的空间，突出空间的外向性特征。因此，尽管园中设有大量的瓶饰、雕像、泉池等景物，但并不密集，丝毫没有堆砌的感觉，相反却具有简洁明快、庄重典雅的效果。

第四，在使用功能上，法国古典主义园林是作为府邸的“露天客厅”来建造的。在凡尔赛宫苑中，路易十四要求能够容纳 7000 人狂欢娱乐。因此，兴建法国古典主义园林作品，首先需要巨大的场地，而且要求地形平坦或略有起伏。在平坦的园址上，也有利于在中轴的两侧形成对称的视觉效果。即使设计者根据设计意图的需要而创造起伏地形，高差一般

也不是很大。因此，园林在整体上有着平缓而舒展的视觉效果。

第五，在造园要素的运用方面，艺术地再现了法国国土典型的领土景观。在水景创作上，将法国平原上常见的湖泊、河流、运河等形式引入园林，并形成以水镜面般的效果为主的园林水景。除了用形形色色的喷泉烘托出花园的活泼热烈气氛之外，园中较少运用动水水景，偶尔依山就势在坡地上营造一些跌水。大量的静态水景，从护城河或水壕沟，到水渠或大运河，水景的规模和重要性在逐渐增强。园中虽然没有意大利园林利用巨大高差形成的壮观的水台阶、跌水、瀑布等动态景观，但是却以辽阔、平静、深远的气势取胜。尤其是大运河的运用，成为勒诺特尔式园林中不可或缺的组成部分。

第六，在植物方面，大量采用本土丰富的落叶阔叶乔木，如根树、欧洲七叶树、山毛榉、鹅耳枥等，集中种植在林园中，形成茂密的丛林。丛林式的种植完全是法国平原上大片森林的缩影，只是边缘经过修剪，又被直线型道路限定范围，从而形成整齐的外观。同时，丛林所展现的是一个由众多树木枝叶所构成的整体形象，其中每棵树木都失去其原有的个性特征。这与以孤立树为主的意大利园林完全不同，而且使园林有着明显的四季变化。丛林的尺度也与法国花园中巨大的宫殿和花坛相协调，产生完整而统一的艺术效果。在丛林内部，再开辟出丰富多彩的活动空间，这也是勒诺特尔在统一中求变化、又使变化融于统一之中的伟大创举。此外，与意大利造园家一样，勒诺特尔也将树木作为建筑要素来处理，或修剪成高大的绿墙，或构成绿色的长廊，或围合成圆形的“天井”，或似成排的“立柱”，使全园在整体上宛如一座绿色的宫殿。

第七，由于法国园林中的地形比较平缓，因此布置在府前的刺绣花坛有着举足轻重的作用，成为全园构图的核心。在意大利，因为夏季气候炎热、阳光灿烂，作为避暑休憩的别墅，园中多采用以绿篱组成图案的植坛，避免色彩艳丽的花卉使人产生炎热感。相反，法国温和湿润的气候条件下，需要运用以鲜花为主的大型刺绣花坛，形成更加欢快热烈的效果。即使运用低矮的黄杨篱构成图案，也常常用彩色的砂石或碎砖作底衬，色彩对比强烈，更加富有装饰性，犹如图案精美的地毯，形成从花园核心向四周渐渐过渡的景观画面。

第八，在园路景观的处理上，通常以水池、喷泉、雕塑及小品等装饰在路边或园路的交叉口，犹如一串项链上的粒粒珍珠。虽不似自然式园林中步移景异的效果，却也有着引人入胜的作用，令人目不暇接。在凡尔赛宫苑的小林园中，这种感受尤为突出。

第十三章　英国园林

◇学习目标

知识目标

(1)了解18世纪前的英国规则式园林和18世纪后的英国自然式园林发展概况；

(2)熟悉并掌握英国规则式园林和风景式园林的特点；

(3)熟悉汉普顿宫苑、墨尔本庄园、霍华德城堡园林、斯图海德园和查茨沃斯园等典型案例；

(4)了解英国各时期园林的特征。

技能目标

(1)能通过案例清楚解析英国规则式园林；

(2)能通过案例清楚解析英国风景式园林。

素质目标

(1)了解“英中式园林”的出现及流行，培养文化自信及民族自豪感；

(2)了解英国园林从规则式向自然风景式转变的过程，体会其中的思想流变与自然观的转变。

第一节　园林发展概况

一、18世纪前的英国园林(规则式园林时期)

都铎王朝时期，早期的庭园位于深壕高墙的包围中，只能布置花圃、菜园、果园等实用园，面积较小，通过方格网构图集中布置在建筑周围，而大型的果园、葡萄园等则设在水壕沟之外。由于都铎王朝的君主们对花卉和庭园感兴趣，于是在宫殿四周新建了用鲜艳的花卉装点的庭园，非常美丽。

该时期英国园林的发展，主要受意大利文艺复兴园林的影响，仅在造园要素和手法方面出现了一些变化。但是由于亨利八世(1491—1547年，1509—1547年在位)1533年与罗马教皇决裂，英国逐渐远离意大利，亲近法国，因此法国文艺复兴就成为英国人的效仿对象。随着人们在园中举行庆会、游乐、接待等各种各样的活动，庭园的重要性日益显现，并逐渐成为英国发展的趋势。君主们之间相互攀比，促进了汉普顿宫、怀特庄园、农萨其宫等花园的改造或兴建。

在伊丽莎白一世在位的后15年，英国园林呈现一派繁荣昌盛的景象，绿色雕刻艺术已十分盛行，植物迷宫深受人们喜爱，受意大利风格主义园林的影响，各种水景如喷泉、水池、水技巧和水魔术等在园中大量出现，其中著名的有农萨其宫中的水魔术。农萨其作为这一时期最重要的花园之一，它的新园主约翰兰利对花园进行了改造，他将灌木修剪成马、狗、兔、鹿等动物造型，并模拟出狩猎的场景，以示对狄安娜女神和伊丽莎白女王的敬仰。此外，园中运用整形黄杨组成迷宫，高大的绿篱完全将人掩藏起来。

16世纪，英国造园家为追求更为宽阔的园林空间，逐渐摆脱了城墙和壕沟的束缚，尝试将意大利、法国的园林风格融入英国的传统造园中。这一时期的园林都是英国本土设计师的作品，主要是模仿欧洲大陆的造园样式，因此在布局上与意大利、法国园林差别不大。由于英国阴雨天气频繁，因此人们更希望园中有鲜艳明快的色调，而传统的草地、五色土、沙砾，雕塑、瓶饰等组成的庭园远远不能让人满足，于是人们对花卉装饰的兴趣更加浓厚，通过绚丽的花卉来弥补气候的不足。

航海家罗利(1552—1618年)及卡文迪什(1555—1592年)从海外带回了大量的植物和标本，引起英国人对植物研究的兴趣，1597年还出版了《植物志》(*History of Plants*)。詹姆斯一世(1566—1625年，1603—1625年在位)时期，英国出现了最早的植物园——牛津植物园。

17世纪上半叶，英国深受意大利园林风格的影响。1607年，建筑师伊尼戈·琼斯(1573—1652年)将帕拉第奥(1508—1580年)的著作《建筑四书》(1570年)介绍于英国。帕拉第奥建筑风格以古罗马为典范，成为英国近代建筑的开创。在查理一世时期，意大利园林在英国处于统治地位。1617年，罗宋(？—1635年)编写的《乡村主妇的庭园》，主张将庭园布置在便于从建筑窗口中欣赏的地方，庭园的四周用绿篱、围墙来限定范围，这些都是意大利艺复兴园林的做法。

1623年，查理一世迎娶了法国公主亨利埃塔·玛丽亚(1609—1669年)，英国的朝廷乃至全国对法国兴趣浓厚，法国园林也随之传到英国，法国园林在英国的影响不断加强。查理一世为亨利埃塔公主购买温布尔顿宫，将府邸的改建与装饰交给建筑师伊尼戈·琼斯，而花园设计却委托法国造园家安德烈·莫莱。但是由于政局不稳，查理一世时期英国园林的发展受到限制，此后不仅政治动乱频繁，而且清教徒们排斥生活上的享乐主义，栽培观赏花卉也被视为奢侈浪费，因此这一时期一个游乐性花园也没能建成。1642—1648年的共和战争时期，都铎王朝时期建造的优秀作品几乎全都被毁，农萨其宫苑被出让，唯有汉普敦宫苑被侥幸保留下来。

1660年，查理二世回到英国即位，此时法国园林正值蓬勃发展之际，查理二世对路易十四时期法国园林十分了解，且十分欣赏勒诺特尔的设计作品，但由于勒诺特尔忙于凡尔赛宫施的建造，查理二世便将克洛德·莫莱的儿子安德请到伦敦，任命为宫廷造园师。

此外，查理二世还派人去法国学习，其中以学成回国的造园师约翰·罗斯(1629—1677年)最为著名，他在凡尔赛跟随勒诺特尔学习。1665年安德烈·莫莱去世，次年罗斯被任命为圣詹姆斯宫苑的负责人。罗斯在英国各地建造过很多宅园，如肯特郡的克鲁姆园、德比郡墨尔本庄园等，但都是一些小规模的勒诺特尔式花园。

法国园林师设计的规则式园林，满足了当时英国人的造园兴趣，并为英国园林的发展作出了巨大贡献。经过克洛德·莫莱革新的新型花坛传到英国，改变了英国传统花坛以草本植物混植为主，改用黄杨作图案。

该时期，英国最重要的设计师是乔治·伦敦和亨利·怀斯。1666年乔治·伦敦跟随罗斯在圣詹姆斯宫学习造园，因在造园上具有天赋，1672年被送往法国学习，回英国后成为皇家造园师，曾参与了肯辛顿公园及汉普顿宫苑的改造工作。1685年，伦敦曾去荷兰旅行，并在那里研究德国园林。怀斯先是跟随伦敦学习造园，后来二人合作成立了园林设计公司，并在许多项目中合作，此外，他们还翻译出版了一些造园著作，如《全面的园林师》《退休的园林师》和《孤独的园林师》。

1689年，英国人从荷兰迎来了国王威廉三世(1650—1702年，1689—1702年大不列颠国王)。威廉三世出生于海牙，热衷于造园，并将荷兰的造园风格带到英国。园中的装饰要素进一步复杂，法式风格的人工性更加明显，喷泉大量增加，灌木修剪更加精细，园中充斥着用灌木修剪成的各种动物和器具的造型，绿色雕刻艺术发展到怪诞的程度。

直到18世纪初，法国风格的整形式园林仍然深受英国人的喜爱。遗憾的是英国规则式园林多数毁于后来的自然风景式造园运动，即使幸存下来，也多经过删繁就简，难以反映其繁盛期的风貌。由伦敦和怀斯合作设计的德比郡墨尔本庄园极其幸运，花园虽经几个世纪的改造，但基本上还保留着法式园林的格局。

二、18世纪以后的英国园林(自然风景式园林时期)

产生于18世纪初期的英国自然风景式园林，到18世纪中期几近成熟，并在随后的百余年间成为统帅欧洲造园潮流的新样式。就英国自然风景园的发展而言，从18世纪初到19世纪中期，大致可以分为5个阶段，每个阶段又有各自的代表性人物和作品，包括园林理论家、园林师及其代表著作和代表作品。到19世纪后期，因一些新思潮和新观念，欧洲的造园风格又出现了一些转变。

(一)不规则造园时期

不规则造园时期为18世纪前20年。此时，由于园林中流行洛可可风格，因此又称为洛可可园林时期。

不规则造园阶段本质上是自然式园林的孕育时期，是许多英国哲学家、思想家、诗人和园林理论家共同努力的结果，并由造园师在实践中加以运用。

受柏拉图主义的影响，沙夫茨伯里伯爵三世认为人们对于未经人类改造的自然有一种崇高的爱，与规则式园林的景色相比，自然风景要美得多。即便是皇家园林中人工创造的美景，也难以同大自然中粗糙的岩石、布满青苔的洞穴和瀑布相比。沙夫茨伯里伯爵三世的思想是英国造园新思潮产生的重要支柱，他的自然观，对英国以及法、意等都有巨大的影响，最难能可贵的是，他将对自然美的歌颂与对园林的欣赏和评论相结合，更有利于造园趣味和样式的变革。

1712年约瑟夫·艾迪生发表了《论庭园的愉悦》，认为造园难以企及的是大自然的雄伟壮观，由此引申出“园林越接近自然则越美”的观点，只有与自然融为一体，园林才能获得最完美的效果。艾迪生批评英国的造园趣味不是力求与自然的融合，而是远离了自然。他赞赏埃斯特庄园中丝杉自由生长而不加修剪的景色，由此可见艾迪生对于园林自然美的认识。他提出的造园以自然作为理想目标的观点，为自然风景园在英国的兴起打下坚实的理论基础。

18 世纪初期的造园家一方面沿用传统的造园手法；另一方面又积极追随思想家和理论家的造园观点，热衷于改造旧园和建造新园林。其中率先响应艾迪生有关自然的造园理论的实践者是史蒂芬·斯威泽尔和贝蒂·兰利。斯威泽尔早年追随伦敦和怀斯两位学习造园，1715 年出版的《贵族、绅士及园林师的娱乐》，被看作是规则式园林敲响的丧钟。他批评英国园林中人工化过分的做法，抨击将植物整形修剪，最令他反感的是将四周包围起来的几何形小块园地。在斯威泽尔看来，大片的树林、起伏的草地、潺潺的流水和林荫下的小径才是最重要的造园要素。1728 年，在《造园新原则，或花坛的设计与种植》一书中，兰利提出有关造园的 28 条方针，如在建筑物前要有美丽的草坪空间并饰以雕塑，周围是呈行列式种植的树木；园路的尽头要有树林、岩石、峭壁或以大型建筑作为端点，花坛中是自然形态的常绿树；草坪上的花坛不应用绿篱镶边，也不宜用模纹花坛；所有的园子都应具有宏伟开阔的特点，体现出一种自然之美，在景色欠佳之处，可用土丘、山谷作为障景以弥补其不足，园路的交叉路口可设置雕塑等。虽然兰利的观点距离风景式园林还很遥远，但已从过去严谨的规则式园林向不规则园林迈出了一大步。

18 世纪初期，英国风景式园林还在萌芽状态，范布勒和布里奇曼的观点及作品对它的诞生起到了不可低估的推动作用。由范布勒参与设计的霍华德庄园至今保留的一些树丛和整体布局，表明了设计师有意识地摆脱几何对称式造园的态度。规则式造园家从建筑的角度来考虑园林布局，把园林作为建筑空间的延伸；而范布勒已开始从风景画的角度考虑园林造景，既跳出古典主义园林划定的圈子，又是一种具有本质意义的观念革新。

布里奇曼早年曾从事宫廷园林的管理工作，是乔治·伦敦和亨利·怀斯的继任者。同时，也是艾迪生和波普造园思想的追随者，他积极尝试造园手法上的革新，并成为自然风景式园林的开创者之一，他的园林作品其中最著名的就是斯陀园。园中运用了非行列式、不对称的植树方式，抛弃了当时还很盛行的绿色雕刻。斯陀园作为当时整形式园林向自然式过渡的代表作品，被称为不规则式园林。

布里奇曼首创的界沟，将园林与周围的自然景色连成一片，在视觉上园林内外毫无阻隔之感，将园外的山丘、田野、树林、牧场，甚至羊群等借入园中，从而扩大了园林的空间感。此外，布里奇曼还善于利用园中原有的植物或设施。1724 年，大臣珀西瓦尔在游历了斯陀园后，认为园路设计巧妙之处在于斯陀园给人的感觉要比实际面积大三倍，28 公顷的园子需要两小时才能游遍。可见在扩大园林空间感方面布里奇曼是下了很大功夫的，对于习惯规则式园林的英国人来说，这无疑是一种全新的感受。

虽然范布勒和布里奇曼的作品与古典主义园林相比已经有了较大突破，但还远远谈不上是真正意义上的自然式园林，只不过是在整体几何形布局的框架下少许变化，设置如波浪般扭曲的小径。但是，由他们开创的那些不规则造园手法和要素，为真正风景式园林的出现开辟了道路。因此，不规则造园阶段才被看作是自然风景式造园时期的前奏。

（二）自然式风景园时期

自然风景园真正形成的时期是 18 世纪 30 年代末到 50 年代，其间最重要的造园理论家是亚历山大·波普，最活跃的造园家是威廉·肯特。

亚历山大·波普在《论绿色雕塑》一文中，对植物造型艺术进行了深刻的批评，认为应该唾弃这种违背自然的做法，而且这种技艺在古罗马已具有很高水准，并非英国人的发明创造。由于波普的社会地位及在知识界的知名度，其造园应立足于自然的观点，有力地促进了英国自然风景园的形成。

威廉·肯特作为一位建筑师、室内设计师，同时也从事造园工作，他对斯陀园进行了全面的改造。因十分欣赏布里奇曼在园中运用的界沟，所以将直线形的界沟改成曲线形的水沟，同时将水沟旁的行列式种植改造成自然植物群落，使水沟与周围的自然风景更好地融合在一起。府邸前方原有的八角形水地也被改造成自然轮廓的池塘。这些在当时都是极富开创性的举措，因而得到了人们的高度评价。虽然他初期的作品尚未完全摆脱布里奇曼的手法，但是不久就彻底抛弃了规则式园林的观点与手法，成为真正的自然式风景园林的创始人。他的作品摒弃了诸多规则式造园要素，如绿篱、笔直的园路、行列树等。他的名言就是“自然厌恶直线”。他擅长以十分细腻的手法来处理地形，经他设计的山坡和谷地起伏舒缓、错落有致，令人难以觉察人工雕琢的痕迹。同时他还非常欣赏树冠开展、树姿优雅的孤植树和小树丛。肯特认为自然风景园的和谐与优美，是整形式园林所无法体现的，他的造园核心思想就是要完全模仿自然并再现自然，模仿得越像越好。

肯特的造园思想，对自然风景园的产生和兴起具有极为深刻的影响，他的造园手法也成为后世造园家的楷模，在风景园中运用小建筑，营造文化氛围的手法，既受到风景画家的影响，也为后世绘画式风景园的出现做了铺垫。他的作品，除斯陀园之外，还有牛津郊外的卢谢姆宅园、海德公园中的纪念塔和邱园中的邱宫等。

在肯特活跃的造园时期，英国的庄园美化运动形成了一股热潮，许多庄园主也因此而成为水平很高的造园爱好者或理论家，其中的代表人物有诗人威廉·申斯通，其著作《造园艺术断想》对 18 世纪上半叶的英国园林艺术进行了总结，这对英国自然风景园的发展具有深远的影响。

（三）牧场式风景园时期

在肯特造园时期，虽然出现了一些由栅栏围合的圈地，取代了开放的田野，但是乡村风貌并没有很大改观，国土面貌也没有出现显著变化。因此，风景画家描绘的自然和田园风光，以及英国本土还很荒野的自然和乡村风貌，成为肯特等造园家的造园蓝本。

1760 年之后，英国自然乡村风貌的改观，对那些厌倦了城市生活的权贵和富豪们产生极大的吸引力，使得在乡村建造大型庄园的风气更加盛行。同时，乡村景观与自然山河的改进，也对庄园中的园林风格产生了巨大的影响，造园家们开始以牧场化的乡村风貌作为造园蓝本。

1760—1780 年是英国庄园园林化的大发展时期，也是英国自然风景式造园的成熟时期。这一时期的代表人物是造园家兰斯洛特·布朗，他的作品标志着自然风景式园林已步

入成熟阶段，而他本人则被誉为“自然风景式造园之王”。

布朗的造园手法基本上延续了肯特的造园风格。但是，他对古典式风景兴趣不大，只对自然要素直接产生的情感效果感兴趣，在平淡中处处显示出高雅悠远的园林意境；他追求辽阔深远的风景构图，并在追求变化和自然野趣之间寻找平衡点。他抛弃规则式造园手法，认为自然风景园应该与周围的自然风景毫无过渡地融合在一起。庄园的主入口通道不再是正对府邸大门的笔直的大道，而是采用弧形巨大的园路与建筑相切。利用自然起伏的地形，以大片缓和的疏林草地作为风景园林的主体，将“草地铺到门前”，在巴洛克或帕拉第奥式府邸建筑面前，展示了一道亮丽的自然风景。布朗擅长处理园林中的水景，他所创建的风景，总是以蜿蜒的蛇形湖面和非常自然的护岸而独具特色。

许多名不见经传的园林师或园林爱好者追随着布朗的足迹，创作了一些杰出的风景园作品，最有代表性的是亨利·霍尔的斯托海德园。在布朗的追随者中，最杰出的人物是造园家胡弗莱·雷普顿（1752—1818 年）开创了一个风景造园的新时代。

（四）绘画式风景园时期

在布朗将自然风景式园林的景观牧场化的同时，早年追随肯特的一些造园家，仍在继续完善肯特开创的更加野趣、富于变化，也更能激发人们想象力的造园思想。因此，从 18 世纪 80 年代起，英国风景式造园开始进入绘画式（或如画的）风景园时期。

从 18 世纪中叶开始，英国文学中兴起了先浪漫主义思想，对园林风格的变化产生一定的影响。先浪漫主义文学的特点，就是强调对情感和自然的崇拜，倾向于未经人改造的自然状态，并否定人类文明，把中世纪宗教制度下的田园生活理想化，喜欢抒发个人对生与死、黑夜与孤独的哀思，作品中往往充满怜悯和悲观的情调。沃波尔便是先浪漫主义作家中的代表人物。受其影响，与布朗几乎同时代的威廉·钱伯斯（1723—1796 年）开辟了英国绘画式风景造园时期。

1772 年，正当布朗的造园风格在英国盛行之时，钱伯斯又出版了《东方造园论》，把批评的矛头直指布朗。他认为布朗所创造的风景园只不过是原来的田园风光而已。中国人虽然不惜耗费大量金钱，对园林精心加工和美化，却创造出源于自然而高于自然的园林。而英国人人耗费巨资，造园家却都把庄园建造得跟牧场一样。中国的造园家都是一些知识渊博的文人、画家和建筑师，相反，英国人却把园林交给像布朗这样的蔬菜园艺师来建造。

钱伯斯写道：“尽管自然是中国艺术家们的巨大原型，但是他们并不拘泥于自然的原型，而且艺术也绝不以自然的原型出现；相反，他们认为大胆地展示自己的设计是非常必要的。按照中国人的说法，自然并没有向我们提供太多可供使用的材料。土地、水体和植物，这就是自然的产物。实际上，这些元素的布局和形式可以千变万化，但是自然本身所具有的激动人心的变化却很少。因此要用艺术来弥补自然之不足，艺术用来产生变化，并进一步产生新颖和效果。”

他指出，造园家要使园林小天地中的自然元素多样化，园林应提供比自然的原始状态更加丰富的情感。真正激动人心的园林景色，还应该有强烈的对比和变化；并且造园不仅仅是改造自然，而且还应使其成为高雅的、供人娱乐休息的地方，应体现出渊博的文化素养和艺术情操。这才是中国园林的精髓之所在。

钱伯斯的造园思想是反对布朗过于平淡的自然，把园林搞得像一片天然牧场。因而他提倡要对自然进行艺术加工，但并不是要恢复古典主义的那种直线、那种规则。然而，钱伯斯本人的作品，也并未掌握到中国园林的精髓。他所设计的标榜吸收中国造园艺术的园林中，只不过是添加了一些中国风格的亭、塔、廊、桥等小型建筑作为点缀而已。不过，钱伯斯的造园思想和作品，对当时正在欧洲兴起的中国式造园热潮，起到了推波助澜的作用，为“英中式园林”在法国的兴起，以及在欧洲的流行做了铺垫。

当布朗和钱伯斯这对竞争对手相继去世之后，在英国造园界掀起了一场有关造园与绘画之间关系的大争论，被称为造园界的自然派与绘画派之争。自然派追随布朗的造园思想，因此也叫作布朗派，代表人物有胡弗莱·雷普顿和威廉·马歇尔等人；绘画派则大体继承了钱伯斯的绘画式造园思想，代表人物有美术评论家普赖斯、奈特以及森林美学家吉尔平等人。不过两派在各自的论著中，都曾对布朗和钱自斯提出过一些批评。

自然派与绘画派之间争论的焦点，主要集中在两个方面。一是造园与绘画之间的关系，造园家是否要模仿画家的问题。雷普顿主张造园家不应模仿画家的作品，因为辽阔的自然和多变的光影是绘画难以比拟的。他批评肯特一味模仿洛兰绘画的手法，并认为矫揉造作的曲线和直线一样是不自然的。而绘画派则主张造园应该向绘画学习，要创造出富有画意的园林作品。普赖斯批评肯特和布朗的造园思想，“与风景画的原则格格不人，与所有最杰出的大师们的实践相抵触”。

自然派与绘画派之间争论的另一个焦点，在于究竟是使用功能重要，还是造园画意重要。雷普顿倾向于使用功能，认为实用、方便、舒适的园林空间才是最重要的；而普赖斯和奈特等人则主张造园要以追求画意为主，要富有感情色彩和浪漫情调。

实际上，自然派与绘画派之间的争论，促进了英国风景式造园的进一步发展。因此，双方都主张英国的造园艺术需要变革。

雷普顿对布朗留下的设计图和文字说明进行了深入细致的分析研究，并扬长避短地形成自己独到的见解。他认为，在自然式园林中，既应尽量避免直线型园路，也应反对毫无目的、任意弯曲的线型。他不像肯特和布朗那样排斥一切直线，而主张在建筑附近保留平台、栏杆、台阶、整形式花坛、草坪，以及通向建筑的直线型林荫道，在建筑与周围的自然式园林之间形成和谐的过渡，越远离建筑，则越与自然相融合。在植物种植方面，雷普顿惯于采用散点式布置，并强调应由不同树龄的树木组成树丛，更接近自然生长中的状态，不同树种组成的树丛，应符合各个树种的生态习性要求。雷普顿还强调，园林与绘画一样，应注重光影变化而产生的效果。

虽然是业余水彩画家，但是雷普顿善于从绘画与造园的关系中汲取设计灵感。他既承认绘画与造园之间具有共性，也强调两者之间存在的差异。他认为，绘画与造园之间存在着四点差异：第一，绘画的视点是固定的，而造园则要使人在活动中纵观全园，应设计不同的视点和视角，也就是要强调动态构图；第二，园林中的视野远比绘画中更为开阔；第三，绘画反映的光影和色彩是固定的，是瞬间留下的印象，而园林则随着季节和天气、时间的不同，景象变化万千；第四，画家可以根据构图的需要，对风景进行任意取舍，而造

园家面对的却是现实的自然，同时，园林不仅是一种艺术欣赏，还要满足实用功能。雷普顿的观点，对于当时处于激烈争论之中的风景造园的发展具有重要意义，对现在风景园林设计手法也具有启示作用。

在实践中，雷普顿首创造了一种称为“幻灯片”的表现方法。他在设计之初先绘制一幅场地现状透视图，并在此基础上用透明纸画出设计透视图，两者重叠后相比较，使设计的前后效果一目了然。对于向他征求改造建议的业主，他也采用这种方式作答。温特沃斯园就是用这种方法建造的。后来，卢顿（1783—1843 年）将雷普顿所做的设计、文字说明，以及别人征求他对于造园的意见等，统统收集在一个红色封面的书本里，称为《红书》，并于 1840 年出版。书中共有 200 余个设计方案，400 多份资料，分别是现状和设计效果，印在透明纸可以叠加对比，成为一部集风景式造园理论和实践之大成的设计图集。

雷普顿在理论方面也造诣颇深，出版了一些造园著作，如《风景式造园的速写和要点》（1795 年）、《风景式造园的理论与实践考查》（1803 年）、《对风景式造园中变革的调查》（1806 年）、《论印度建筑与造园》（1808 年）、《论藤本与树木的设计效果》（1810 年）和《风景式造园的理论与实践简集》（1816 年）等。前两本是雷普顿的代表性著作，由此确立了他在造园界的地位。在《风景式造园的速写和要点》的序言中，雷普顿对风景造园的概念进行了阐述。他在考查了英国的国土景观之后提出，造园应从改善一个国家的国土景观，研究并发扬国土景观美的角度出发，而不应局限于某些园林形式。他认为：“造园”一词容易和“园艺”一词相混淆；而“风景式造园”则是需要运用画家和造园家的技艺来完成的创作。《风景造园的理论与实践考查》一书，是雷普顿毕生从事造园的心血提高到造园理论上的结晶。

雷普顿留下的作品主要有白金汉郡的西怀科姆比园，园主是弗朗西斯男爵，建于 1739 年。最早是由布朗设计建造的，后来雷普顿对其进行改造。园中有湖面，并在湖中岛上建有音乐厅，以茂密的树林为背景。此外还有风神庙、阿波罗神庙和斗技场。1943 年，该园归全国名胜古迹托管协会所有。

在雷普顿的著作与实践中，都明显地反映出他将实用与美观相结合的造园思想。在强调园林自然美的同时，十分重视园林的实用功能，并且认为实用有时比美观更重要，尤其是在建筑周围，实用往往比画意更为实际。实际上，雷普顿的造园思想已经不像他的前辈，如肯特和布朗那样，追求纯净的风景式园林，而是带有明显的折中主义观点和实用主义倾向，这一观点也对 19 世纪产生的折中主义园林有着极大的影响。虽然雷普顿对英国风景式造园的发展作出了巨大贡献，也对风景式造园手法做了不少的改进，但是仍有人认为他改造得还不够彻底。

从 1720—1820 年的一个世纪当中，自然式风景园林风靡英国，并对整个欧洲造园界产生了巨大的影响。在这一时期最杰出的造园家当中，人们普遍认为，最早的肯特造园作品虽少但影响最大，是自然风景园的创始人；随后的布朗在长达 40 年的职业生涯中，设计的作品遍及英国，经他的手有数千公顷的草地、沼泽被改造成景色宜人的风景园；雷普顿是这一时代三个最杰出人物中的最后一个，也是自然风景园的完成者。此外，布里奇曼和钱伯斯等人也对自然风景园的发展起到了一定的推动作用。

（五）园艺式风景园时期

18 世纪中叶形成的英国的自然风景园，盛行于 18 世纪下半叶。由于当时社会上有很多思想家、文人参与其中，加上造园家的学识渊博，他们将自己的生活态度和政治观念的体现融于园林创作中，使得本为大地上的造型艺术成为表现哲学观、审美观的媒介。因此，造园艺术成为 18 世纪下半叶英国的代表性艺术，这对整个欧洲造园界产生了极大的影响，成为整个欧洲最新的造园样式。

然而到 18 世纪末期，人们不再将造园同思想政治相结合，造园又重新成为职业造园家的事情，此时以雷普顿为主的造园家因没有审美理想，加上折中主义倾向和商业气息浓厚的工作作风，造园艺术便日益衰败。

19 世纪，英国的造园艺术发生改变。经过半个多世纪的发展，自然风景园的基本风格和大体布局已经成熟并基本定型，英国造园家不再追求园林形式本身的改变，而是将兴趣转向树木花草的培育与种植上，同时在园林布局上也更加强调植物造景所起的作用。从整体上来看，造园艺术的水平不升反降，但是植物造景的水平得到提高，园林的景色也逐渐丰富多彩。特别是随着 19 世纪英国海外贸易的拓展和殖民地的迅速扩大，大量的花草树木被引种到英国，英国的植物种类逐渐丰富，结合成熟的温室技术，为各种奇花异草的展示，以及花木的反季节盛开提供了条件。园林中开始流行起各种造型的温室，其中盛开的绚丽花木，给生活在冬季漫长且寒冷的英国人带来新的造园乐趣。此时，造园的主要内容以陈列奇花异草和珍贵树木为主，被人们称为“风景式花园派”。

第二节　园林实例

一、英国规则式园林实例

（一）汉普顿宫苑

汉普顿宫是都铎王朝时期最重要的宫殿，距离伦敦西南部约 20 千米，坐落在泰晤士河的北岸，占地约 810 公顷（图 13-1、图 13-2）。

汉普顿宫苑在英国具有划时代的意义。在这之前，英国人还不曾设想在郊外建造大型庄园。汉普顿宫苑由游乐园和实用园两部分组成。花园布置在府邸西南的三角地上，紧邻泰晤士河，由一系列花坛组成。宫苑的北边是林园，东边有菜园和果木园等实用园。庄园建成之后，园主沃尔西经常在园中举行盛大的派对。

1529 年以后，该园归亨利八世所有。他扩大了宫殿前面花园的规模，并在园中修建了网球游戏场。1533 年新建了封闭宁静的“秘园”（图 13-3），在整形划分的地块上有小型结园，绿篱图案中填满各色花卉，铺有彩色沙砾园路，这些均受到意大利园林的影响。还有一个小园以圆形泉池为中心，两边也是图案精美的结园。秘园的一端接“池园”（Pool Garden），在池园内设置矩形园（图 13-4），这是园中现存的最古老庭园，呈下沉式，周边逐步上升并形成三个低矮的台层，外围有绿篱及砖墙，紫杉做成的半圆形壁龛作为背景。

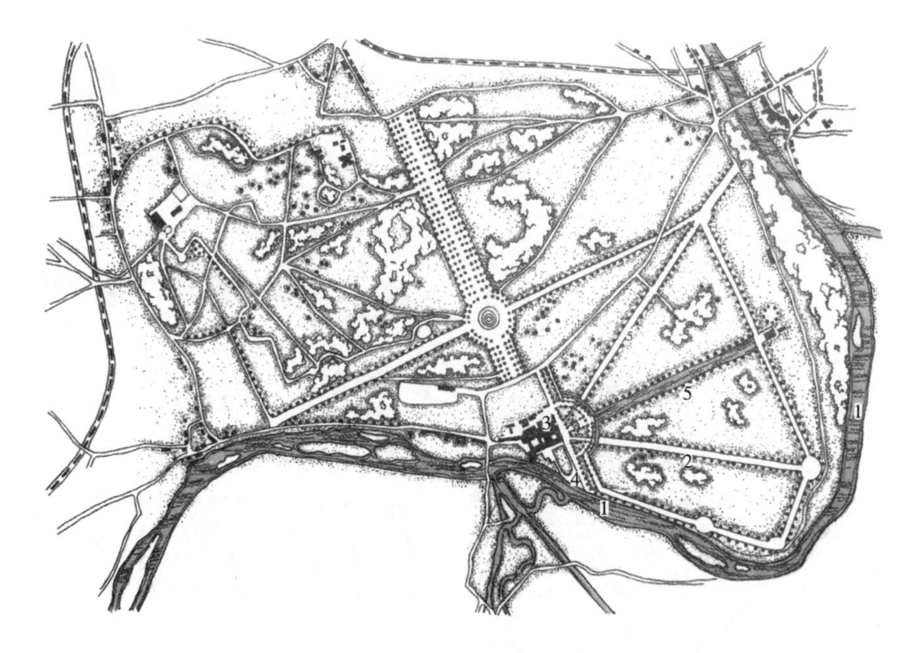

图 13-1　汉普顿宫苑平面图

1. 泰晤士河　2. 运河　3. 个宫殿　4. 池园和秘园　5. 放射状林荫道

图 13-2　汉普顿宫苑鸟瞰图

查理二世复辟之后，汉普顿宫苑归其所有。他以法式园林为蓝本，改造汉普顿宫苑。园中开挖出一条逾 1200 米长的大运河，并修建了放射状的林荫道；他还设想在宫殿前修建一座半圆形花坛，这些都是当时法国园林中的典型要素。

1689—1694 年间，威廉三世和玛丽二世(1662—1694 年，1688—1694 年在位)对汉普顿宫苑进行了扩建。1690 年，著名建筑师瓦伦(1632—1723 年)将原来的都铎王宫扩大了一倍，采用了帕拉第奥建筑样式。造园师遵循勒诺特尔的设计思想，将宫殿的主轴线正对着林荫道和大运河，宫殿前是占地 3.8 公顷的半圆形刺绣花坛，装饰有 13 座喷泉和雕像，

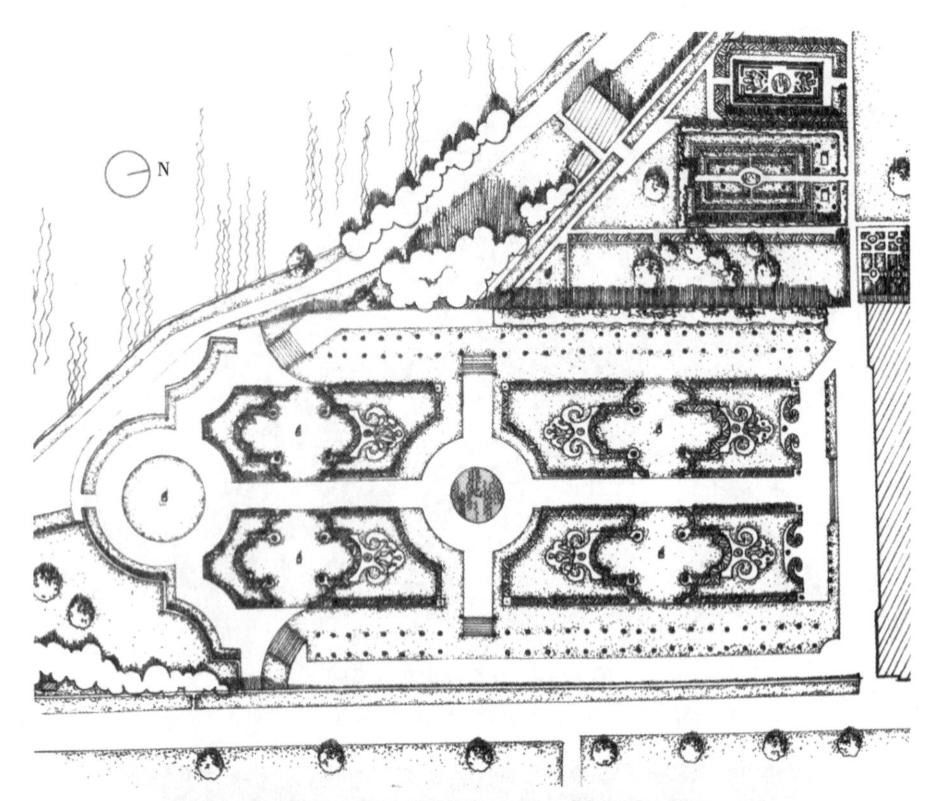

图 13-3　汉普顿宫苑中“秘园”和“池园”平面图

图 13-4　汉普顿宫苑中“池园”内的矩形园

边缘是整形椴树回廊，这些形成了以平坦、华丽见长的新汉普顿宫苑。此外，由于英国气候更加温和湿润，英国人不太追求树木的遮阴，汉普顿宫苑中缺少茂密的林园。威廉三世后来将宫殿北面的果园也改造成意大利式丛林。

1732 年前后，汉普顿宫苑的一部分又被肯特改造，他取消了大花坛、林荫道等法式园林要素。尽管如此，17 世纪的汉普顿宫苑大体上被保存下来，不失为一座壮观而精美的大型皇家园林。

（二）墨尔本庄园

墨尔本庄园位于德比市以南，最开始归诺曼底教区教会所有，1628 年成为航海家约翰·库克（1563—1644 年）的住所，后来一直归库克家族所有（图 13-5）。

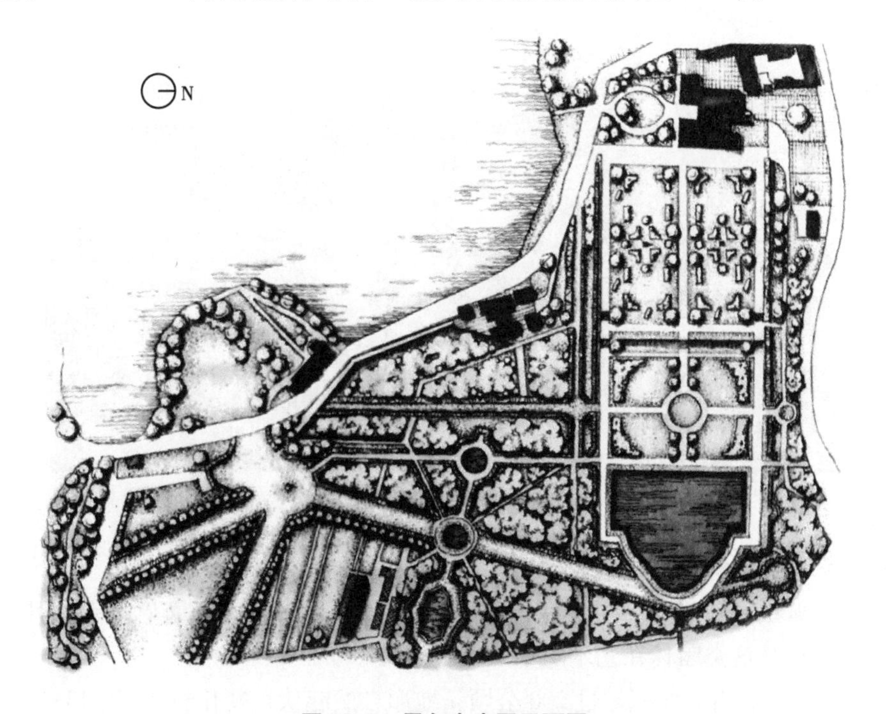

图 13-5　墨尔本庄园平面图

1696 年，托马斯·库克继承了这份遗产，并设想建造一座花园。1704 年开始兴建花园，设计师乔治·伦敦和亨利·怀斯采用古典主义样式，通过借鉴法国、德国的造园风格，经过艺术加工再现自然景观。

府邸建造在园中高处，起到控制全园的作用。通过府邸前一系列台地的展开，产生深远的透视效果，从建筑前面望去，令人心旷神怡。中轴线两边原先是刺绣花坛，以修剪成阿拉伯式纹样的矮生黄杨为主，填满五颜六色的花卉，非常美观，现在已简化成草坪花坛。下方的台地中是称为“大泉池”的水面，中间有喷泉。花园中轴线的尽头是一座铸铁凉亭，立面呈齿形，称为“鸟笼”。花园后是一片疏林，穿过树林便是园外广阔的牧场。与中轴园路相切的一系列次园路将游人引向花园两侧。园路两边点缀着雕像、瓶饰以及喷泉等，使园中景色更加丰富。

二、英国自然风景式园林实例

（一）霍华德城堡园林

霍华德城堡位于约克市北面，距约克市约 40 千米。该园由建筑师约翰・范布勒设计，大部分园景建于 1699—1712 年。1726 年范布勒去世时，巨大的城堡建筑西翼尚未建成，但是一座城堡已初步形成，这开创了城堡建设的新时代。范布勒因此成为继克里斯托弗瓦伦之后最著名的巴洛克建筑师，也是英国最伟大的建筑师之一。范布勒率先将巨大的穹顶运用在建筑物上，以大量的瓶饰、雕塑、半身像和通风道等装饰城堡建筑，同时花园中也装点着精美的小型建筑（图 13-6）。

图 13-6　霍华德庄园鸟瞰图

城堡建筑不仅采用了晚期巴洛克风格，而且在造园样式上也表现出与古典主义分裂的迹象。霍华德城堡园林和斯陀园一样，都是 17 世纪末规则式园林向风景式园林演变的代表性作品，这正是这类园林在艺术史中的重要意义。

霍华德城堡园林占地面积超过 200 公顷，地形自然起伏，变化较大（图 13-7）。在巨大的府邸建筑前的草坪上，有数米高的植物方尖碑、拱架及黄杨造型组成的花坛群；后来在花坛中央建造了一座壮观的喷泉，其中有来自 19 世纪末世界博览会的阿特拉斯雕像（图 13-8）。

图 13-7　霍华德城堡

图 13-8　霍华德庄园中的“阿特拉斯”喷泉

园林由风景式造园理论家斯威泽尔设计，他在府邸的东面设置了带状小树林，称为“放射丛林”，由流线型园路和小径组成的路网伸向林间空地，其中布置有环形廊架、喷泉和瀑布等。后人将这个放射丛林看作是英国风景造园史上具有决定意义的转变。但是后来林中的大部分雕塑被搬走，“放射丛林”也被改造成杜鹃花丛。南边开辟出一处弧形的“散步平台”，从中引申出几条透视线。台地的下方开挖了一处人工湖，1732—1734 年间又从湖中分流出 5 条河流，沿着雕塑一直流到“四风神”庙宇前(图 13-9)。园中最远的景点是由郝克斯莫尔 1728—1729 年间设计建造的纪念堂。在向南的山谷中有座加莱特建造的“罗马式桥梁”(图 13-10)。在广袤的地平线上，还可以看到郝克斯莫尔建造的金字塔，在一片开阔的牧场中显得十分壮丽。

图 13-9　霍华德庄园中“四风神”庙宇

图 13-10　霍华德庄园中“罗马桥”及远处的纪念堂

(二)斯托海德园

斯托海德园坐落在索尔兹伯里平原的西南方。1717 年，金融家老亨利霍尔(1697—1725 年)购置下这处地产。1724 年，建筑师弗利特卡夫特(1697—1769 年)建造了庄园中的府邸，整个府邸采用帕拉第奥建筑样式。1793 年，府邸增建两翼，但是在 1902 年，中间部分被烧毁，现在的府邸是后来重新修复的。在老亨利时代尚未建园，直到 1741 年，老亨利的儿子小亨利·霍尔(1705—1785 年)才开始创建这座风景园。

小亨利·霍尔首先将流经庄园的斯图尔河截流，在园中形成一系列的湖泊。湖心岛和堤坝的设计丰富了湖面的空间层次，周围是小山丘和舒缓的山坡；沿岸的植被或是茂密的树丛，或是伸入水中的草地；环湖布置的园路与湖面若即若离；水系或宽如湖面，或窄如溪流，或从假山洞中缓缓流出，水面忽水平如镜，忽湍流悬瀑，动静结合，变化万千。沿岸还设置了各类园林建筑，如亭台、庙宇、桥梁、洞府和雕像等，布置在沿湖的视线焦点上并互为对景，既在风景中起到画龙点睛的点缀作用，又能引导游人逐一欣赏环湖景致(图 13-11)。

斯托海德风景园兴建之时，圆明园四十景图咏已传入英国，小亨利·霍尔借鉴了圆明园的布局手法，采用环形园路和建筑景点题铭等。沿湖展开的一系列风景画面，产生步移景异的效果。维吉尔的史诗“埃涅伊德”中的诗句作为各种庙宇、建筑的题铭。从府邸前方向西北望去，可见以密林为背景、布置在水边的“花神庙”，白色建筑掩映在花丛之中。尤其是杜鹃花盛开时节，花团锦簇，美不胜收，湖水的倒影又增添了许多情趣。花神庙背后的土丘上方有处泉水，名曰“天堂泉”，幽静深邃的环境气氛与花神庙两侧的绚丽色调形成

强烈对比。经过“船坞”向西北渐行，水系渐渐狭窄，远景中有座修道院和“阿尔弗烈德塔”。从湖的西岸南望，水中有两座树木葱郁的小岛，空间深远，层次丰富，步移景异。

在湖泊西岸的最北端有座假山洞，是1978年由皮帕尔设计建造的，后经改造，打破了原先的对称感。假山洞面对湖水，将湖光反射进洞中天地，从洞中望出去，参差的岩石形成的框景聚焦于湖光山色。山洞中有大理石台和水妖卧像，石台上流下的水帘形成一汪水池。山洞中还有一座河神雕像，风格和姿态都有着古希腊的遗风。

从假山洞南行，到达哥特式建筑组成的小村庄。由此向湖泊方向望去，一幅“天然图画”展现在人们眼前，仿佛是由洛兰描绘的立体田园风光画。湖岸有几株参天古树，湖中散置数座小岛，背景是坐落在一座小岛上的先贤祠，是1754年模仿古罗马先贤祠设计的，但体量有所缩小。在英国自然风景式园林中，罗马先贤祠是很常见的点景建筑，在肯特为伯灵顿兴建的奇斯威克园中就有一座。先贤祠作为罗马建筑中唯一幸存下来的建筑遗物，被后人看作是古罗马精神的象征(图13-12)。

图13-11　斯托海德园中的湖心岛

图13-12　斯托海德园中前景的石拱桥与远处的先贤祠

由此再向南行，有座1860年架设的铁桥，桥的两侧景色迥异，东边是开阔的湖面，西边是潺潺的小溪。过铁桥，上堤坝，南面的湖泊尺度稍小，空间幽静，对岸有瀑布和古老的水车，远处是由缓坡草地、参天大树、茂密的树丛和成群的牛羊构成的牧场风光，十分恬静。堤坝的东端连接一座四孔石拱桥，向北望去，水系最为狭长，视线最为深远。越过石拱桥眺望湖泊岛屿，可见对岸东侧的花神庙和西侧的哥特式村舍及假山洞，成为全园的景色最佳处。石拱桥构成了前景，中景是湖泊、水禽和绿岛，湖岸的树丛构成画面的背景，点缀的阿尔弗烈德塔、先贤祠等建筑勾勒出丰富的天际线。

阿波罗神殿也是全园最重要的景点之一，坐落在小山冈上，树木环绕，在前方留出一片和缓的疏林草地，一直伸向湖岸。从阿波罗神殿眺望湖光山色，居高临下，视野辽阔而深远。而从对岸看过来，抬头仰望，阿波罗神殿耸立在林海之中。在此经地下通道进入假山洞，出洞后经帕拉第奥式石拱桥，又形成一处观赏西岸先贤祠、哥特式村舍和假山洞的绝佳之处。

园主小亨利·霍尔推崇伯灵顿和肯特提倡的“自然主义”倾向，为此在重塑的起伏地形上，成片种植山毛榉和冷杉等乡土树种。规模宏大的风景园，以大片的树林和丰富的水景

为特色，代替了过去由牧场构成的田园风光。之后，小亨利霍尔又在园中种植了大量的黎巴嫩雪松、地中海柏木，以及瑞典或英国各地的杜松、水松、落叶松等外来树种，最终形成全园以针叶树为主调的植物景观特色。随着英国植物引种驯化事业的发展，老亨利的孙子理查德·科特·霍尔(1758—1838 年)后来将南洋杉、红松、铁杉等引入园中。他还为府邸增建了两翼，但是园林的总体布局始终未曾改变。

霍尔家族的最后一位继承人是理查德·科特之子亨利·胡奇(1894—1947 年)。他修复了被大火烧毁的府邸建筑，还在园中种植了大量的石楠和杜鹃花，在“五旬节”盛开的杜鹃花景色，成为现在斯托海德园最著名的景色。亨利·胡奇的独生子在第一次世界大战中阵亡后，斯托海德园于 1946 年交给“全国名胜古迹托管协会”(National Trust)管理，成为对公众开放的著名风景园之一。

(三)查茨沃斯园

查茨沃斯园以丰富的园景和长达四个世纪的造园变迁史而著称。自 1570 年以来，各种园林艺术风格接踵而至，各种样式都曾在这里一展风姿，竞相媲美。经过不断的调整和改造，形成查茨沃斯园多样性的园林特征，也是园林史上最著名和最迷人的作品之一(图 13-13)。

查茨沃斯庄园最早兴建于 15~16 世纪，1570 年兴建的林荫道，以及建有“玛丽王后凉亭”的露台保留至今。1685 年，由于法式园林在英国的巨大影响，查茨沃斯园开始进行大规模改造，将规则式花园扩大到 48.6 公顷。在建造乡村式住宅的同时，还在河边的山坡上兴建了花园。造园家伦敦和怀斯参与了该园的建造，兴建了花坛、斜坡式草地、温室、泉池、数千米长的整形树篱和黄杨造型。花园中装点着大量的雕塑，令人浮想联翩、流连忘返。其中最著名的是丹麦雕塑家西伯(1630—1700 年)在一座水池中制作的海马喷泉(图 13-14)。

图 13-13　查茨沃斯园鸟瞰图

图 13-14　查茨沃斯园中的海马喷泉

约 1760 年，布朗着手查茨沃斯园的风景式改建工程，改造的重点是花园四周的沼泽地，同时也将很大一部分花园做了改动。他重新塑造了自然地形，并铺上草地。与他改建的布伦海姆宫苑一样，布朗最关心的是将河流融入风景构图之中。他认为借助地形与河流的改造，就可以创造出全新的天然图画般的景致。因此，布朗首先采取隐蔽的堤坝，将称为“德尔温特”的河流截断，汇聚成一段自然式湖泊；随后在 1763 年，由建筑师潘奈斯(1717—1789 年)在河道的狭窄处兴建了一座帕拉第奥式桥梁(图 13-15)，通向布朗改建的城堡新入口。沃波尔在游览了查茨沃斯园后认为：“大面积的树林、起伏的地形、弯曲的河流与两岸巨大的树丛，以及在园中堆出的大土丘，都使人能够更好地欣赏到河流景色。”

1694—1695 年，由勒诺特尔的弟子格里叶建的“大瀑布”，比较完整地保留下来。这条瀑布的每一台层，都因地形的变化而在高度或宽度上有所不同，水流跌落的声响因而也富于变化(图 13-16)。落水经地下管道引至“海马喷泉”，然后再引导到花园西部的泉池中，最后流进河流中。1703 年建筑师阿切尔(1668—1743 年)又在大瀑布顶端的山坡上兴建了一座庙宇，称为“浴室”。

图 13-15　查茨沃斯园中的帕拉第奥式桥

图 13-16　查茨沃斯园中的大瀑布

1826 年，年仅 23 岁的约瑟夫·帕克斯顿(1803—1865 年)成为查茨沃斯园的总设计师，主要负责庄园的修复工程，直到 1858 年德封郡公爵六世去世。同时，维亚特维尔(1766—1840 年)负责修复府邸西侧下方的台地。1963 年，这里按照伯灵顿的奇斯维克园中的花坛图案，重建了一座花坛。

帕克斯顿在园中兴建了一些新景点，多采用“绘画式”造园风格，如“威灵通岩石山”“强盗石瀑布”、废墟式引水渠以及“柳树喷泉”等，此外还有一座“大温室”，现已改造成迷园。“威灵通岩石山”因处理巧妙而极负盛名；大玻璃温室也因成功地引种亚马逊百合而远近闻名。

第三节　英国园林特征

英国气候温和湿润，有利于牧场的发展，如茵的草地与丘陵地貌和树丛相结合，形成英国独特的国土风貌，为英国本土园林风格的产生奠定了基础。

早期的英国园林以规则式造园为主，受到欧洲大陆的意大利、法国、荷兰及德国等国艺术风格的极大影响，其中又以意大利风格主义园林和巴洛克园林，以及法国古典主义园林的影响为甚。

18 世纪初，英国造园家们开始努力摆脱欧洲大陆的影响。在造园中强调自然带来的活力和变化。在造园手法上，他们以风景画为蓝本，营造如画般的园林景色。在英国社会、政治、经济、文化、艺术等因素的综合影响下，产生了自然风景式园林样式。

英国园林的主要特征有以下几方面。

1. 回归自然

18 世纪中期以后，西方园林的发展步入一个新的阶段，而英国自由式园林的崛起，

已成为现代园林发展的基础。这种新型园林突破了过去自意大利到法国所形成的园林艺术的主流传统，不仅在形式上摆脱了园林与自然相对割裂的状态，使园林与自然景观结合起来；而且在内容上摆脱了园林就是表现人造工程之美和人工技艺之美的模式，形成了以形式自由、内容简朴、手法简练、美化自然等为特点的风景式园林。

英国园林以天然的真山真水为造园基址，按照园主和设计师的艺术追求，辅以必要的人工地形处理与改造，配以各式建筑小品和各类艺术作品的点缀与装饰，借以营造出不同的湖光山色、田园情趣，使人既能领略自然之美，又能品味艺术之美，同时还能借景抒怀，陶冶情操。如布里奇曼设计的哈哈沟，使花园的小径延伸至周围的自然风景中，让人以更积极、更热切的心态投入到大自然的怀抱。

2. 自由式的设计

传统的规则式园林以对称、均衡、节奏等作为设计原则，用以表达人们对于园林美的追求。而英国园林则把自由灵活的形式、人与自然的和谐、风景画般的景色等作为追求的境界。

自由式的设计分两种类型：一是不完全的自由式；二是完全的自由式。不完全的自由式主要出现在发展初期和发展后期，有趣的是前者是在由规则式向自由式过渡过程中出现的，它是两种艺术形式的混合；而后者则是在由完全的自由式向两种形式的折中与融合中出现的。虽然这两者之间在内容和原则上有很大的不同，但形式上却非常类似。即在设计上既保留某些规则式园林的形式与内容，如林荫大路、台地、几何形的水池和花坛等，在建筑物周围应用台阶、花石栏杆等常用的装饰手法；同时在园地的整体部分则是采用非规则的形式。

完全的自由式主要出现在英国园林模式形成和发展的鼎盛时期，其在设计上基本摒弃了规则的几何图形、完全依地形、地貌的自然形态来置景和美化。自由式设计在地形的处理上，放弃了规则式园林惯用的去高补低、整平造地的做法。而是利用地形、地势的种种自然变化，按坡置景，按势种植；在园路的布置上，则体现了贺加斯“曲线是最美的线”的理念，宁曲勿直，使蜿蜒的园路既联络了各个景点，又起到引景的作用。

3. 建筑小品的运用

建筑小品是英国风景园林的重要元素之一。通常有以下几类：一是各类的神庙，如希腊式、古罗马式、古埃及式甚至印度式和中国孔庙式等。例如，在肯特所设计的园林作品中，就采用了画家洛兰等人所绘的罗马郊区蒂沃里的古代圆形西比尔神庙的形式。以神庙为景物既可满足人们浪漫的怀古情趣，也可使人们在游园时小憩。神庙在英国园林建筑中所占比例最大，可称得上有园必有庙。二是各类亭阁。它在数量上仅次于神庙。英国园林中的亭子多为圆形，由若干圆柱相围，顶部为一个圆拱顶。亭子中央多安放一尊大理石雕像，常以维纳斯像为主。亭子常位于地势较高处。阁是介于亭与庙之间的一类建筑，它没有神庙那种庄重神圣之感，又较亭子复杂一些，形式多样，既活泼而又优美。三是各类碑牌。碑类建筑主要是石碑，有古埃及式的方尖纪念碑和古罗马式的圆柱纪念碑，还有各类墓碑及其他形式的碑。既有缅怀先人、感怀历史之意，也有追求一丝愁绪、营造浪漫氛围之意。四是各类游桥。作为英国园林中水景中常见的建筑，有连拱桥和亭桥(廊桥)等形式。连拱桥和亭桥常架于溪流和河水之上，既起连接园路之用，又具观景和造景之功能。连拱桥一般较为低矮，三孔、五孔不等。桥面较为平实，两侧没有高大的护桥栏杆；而廊桥则主要是高大的帕拉第奥式风格，是小桥与长廊的完美结合。此外，还有其他一些种类，如石栏杆、园门、壁龛等形式。

4. 植物材料的运用

植物是英国风景园林中的主角，是造景的重要材料和手段。首先是大面积草地的运用。由于英国畜牧业较为发达，人们对具有田园诗般浪漫景色的天然牧场情有独钟，所以绿地毯般的草地，便被铺进除了园中大路和水面以外的每个角落。在起伏的山坡上、山谷间，绿草地带给人无限的诗情画意。随着光线的变化，草地也给人们带来不同的悦目效果。近处的嫩绿，远处的墨绿，光下的鲜绿和阴影中的暗绿，形成了不同的层次变化。

其次是树木的运用。高大的乔木和低矮的灌木都是英国园林造景的重要素材。与意大利和法国园林中树木规则的对植、行植相比，在英国风景园林中，除一些有意保留下来的林荫大路外，树木多采取不规则的孤植、丛植、片植等形式。孤植多为高大的乔木，常有一木成林的气势，与中国园林中追求的古拙遒劲相一致。丛植多用于灌木，片植多用于乔木，也用于乔、灌木结合。丛植和片植的林地边缘也呈不规则的形式。丛植除用于近景和中景外，还常常起隔景、藏景的作用，以增加景色的层次与变化。同时也常常将不宜入画的地面或建筑用灌木丛遮掩起来。片植则多用于远景，或用于做背景，它或蜿蜒成一体或被溪流、河水等分割成若干段。

再者是花卉的运用。花卉是英国园林中不可缺少的植物材料。在风景园林中花卉的运用主要有两种形式，一是在府邸周围建有小型的花卉园，花卉被种植在花池中，一池一品，一池一色；花卉园的四周则以灌木相围。二是在风景园的小径两侧，时常用呈带状的花卉进行装饰，有时则成片地混种在一起，以达到天然野趣的效果。

最后是水生植物的运用。在风景园的池塘、湖边、河旁等水体的一隅，常种植一些水生植物。既生动和美化了水景，也增加了水景的野趣，与其中的各种水禽、水鸟构成了一幅和谐的画面。

5. 以自然水体为主的理水方式

在英国自由式风景园林中，理水以自然水体的形式为主。常将自然的溪流、河道进行一些必要的处理，使流水的形式更加优美，更适宜观赏。这种蜿蜒流淌的线形水体，给风景园增加了变化和灵性。两岸时而绿草茵茵，时而树木森森，时而鸟鸣声声，时而花香悠悠，远比规则式园林中笔直的水渠、运河富于情趣。也常在地势低凹之处蓄水为湖，它是风景园中最大的水体，既有一湖独秀的形式，也有串湖相连的形式。

除自然水体的理水形式外，也有一些小型的规则式理水形式。如有几何形式的水池、水花坛、喷泉等形式，它们常被用于装饰府邸的周围。特别是在风景园林发展的后期，人们也不再完全排斥规则式园林的表现形式和表现手法。因此这些最能展示人工技艺之美的理水形式，常被布置在比较醒目的位置。

第十四章　欧洲其他国家园林

◇**学习目标**

知识目标

(1)熟练掌握西班牙伊斯兰园林、文艺复兴园林和勒诺特尔式园林的特点；

(2)熟练掌握荷兰文艺复兴园林和勒诺特尔式园林的特点；

(3)熟练掌握德国规则式园林和勒诺特尔式园林的特点；

(4)熟练掌握俄罗斯勒诺特尔式园林和风景式园林的特点。

技能目标

(1)能详细解析西班牙园林不同时期的发展概况；

(2)能详细解析荷兰园林不同时期的发展概况；

(3)能详细解析德国园林不同时期的发展概况；

(4)能详细解析俄罗斯园林不同时期的发展概况。

素质目标

(1)了解欧洲各国的历史与文明，培养学生形成正确的历史观，激发对各国文明的学习兴趣；

(2)通过学习和比较欧洲各国古典园林的特点，树立正确的价值观与审美观，养成辨别、批判与借鉴的能力。

在欧洲园林艺术发展史上，最重要的三大造园样式分别是意大利文艺复兴园林、法国古典主义园林和英国风景式园林。从15世纪的文艺复兴时期开始到18世纪的工业革命时期，欧洲造园艺术在意大利、法国和英国园林的影响下不断发展，而其他国家则在意大利、法国和英国造园样式的基础上，根据本国的自然条件、政治经济和社会文化背景，对三大造园样式进行适应性的变革，这对欧洲园林的发展起到一定程度的推动作用。

欧洲各民族早在古罗马时期就深受古罗马文明的影响，迄今为止大部分国家还保留着古罗马的建筑遗址。15世纪初，当欧洲各国园林还在修道院和城堡中进行谨慎的变革时，意大利园林经过近一个世纪的发展，已经有着较高的艺术成就了。在文艺复兴时期，欧洲各国都不同程度地受到意大利园林的影响，其中以法国尤甚。

巴洛克时代初期(约1660—1770年)形成的法国古典主义园林给巴洛克艺术带来了高贵典雅的风格。17世纪下半叶，由勒诺特尔开创的古典主义园林风格迎合了教皇、君主及贵族们的喜好，随着巴洛克艺术的流行，以及法国文化艺术的影响迅速传遍欧洲。

受勒诺特尔式园林影响较大且形成特色并留下重要作品的欧洲国家主要有意大利、荷兰、德国、西班牙、俄罗斯和英国等。从地域上看，欧洲北部国家由于地理特征与法国相似，所以更多地保留了勒诺特尔式园林的风貌，虽然空间处理上不那么富于变化，但与辽阔的平原景观十分协调。欧洲南部多为山地国家，造园通常依山就势，为了扩大园林的空间感，中轴线的处理往往将视线引向天空，而不像意大利文艺复兴园林将视线引向花坛。在花坛、园路等方面，尺度也比意大利台地园放大许多，台地层数减少，但面积扩大许多。

英国自然风景式园林的出现，使欧洲摆脱了规则式园林的束缚，造园手法更加丰富多变。欧洲园林受英国风景式园林的影响，在法国形成了“英中式园林”，在德国形成了“德国式”自然风景园。随着风景式造园时尚向东扩展，俄国的叶卡捷琳娜一世（1729—1796 年，1762—1796 年在位）受其影响，将沙皇村中的园林全都“英国化”。

第一节　西班牙园林

西班牙是一个山地国家，平原十分稀缺，庄园通常都建造在山坡上。同时由于气候炎热又临近海峡，在山坡上不仅能欣赏到开阔的风景，还能享受到微风带来的清凉，山坡因此成为理想的造园地。典型的造园手法，就是在山坡上开辟一系列平整的台地，由于山坡大多地势陡峭，台地通常呈狭长的带状，并围以高墙形成封闭且内向的庭园空间。沿着墙边种上高大挺拔的树木，加强庭园的私密性。每一层台地上通常布置有水景，种植树木，创造出舒适宜人的小环境。整体上又形成郁郁葱葱、富有层次的山林景色。为了便于在山坡上眺望远景，园中常设有各类观景台，或代之以府邸建筑。

尽管有着特殊的自然地理与气候条件，西班牙人也十分喜爱造园，但在园林艺术上，却未能开创出属于本民族的造园样式，始终在照搬别国的造园模式。中世纪时期，占领西班牙的摩尔人在西班牙留下了许多精美的伊斯兰式园林作品。到文艺复兴时期，西班牙的王宫别苑建设开始大量借鉴意大利和法国的造园手法。到了 18 世纪上半叶，西班牙人建造的皇家园林，又模仿法国勒诺特尔式园林建造。各种外来的园林样式与西班牙的地理、气候和文化相结合，虽未能产生西班牙本民族的园林样式，却有其独特的艺术魅力。

一、西班牙伊斯兰园林

（一）西班牙伊斯兰园林概况

西班牙伊斯兰园林又称摩尔式园林，是指西班牙境内由摩尔人（Moors）所创造的、以伊斯兰风格为特征的园林样式。

7 世纪初，伊斯兰教势力在阿拉伯半岛迅速崛起并席卷了欧，亚、非三大洲，建立起庞大的伊斯兰帝国。在地域上，它继承了古波斯王国的绝大部分版图，疆土辽阔。而此时的欧洲大陆在经历了辉煌的古希腊和古罗马文明之后，陷入了黑暗的中世纪，伊斯兰帝国成了当时西方文化的集大成者。

8 世纪初，在信奉伊斯兰教的北非摩尔人对西班牙长达 700 多年的统治期间，伊比利亚半岛始终处于信奉基督教的西班牙人和信奉伊斯兰教的摩尔人的割据战之中。伴随着伊斯兰帝国的解体，摩尔王朝也在西班牙迅速失势。基督教文明的兴盛，则标志着伊斯兰文明的衰落。

摩尔人主要占据着伊比利亚半岛南部的北纬 38°地带，这里属地中海气候，有着类似于北非的自然风光，比欧洲大陆的景色更富于变化。大部分园土都是贫瘠的荒芜之地，唯有沿海一带和沿江河流域的地区，才能见到植被繁茂的沃土。尽管受到连绵不断的战火干扰，摩尔人依然在统治区创造了高度的人类文明，城市经济得到迅猛发展，人口剧增。当时欧洲最文明的城市，正是摩尔人统治下的科尔多瓦。摩尔人在这里大力移植西亚的文化艺术，尤其是波斯、叙利亚的伊斯兰文化，并在建筑与造园艺术上，创造了富有东方情趣的西班牙伊斯兰样式。

摩尔人的造园水平超过了当时的欧洲人，使得摩尔式园林在西欧一度盛行，并对西欧中世纪的造园风格产生了很大影响。不仅如此，后世的欧洲园林在造园要素和装饰风格方面也受到伊斯兰园林的影响，如 17 世纪的欧洲花坛曾经流行摩尔式装饰风格。

在安达卢西亚地区，摩尔人在内华达山脚下的一片大平原上兴建了都城科尔多瓦，它在摩尔王朝中始终占有举足轻重的地位和作用。自 8 世纪下半叶起，摩尔人统治者阿卜德·拉赫曼一世(731—788 年，750—788 年在位)就以祖父在叙利亚首都大马士革的宫苑为蓝本，在科尔多瓦大兴土木，建造宫殿和园林。他还派人从印度、土耳其和叙利亚等地引进了大量如石榴、黄月季、茉莉等造园植物。

继拉赫曼世之后的摩尔人统治者同样热衷于建造宫苑。10 世纪时，都城科尔多瓦已成为欧洲当时规模最大、文明程度最高的城市之一，人口高达百万。据记载，科尔多瓦的大小园林竟有 5000 座之多，如繁星一般点缀在城市内外。一些宫殿和园林有幸保存至今，成为著名的旅游景点。在其他城市，摩尔人同样建造了许多宏伟壮丽、带有强烈伊斯兰艺术色彩的清真寺、宫殿和园林。

摩尔人在西班牙建造的伊斯兰园林作品大多毁于战乱，幸存下来并保留至今的并不多见，其中，最著名的有格拉纳达城的阿尔罕布拉宫和格内拉里弗园，以及塞维利亚城的阿尔卡萨尔宫等作品。

（二）西班牙伊斯兰园林实例

阿尔罕布拉宫是中世纪摩尔人在西班牙建立的格拉纳达王国的王宫，坐落在海拔 730 米高的丘陵台地上，地势险要，易守难攻。经过百年的修建逐渐形成一座集城堡、住宅、王宫、花园于一体且规模庞大的宫殿群，面积达 130 公顷，同时也是西班牙伊斯兰园林保存最完好的一例(图 14-1)。

阿尔罕布拉宫可俯瞰格拉纳达全城。其外形保留着摩尔人封闭厚重、朴实坚固的建筑风格，可以很好地抵御侵略。由于山体和宫殿外墙的颜色都呈红褐色，阿尔罕布拉宫也被称为“红堡”。在郁郁葱葱、浓荫蔽日的林海之中，色彩明亮的阿尔罕布拉宫宛若翡翠中的一颗红宝石，优雅浪漫，神秘梦幻。

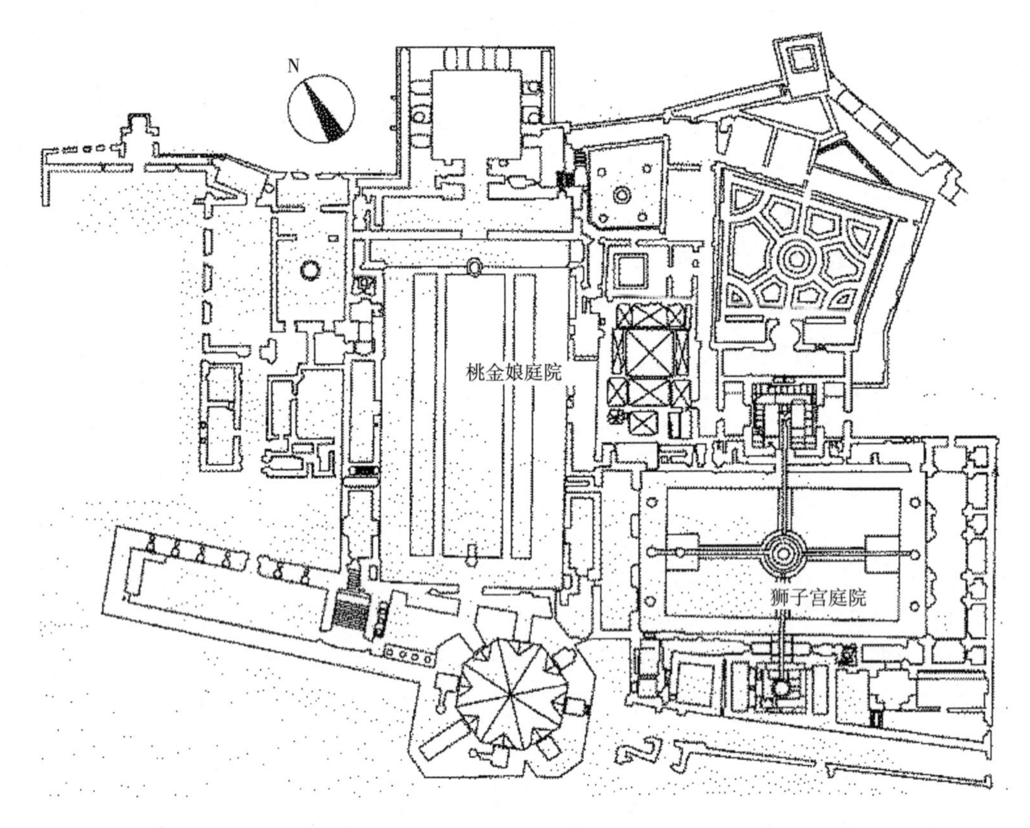

图 14-1　阿尔罕布拉宫局部

图 14-2　桃金娘庭院中庭

阿尔罕布拉宫的庭院主要有桃金娘庭院、狮子宫庭院、柏木庭院、帕托花园和林达拉杰花园等，其中以桃金娘庭院和狮子宫庭院最为有名。

建于 1350 年的桃金娘庭院，是昔日苏丹接见外国使臣及宴请宾客的地方，也是外交和政治活动的中心场所(图 14-2)。

由建筑围合而成的中庭，南北长约 47 米、东西宽约 33 米，面积仅 1550 平方米。在庭院轴线中央是 7 米宽、45 米长的大水池，水池浅而平，与大理石地板持平，加深了整个庭院的纵深感和仪式感，湛蓝的天空和周边的建筑完美地投影在清澈平静的水面上，同时水池还存在反光的效果，对于临近水体的建筑、植物和室内环境都产生很动人的波动光照效果，意境脱俗，给人以天上人间、恍如仙境之感。在水池的南北两端各有一处圆形涌泉与矩形水池形成对比，避免了平静的池水过于单调而缺乏生气。水池两侧各有 3 米宽的整形桃金娘绿篱，中庭的名称即源于此。桃金娘宫庭院虽然是以建筑为主的封闭空间，但布局简洁、比例合理，并不令

图 14-3 狮子宫庭院

人感到闭塞和压抑，相反却显得静谧而幽雅，开阔而亲切，给人以空灵的感受。

沿着狭长的过道往东，就是阿尔罕布拉宫的第二大庭院——狮子宫庭院。狮子宫建于 1377 年，庭院东西长 28 米，南北宽 16 米，是苏丹家族生活的中心，与其他庭院相比更加封闭、隐秘，整个庭院是典型的伊斯兰园林布局(图 14-3)。

四个大厅环绕矩形中庭，十字形水渠将中庭分为四等分，形成四块比水渠低 80 厘米的下沉花圃。在十字形水渠交叉点上布置的就是著名的狮子喷泉，12 只白色大理石雕刻的石狮背托起一只环形大水钵，造型雄劲，气势逼人，从内华达山上融化的清冽雪水从石狮的口中喷流而下，聚集到地下环形的浅水槽内，沿着十字形水渠放射性地向四边流去，一直延伸到走廊内，起到降低室温的效果。在十字形水渠上还布置着环形的小喷泉节点形式，既与中心的大水钵形成呼应，又加强了整个庭院的节奏感和序列感。受西欧中世纪修道院的布局影响，中庭的四周也以回廊环绕，回廊由 124 根纤巧的大理石列柱架设，这些柱子由单个或者成双、三个一组进行排列，其中东西两面柱廊的中部向庭院凸出，在纵轴上构成方亭，使整个中庭的结构层次更加丰富和多变。列柱带来强烈的光影变化，为整个狮子宫庭院营造了迷离摇曳的氛围。回廊的拱门及顶棚雕刻精美考究、错综复杂，虽然繁复但是毫不凌乱。

阿尔罕布拉宫被誉为世界上最美丽的建筑之一，它以曲折有致的空间、和谐精准的比例、动静结合的水景和精美华丽的装饰闻名于世。虽布局简单，但注重细节，驻足欣赏这座美轮美奂的宫殿时，视觉感官与内心获得极大享受。

二、西班牙勒诺特尔式园林

(一)园林发展概况

1701—1716 年间，西班牙王位继承战争以波旁家族(Bourtons)夺取政权而宣告结束。西班牙波旁王朝的第一位国王腓力五世(1683—1746 年，1700—1746 年在位)生于凡尔赛，他在西班牙哈布斯堡王位争夺中战胜对手，1713 年缔结“乌德勒支和约”，得到王位，但丧失了西班牙在西属荷兰和意大利的领地。

由于波旁家族与法国宫廷的血缘关系，西班牙在政治文化等方面受到法国的巨大影响。这一时期的西班牙建筑与园林，都明显地表现出法国的影响，典型实例就是在马德里西北部圣伊尔德丰索建造的拉·格兰贾庄园，宫殿和园林都是在腓力五世统治时期建造的。虽然腓力五世的第二位王后是意大利法尔奈斯家族的伊丽莎白，而且国王在政治上受其左右，但是腓力五世并没有选用意大利人来建造宫苑，而是特地聘用了法国设计师卡尔蒂埃和布特赖。腓力五世对他的出生地凡尔赛情有独钟，因此凭借着自己印象和想象中的凡尔赛宫苑来建造拉·格兰贾庄园。

(二)园林实例

阿兰胡埃斯宫苑位于马德里以南50千米处，坐落在太加斯河与加拉马河交汇的肥沃平原上(图14-4、图14-5)。在17~18世纪，这里是西班牙君主们喜爱的休闲度假胜地。

图14-4　阿兰胡埃斯宫苑平面图

图14-5　阿兰胡埃斯宫苑鸟瞰图

全园由“王子花园”“岛花园”和刺绣花坛园构成。其中以“岛花园”和“王子花园”最为出色，坐落在太加斯河的两岸，以石桥相接，在空间上两园融为一体，构成绝妙的整体。

岛花园坐落在太加斯河与里亚运河之间的一座人工岛上，隔着太加斯河与阿兰胡埃斯宫苑遥相呼应。平静的太加斯河水，为岛花园增添了无尽的妩媚。黄杨模纹花坛和泉池构成了岛花园的主要特色。花坛图案精美并富有动感，而花卉的装饰效果并不像法国园林那么显著。由于这里夏季干旱炎热，园中的水和绿荫显得更加珍贵，因此在模纹花坛中还种有一些庭荫树，这种树木与花坛相结合的布置方式，完全是干旱炎热的特殊气候条件的产物，形成岛花园与众不同的特征。岛花园的中央有著名画家维拉斯盖兹制作的泉池，巴洛克式喷泉和雕像笼罩在树荫之下。花园边缘还有巨大的模架和环形小瀑布，水体结合绿荫形成更加凉爽宜人的庭院小环境。在通向果园的台阶旁，装饰着白色大理石的仙女雕像，是伊莎贝拉女王二世喜欢的散步场所。网格形小径结合清香四溢的黄杨篱，在长年不断的泉池和小瀑布潺潺流水声的伴随下，令人十分愉悦。园中还有一条散步道将游人引向花园的各个角落，沿线装点着讲述神话故事的雕像，进一步装扮了这个令人遐思的岛花园(图14-6)。穿过一个小栅栏门，可以进到宫殿前方的花坛庭园。园内按照当时法国园林的造园准则，在甬道两侧布置严格对称的整形绿篱，构成园路上深远的视线。园中还有数条小径穿过。园内装点着大量的大理石瓶饰，以及色彩艳丽的花卉和精美的泉池，池中有反映古代文明的"海格力斯"大力神和谷神雕像。

图 14-6 阿兰胡埃斯宫苑中的岛花园

王子花园建于19世纪，是按照18世纪英国风景园样式兴建的浪漫式园林，园中既有过去用作狩猎的开阔空间和宽广的散步道，也有私密而有趣的小园子，让游人在此伴随乌鸫和山鸡的鸣叫声独坐沉思，形成强烈对比。富于变化的树木、泉池、池塘和纪念性建筑物，如"耕作者之屋"，营造出王子花园景色秀丽、环境祥和的整体风景。

(三)园林特征

西班牙勒诺特尔式园林在局部处理上有着其与众不同的特征。园址中起伏的地形和充沛的水源，加上西班牙造园传统中高超的水景处理技艺，使园中的水景丰富多彩，由此也带来空间的极大变化。大量的喷泉、瀑布、跌水和水台阶产生的流水景观和声响效果，不仅给园林带来凉爽和活力，而且是西班牙本土园林的特色和魅力之一。

在干旱炎热的气候下，西班牙人喜欢采用花坛与乔木相结合的布置方式，与意大利文艺复兴园林中的树丛植坛有一些相似之处，然而黄杨模纹与庭荫树的结合显得更加精美。在意大利和法国的勒诺特尔式园林中，在花园中种植乔木是十分罕见的，这可以看作是西班牙造园师在借鉴外来手法时，根据自身条件所作出的改进。笼罩在树木阴影之下的花坛、泉池、雕像等，形成更加私密的园林气氛，加上大量的动水水景带来的清凉湿润，营造出更加宜人的休闲游乐空间。

在造园材料上，尤其是铺装处理上，西班牙勒诺特尔式园林依然保留着一些历史园林的传统做法，如彩色马赛克的大量运用，是西班牙伊斯兰园林传统做法的延续，不仅为园林增色许多，而且有助于形成地方特色浓郁的西班牙园林的整体可识别性特征。

第二节　奥地利园林

一、园林发展概况

奥地利与西班牙相类似，尽管有着独特的自然山水和悠久的历史文化，但是未能形成具有本国风格的造园样式，始终在追随欧洲大陆流行的造园模式。

传统的奥地利园林，与西欧中世纪的寺院庭园和城堡庭院十分相似，规模不大，布局简单，以实用性园林为主。

在意大利文艺复兴园林盛行时，许多意大利建筑师纷纷来到奥地利参与庄园的兴建。奥地利的自然地理与意大利很接近，在山地上也适宜营造意大利式台地园。因此，文艺复兴时期的奥地利出现了一些意大利台地园样式的园林作品。

当法国勒诺特尔式园林风靡时，奥地利帝国的统治者们，纷纷以法式园林为样板，改造自己的王宫别苑。尽管奥地利的自然条件并不适宜营造大规模的法式园林，但由于法国宫廷的喜好对整个欧洲宫廷、贵族的影响之大，以至于奥地利的宫廷贵族们不得不追随这一时尚，将过去的文艺复兴式园林纷纷改造成法国勒诺特尔式园林。

由于受自然地形的限制，在奥地利兴建的勒诺特尔式园林大多位于像维也纳这样的大都市的中心或周围地带。这些作品大多由奥地利的本土建筑师设计兴建，以法国的勒诺特尔式园林为样板。

二、园林实例

观景台花园位于维也纳，是奥地利著名的巴洛克式园林作品，园主是 17 世纪初因征服土耳其而闻名于世的萨乌瓦家族的尤金亲王。1693 年，尤金亲王购置下“维也纳”门北边的一座葡萄园，并改造为他的夏季离宫(图 14-7)。

虽然尤金亲王当时年仅 30 岁，却已成为公认的最伟大的战略家之一，也是位开明的艺术爱好者和狂热的文学艺术保护者。在文学艺术方面不仅有较高的修养，而且具有一定的影响力，对丰富当时人们的精神生活起到积极的作用。

尤金亲王在青少年时代曾与母亲一起在凡尔赛生活了几年。因此，他对建筑和造园的观点深受法国的影响。然而，尤金亲王在心理上却敌视路易十四本人，并试图与之相抗争，因此在其夏季离宫的规划布局和形象设计方面，都不希望完全照搬凡尔赛宫苑。

由于庄园的用地比较狭长，而且地形变化较大，因此在场地的上、下两端，布置了两座宽度相等的宫殿。花园的两侧是绿篱和抬升的甬道。从上层的宫殿望去，是均衡的花园整体，从下层的宫殿向上看去，园中的景致随高度产生变化，但又不能将全园一览无余。亲王的起居室布置在宫殿正中，从窗口看出去，视线正落在中层花园上。因此，中层花园的景致成为全园的视觉中心。

图 14-7　观景台花园鸟瞰图

上下层宫殿的中央大厅构成花园中轴线的两个焦点，以此将全园最精美的景点联系起来，随着地势逐渐抬升，景点的重要性亦在不断增强，直至豪华的上层宫殿前。这种处理手法一方面加强了空间的序列感；另一方面有利于从下层的宫殿中欣赏园景，同时吸引人们逐渐从底层台地走向上层花园。

上下宫殿之间的花园分为三层，花园之间以瀑布和坡道相连。底层花园是树篱围合的四块草地，形成气氛亲密的活动空间，离宫殿较远的两块草地上，过去有描绘神活情景的泉池。底层花园的布局方式，成为全园的景观模式，由下向上逐渐变化，神祇的地位也逐渐重要，最终在上层宫殿前形成众神欢聚的世界。中轴线上的一系列景致，形成了众神的生活场景，突出了全园以神祇的地位为引导的空间主题。如底层花园中的瀑布和洞府，突出了众海神的形象。洞府结合底层台地的挡土墙布置。外观饰以粗糙的毛石，从下向上望去，上层宫殿仿佛坐落在洞府基座上的空中楼阁。

底层花园两侧是宽大的坡道，通向中层花园。坡道之间还有稍稍低下的草地，两座椭圆形泉池描绘了大力神海格力斯和太阳神阿波罗的生活场景。由五层水台阶组成的大瀑布，水流奔腾而下，十分壮观，构成向上层花园过渡的中层花园，上方还有几座海神雕像（图 14-8）。上层花园中有布置在斜坡上的一对刺绣花坛，在喷泉和雕像的衬托下，成为全园最精美的地方。上层宫殿并不是尤金亲王的居所，而是举行庆典或祭祀的场所，因此运用众多的神像来烘托气氛。从宫殿的阳台上放眼望去，美丽的花园和维也纳城市的全景尽收眼底，宫殿成为名副其实的观景台。

在下层花园的一侧，还有一座花园和一个称为“观景台小花园”的庭园，后者过去是柑橘园，围以装饰性围墙，冬季则用玻璃幕墙和活动屋顶将柑橘园遮盖，并烧锅炉取暖，成为一座可拆装的温室。尤金亲王收集的外来植物也布置在这座温室中，与此相连的还有一处游乐性小庭园，地形略高，环绕着常春藤蔓架、葡萄架和月季花架。角隅上布置有刺篱镶边的斜坡式草坪。在上层宫殿的南侧还有一座梯形庭园，里面有精心布置的菜园和圈养外来珍稀动物的扇形笼舍。

图 14-8　观景台花园中的中层花园

三、园林特征

奥地利有着与欧洲南部国家相同的自然条件，国土以山地为主，气候比较炎热，水源充沛，植被繁茂。

地形设计上，受用地规模的限制，奥地利园林规模不大，尺度宜人。为了营造出勒诺特尔式园林的典型特征，在一个相对独立而地形又富于变化的园址上，造园家采取了一些措施，首先是尽可能地开辟平缓而开阔的台地；然后在园内的制高点上兴建作为观景台的宫殿或亭台，通过借景园外而扩大园林的空间感。

在造园要素方面，奥地利勒诺特尔式园林在一些具体手法上也有其独到之处。例如，树篱在的运用就很有特色，高大的树篱不仅整齐美观，起到很好的组织空间的作用，而且精雕细刻，修剪出各种壁龛造型，作为大理石雕像的背景，浓密的树叶将白色的雕像衬托得愈加醒目，非常突出。雕像和泉池也是奥地利勒诺特尔式园林中不可成缺的装饰要素，不仅制作精美，而且与台层的布置相结合，起到引导游人，形成序列性景点的作用。

第三节　德国园林

一、德国勒诺特尔式园林

(一)园林发展概况

在法国宫廷的影响下，从 17 世纪后半叶开始，德国君主们也开始竞相建造大型宫苑，法国勒诺特尔式园林被传入德国。与文艺复兴时期主要由荷兰造园家在德国建造意大利式园林的情况不同，德国的勒诺特尔式园林大多是由法国造园家设计建造的，而由荷兰造园家设计的作品相对较少。如汉诺威的海伦赫森宫苑(图 14-9)是经勒诺特尔本人之手设计，

再由法国造园家夏邦尼埃父子建造的。而慕尼黑的宁芬堡宫苑(图14-10)虽然最初是由荷兰造园家兴建的，但是后来是经过法国造园家吉拉尔的改造而最终完成的。在那些由法国造园家设计兴建的德国皇宫别苑中，则更多地保留了勒诺特尔式园林的基本特征；而那些由荷兰造园家出兴建的作品，也反映出荷兰勒诺特尔式园林的风格。

图 14-9　海伦赫森宫苑鸟瞰图

图 14-10　宁芬堡宫苑鸟瞰图

(二)园林实例

宁芬堡宫苑于1663年兴建，数年后建成了一座规模不大的花园(图14-11)。1701年，此园又经过荷兰造园家的改造与扩建，最终形成现在这座恢宏壮丽的宫苑。荷兰造园家在宫殿前后和花园四周开挖长达数千米的水渠，反映出荷兰勒诺特尔式造园风格在德国留下的印迹。

1715年，由法国人吉拉尔出任宫廷造园的总工程师，他在宁芬堡花园中完成了杰出的水景工程和喷泉设计，如宫殿前庭的泉池中喷出的水柱高达25米，十分壮观，使这座宫苑一时名声大振。

宫殿的前庭呈半圆形，直径约有550米，周围矗立着宫廷大臣们居住的白色府邸建筑，中心就是壮观的大喷泉。从前庭中引申出由道路、水渠和高大的椴树组成的林荫大道，正对着慕尼黑的方向，形成壮观而深远的透视线。

花园位于宫殿建筑的背后，以花坛、草地、水渠、雕像和树篱构成一条壮观的大轴线(图14-12)。在宫殿左侧的丛林中，建有一座称为“阿马利安堡”的建筑，造型优美，保存至今，成为园中著名的景点之一。宁芬堡宫苑最突出的特征也体现在联系各庭园空间的纵横交织的水渠上。

图 14-11　宁芬堡宫苑图

图 14-12　宁芬堡宫苑的中轴线景观

（三）园林特征

德国同西班牙等欧洲国家一样，始终未能形成具有本国传统与特色的园林风格。但是在一些造园要素的处理手法上，仍有其独到之处。

首先是水景的运用。无论是意大利式的水台阶、法国式的运河和喷泉，以及荷兰式的水渠，都是德国园林中常见的水景处理手法。不仅规模宏大、壮观，而且因技术的成熟和材料的变化，细部处理更加精美。如荷兰造园家在宁芬堡宫苑前营造的长达数千米的水渠林荫道，成为联系花园、宫殿与城市的重要元素。1715 年，法国著名造园家吉拉尔为埃马纽尔侯爵兴建的苏雷斯海姆城堡花园，同样以水渠来划分空间，表现出在水景工程方面的高超技艺。海伦赫森宫苑中的喷泉水柱高达 80 米，成为当时的欧洲园林之最，精湛的水景技艺可见一斑。

其次在布局和构图方面有所变化和突破。尤其是在洛可可风格盛行时期，德国园林在布局上更加不拘一格。如半圆形或圆形成为德国园林喜好的构图形式之一，在大型园林中经常出现。施维钦根宫苑中的圆形花园，形成宫殿之外的第二个花园中心。坐落在巨大的圆形岛上的路斯特海姆宫苑中，有一座直径约 360 米的半圆形画廊，用于收藏绘画和雕刻等艺术品。巴登的侯爵曾构思以巨大的圆形构图，将包括卡尔斯鲁赫城在内的城市、宫殿和花园结合在一起，并以回廊连接扇形的城市；城中还建有一座高塔，可俯瞰 32 条主要林荫大道，以及纵贯林苑和城市的 9 条林荫道。

此外，在造园技法和要素处理方面，德国园林也表现出本民族特有的严谨与细腻。例如，绿荫剧场是欧洲园林中常见的造园要素，德国园林中的绿荫剧场，在规模上比意大利园林中的要大，在布局上又比法国园林更加紧凑。高大的整形树篱作侧幕，结合雕像的装扮，不仅有很强的装饰性，而且具有实用功能，如海伦赫森宫苑 1689 年建成的绿荫剧场，至今还在上演着节目。

二、德国自然风景式园林

（一）园林发展概况

18 世纪下半叶，随着启蒙运动在欧洲大陆的影响不断扩大，英国自然风景式园林也逐渐传播开来。在诗人和哲学家的大力推动下，德国进入自然风景式造园时期。

自然风景式造园在德国出现变革，存在两方面的原因，一是德国缺乏本土根深蒂固的造园传统，因而更加容易全盘接受外来的造园样式；二是自然式风景园迎合了德国政治、社会、文化、艺术的发展要求，因而更容易为德国人所认可，产生的变革也就更加彻底。因此，当时不仅新建园林采取了自然风景园样式，而且过去的许多老园，或整体或局部地改造成自然风景园。不仅如此，在后面的近 2 个世纪当中，虽然有关规则式与自然式园林的利弊之争不曾停止过，但是自然式造园还是在德国园林的发展历程中占据着主导地位。

从 1750 年起，在德国园林中开始出现一些自然化的局部处理，其源于洛可可晚期的不规则化造园手法。同英国的不规则化造园时期相类似，德国人对植物学研究和植物引种驯化工作兴趣浓厚，大量的外来树木或珍稀树木，在园中营造出自然而奇特的景色。园中

植物种类的不断丰富，改变了园林的传统风貌。

(二)园林实例

无忧宫位于距柏林约 25 千米的古城波茨坦北郊，坐落在哈维尔河畔。宫名取自法文，意为“无忧、莫愁”，建于 1745—1757 年，是仿照凡尔赛宫兴建的夏宫，典型的洛可可风格。整个宫苑占地 290 公顷，坐落在一座沙丘上，因而有“沙丘上的宫殿”之称(图 14-13)。

从宫殿正中引申出一条东西向主轴线贯穿全园，一直延伸到新宫。在中轴线上有台地园、喷泉、雕像、林荫道等，两侧花园采用不完全对称式布局，反映出洛可可时期的园林特征。

宫苑建设充分利用地形，在宫前形成一大片平面呈弓形的意大利式台地园，平行的六级台阶处理成曲线形，富有立体感和动感，两侧衬托茂密的丛林。台地园下方是用圆形花瓣石雕组成的大喷泉，四周陪衬有四个圆形花坛，分别以火、水、土、气为主题。花坛内塑有神像，尤以维纳斯像和水星神像造型生动、精美。整个宫内有 1000 多座以希腊神话人物为题材的石刻雕像。

1754—1757 年间，腓特烈二世在花园中兴建了一座“中国茶亭”(图 14-14)，六角形凉亭仿造中国传统的伞状圆屋顶，上覆碧瓦，下有金色落地圆柱，周围环绕中国人物雕像。亭内桌椅完全仿造东方式样，陈列着中国瓷器，亭前矗立一只中国式香鼎。

图 14-13　无忧宫局部鸟瞰图

图 14-14　无忧宫中的“中国茶亭”

无忧宫是腓特烈大帝钟爱的隐居处，他希望在此“高枕无忧”，死后能埋葬在台地园中的花神弗洛尔雕像之下。1750 年 7 月 10 日，这位普鲁士国王还在这里第一次接见了法国大文豪伏尔泰。

1770 年，在园子的北部建造了一座“龙塔”，明显是仿造钱伯斯在邱园中兴建的“中国塔”的产物。1772 年，在中轴的一侧兴建了规模较大的风景园，自然式布局打破了原先的中轴对称式格局。山冈上还有一座单层园亭，采用女神像柱做装饰。

(三)园林特征

受钱伯斯绘画式风景园和法国英中式园林的影响，此时的德国人热衷于带有“废墟”的感伤主义园林所具有的浪漫色彩，尤其是对体现骑士精神的所谓“中世纪情调”情有独钟。

将荒弃的城堡作为园林景点的手法十分流行，甚至在园中刻意营造“废墟”。

第四节　俄罗斯园林

一、俄罗斯勒诺特尔园林

（一）园林发展概况

16~17 世纪，莫斯科兴建了几座宫苑，其中比较著名的有克里姆林宫中的“上花园”，它坐落在服务性建筑拱顶上，长约 23 米，宽仅 9 米，规模不大，是为彼得大帝的母亲娜塔尼娅·基里洛夫娜修建的。园中以实木铺设的小径，划分出若干个地块，种有苹果、梨等果树，以及浆果类植物和花灌木。

17 世纪末之前，俄罗斯园林均是规模不大、以实用为主的园地。园林依附于宫殿、教堂及贵族的别墅而兴建，园内布局简单，外观整齐划一，以经济植物种植为主，如苹果、梨等果树，以及浆果类、芳香植物、药用植物等。此外，还种有椴树、花楸等蜜源植物，这与西欧中世纪园林很相似。园中大多建有水池，重要建筑前开辟林荫道，这些要素不仅具有一定的实用功能，而且还能形成美丽的景色。这时期俄罗斯园林的特色，主要体现在实用与美观、整形式布局与自然的环境相结合。

当意大利文艺复兴运动席卷整个欧洲之时，俄罗斯还是一个相当贫穷落后的国家。直到 1689 年彼得大帝正式执政，俄罗斯才逐渐走上发展壮大之路，并成为欧洲的强国之一。彼得大帝即位后不久就筹划迁都，并于 1712 年将首都迁至位于涅瓦河口的彼得堡，由此打开了通往欧洲的窗口。随后，彼得大帝效法西欧，在各个领域实行改革。

在俄罗斯园林发展史上，彼得大帝时代是一个重要的转折期和兴盛期。在此之前，俄罗斯园林的发展严重滞后于西欧，也缺乏自身独特的风格；在此之后，俄罗斯文化逐渐融入欧洲体系，向欧洲学习，造园上开始了针对自然风景的大规模整治活动。

彼得大帝曾到过西欧的法国、德国和荷兰等国家，此时欧洲大陆盛行的法式园林给他留下了深刻的印象。在彼得大帝的推崇下，法国勒诺特尔式园林在俄罗斯广泛传播。1714 年，彼得大帝在涅瓦河畔阿默勒尔蒂岛上开始建造的避暑宫苑，其设计构思来源于凡尔赛宫苑。1715 年，建造彼得宫时，彼得大帝特地从巴黎请来几位法国造园师，其中有勒诺特尔的弟子勒布隆，这些法国造园师建造宫苑时巧妙地利用了自然地形，创造出一座宏伟绚丽的宫苑，使彼得宫成为堪与凡尔赛宫相媲美的佳作，有着“北方凡尔赛宫”的美誉。

这一时期的俄罗斯园林在构图上追求整体的统一与比例的和谐。在总体布局中通常以宏伟壮丽的宫殿建筑为主体，形成全园布局的中心。从宫殿往外延伸出的中轴线，贯穿整个花园，从而使宫、苑在构图上紧密结合、融为一体。

（二）园林实例

彼得宫花园（图 14-15）坐落在芬兰湾南岸的森林中，距离市区 29 千米，被誉为“俄罗斯的凡尔赛”。主要建筑有：大宫殿、夏花园、玛尔丽宫、奇珍阁、亚历山大花园和

茅舍宫等。

花园分为上花园和下花园，大宫殿在上花园，内外装饰极其华丽，两翼均有镀金穹顶，宫内有庆典厅堂、礼宴厅堂和皇家宫室。大宫殿前是被称作大瀑布的喷泉群。这里有37座金色雕像，29座浅浮雕，150个小雕像，64个喷泉及两座梯形瀑布。在喷泉群一个大半圆形水池的中央，耸立着大力士参孙和狮子搏斗的雕像，这就是著名的隆姆松喷泉（图14-16）。塑像高3米，重5吨。参孙双手把狮子的上下颚撑开。泉水从狮子口中冲天而出，水柱达22米，是全宫最大的喷泉水柱。它象征俄罗斯在1700—1721年北方战争中的胜利。大瀑布有参孙运河直通海湾。

图14-15　彼得宫花园局部鸟瞰图

图14-16　彼得宫花园中的隆姆松喷泉

运河两岸有32个大理石石杯，排成两行，喷泉从杯中飞溅。水源则来自附近的巴比贡山。上花园占地15公顷，比下花园高出18米。树木，草坪呈几何状排列，纵横交错，其间池水潋滟，景象开阔。有著名的尼普顿喷泉。大门外不远处，就是圣保罗信使教堂。

下花园依傍大宫殿呈扇形向芬兰湾展开，并以大宫殿前的水道为界分为东、西对称的两部分。占地102.5公顷，有150个喷泉，2000余个喷柱。其中有两个梯级瀑布，东有棋盘山瀑布，以黑白大理石沿坡铺成棋盘形台阶，最高的泉口饰有3条中国龙，水流两旁皆立有希腊天神大理石雕像。下花园偏西的海边有玛尔丽宫，宫高两层，规模不大，但装饰豪华，是沙皇私人起居之处。四周环水，仅有小桥通行。奇珍阁坐落在下花园西侧，为沙皇接见俄国名流的场所。

蒙普拉伊宫在下花园的东部，该宫仅有一层，为彼得大帝亲自设计。彼得大帝常爱在其平台上远眺大海。宫内有其搜集的170余幅绘画，多为荷兰画家的杰作。园内还装置了无数有趣的喷泉。若不慎踩中有传感器的石子，水柱便会由四面八方喷射在你身上。据说这个喷水池是彼得大帝闲来无事时，用来戏弄大臣的。前面还有花果树喷泉，泉水从人工的奇花异草中喷出，也一样暗藏有喷水的机关。还有一个超重便会喷水的喷水椅。

（三）园林特征

俄罗斯勒诺特尔园林的特征主要体现在园址的选择和要素的精心处理等方面。

在选址方面，充分吸取了意大利园林的经验和凡尔赛园林的教训，更加注重园址的地形变化和充沛的水源，在园中形成层次丰富的空间和变化多样的水景。俄罗斯勒诺特尔园林将意大利园林和法国园林融于一体，虽在功能上无法像凡尔赛宫苑那样举办规模宏大的狂欢活动，但是在园林景观上更加丰富迷人，既有法国园林深远壮观的透视线和辽阔宽广的空间感，又有意大利园林丰富的立体层次和活跃的水景变化。例如，建造在山坡上的彼得宫，虽然在总体布局上模仿了凡尔赛宫苑，但是结合地形变化，在山坡上兴建的水台阶和大水渠，以金碧辉煌的雕塑在喷泉的衬托下，气氛更加活泼，视觉效果似乎更胜一筹。

在要素处理方面，由于俄罗斯拥有漫长的冬季和寒冷的气候，在园林中必须大量运用能够抵御严寒的本土植物，如越橘类、复叶槭、榆、白桦等富有地域特征的乡土植物，结合奇特的宫殿造型和金碧辉煌的装饰色彩，构成俄罗斯园林浓郁的地方风格和民族特色。

二、俄罗斯风景式园林

（一）园林发展概况

当英国风景式园林风靡全欧洲之际，俄罗斯园林也开始进入自然风景式园林阶段。促使俄罗斯造园风格转变的原因，除了英国园林的影响因素之外，还有俄罗斯本国各方面因素的影响作用。就园林本身而言，首先，规则式园林的日常养护管理需要耗费大量的人力和财力；其次，俄罗斯的文学家和艺术家逐渐融入崇尚自然的时代潮流，追求返璞归真的自然美；最后，叶卡捷琳娜二世本人十分推崇英国自然风景式园林。

俄罗斯风景式园林的发展大致可以分为两个阶段，即初期的浪漫主义风景园林时期和后期的现实主义风景园林时期。

初期，俄罗斯风景式造园家向画家们学习，将绘画大师们的风景画作为造园的蓝本。受法国风景画家克洛德·洛兰、荷兰风景画家雅各布·梵、雷斯达尔等人绘画风格的影响，俄罗斯造园家努力在园中营造富有浪漫色彩的意境和情调。园林的构图在充满自然气息的空间中追求体形的组合、光影的变化等视觉效果，打破了以往以直线为主的对称和均衡等规则方式。

然而，绘画与造园毕竟存在着较大的差异，片面追求风景画营造的理想境界，忽视园林空间特征的造园作品，因而忽略人在园中的活动方式，造成了使用上的诸多不便。此外，追求浪漫色彩的造园家，往往在园中人为地营造野草丛生的废墟、归隐的茅庐、英雄纪念柱、美人墓穴，或人工堆砌幽深的峡谷、岩洞，或制造激动人心的瀑布跌水等，试图以一些奇特的人文景观或自然片段，激起人们在情感上的种种共鸣，产生或忧伤、或悲哀、或惆怅、或肃然的情绪。导致自然的属性不能得到充分的发挥，人们对自然美的认识也很有限。虽然自然式造园要素代替了规则式造园要素，如植物不再被修剪整形，但是其运用方式还是停留在装饰方面，用来衬托景点或突出景色，以及在园中形成框景或作为背景等，自然的特征只不过停留在表面形式上而已。

直到19世纪上半叶，风景式园林中的浪漫主义情调逐渐消失，对自然的认识逐渐加深。造园家们开始对植物的形体、姿态、色彩美以及群落美本身产生浓厚的兴趣。造园的

主要要素不再是点缀性建筑物、山丘、峭壁、峡谷、急流、瀑布、跌水等，而是大量的植物群落，开始重视植物构成的空间质量。这一时期兴建的巴甫洛夫风景园和特洛斯佳涅茨风景园，就是强调以森林景观为基础的园林空间，成为俄罗斯自然式园林中的杰出代表。尤其是巴甫洛夫风景园展示了北国风光的自然之美，产生了巨大的艺术感染力，被誉为现实主义风格的自然式风景园林典范。其创作手法对后来的俄罗斯园林，乃至十月革命之后的苏联园林，都产生了重大和深远的影响。

（二）园林实例

索菲耶夫卡风景园位于乌克兰乌曼，是俄罗斯浪漫主义造园时期的代表作，至今仍然是乌克兰地区最受人们欢迎的古园林。它建于1796—1800年间，占地面积约127公顷(图14-17)。

索菲耶夫卡风景园的自然条件优越，原地形起伏多变，河流稍加整治即可在园中形成开阔的湖面和幽静的小岛(图14-18)；弯曲的河流两岸古木参天，巨石嶙峋，充满自然气息；然而点缀在自然之中的人工景点显露出浓重的匠气，会让人体会到过分追求自然而产生的矫揉造作。

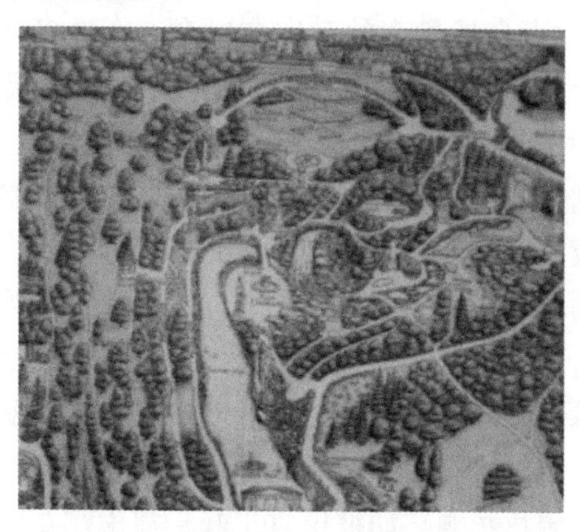

图14-17　索菲耶夫卡风景园局部鸟瞰图

图14-18　索菲耶夫卡风景园中的水景

园中既没有控制全园的主体建筑，也没有直线型园路、行列式种植、几何形花坛、泉池等规则式园林中常见的要素，而是以蜿蜒的小河贯穿全园，将人们引向一个个美丽的景点，如大瀑布、小瀑布、“三滴泪泉”“死湖”、爱情岛、阿姆斯特丹水闸、狄安娜洞府、狄安娜湖、鬼桥、维纳斯洞府、中国亭、威尼斯桥等景点。

俄罗斯地处欧洲大陆北部，大部分地区寒冷的气候，与英国湿润温暖的海洋性气候有着很大的差异。产生于牧场的18世纪英国风景园主要以大片的草地，结合美丽的孤植树、成片的树丛为特色，与英国的气候及国土风貌相吻合；而产生于森林的俄罗斯风景园，以大片郁郁葱葱的森林为主，开辟小规模的林间空地，在森林环绕的小空间中，配置观赏性孤植树及树丛。虽然在空间上显得相对局促，但是有利于夏季遮阴，冬季阻挡强劲的寒风，形成气候宜人的小环境。在树种方面，充分运用适合俄罗斯气候的乡土树种成为必要条件，以云杉、冷杉、松树、落叶松等针叶树，以及白桦、椴树、花楸等落叶树为主的植物群落，是俄罗斯风景园林风格的重要因素。

在俄罗斯自然风景式园林建设的高潮时期，大量的规则式旧园子面临被改造的威胁。为此，波拉托夫主张在自然式园林中保留一些规则式局部，将自然美与艺术美相结合，一方面保护了一些规则式古园子；另一方面对当时俄罗斯园林的发展起到了积极的作用。

（三）园林特征

1. 广阔、平坦的景观空间

辽阔的地域、保持良好的自然资源为园林构架了极佳的基础。俄国沙皇时期，大量的土地归皇室成员和贵族所有，此时建造的皇家园林和庄园的尺度都非常大，尤其是自然风景园盛行时期，广袤的森林不需要进行太多的处理就被划入已有园林或规划成新的附属花园，使得园林的面积进一步增大。苏联时期，城市广场(尤其是纪念广场)多为尺度巨大且高差变化小的规则式空间；城市公园的规划也注重满足市民多种功能需求，建设成可以容纳几万人使用的大型公园。另外，俄罗斯与西欧、中国这些激烈变化的国土不同，地域内多为平原和丘陵，本土平坦的地形使得园林景观呈现整齐、开阔的特征。

2. 几何与自然的融合

俄罗斯风景式园林中常出现几何式景观与朴素自然景观的对比与融合。在许多城市中，保护良好的自然森林是城市的组成部分或天然背景，森林和草地成为园林中最重要的景观要素。无论是沙皇时期所建造的宫廷园林和庄园，还是苏联政府规划的城市公园，经常是尺度巨大的空间，这样的地块应用几何规则式的造园手法较为便捷，同时也方便组织游人路线。其中，规整的布局、主轴线、网状或放射状道路等是最常用到的设计手法。在规则的空间中，又布置弯曲的园路和疏密变化的林地与草地，形成充满自然情趣的景观。

3. 欧洲风格的继承

俄罗斯历史上经历了多次西化的过程，艺术和设计还延续了浓厚的欧洲风格。俄罗斯历史悠久和基础发达的城市都集中在欧洲部分，所以建筑和园林的欧化迹象明显。园林作品，尤其是古典皇家园林和贵族庄园深受法、英园林影响，如彼得宫、叶卡捷琳娜花园等都较完好地保存了古典的构图原则和造园要素。

第十五章　美国近现代园林

◇学习目标

知识目标

(1)了解美国园林发展的概况及美国近现代园林的风格特征;

(2)了解美国近现代园林中具有典型代表的设计案例。

技能目标

(1)熟悉美国近现代园林设计的原理、规律及表现手法;

(2)深入理解近现代园林设计的造景艺术和技巧。

素质目标

(1)了解美国近现代园林的风格特征,增强对近现代园林及专业发展趋势关注的自觉性;

(2)了解国家公园的产生背景及发展现状,增强自然生态保护的意识。

第一节　园林发展概况

1607年,英国人在北美大西洋沿岸建立了第一个殖民地弗吉尼亚,开始了对美国的殖民统治。在英国殖民统治初期,欧洲各国移民为了维持生存,便大肆砍伐森林,开垦土地。经过一百多年的艰苦创业,移民们将各自民族文化与当地自然环境相结合,创造出具有各自民族文化特征的建筑及居住环境,形成早期殖民式庭园,但只是一些简单的住宅庭园,即使一些富人的庄园,也无豪华富丽可言。就连美利坚的"开国之父"乔治·华盛顿的故居维尔农山庄,也不过为一处极朴素的住宅而已。早期殖民式庭园一般由果树园、蔬菜园及药草园组成,园内及建筑周围点缀着花卉和装饰性灌木。18世纪之后,在一些经过规划而兴建的城镇中,出现了公共园林的雏形。例如,波士顿在市镇规划中,保留了公共花园用地,为居民提供户外活动的公共场所;在费城独立广场也建有大片绿地。

19世纪上半叶,美国园林还处在谨小慎微的发展阶段。由于城市规模迅速扩大,导致城市环境质量下降,新兴的富裕阶层纷纷离开城市去郊区居住,因而出现了大量的独栋式住宅,并引发了宅园建设的热潮。这一时期,出生于苗木商家庭的唐宁(Andrew Jackson Downing,1815—1852年),对美国园林的发展作出了重大贡献。凭着自学,唐宁集园艺师、作家、建筑师及园林师于一身,1814年出版专著《园林理论与实践概要》,成为美国近代风景园林师先驱。受当时的英国造园家卢顿的影响,唐宁认为在乡村居住、过着简朴的生活,有利于人的身心健康。1841年,唐宁出版了《论适应北美的风景式造园的理论与实践》一书，为风景式园林在美国的发展奠定了基础。1850年他去英国访问，英国自然风景式园林给道宁以深刻启示，他强调师法自然，主张给树木以充足的空间，充分发挥单株树的景观效果，表现其美丽的树姿及轮廓，他主持设计的卢埃伦公园成为当时郊区公园的典范，他还改建了华盛顿议会大厦前的林荫道。

19世纪中期，随着城市工业迅速发展、人口高速增长以及人们生活方式的改变，城市环境出现了很多问题。城市公园的产生和发展为当时由于工业化大生产导致的人口拥挤、卫生环境严重恶化、城市各种污染不断加剧等城市问题提供了一种有效的解决途径。1858年，奥姆斯特德(Frederick Law Olmsted，1822—1903年)与沃克斯合作，以“绿草地”为题赢得了纽约中央公园设计方案竞赛大奖。这座巨大的英国式园林在美国园林发展史上具有划时代的意义，不仅成为美国其他城市公园建设的样板，更是掀起了城市公园运动的序幕，各个城市纷纷建立大型自然式的城市公园，如费城费蒙公园(1865年)、圣路易斯森林公园(1876年)、旧金山金门公园(1870年)等。奥姆斯特德是公认的美国近代风景园林创始人，他对美国风景园林的发展作出了极大的贡献。在奥姆斯特德近30年的职业生涯中，虽然没有留下多少理论著作，但他却主持制定了很多城市公园规划、道路及绿地规划，大量的作品不仅记录下奥姆斯特德不断完善的公园设计理论，而且也是美国城市公园发展的历史见证，他使美国城市公园建设后来者居上，走向世界前列。

19世纪末，随着工业高速发展，大规模地铺设铁路，开辟矿山，美国西部大片草原被开垦，茂密的森林遭到严重的破坏，赖以生存的动、植物濒临灭绝之灾，一些有识之士为预感到将要出现的悲哀后果而大声疾呼，揭示保护自然环境的重大战略意义，引起了联邦政府的高度重视。从此，建立大型国家公园以保护天然动植物群落、特殊自然景观和特色地质地貌的生态环境保护工程在美国许多州郡破土动工，美国黄石国家公园开创了世界国家公园的先河。

20世纪30年代，加州花园风格创始人托马斯·丘奇(Thomas Church，1902—1978年)和哈佛大学3位学生盖瑞特·埃克博(Garrett Eckbo，1910—2000年)、丹·克雷(Dan Kiley，1912—2003年)、詹姆斯·罗斯(James Rose，1913—1991年)，一改传统园林僵化的设计模式，以尊重自然、尊重场地特征、尊重人的生活需要为设计原则，以灵活、自由的设计手法，掀起了一场革命性的现代风景园林运动。

20世纪初，尤其是第二次世界大战以后，美国经济的持续繁荣和发展，推动了风景园林行业的迅速发展。20世纪60年代开展的“城市森林”运动，使城市绿化得到了进一步发展和改善，众多城市大型公园建成，并开始了城市绿地系统和城乡一体化绿化的大规模建设，贯穿十几个州的风景绿道也陆续建成。在此期间，美国的风景园林设计，从18世纪和19世纪流行的自然主义、浪漫主义的传统园林全面转向并发展为以美学与功能有机结合、生态效应与景观效应并重的现代园林。现代园林注重场所的自然与文化特征，注重生态效应、艺术效果和使用功能，其设计手法新颖、设计风格简洁明快，空间布局灵活、自由，追求精神意境。无论是设计理念、设计形式和设计风格，现代园林均呈现出丰富多彩的多元化发展趋势，为风景园林的设计和建设创造出异彩缤纷的全新风貌。

第二节　园林实例

一、纽约中央公园

纽约中央公园(图15-1)位于曼哈顿区的中央，南北长约4100米，东西宽约830米，占地面积约340平方千米(占曼哈顿岛面积的6%)，被誉为纽约的“后花园”。

公园始建于1856年，经历20年的建设，于1876年开始对公众开放。公园诞生于19世纪美国工业化、城市化飞速发展的大背景下，人口、资源和环境的矛盾尖锐，使纽约政府尝试通过建设公园来化解问题，并以竞赛的形式征集中央公园的设计方案。1858年4月，由奥姆斯特德和沃克斯合作完成的方案“绿草地”(Green sword)最终从33个入围方案中脱颖而出，赢得了竞赛并成为实施方案，二人在之后也共同管理完成了公园的施工。

纽约中央公园是美国历史上第一个城市公园，也是纽约最大的都市公园。它开启了美国城市公园运动，并引发了美国城市规划的革新。中央公园作为时代背景的必然产物，它的杰出不仅仅因为有效缓解了当时的城市矛盾，还在于公园的设计预见了未来城市的发展趋势和人们的需求，经历150多年的历史长盛不衰，成为风景园林史上具有里程碑意义的作品。

中央公园的设计继承了造园师唐宁不拘于形式、充满自然画意的设计风格。方案将平地、荒漠、沼泽和岩石地进行人工改造，模拟自然，尽可能地减少建筑，使公园整体呈现流畅、和谐、富有图画感的自然景观。

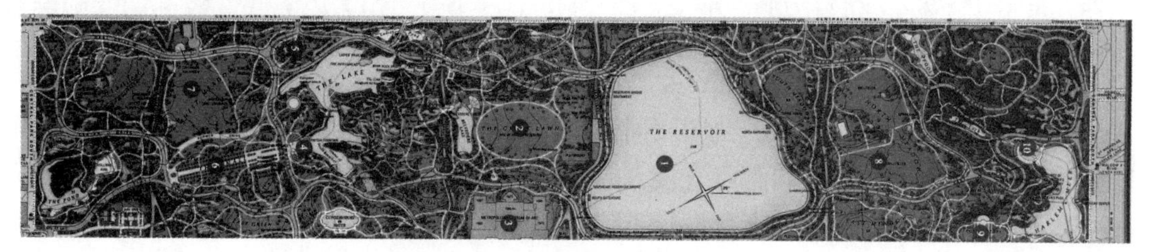

图15-1　纽约中央公园平面图

(一)布局

公园的总体布局以平静的水面、大片的草坪、柔和的山丘和幽静的树林为主要构成元素，再穿插平滑曲线的道路网络。公园四周通过浓郁的树木与城市隔离，在中央地带设置了一个巨大的不规则形状的水库、四个开阔的大草坪和一个蜿蜒曲折的湖泊。在开阔的草坪和水体外，设计了地形起伏变化、路网密布的树林，来实现视线和景色的变化，创造幽静的空间感受。公园内共有大小七处水体，除中央大水库和湖泊外，还有南北两端的池塘和其他三处小池塘，皆掩映在树林之间。以中央巨大的水库为界，公园被分成南北两部分。

水库南边的中央公园大草坪是由原本的蓄水池改造而成，形成公园内最开阔的活动场地。大草坪东侧是著名的纽约大都会艺术博物馆(Metropolitan Museum of Art)，大草坪南侧是由蜿蜒小路、丘陵、树林组成的自然场地，空间由开阔转向幽闭。再往南是岸线曲折的湖泊，湖岸通过自然驳岸与树木营造寂静幽深的空间，在南端的观景台硬质铺装增多，视线也

被打开。观景台通过一条笔直的林荫道连接喷泉和莎士比亚雕塑，形成公园内唯一的轴线。林荫道西侧是各类活动丰富的绵羊草坪，草坪周边的树林中分布有各类儿童游乐场地。

水库北边以各类运动场地为主，包括了网球、棒球、羽毛球场地以及与最北边池塘连接的游泳池，各类场地同样掩映在树林之间。水库东北侧紧邻意大利和法式园林。此外，还有各类主题园分布于公园的各个角落。

(二)交通

由于公园占地面积较大，必定会对城市穿越交通造成阻碍，中央公园建设委员会在项目要求中提出了要设计四条或是更多的城市道路来连接公园两侧的第五大道和第八大道。公园的设计通过四条低于公园地面 8 英尺(约 2.4 米)的下沉通道满足了这一要求，同时避免了穿越交通对公园景观和活动的干扰，保证公园景观的连续性。这一方法是组织和协调城市交通与绿地关系方面的成功先例(图 15-2)。

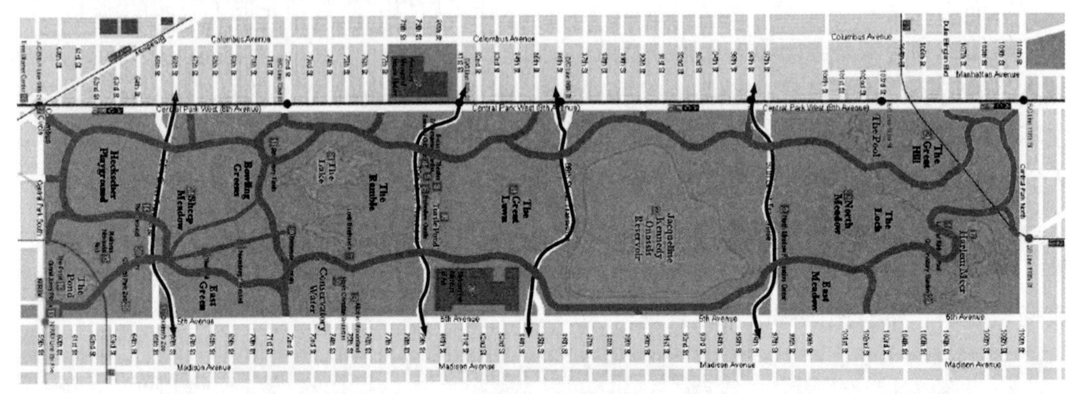

图 15-2　纽约中央公园交通图

中央公园的大门设在南段，公园四周设有低矮围墙，周边共有 112 个城市街口与公园四周的环行路相连，每个接口都可直接入园，出入随意。设计之初考虑了乘车、马和步行三种交通方式，结合地形层次变化设计了独立的车道、马道和游步道系统，不同系统在相互穿越时利用桥梁解决。园内共 36 座桥梁均由沃克斯设计，且没有重复。

公园主要道路约为 9.6 千米，在公园内形成大小环路，最初为马车兜风设置的环路，如今除少许路段对机动车开放外，大多数都用于人们慢跑或溜旱冰。另有比较密集的二级和三级路网，道路错杂使人们将注意力集中在公园内，与连绵起伏的丘陵形成田园风光，但也会使游人迷路。园内道路基本上都是曲线的，连接平滑，形状优美，路上的景色变化多姿。在公园南侧有一条长 370 米的林荫大道连接雕像、喷泉和广场，路旁种植高大的美国榆树，是公园里唯一的直线道路。

(三)建筑与构筑

公园在设计过程中强调自然，因此尽量少地设置建筑与构筑。

位于中央公园西部和北部交叉地带的贝文维德文城堡，是 1821 年战争时期为了防范英国人入侵而修筑的留存至今的要塞遗迹，城堡隐蔽在树影之中，分外清幽。沃克斯为公园设计了一栋建筑和一个观景台：建筑是于 1846 年在公园的 66 街东设计的一座女会员沙龙，后

来被拆除建成运动场；观景台是用建筑物所坐落的地基相同石材修建而成，观景台结合喷泉创造良好的游憩空间。此外公园内建筑还有建造于1581年的旧兵工厂，后来经改造成为美国自然历史博物馆的第一处馆址，在自然博物馆搬迁后用作纽约市公园管理机构办公场所。

公园内毕士达(Bethesda)喷泉中的水中天使雕塑是纽约第一个由女性完成的公共艺术品，雕塑喷泉的组合紧邻湖泊和林荫道，也成为公园的标志性景点之一。公园内的方尖碑克利奥帕特拉的针堪称中央公园最有价值的古迹，最初于公元前1450年建于赫利奥波利斯城，后被罗马人移至亚历山大港，19世纪埃及国王把两座方尖碑分赠英美，一座移至伦敦，一座于1881年移至纽约中央公园。

(四)植物

公园的种植设计以大草坪、灌木丛和树林为主，强调一年四季丰富的色彩变化，在公园建设过程中共有约40万株乔木、灌木和其他植物被引进和栽植，包括509种灌木和851种常年生耐寒植物和高山植物。

建园初期，大片地区采取了密植方式，并以常绿树为主，如速生的挪威云杉，使公园较快地形成自然的风貌景色。园内的大片草坪以原生植物围绕作为背景，在高低起伏、开阔和空旷的草坪四周，以各种繁密的树木围合成各种不同形态的空间，沿水边种了很多柳树和多花紫树，营造乡村自然景致，与周围的繁华都市形成强烈对比。

20世纪80年代以后，公园又把注意力引向园艺、植物品种的培养、植物配置以及动物保护。如成片树林的疏伐、更新，古稀树种的保养，原有品种的恢复，外来树种的引入，成片露地花卉的栽培，野花的保留利用，大片草地的养护等。此外还加强了对一些具有特色的莎士比亚花园、草莓园的建设和管理，封闭了一片自然保护区。这些工作都是建立在现代化、科学化的基础之上，并吸收了公众参加。

二、黄石国家公园

黄石公园(图15-3)是美国也是世界上第一个国家公园。1872年成立，坐落在怀俄明州西北部，并延伸至爱达荷东部与蒙大拿州南部，总占地面积约8956平方千米，其中森林面积约占90%，水面约占10%。

在19世纪初之前，曾经有肖肖尼人和印第安人在这里狩猎、居住。1806年，约翰·科尔特，成为第一位到这里踏勘的白种人。1870年，探险队员们发现这里分布着大量的天然喷泉，其中有的每隔33~39分钟，喷出高逾30米的水柱。作为探险队员之一的法官赫奇斯认为，“这片土地应该是属于这个新兴国家全体人民的国宝”。次年，一支国家地质勘探队开始对这里进行勘察。1872年，美国总统格兰特(1822—1885年，1869—1877年在任)签署了“黄石公园法案”，从而产生了美国历史上第一个国家公园，使得这里的树木、矿产、自然风景和奇观等，都能够按照自然状态保存下来。

黄石国家公园的地质构造十分复杂，大部分是开阔的火山岩高原，剧烈爆发的火山使地面被熔岩广泛覆盖，地壳仍不稳定。公园内有近于终年白雪覆顶的群山、浩瀚的森林、开阔的草原、幽美的湖泊、急湍的河流、高大宽阔的大瀑布及完整的化石林等，景色十分秀丽。

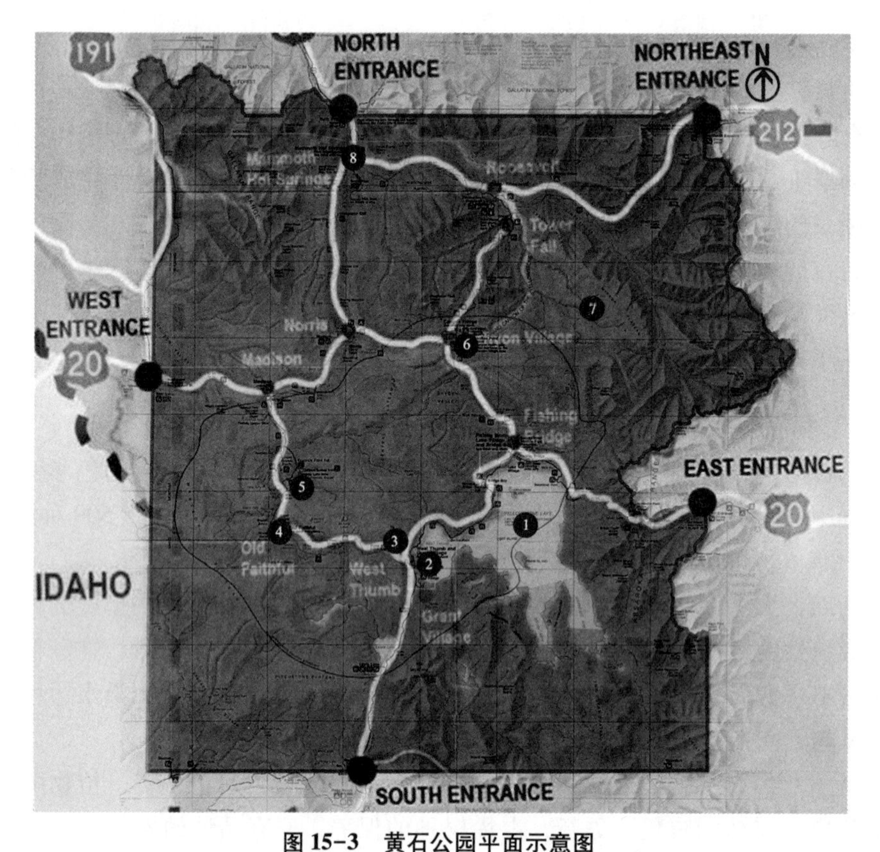

图 15-3　黄石公园平面示意图

1. 黄石湖　2. 西拇指　3. 深渊池　4. 老忠实喷泉　5. 大棱镜彩泉

6. 黄石瀑布　7. 黄石峡谷　8. 蛋糕温泉

远古时代这里曾是火山带，故其地下水含有酸性物质将山岩染成黄色并因此得名。黄石公园有 3000 多处温泉，其中间歇喷泉 300 余处，占全球 1/2 以上，有水色碧蓝的"蓝宝石喷泉"、有喷发前狮吼声声的"狮群喷泉"，而最著名的则是"老忠实喷泉"（Old Faithful Geyser），年复一年每隔半小时至一个半小时就喷出 40~60m 高的热水。公园的猛犸象温泉虽已不再喷发，但因温泉水带有石灰石物质，冷却结晶成层层洁白的台阶状石灰岩，晶莹剔透，加上温泉中含有其他物质，使台地状石灰岩呈现出红、橙、蓝、绿、白等不同色彩，甚为奇丽。

由 97 千米黄石河冲刷形成的黄石大峡谷，岩石光怪陆离、五光十色，峡谷上有一片整齐划一的立方体石柱带，巧夺天工，神奇无比。黄石湖面积 353 平方千米，深近百米，湖面海拔 2300 余米，是北美最大、最高的高原湖，野牛、麋鹿、驼鹿、美洲大角鹿、黑熊、棕熊和美洲狮等多种野生动物和白头海雕（美国国鸟）、美洲鹤、北美天鹅等 300 余种鸟类在此生息繁衍。站在高原湖东边阿布萨罗卡山顶上，可以眺望观赏公园全景。

三、"绿宝石项链"公园系统

波士顿公园系统是在波士顿市区中选取河滩地、沼泽、河流作为基地建设数个公园，再将公园通过绿道连成网络，形成城市整体的公园体系。公园系统连接了波士顿、布鲁克林和坎布里奇，并与查尔斯河相连，全长约 16 千米，占地约 2000 公顷，由相互连接的九个部分

组成，包括了波士顿公地(Boston Common)、公共花园(Public Garden)、麻省林荫道(Commonwealth Avenue)、查尔斯河滨公园(Charles bank Park)、后湾沼泽地(Back Bay Fens)、河道景区和奥姆斯特德公园(River way & Olmsted Park)、牙买加公园(Jamaica Park)、阿诺德植物园(Arnold Arboretum)和富兰克林公园(Franklin Park)。公园系统是奥姆斯特德受波士顿当局的邀请设计的，1881 年始建，1895 年完成，被波士顿人称为“绿宝石项链”(图 15-4)。

“绿宝石项链”公园系统是第一个真正意义上的城市绿道，是公园设计从孤立的地块向城市绿地系统转变的起源，它所产生的绿道规划概念成为此后景观规划的重要理论和基础，引发了世界范围内城市绿道建设的热潮。

“绿宝石项链”公园系统体现了奥姆斯特德在城市核心区引入自然景观的设计思路，它将独立的公园比作“绿宝石”，再用景色宜人的“项链”——公园道路串联形成网络，城市的建筑、街道则在这个网中间发展，市民能很快进入不受城市喧嚣干扰的自然环境之中。

最北面的波士顿公地和公共花园位于波士顿市中心，是相邻的两个建成较早的城市公园，奥姆斯特德把它们纳入公园体系作为“绿宝石项链”的起点。麻省林荫道沿查尔斯河往西，连接新建的查尔斯河滨公园，形成公园体系的滨河部分。再往南是由浑河(Muddy River)的河滩改造形成的后湾沼泽地、河道景区和奥姆斯特德公园，这些公园根据奥姆斯特德遵循自然场地的思想，划定不规则的边界，充分体现自然特性。在奥姆斯特德公园南侧将天然湖泊牙买加湖纳入公园系统，形成牙买加公园。再往南通过公园绿道连接城区南边的阿诺德植物园，面积最大的富兰克林公园在阿诺德植物园的东北侧。九个公园与绿道连接形成了带状环绕城市的公园系统，重构了城市自然景观系统，对波士顿的城市生态的良性发展起到了有效推动作用。

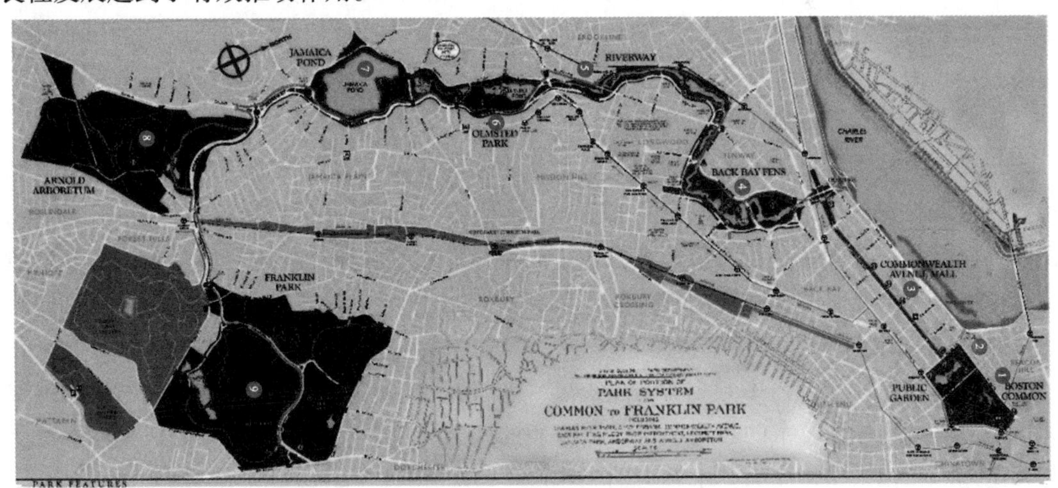

图 15-4　波士顿“绿宝石项链”公园体系平面图

第三节　美国近现代园林风格特征

美国近现代园林的设计在吸收借鉴英国自然风景式园林风格的基础上，结合本国自然

地理环境条件，加以独特创造，形成了美国特色的园林风格，拥有了其自身的一些特征。

1. 以满足功能需求为前提

近现代美国园林不仅为观赏园林艺术之美而创造，更重要的是为公众的身心健康而创造。其以满足广大公众休憩、欣赏、健身、交流、娱乐等回归自然的综合功能需要为目标，在规划设计过程中，尽可能听取不同使用者的意见。园林的空间布局结构、设计形式风格、设施配置和材料选择等，均以功能需求为前提。同时，在园林规划设计中体现出提高城市生态环境质量，将自然引入城市，使人们获得最大健康和快乐的生态园林理念，代表了美国园林的根本特征。

2. 以场所自然与文脉特征为基础

美国园林的许多精品佳作设计，都认真仔细地分析过待建园林原有基地场所的自然特征和文脉精神，建成的园林绿地力求与后来自然环境协调，并呈现当地的自然风貌和历史文化精神。

3. 源于自然又高于自然

现代园林的设计师们，在深刻理解大自然的形式、内涵、规律和发展过程的基础上，以新颖的、丰富多彩的艺术手法和技术手法，再现自然景观和自然精神，使园林源于自然又高于自然，与中国江南古典园林的“咫尺天下”有异曲同工之妙。

4. 注重生态效益

为改变大工业生产造成的污染和对自然资源的破坏，美国园林设计十分注重自然景观的保护。美国的国家公园以冰川、火山、沙漠、矿山、山岳、水体、森林和野生动、植物等自然资源保护为主，兼及人文资源的保护，即在科研、美学、史学等方面有价值的资源都给予保护。其通过对基地场所环境的科学分析，采取针对性的措施，使新建的风景园林生态效应良好和可持续发展，力求达到具有长久良好的生态效应、景观效应和社会效应。

5. 采用新材料和新技术

随着科学技术的发展，大量新材料、新技术在美国风景园林中得到应用，如玻璃、塑料、新金属材料、人工塑石、伞形折板、薄壳结构、光纤照明和计算机数控音乐喷泉等，使园林以亮丽的色彩、全新的质感和光影、声音等形式要素和新颖的空间结构、组合等创造出丰富多彩的具有时代特征的现代景观园林。

6. 注重艺术效果

现代园林设计注重艺术与自然材料的结合，景观设计师汲取当代多种艺术流派的灵感，将自然材料作为艺术的表现手段，以大胆的构图和色彩等设计手法，使风景园林成为与其他艺术品相当的，充满艺术魅力的杰作。

7. 追求意境

现代园林设计师为体现自然意境、场所历史文化内涵及时代精神，在设计中努力通过各种园林元素的不同配合与变化来隐喻、表达园林设计的主题与内容，使现代风景园林包含深邃的意境而令人遐想无穷。

参 考 文 献

曹林娣，2012. 东方园林审美概论[M]. 北京：中国建筑工业出版社.
陈鼓应，1984. 老子注释及评价[M]. 北京：中华书局.
陈新，赵岩，2012. 美国风景园林[M]. 上海：上海科学技术出版社.
陈宇，张健，2018. 西方园林赏与析[M]. 武汉：华中科技大学出版社.
陈志华，2006. 中国造园艺术在欧洲的影响[M]. 济南：山东画报出版社.
方建，2012. 中外园林史[M]. 北京：北京工业大学出版社.
傅晶，2004. 魏晋南北朝园林史研究[D]. 天津：天津大学.
郭风平，2002. 中国园林史[M]. 西安：西安地图出版社.
郭风平，方建斌，2005. 中外园林史[M]. 北京：中国建筑工业出版社.
胡长龙，2010. 园林规划设计理论篇[M]. 北京：中国农业出版社.
堀内正树，2018. 图解日本园林[M]. 张敏，译. 南京：江苏凤凰科学技术出版社.
李蓉，2012. 魏晋南北朝隐士田园文化研究[D]. 咸阳：西北农林科技大学.
李泽厚，1994. 中国思想史论[M]. 合肥：安徽文艺出版社.
郦道元，2013. 水经注[M]. 陈桥驿，校证. 北京：中华书局.
刘庭风，2001. 日本小庭园[M]. 上海：同济大学出版社.
刘庭风，2004. 中日古典园林比较[M]. 天津：天津大学出版社.
刘庭风，2005. 日本园林教程[M]. 天津：天津大学出版社.
罗哲文，2000. 中国古园林[M]. 北京：中国建筑工业出版社.
孟庆志，2013. 魏晋南北朝私家园林艺术研究[D]. 保定：河北大学.
帕特里克・泰勒，2004. 法国园林——世界名园丛书[M]. 北京：中国建筑工业出版社.
彭一刚，1986. 中国古典园林分析[M]. 北京：中国建筑工业出版社.
沈约，1974. 宋书・徐湛之传[M]. 北京：中华书局.
TOM TURNER，2011. 世界园林史[M]. 林箐，南楠，齐黛蔚，等译. 北京：中国林业出版社.
童寯，1984. 江南园林志[M]. 北京：中国建筑工业出版社.
王铎，1997. 东汉、魏晋和北魏的洛阳皇家园林[J]. 华中建筑，04：88-91，94.
王其钧，2007. 图说中国园林史[M]. 北京：中国水利水电出版社.
王其钧，2012. 图说中国古典园林史[M]. 北京：中国水利水电出版社.
王应麟，1987. 王海[M]. 上海：上海古籍出版社.
艾伦・S・魏斯，2013. 无限之镜——法国十七世纪园林及其哲学渊源[M]. 段建强，译. 北京：中国建筑工业出版社.
肖剑，2004. 魏晋南北朝时期造园浅析[J]. 四川建筑，05：32-33.
谢宇，2012. 气势恢宏的建筑宫殿[M]. 天津：天津科技翻译出版公司.
杨衒之，2010. 洛阳伽蓝记[M]. 周祖谟，校译. 北京：中华书局.

易军，吴立威，2012. 中外园林简史[M]. 北京：机械工业出版社.
张超，2012. 中国建筑文化入门[M]. 北京：北京工业大学出版社.
张岱年，方克力，1994. 中国文化概论[M]. 北京：北京师范大学出版社.
张健，2009. 中外造园史[M]. 武汉：华中科技大学出版社.
张祖刚，2000. 法国巴黎凡尔赛宫苑[M]. 北京：中国建筑工业出版社.
赵书彬，2010. 中外园林史[M]. 北京：机械工业出版社.
周苏宁，2005. 园趣[M]. 上海：学林出版社.
周维权，1999. 中国古典园林史[M]. 2 版. 北京：清华大学出版社.
周向频，2014. 中外园林史[M]. 北京：中国建筑工业出版社.
朱建宁，2008. 西方园林史[M]. 北京：中国林业出版社.
朱钧珍，2012. 中国近代园林史[M]. 北京：中国建筑工业出版社.